“十三五”国家重点出版物出版规划项目
现代机械工程系列精品教材
普通高等教育“十一五”国家级规划教材

计 算 机 绘 图

（AutoCAD 2018 版）

主　编　管殿柱
副主编　赵惠英　臧艳红　林娅红　周秋淑

机 械 工 业 出 版 社

本书是普通高等教育“十一五”国家级规划教材、“十三五”国家重点出版物出版规划项目，是本科院校“计算机绘图”课程的教科书。

全书共分 15 章，主要内容包括计算机绘图技术、AutoCAD 概述、AutoCAD 绘图基础、绘制二维图形、规划与管理图层、修改二维图形、文字与表格、尺寸标注、图块与外部参照、高效绘图工具、平面图形绘制、轴测投影图绘制、三维实体造型、布局与打印出图、图纸集。本书主要侧重于机械图样的绘制，书中图样实例大都来源于生产实际。

本书可供高等学校工科师生和工程技术人员使用，也可以作为计算机绘图培训的教材。

本书配有电子课件，欢迎选用本书作为教材的老师向主编索取。主编电子邮箱：gdz_zero@126.com。

图书在版编目（CIP）数据

计算机绘图：AutoCAD 2018版/管殿柱主编. —3版. —北京：机械工业出版社，2018.8（2023.8重印）
普通高等教育“十一五”国家级规划教材“十三五”国家重点出版物出版规划项目 现代机械工程系列精品教材
ISBN 978-7-111-60063-3

Ⅰ.①计… Ⅱ.①管… Ⅲ.①AutoCAD软件-高等学校-教材 Ⅳ.①TP391.72

中国版本图书馆CIP数据核字（2018）第112057号

机械工业出版社（北京市百万庄大街 22 号 邮政编码 100037）
策划编辑：刘小慧 责任编辑：刘小慧 朱琳琳 刘丽敏
责任校对：刘志文 封面设计：张 静
责任印制：任维东
北京玥实印刷有限公司印刷
2023年 8 月第 3 版第 8 次印刷
184mm×260mm · 18.25 印张 · 448 千字
标准书号：ISBN 978-7-111-60063-3
定价：39.90 元

凡购本书，如有缺页、倒页、脱页，由本社发行部调换

电话服务	网络服务
服务咨询热线：010-88379833	机工官网：www.cmpbook.com
读者购书热线：010-88379649	机工官博：weibo.com/cmp1952
	教育服务网：www.cmpedu.com
封面无防伪标均为盗版	金书网：www.golden-book.com

前　言

计算机技术的发展使传统设计脱离图板成为现实，如果现在一个设计师不会用计算机来绘制图样，简直是一件不可想象的事情。当然，他们使用的绘图工具软件多种多样，但从社会调查不难发现，他们之中的绝大部分已经习惯了一种强大的绘图软件——AutoCAD。这种软件的主要用途就在于绘制工程图样，并已经广泛应用于机械、电子、服装、建筑等领域。

随着产品的不断升级，AutoCAD 在快速创建图形、轻松共享设计资源和高效项目管理等方面的功能得到了进一步增强。AutoCAD 2018 是当前使用最广泛的版本，它扩展了 AutoCAD 以前版本的优势和特点，在用户界面、性能、操作、用户定制、协同设计、图形管理、产品数据管理等方面得到了进一步增强，并且定制了符合我国国家标准的样板图、字体和标注样式等，使得设计人员使用该软件更加方便。

以前高等学校工程图学的教学是在图板上进行的，这明显与社会的需求大大脱节。随着我国教育部 2000 年“甩图板”工程的实施，高等学校工程图学的教学改革同步深入，我们的任务就是要培养既有图学理论，又能熟练利用计算机绘图的现代人才。

本书是普通高等教育“十一五”国家级规划教材、“十三五”国家重点出版物出版规划项目，是本科院校“计算机绘图”课程的教科书。全书共分 15 章，主要内容包括计算机绘图技术、AutoCAD 概述、AutoCAD 绘图基础、绘制二维图形、规划与管理图层、修改二维图形、文字与表格、尺寸标注、图块与外部参照、高效绘图工具、平面图形绘制、轴测投影图绘制、三维实体造型、布局与打印出图、图纸集。本书主要侧重于机械图样的绘制，书中图样实例大都来源于生产实际。同时，根据作者长期从事 CAD 教学和研究的体会，通过“提示”“注意”等形式总结了许多教学经验和技巧。

为了便于读者学习，我们将书中实例和练习的图形源文件（.dwg）收录在网站上（www.cmpedu.com），供读者下载，相信这些内容会对大家的学习和工作有所帮助。

本书由管殿柱（青岛大学，编写第 1 ～ 6、8 章）任主编，赵惠英（烟台工程职业技术学院，编写第 9 ～ 12 章）、臧艳红（烟台大学，编写第 15 章）、林娅红（烟台大学，编写第 7、14 章）、周秋淑（烟台大学，编写第 13 章）任副主编，参加编写工作的还有刘志刚、刘慧、符朝兴、冯辉、张骞、李文秋、张开拓、管玥。

由于编者水平有限，书中难免存在错误和不足之处，衷心希望广大读者批评指正。

编　者

目 录

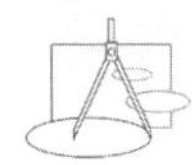

第 1 章

计算机绘图技术

【本章重点】

- 计算机绘图的发展和应用。
- 计算机绘图系统的组成。
- 常用绘图软件介绍。

1.1 计算机绘图的发展和应用

图形是表达和交流思想的工具。长期以来，绘图工作基本是以手工形式进行的，因此存在生产效率低、绘图准确度差、劳动强度大等缺点。人们一直在寻找代替手工绘图的方法，在计算机出现并得到广泛应用后，这种愿望才成为现实。

计算机绘图就是利用计算机对数值进行处理、计算，从而生成所需的图形信息，并控制图形设备自动输出图形，以实现图数之间的转换的过程。计算机和绘图机的结合，可以帮助工程技术人员完成从设计到绘图的一系列工作。

1.1.1 计算机绘图发展概述

计算机绘图是 20 世纪 60 年代发展起来的新型学科，是随着计算机图形学理论及其技术的发展而发展的。我们知道，图与数在客观上存在着相互对应的关系。把数字化了的图形信息通过计算机存储、处理，并通过输出设备将图形显示或打印出来，这个过程称为计算机绘图。研究计算机绘图领域中各种理论与实际问题的学科称为计算机图形学。

20 世纪 40 年代中期，在美国诞生了世界上第一台电子计算机，这是 20 世纪科学技术领域的一个重要成就。

20 世纪 50 年代，第一台图形显示器作为美国麻省理工学院（MIT）研制的旋风Ⅰ号（Whirlwind Ⅰ）计算机的附件诞生。该显示器可以显示一些简单的图形，但因其只能进行显示输出，故称之为“被动式”图形处理。随后，MIT 林肯实验室在旋风计算机上开发出了 SAGE 空中防御系统，第一次使用了具有指挥和控制功能的阴极射线管（Cathode Ray Tube，CRT）显示器。利用该显示器，使用者可以用光笔进行简单的图形交互操作，这预示着交互式计算机图形处理技术的诞生。

20 世纪 60 年代是交互式计算机图形学发展的重要时期。1962 年，MIT 林肯实验室的

Ivan E.Sutherland 在其博士论文《Sketchpad：一个人—机通信的图形系统》中，首次提出了"计算机图形学"（Computer Graphics）这个术语，他开发的 Sketchpad 图形软件包可以实现在计算机屏幕上进行图形显示与修改的交互操作。在此基础上，美国的一些大公司和实验室开展了对计算机图形学的大规模研究。

20 世纪 70 年代，交互式计算机图形处理技术日趋成熟，在此期间出现了大量的研究成果，计算机绘图技术也得到了广泛的应用。与此同时，基于电视技术的光栅扫描显示器的出现也极大地推动了计算机图形学的发展。20 世纪 70 年代末 ~20 世纪 80 年代中后期，随着工程工作站和微型计算机的出现，计算机图形学进入了一个新的发展时期。在此期间相继推出了有关的图形标准，如计算机图形接口（Computer Graphics Interface，CGI）、图形核心系统（Graphics Kernel System，GKS）、程序员层次交互式图形系统（Programmer's Hierarchical Interactive Graphics System，PHIGS），以及初始图形交换规范（Initial Graphics Exchange Specification，IGES）、产品模型数据转换标准（Standard for the Exchange of Product Model Data，STEP）等。

随着计算机硬件功能的不断提高以及系统软件的不断完善，计算机绘图已广泛应用于各个相关领域，并发挥越来越大的作用。

1.1.2 计算机绘图的主要应用领域

计算机绘图技术已经得到高度的重视和广泛应用，目前，其主要的应用如下：

1. 计算机辅助设计和计算机辅助制造

计算机辅助设计（CAD）和计算机辅助制造（CAM）是计算机绘图最广泛、最活跃和发展最快的应用领域。它被用来进行建筑工程、机械产品的设计；机械设计中的受力分析、结构设计与比较、材料选择、绘制加工图样，以至编制工艺卡、材料明细表和数控加工程序等；汽车、飞机、船舶的外形数学建模，曲线的拟合与光顺，并绘制图样；在电子行业，大规模集成电路的设计，印制电路板的设计，直至输出图形。

2. 动画制作与系统模拟

用计算机绘图技术产生的动画，比传统手工绘制的动画质量好，制作速度快。可以把动画技术广泛应用于广告和游戏，可以模拟各种反应过程（如核反应、化学反应等），以及模拟和测试汽车碰撞、地震等过程，还可以模拟各种运动过程，如人体的运动过程，用以科学指导训练。在军事上，可以用于环境模拟、飞行模拟及战场模拟等。

3. 勘探、测量的图形绘制

应用计算机绘图技术，可以利用勘探和测量的数据，绘制出矿藏分布图、地理图、地形图及气象图等。

4. 事务管理与办公自动化

用于绘制各类信息的二、三维图表，如统计的直方图、扇形图、工作进程图，仓库及生产的各类统计管理图表等。这类图表可以用简明的方式提供形象化的数据和变化趋势，增加对复杂现象的了解，并协助做出决策。

5. 科学计算可视化

传统的数学计算是数据流，这种数据不易理解，也不容易检查其中的错误。科学计算可视化已用于有限元分析的后处理、分子模型构造、地震数据处理、大气科学、生物科学及

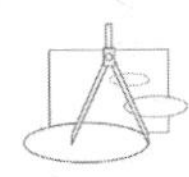

医疗卫生等领域。

6. 计算机辅助教学（CAI）

由于计算机绘图技术能生成丰富的图形，用于辅助教学可使教学过程变得形象、直观、易懂和生动。学生通过人机交互方式进行学习，有助于提高学习兴趣和注意力，提高教学效率。

1.2　计算机绘图系统

计算机绘图系统是基于计算机的系统，由软件系统和硬件系统组成。其中，软件是计算机绘图系统的核心，而相应的系统硬件设备则为软件的正常运行提供了基础保障和运行环境。另外，任何功能强大的计算机绘图系统都只是一个辅助工具，系统的运行离不开系统使用人员的创造性思维活动。因此，使用计算机绘图系统的技术人员也属于系统组成的一部分，将软件、硬件及人这三者有效地融合在一起，是发挥计算机绘图系统强大功能的前提。

1.2.1　计算机绘图系统的硬件组成

通常，将用户可进行计算机绘图作业的独立硬件环境称为计算机绘图的硬件系统。计算机绘图系统的硬件主要由主机、输入设备（键盘、鼠标、扫描仪等）、输出设备（显示器、绘图仪、打印机等）、信息存储设备（主要指外存，如硬盘、U 盘、光盘等），以及网络设备、多媒体设备等组成。计算机绘图系统的基本硬件构成，如图 1-1 所示。

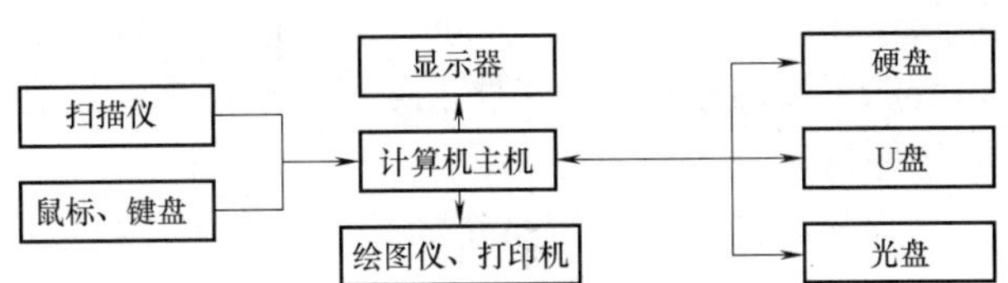

图 1-1　计算机绘图系统的基本硬件构成

1. 主机

主机由中央处理器（CPU）和内存储器（简称为内存）等组成，是整个计算机绘图系统的核心。衡量主机性能的指标主要有两项：CPU 性能和内存容量。

（1）CPU 性能　CPU 的性能决定着计算机的数据处理能力、运算精度和速度。CPU 的性能通常用每秒可执行的指令数目或进行浮点运算的速度指标来衡量，其单位符号为 MI/s（每秒处理一百万条指令）和 GI/s（每秒处理 10 亿条指令）。目前，CPU 的速度已达到 160GI/s 以上。一般情况下，用芯片的时钟频率来表示运算速度更为普遍，时钟频率越高，运算速度越快。

（2）内存容量　内存是存放运算程序、原始数据、计算结果等内容的记忆装置。如果内存容量过小，将直接影响计算机绘图软件系统的运行效果。因为，内存容量越大，主机能容纳和处理的信息量也就越大。

2. 外存储器

外存储器简称为外存。虽然内存储器可以直接和运算器、控制器交换信息，存取速度很快，但内存储器成本较高，且其容量受到 CPU 直接寻址能力的限制。外存作为内存的后援，使计算机绘图系统将大量的程序、数据库、图形库存放在外存储器中，待需要时再调入内存进行处理。外存储器通常包括硬盘、U 盘、光盘等。

3. 图形输入设备

在计算机绘图作业过程中，不仅要求用户能够快速输入图形，而且还要求能够将输入的图形以人机交互方式进行修改，以及对输入的图形进行图形变换（如缩放、平移、旋转）等操作。因此，图形输入设备在计算机绘图硬件系统中占有重要的地位。目前，计算机绘图系统常用的输入设备有键盘、鼠标、扫描仪等。

4. 图形输出设备

图形输出设备包括图形显示器、绘图仪、打印机等。

图形显示器是计算机绘图系统中最为重要的硬件设备之一，主要用于图形图像的显示和人机交互操作，是一种交互式的图形显示设备。

绘图仪、打印机等也是目前常用的图形输出设备。目前，常用的绘图仪为滚筒式绘图仪，这种绘图仪具有结构简单紧凑、图样长度不受限制、价格便宜、占用工作面积小等优点。常用的打印机主要有喷墨打印机和激光打印机等。

1.2.2 计算机绘图系统的软件组成

计算机软件是指控制计算机运行，并使计算机发挥最大功效的各种程序、数据及文档的集合。在计算机绘图系统中，软件配置水平决定着整个计算机绘图系统的性能。因此，可以说硬件是计算机绘图系统的物质基础，而软件则是计算机绘图系统的核心。从计算机绘图系统的发展趋势来看，软件占据着越来越重要的地位，目前，系统配置中的软件成本已经超过了硬件。

可以将计算机绘图系统的软件分为三个层次，即系统软件、支撑软件和应用软件。系统软件是与计算机硬件直接关联的软件，一般由专业的软件开发人员研制，它起着扩充计算机的功能以及合理调度与使用计算机的作用。系统软件有两个特点：一是公用性，无论哪个应用领域都要用到它；二是基础性，各种支撑软件及应用软件都需要在系统软件的支撑下运行。

支撑软件是在系统软件的基础上研制的，它包括进行计算机绘图作业时所需的各种通用软件。应用软件则是在系统软件及支撑软件的支持下，为实现某个应用领域内的特定任务而开发的软件。下面分别对这三类软件进行具体介绍。

1. 系统软件

系统软件主要用于计算机的管理、维护、控制、运行，以及计算机程序的编译、装载和运行。系统软件包括操作系统和编译系统。

操作系统主要承担对计算机的管理工作，其主要功能包括文件管理（建立、存储、删除、检索文件）、外部设备管理（管理计算机的输入、输出等外部硬件设备）、内存分配管理、作业管理和中断管理。操作系统的种类很多，在工作站上主要采用 UNIX、Windows 等；在微机上主要采用 UNIX 的变种 XENIX、ONIX、VENIX，以及 Windows 系列操作系统。

编译系统的作用是将用高级语言编写的程序翻译成计算机能够直接执行的机器指令。有了编译系统，用户就可以用接近于人类自然语言和数学语言的方式编写程序，而翻译成机器指令的工作则由编译系统完成。这样就可以使非计算机专业的各类工程技术人员很容易地用计算机来实现其绘图目的。

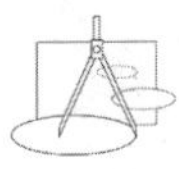

目前，国内外广泛应用的高级语言 Fortran、Pascal、C/C++、Visual Basic、LISP 等均有相应的编译系统。

2. 支撑软件

支撑软件是计算机绘图软件系统中的核心，是为满足计算机绘图工作中一些用户的共同需要而开发的通用软件。近 30 多年来，由于计算机应用领域迅速扩大，支撑软件的开发研制有了很大的进展，推出了种类繁多的商品化支撑软件。

3. 应用软件

应用软件是在系统软件、支撑软件的基础上，针对某一专门应用领域而开发的软件。这类软件通常由用户结合当前绘图工作的需要自行研究开发或委托开发商进行开发，此项工作又称为“二次开发”。能否充分发挥已有计算机绘图系统的功能，应用软件的技术开发工作是很重要的，也是计算机绘图从业人员的主要任务之一。

1.3　常用绘图及 CAD 软件介绍

1.3.1　计算机绘图与计算机辅助设计

计算机辅助设计是一种应用广泛的实用技术，机械、建筑、电子、服装等行业都离不开计算机辅助设计（CAD）。尽管各个行业的专业内容不同，其辅助设计所包含的工作内容会有所区别，但都离不开计算机绘图。

计算机绘图是计算机辅助设计的主要组成部分和核心内容。这一方面是因为各个领域内的设计工作，其最后的结果都要以“图”的形式表达；另一方面，计算机绘图中所包含的三维造型技术，是实现先进的计算机辅助设计技术的重要基础。许多设计工作在进行时，首先构造三维实体模型，然后进行各种分析、计算和修改，最终定型并输出图样。在整个过程中，都离不开图形技术。

在计算机辅助设计领域内要解决的问题中，有许多是属于计算机绘图方面的内容。一些早期的或初级的辅助设计应用也只是利用计算机绘图来绘制工程图样，而没有更深入地涉及对设计对象建模、计算和分析工作。随着计算机辅助设计技术的不断发展，它所包含的内容将更加广泛深入，同时也更加离不开计算机绘图。

1.3.2　常用绘图及 CAD 软件

20 世纪 80 年代以来，国际上推出了一大批通用 CAD 集成软件，表 1-1 中给出了几个比较优秀和流行的商品化软件的情况。

表 1-1　著名 CAD 软件情况介绍

软件名称	厂　　家	简　　介
NX	西门子 公司网站：www.plm.automation.siemens.com	NX 是新一代数字化产品开发系统。它可以通过过程变更来驱动产品革新。NX 的独特之处是其知识管理基础。它使得工程专业人员能够推动革新以创造出更大的利润。NX 可以管理生产和系统性能知识，根据已知准则来确认每一设计决策

（续）

软件名称	厂　家	简　介
CATIA	法国达索系统集团 公司网站：www.3ds.com	CATIA 是达索系统的产品开发旗舰解决方案。作为 PLM 协同解决方案的一个重要组成部分，它可以帮助制造厂商设计他们未来的产品，并支持从项目的前阶段、具体的设计、分析、模拟、组装到维护在内的全部工业设计流程
PTC Creo	美国 PTC 公司 公司网站：www.ptc.com	PTC Creo 是一组可伸缩的、可互操作的产品设计软件，可快速实现价值。它帮助团队在下游流程使用 2D CAD、3D CAD、参数化和直接建模来创建、分析、查看和利用产品设计方案
Inventor	美国 Autodesk 公司 公司网站：www.autodesk.com	可以快速开发完整的产品三维模型，同时将设计错误减至最少并降低成本。使用虚拟三维模型，可以检查所有零件（包括管材、管子、印制电路板、导线束和电缆）之间的配合是否正确
Solid Edge	西门子 公司网站：www.plm.automation.siemens.com	Solid Edge 是一款功能强大的三维计算机辅助设计软件，提供制造业公司基于管理的设计工具，在设计阶段就融入管理，达到缩短产品上市周期，提高产品品质，降低费用的目的
SolidWorks	美国 SolidWorks 公司（1997 年被法国达索系统集团收购） 公司网站：www.solidworks.com	在以设计为中心的软件市场上，SolidWorks 是实际的标准。它提供操作简便并具创新性的机械设计、分析和产品数据管理解决方案，能够促进 2D 向 3D 的过渡，令新产品更快地面市
AutoCAD	美国 Autodesk 公司 公司网站：www.autodesk.com	AutoCAD 是由美国 Autodesk 公司开发的大型计算机辅助绘图软件，主要用来绘制工程图样

第2章

AutoCAD 概述

【本章重点】

- AutoCAD 的主要功能。
- AutoCAD 的界面组成。
- AutoCAD 的文件操作。

2.1 AutoCAD 的主要功能

AutoCAD 是由美国 Autodesk 公司开发的大型计算机辅助绘图软件，主要用来绘制工程图样。Autodesk 公司自 1982 年推出 AutoCAD 的第一个版本——AutoCAD 1.0 起，在全球拥有上千万用户，多年来积累了无法估量的设计数据资源。该软件作为 CAD 领域的主流产品和工业标准，一直凭借其独特的优势而为全球设计工程师采用。目前，广泛应用于机械、电子、土木、建筑、航空、航天、轻工和纺织等行业。本书讲的是最流行的 AutoCAD 2018。

AutoCAD 是一个辅助设计软件，可以满足通用设计和绘图的主要需求，并提供各种接口，可以和其他软件共享设计成果，并能十分方便地进行管理，它主要提供如下功能：

- 具有强大的图形绘制功能：AutoCAD 提供了创建直线、圆、圆弧、曲线、文本、表格和尺寸标注等多种图形对象的功能。
- 精确定位定形功能：AutoCAD 提供了坐标输入、对象捕捉、栅格捕捉、追踪、动态输入等功能，利用这些功能可以精确地为图形对象定位和定形。
- 具有方便的图形编辑功能：AutoCAD 提供了复制、旋转、阵列、修剪、倒角、缩放、偏移等方便实用的编辑工具，大大提高了绘图效率。
- 图形输出功能：图形输出包括屏幕显示和打印出图，AutoCAD 提供了方便的缩放和平移等屏幕显示工具，模型空间、图纸空间、布局、图纸集、发布和打印等功能极大地丰富了出图选择。
- 三维造型功能：AutoCAD 三维建模可让用户使用实体、曲面和网格对象创建图形。
- 辅助设计功能：可以查询绘制好的图形的尺寸、面积、体积和力学特性等；提供多种软件的接口，可方便地将设计数据和图形在多个软件中共享，进一步发挥各软件的特点和优势。
- 允许用户进行二次开发：AutoCAD 自带的 AutoLISP 语言让用户自行定义新命令和开

发新功能。通过 DXF、IGES 等图形数据接口，可以实现 AutoCAD 和其他系统的集成。此外，AutoCAD 支持 ObjectARX、ActiveX、VBA 等技术，提供了与其他高级编程语言的接口，具有很强的开发性。

2.2 AutoCAD 2018 的工作界面

首先，在计算机中安装 AutoCAD 2018 应用程序，按照系统提示装完软件后会在桌面上出现 AutoCAD 2018 快捷图标 A，双击该图标，进入 AutoCAD 2018 的工作界面，如图 2-1 所示。

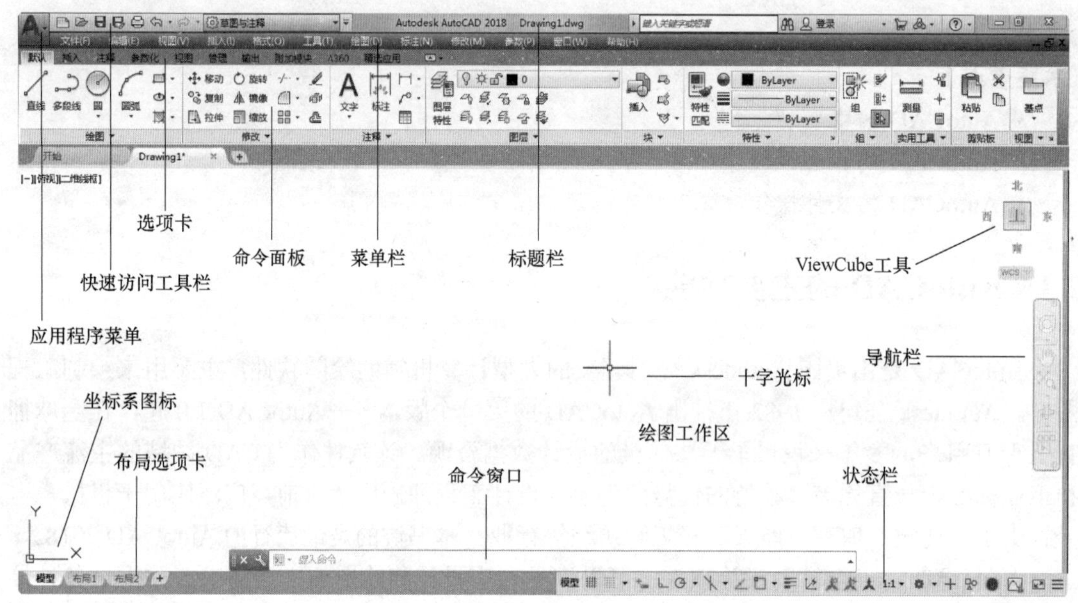

图 2-1　AutoCAD 2018 的工作界面

启动应用程序还有一种方法，即执行【开始】/【程序】/【Autodesk】/【AutoCAD 2018-简体中文】命令。

2.3 AutoCAD 2018 的界面组成

如果以前没有接触过 AutoCAD，对 AutoCAD 2018 的界面还不了解，在学习之前先来认识一下 AutoCAD 2018 的界面组成。AutoCAD 2018 的界面主要由标题栏、应用程序菜单、快速访问工具栏、绘图工作区、状态栏、坐标系图标、命令窗口、功能区（布局选项卡和命令面板）等组成，如图 2-1 所示。

1. 标题栏

标题栏中的文件名是当前图形文件的名字。在没有给文件命名之前，AutoCAD 2018 的默认设置是 Drawing（n）（n 为 1，2，3，4，…，n 的值主要由新建文件数量而定）。标题栏最右边的三个小按钮分别是【最小化】【恢复】和【关闭】，用来控制 AutoCAD 2018 的软件

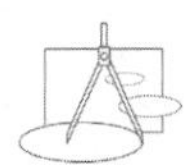

窗口的显示状态。

2. 应用程序菜单

单击应用程序菜单浏览器按钮，可以使用常用的文件操作命令，如图 2-2 所示。

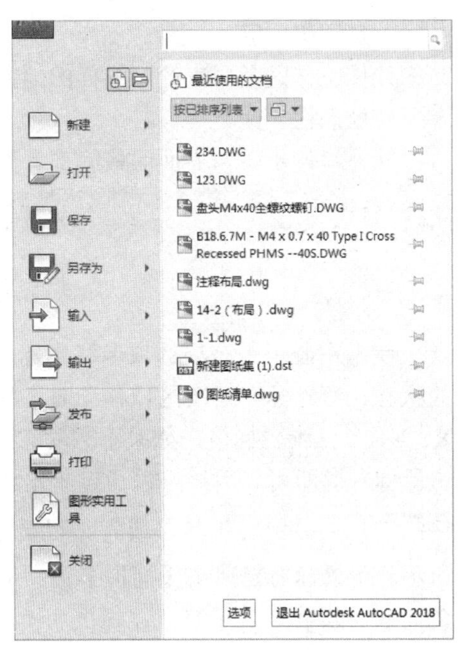

图 2-2　应用程序菜单

3. 快速访问工具栏

快速访问工具栏（见图 2-3）用于存储经常使用的命令。单击快速访问工具栏最后的工具可以展开下拉菜单，定制快速访问工具栏中要显示的工具，也可以删除已经显示的工具，下拉菜单中被选中的命令为在快速访问工具栏中显示的命令，鼠标单击已选中的命令，可以将其取消选中，此时快速访问工具栏中将不再显示该命令。反之，单击没有选中的命令项，可以将其选中，在快速访问工具栏显示该命令。

快速访问工具栏默认放在功能区的上方，也可以单击自定义快速访问工具栏中的【在功能区下方显示】命令将其放在功能区的下方。

如果想往快速访问工具栏添加工具面板中的工具，只需将鼠标指向要添加的工具，单击鼠标右键，在弹出的快捷菜单中选择【添加到快速访问工具栏】命令即可。如果想移除快速访问工具栏中已经添加的命令，只需右击该工具，在弹出的快捷菜单中选择【从快速访问工具栏中删除】命令即可。

快速访问工具栏右侧的第一个工具按钮为工作空间列表工具，可以切换用户界面。AutoCAD 2018 有三种工作界面，分别是【草图与注释】【三维基础】和【三维建模】，这三种工作界面可以方便地进行切换，如图 2-4 所示。用户也可以在状态栏单击切换工作空间按钮进行选择和切换。

图 2-3　快速访问工具栏

图 2-4　切换工作空间

打开经典菜单的方法：单击快速访问工具栏后的工具可以展开下拉菜单，选择【显示菜单栏】选项，就会在标题栏的下方出现菜单栏，如图 2-5 所示。

图 2-5　菜单栏

4. 绘图工作区

绘图工作区是用来绘制图样的地方，也是显示和观察图样的窗口。

5. 状态栏

状态栏位于工作界面的最底部，如图 2-6 所示。

图 2-6　状态栏

状态栏显示了布局选项卡和光标所在位置的坐标值以及辅助绘图工具的状态。当光标在绘图区域移动时，状态栏区域可以实时显示当前光标的 X、Y、Z 三维坐标值，如果不想动态显示坐标，只需在显示坐标的区域单击鼠标左键即可。用户可以通过单击状态栏最右侧自定义按钮☰，选择要在状态栏上显示的工具，或者将已显示在状态栏上的工具去掉，如图 2-7 所示。用鼠标右键单击【捕捉】、【极轴】、【对象捕捉】和【对象捕捉追踪】等工具，在弹出的快捷菜单中，用户可以轻松更改这些辅助绘图工具的设置。

使用状态栏，用户也可以预览打开的图形和图形中的布局，并在其间进行切换，还可以显示用于缩放注释的工具。通过工作空间按钮，用户可以切换工作空间。要展开图形显示区域，单击【全屏显示】按钮即可。

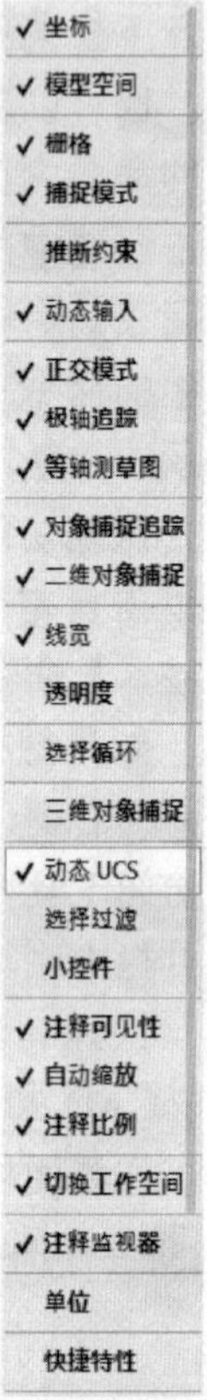

6. 坐标系图标

坐标系图标用来表示当前绘图所使用的坐标系形式及坐标的方向性等特征，当前显示的是【世界坐标系】。可以关闭它，让其不显示，也可以定义一个方便自己绘图的【用户坐标系】。

要关闭坐标系图标，可以单击【视图】/【显示】/【UCS 图标】命令，选择【开】选项，去掉【开】选项前面的勾选号即可。

7. 命令窗口

命令窗口是用键盘输入命令，以及系统显示 AutoCAD 信息与提示的交流区域。在 AutoCAD 2018 中命令窗口是浮动的，如图 2-8 所示。用户还可以把鼠标指针放在命令窗口左边的区域，按下鼠标向下拖动，拖回到早期版本默认状态。把鼠标指针放在命令窗口的上边线处，当鼠标指针形状变为↕时，可以根据需要拖动鼠标来增多或减少提示的行数。AutoCAD 2018 中所有的命令都可以在命令窗口执行。例如，需要画直线，直接在命令行中输入“L”即可激活画直线命令。

图 2-7　自定义快捷菜单

在 AutoCAD 2018 中，可以通过单击【工具】/【命令行】命令或按〈Ctrl+9〉组合键来打开 / 关闭【命令行】。

图 2-8　【命令】窗口

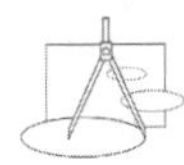

另外，可以通过按〈Ctrl+F2〉组合键（当命令提示窗口浮动时）或直接按〈F2〉功能键（当命令提示窗口固定时）打开关闭【AutoCAD 文本窗口】，【AutoCAD 文本窗口】记录执行的命令或系统给出的提示信息，如图 2-9 所示。还可以通过单击【视图】/【显示】/【文本窗口】命令来打开文本窗口。AutoCAD 的命令提示进行了标准化处理，它所显示的操作内容很清楚，给出的提示容易理解，这非常有利于我们学习和使用。

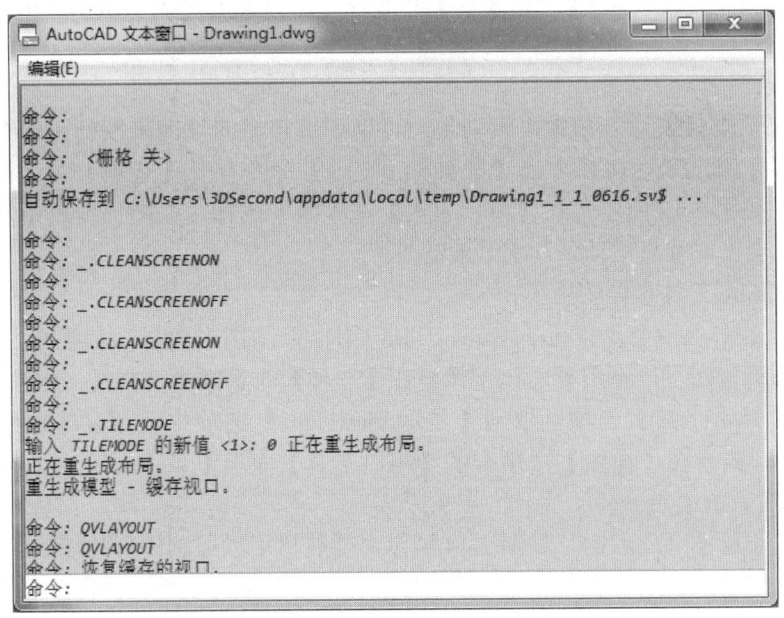

图 2-9　AutoCAD 文本窗口

8. 功能区（布局选项卡和命令面板）

功能区（见图 2-10）由许多面板组成，这些面板被组织到按任务进行标记的选项卡中。功能区面板包含的很多工具和控件与工具栏和对话框中的相同。与当前工作空间相关的操作都单一简洁地置于功能区中。使用功能区时无须显示多个工具栏，它通过单一紧凑的界面使应用程序变得简洁有序，同时使可用的工作区域最大化。单击按钮可以使功能区最小化为面板标题（可选【最小化】选项卡或【面板】按钮）。

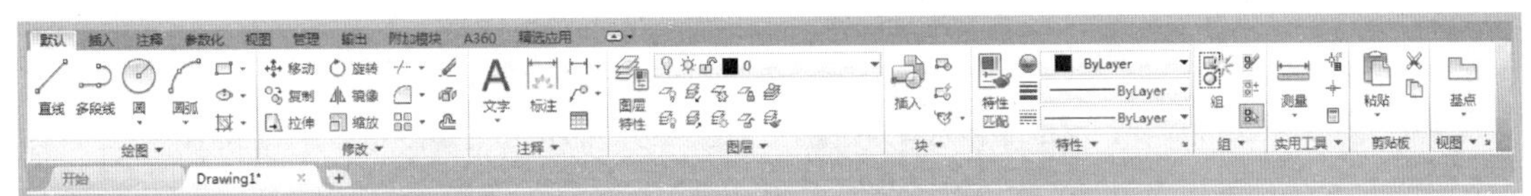

图 2-10　功能区

9. 选项板

选项板是一种可以在绘图区域中固定或浮动的界面元素。AutoCAD 2018 的选项板包括【特性】【图层】【工具选项板】【设计中心】和【外部参照】等 14 种选项板。【工具选项板】是选项板的一种，它包含了多个类别的选项卡，每个选项卡面板又包含多种相应的工具按钮、图块、图案等。在 AutoCAD 2018 中，用户可以单击【工具】/【选项板】/【工具选项板】命令或者单击【视图】选项卡 /【选项板】面板 /【工具选项板】按钮来打开工具选项板。图 2-11 所示为打开的初始状态下的【工具选项板】。

用户可以通过将对象从图形拖至工具选项板来创建工具，然后使用新工具创建与拖至选项板的对象特性相同的对象。

添加到工具选项板的项目称为【工具】，可以通过将【几何对象】【标注与块】【图案填充】【实体填充】【渐变填充】【光栅图像】和【外部参照】中的任一项拖至工具选项板来创建工具。

10. 滚动条

滚动条包括垂直滚动条和水平滚动条，可以利用它们的移动来控制图样在窗口中的位置。如果不显示滚动条，可以单击【工具】/【选项】命令打开【选项】对话框，选择【显示】选项卡，如图 2-12 所示，在【窗口元素】选项区中选择【在图形窗口中显示滚动条】，这时屏幕上就会出现垂直滚动条和水平滚动条。

11. ViewCube 工具和导航栏

在绘图区的右上角会出现 ViewCube 工具，用以控制图形的显示和视角，如图 2-13 所示。一般在二维状态下，不用显示该工具。在【选项】对话框中选择【三维建模】选项卡，在【在视口中显示工具】选项区取消【显示 ViewCube】选项中两个复选框的选中，单击 确定 按钮，或者在【视图】选项卡的【视口工具】面板上单击 ViewCube 按钮即可取消 ViewCube 工具的显示。

导航栏位于绘图区的右侧，如图 2-14 所示。导航栏用以控制图形的缩放、平移、回放、动态观察等功能，一般二维状态下不用显示导航栏。要关闭导航栏，只需单击控制盘右上角的 按钮即可。在【视图】选项卡的【视口工具】面板上单击导航栏按钮，可以打开或关闭导航栏。

建模
约束
注释
建筑
机械
电力
土木工程
结构
圆柱形螺旋
二维螺旋
椭圆形圆柱体
平截面圆锥体
平截头棱锥体
UCS
上一个 UCS
三维对齐
工具选项板 - 所有选项板

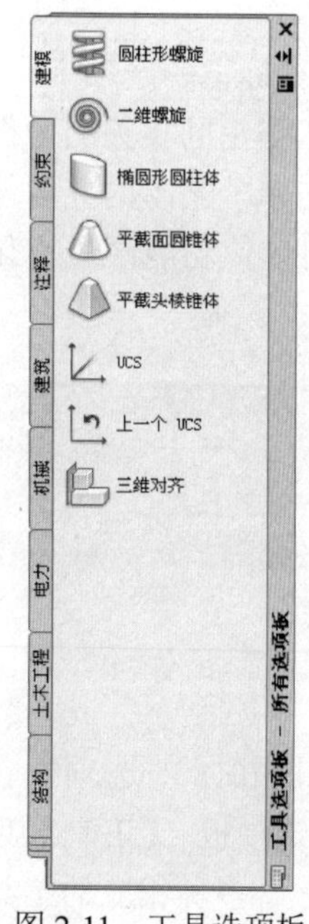

图 2-11　工具选项板

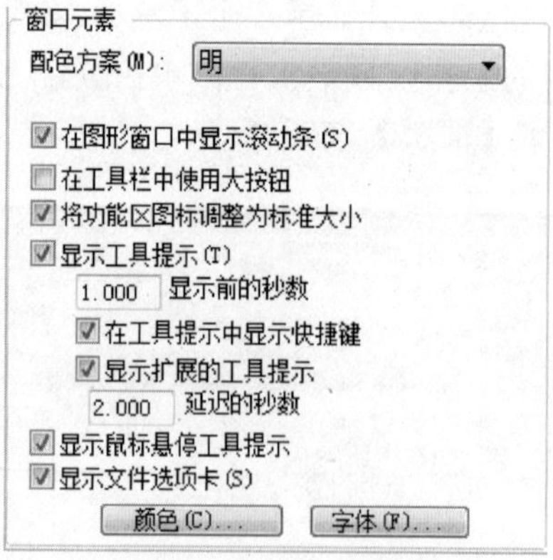

窗口元素
配色方案(M)：
明
在图形窗口中显示滚动条(S)
在工具栏中使用大按钮
将功能区图标调整为标准大小
显示工具提示(T)
1.000
显示前的秒数
在工具提示中显示快捷键
显示扩展的工具提示
2.000
延迟的秒数
显示鼠标悬停工具提示
显示文件选项卡(S)
颜色(C)...
字体(F)...

图 2-12 【显示】选项卡

北
西
东
南
上
WCS

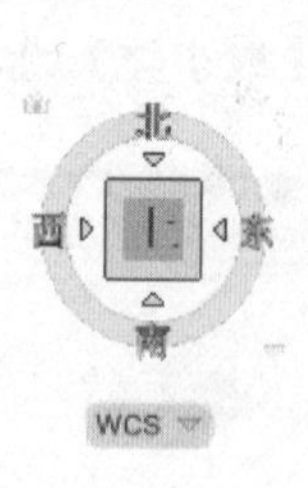

图 2-13　ViewCube 工具

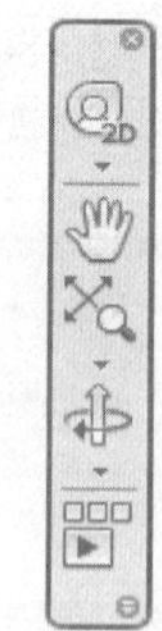

图 2-14　导航栏

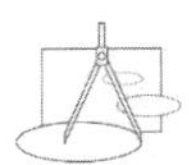

2.4　文件的基本操作

文件的基本操作主要包括新建文件、保存文件、关闭文件和打开文件等。

2.4.1　新建文件

单击【文件】/【新建】命令或单击快速访问工具栏上的【新建】按钮，都会出现【选择样板】对话框，如图 2-15 所示。

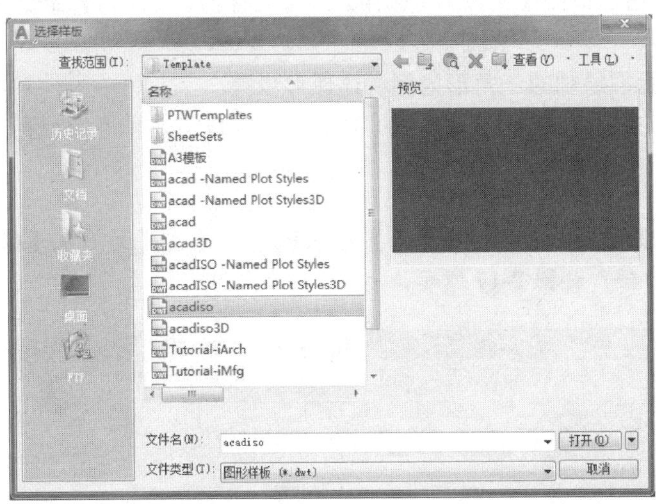

图 2-15 【选择样板】对话框

用户可以在样板列表中选择合适的样板文件，然后单击 打开(O) 按钮，这样就可以以选定样板新建一个图形文件，一般使用 acadiso.dwt 样板即可。除了系统给定的这些可供选择的样板文件（样板文件扩展名为 .dwt），用户还可以自己创建所需的样板文件，以后可以多次使用，避免重复劳动。

> **提示**　用户还可以用【选择样板】对话框以无样板的形式新建图形文件，单击 打开(O) 按钮右边的箭头按钮，可以在两个内部默认图形样板（公制或英制）之间进行选择。

2.4.2　创建图形

认识了 AutoCAD 2018 的界面后，就可以试着用 AutoCAD 2018 的强大绘图功能来绘制如图 2-16 所示的图形，根据提示操作即可。

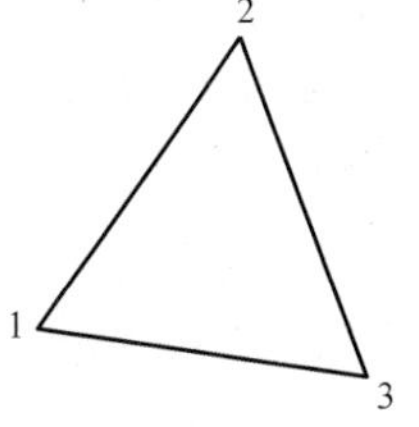

图 2-16　三角形

【例 2-1】 绘制一个简单图形。

练习步骤

在【绘图】面板上，单击【直线】按钮，命令行的提示如下：

命令：_line
指定第一个点： // 单击鼠标左键确定点 1
指定下一点或[放弃(U)]： // 单击鼠标左键确定点 2
指定下一点或[放弃(U)]： // 单击鼠标左键确定点 3
指定下一点或[闭合(C)/放弃(U)]：C // 输入 C 并按〈Enter〉键

2.4.3 保存文件

保存文件可以通过单击【文件】/【保存】或【文件】/【另存为】命令来完成。

1. 保存

【例 2-2】 以上面绘制的三角形为例讲述保存步骤。

1）单击快速访问工具栏上的【保存】按钮（或单击【文件】/【保存】命令），弹出【图形另存为】对话框，如图 2-17 所示。

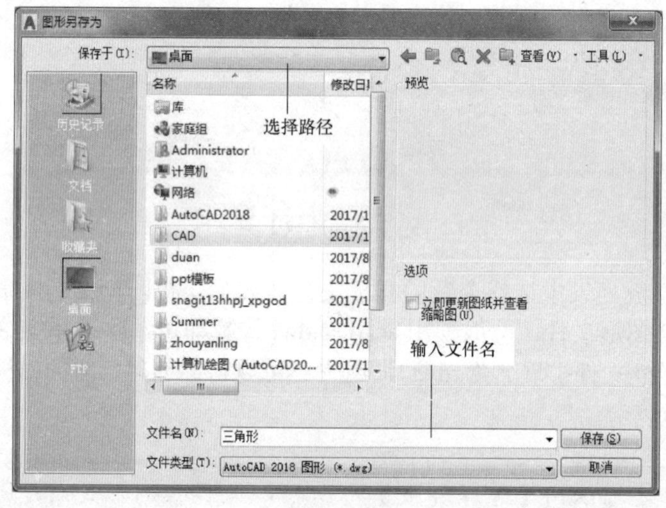

图 2-17 【图形另存为】对话框

2）在【文件名】后面的文本框中输入要保存文件的名称，可以输入【三角形】（完全覆盖原来的默认名字），在【保存于】右边的下拉列表中选择要保存文件的路径，这里设置的目录是 \\CAD，当这些都设置完成后，如图 2-17 所示。单击 保存(S) 按钮，图形文件就会以【三角形】为名称存放在 \\CAD 这个目录下了，AutoCAD 图样默认的扩展名为 .dwg。

3）注意这时在标题栏上有变化，会显示当前文件的名字和路径。如果继续绘制，再单击【保存】按钮时就不会出现上述的对话框，系统会自动以原名、原目录保存修改后的文件。

保存命令可以通过单击【文件】/【保存】命令来实现。如果在上次存盘后，所做的修改是错误的，则可以在关闭文件时不保存，文件将仍保存着原来的结果。

> **提示** 存盘时，一般把文件集中存放到某一个固定的地方，以便管理和查找。

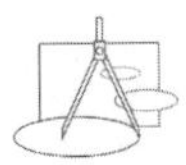

2. 另存为

当需要把图形文件做备份时，或者放到另一条路径下时，用上面讲的【保存】方式是完成不了的。这时可以用另一种保存方式——【另存为】。

单击【文件】/【另存为】命令，会弹出【图形另存为】对话框，其文件名称和路径的设置与【保存】相同，就不具体介绍了，参照上面讲的进行操作即可。

2.4.4 关闭文件

在 AutoCAD 2018 中，要关闭图形文件，可以单击菜单栏右边的【关闭】按钮（如果不显示菜单栏，可以单击文件窗口右上角的关闭按钮，注意不是应用程序窗口），如果当前的图形文件还没保存过，这时 AutoCAD 2018 会给出是否保存的提示，如图 2-18 所示，单击【是(Y)】按钮，会弹出【图形另存为】对话框，保存方法按照上面的步骤进行即可。保存后，文件被关闭。如果单击【否(N)】按钮，则文件不保存退出；如果单击【取消】按钮，则会取消关闭文件操作。

图 2-18 提示信息

> **提示** 可以通过单击【文件】/【关闭】命令来关闭文件。

2.4.5 打开文件

对于一张图，可能一次完不成，以后要继续进行绘制，或者完成保存后发现文件中有错误与不足，要进行编辑修改，这时就要把旧文件打开，重新调出来。

要打开一个文件，可以单击【打开】按钮，弹出【选择文件】对话框，在对话框中选择要打开的文件，如图 2-19 所示。先找到存放文件的路径，单击名为【三角形】的

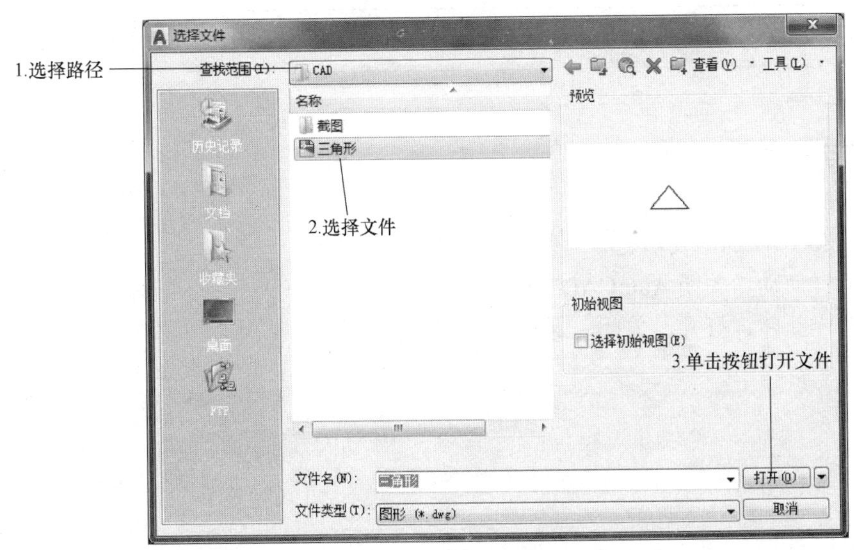

图 2-19 【选择文件】对话框

图形文件，右边的预览窗口会显示该文件的图形（如果没有预览窗口，用户可以在【查看】下拉菜单中选择【预览】选项），单击 打开(O) 按钮，旧的文件就被打开了。在 打开(O) 按钮右面有一个倒黑三角▼，单击它会打开一个下拉列表，用户可以选择【打开】【以只读方式打开】【局部打开】【以只读形式局部打开】选项。

提示 可以通过单击【文件】/【打开】命令来打开一个文件。

如果要查找文件，可以单击对话框中的【工具】/【查找】命令，弹出【查找】对话框，如图 2-20 所示。用户可以使用它快速定位要找的文件。

在【名称和位置】选项卡中设置要查找的名称，在【类型】下拉列表中选择为【图形(*.dwg)】单击【查找范围】右侧的 浏览(B) 按钮，将【查找范围】设置为文件所在目录，单击 开始查找(I) 按钮，即可根据设置的内容查找文件。

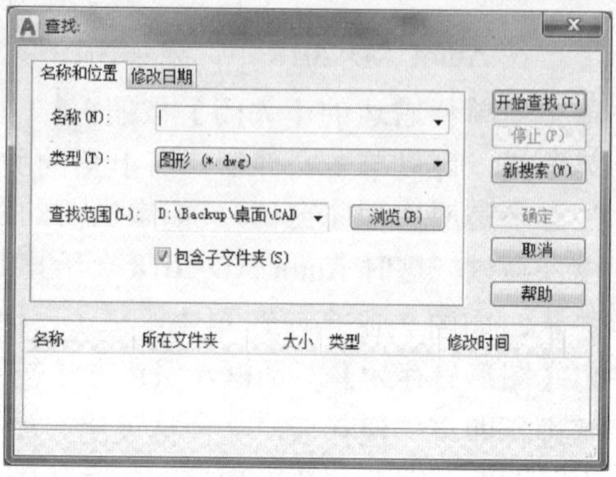

图 2-20 【查找】对话框

2.4.6 退出 AutoCAD

AutoCAD 2018 支持多文档操作，也就是说，可以同时打开多个图形文件，同时在多张图样上进行操作，这对提高工作效率是非常有帮助的。但是，为了节约系统资源，要学会有选择地关闭一些暂时不用的文件。当完成绘制或修改工作，暂时用不到 AutoCAD 2018 时，最好先退出 AutoCAD 2018 系统，再进行其他的操作。

退出 AutoCAD 2018 系统的方法，与关闭图形文件的方法类似。单击标题栏中的【关闭】按钮 ×，如果当前的图形文件以前没有保存过，则系统也会给出是否保存的提示。如果不想保存，则单击 否(N) 按钮；要保存，则参照着前面讲过的方法与步骤进行操作即可。

提示 可以通过单击【文件】/【退出】命令，退出 AutoCAD 2018 系统。

2.5 思考与练习

（1）AutoCAD 的主要功能有哪些？

（2）怎样启动、关闭 AutoCAD 2018？

（3）怎样新建、打开、关闭、保存一个文件？

第3章

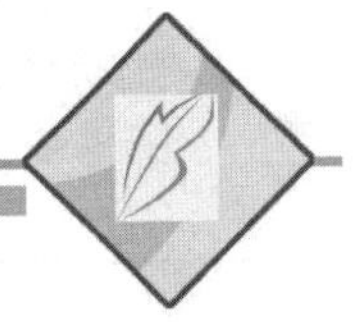

AutoCAD 绘图基础

【本章重点】

- 命令的执行与响应。
- 鼠标操作。
- 使用坐标。
- 对象的选择与删除。
- 简单的显示控制。

3.1 AutoCAD 命令的执行

使用 AutoCAD 绘制图形，必须对系统下达命令，系统通过执行命令，在命令窗口出现相应提示，用户根据提示输入相应指令，完成图形绘制。所以用户必须熟练掌握调用命令、执行命令与结束命令的方法，还需掌握命令提示中常用选项的用法及含义。

调用命令有多种方法，这些方法之间可能存在难易、繁简的区别。用户可以在不断的练习中找到一种适合自己的、最快捷的绘图方法或绘图技巧。通常，可以用以下几种方法来执行某一命令：

- 在命令行“命令：”提示后直接输入命令：在命令行输入相关操作的完整命令或快捷命令，然后按〈Enter〉键或空格键即可执行命令。例如，绘制直线，可以在命令行输入“line”或“l”，然后按〈Enter〉键或空格键执行绘制直线命令。

> **提示** AutoCAD 的完整命令一般情况下是该命令的英文，快捷命令一般是英文命令的首字母，当两个命令首字母相同时，大多数情况下使用该命令的前两个字母即可调用该命令，需要用户在使用过程中记忆。直接输入命令是操作最快的方式。

- 单击工具面板中的图标按钮：工具面板是 AutoCAD 2018 最富有特色的工具集合，单击工具面板中的工具图标调用命令的方法形象、直观，是初学者最常用的方法。将鼠标在按钮处停留数秒，会显示该按钮工具的名称，帮助用户识别。例如，单击绘图工具栏中的⊙按钮，可以启动【圆】命令。有的工具按钮后面有▾图标，可以单击此图标，在出现的工具箱选取相应工具。

- 单击下拉菜单中的相应命令：一般的命令都可以在下拉菜单中找到，它是一种较实用的命令执行方法。例如，单击【绘图】/【圆弧】/【三点】命令可以执行通过“起点、中间点和结束点”绘制圆弧的命令。由于下拉菜单较多，它又包含许多子菜单，所以准确地找到菜单命令需要熟练记忆它们。由于使用下拉菜单次数较多，降低了绘图效率，故而较少使用下拉菜单方式绘图。

提示 AutoCAD 2018 默认状态下不显示菜单，单击快速访问工具栏最后的▾按钮在出现的下拉菜单中选择【显示菜单栏】命令，即可显示菜单栏。

- 使用快捷菜单：为了更加方便地执行命令或命令中的选项，AutoCAD 提供了快捷菜单，用户只需用鼠标右键单击对象，在出现的快捷菜单中选择相应命令或选项即可激活相应功能。
- 使用快捷键和功能键：使用快捷键和功能键是最简单、快捷的执行命令的方式，常用的快捷键和功能键见表 3-1。

表 3-1 常用的快捷键和功能键

功能键或快捷键	功　能	快捷键或快捷键	功　能
〈F1〉	AutoCAD 帮助	〈Ctrl + N〉	新建文件
〈F2〉	文本窗口开 / 关	〈Ctrl + O〉	打开文件
〈F3〉/〈Ctrl+F〉	对象捕捉开 / 关	〈Ctrl + S〉	保存文件
〈F4〉	三维对象捕捉开 / 关	〈Ctrl +Shift+ S〉	另存文件
〈F5〉/〈Ctrl+E〉	等轴测平面转换	〈Ctrl + P〉	打印文件
〈F6〉/〈Ctrl+D〉	动态 UCS 开 / 关	〈Ctrl + A〉	全部选择图线
〈F7〉/〈Ctrl+G〉	栅格显示开 / 关	〈Ctrl + Z〉	撤销上一步的操作
〈F8〉/〈Ctrl+L〉	正交开 / 关	〈Ctrl + Y〉	重复撤销的操作
〈F9〉/〈Ctrl+B〉	栅格捕捉开 / 关	〈Ctrl + X〉	剪切
〈F10〉/〈Ctrl+U〉	极轴开 / 关	〈Ctrl + C〉	复制
〈F11〉	对象捕捉追踪开 / 关	〈Ctrl + V〉	粘贴
〈F12〉	动态输入开 / 关	〈Ctrl + J〉	重复执行上一命令
〈Delete〉	删除选中的对象	〈Ctrl + K〉	超级链接
〈Ctrl+1〉	对象特性管理器开 / 关	〈Ctrl + T〉	数字化仪开 / 关
〈Ctrl+2〉	设计中心开 / 关	〈Ctrl + Q〉	退出 CAD

- 直接按空格键或〈Enter〉键执行刚执行过的最后一个命令：AutoCAD 2018 有记忆能力，可以记住曾经执行的命令，完成一个命令后，直接按空格键或〈Enter〉键可以调用刚才执行过的最后一个命令。因为绘图时大量重复使用命令，所以这是 AutoCAD 中使用最广的一种调用命令的方式。
- 使用键盘上的〈↑〉键和〈↓〉键选择曾经使用过的命令：使用这种方式时，必须保证最近曾经执行过欲调用的命令，此时可以使用〈↑〉键和〈↓〉键上翻或下翻命令，

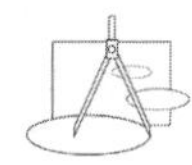

直至所需命令出现，按空格键或〈Enter〉〈↓〉键执行命令。

调用命令后，并不能自动绘制图形，需要根据命令窗口的提示进行操作才能绘制图形。命令窗口的提示有以下几种形式：

- 直接提示：这种提示直接出现在命令窗口里面，用户可以根据提示了解该命令的设置模式或直接执行相应的操作完成绘图。
- 方括号内的选项：有时在提示中会出现方括号，方括号内的选项称为可选项。想使用该选项，用键盘直接输入相应选项后小括号内的字母，按空格键或〈Enter〉键即可完成选择。
- 角括号内的选项：有时提示内容中会出现角括号，其中的选项称为默认选项，直接按空格键或〈Enter〉键即可执行该选项。

例如，单击【偏移】命令做平行线时，出现的提示如下：

"当前设置：删除源 = 否　图层 = 源　OFFSETGAPTYPE=0

指定偏移距离或 [通过（T）/ 删除（E）/ 图层（L）]〈通过〉："

"当前设置：删除源 = 否　图层 = 源　OFFSETGAPTYPE=0" 提示用户当前的设置模式为不删除原图线，做出的平行线和原图线在一个图层，偏移方式为 0。

"指定偏移距离" 提示用户输入偏移距离，如果直接输入距离按空格键或〈Enter〉键，即可设定平行线的距离。

"[通过（T）/ 删除（E）/ 图层（L）]" 为可选项，如果想使用图层选项，只需输入 "L"，按空格键或〈Enter〉键，即可根据提示设置新生成的图线的图层属性。

"〈通过〉" 选项是默认选项，如果直接按空格键或〈Enter〉键即可响应该选项，根据提示通过点做某图线的平行线。

3.2　命令操作

利用 AutoCAD 完成的所有工作都是通过用户对系统下达命令来执行的。所以用户必须熟练掌握执行命令和结束命令的方法以及命令提示中各选项的含义和用法。

3.2.1　响应命令和结束命令

在激活命令后，一般情况下需要给出坐标或选择参数，比如让用户输入坐标值、设置选项、选择对象等，这时需要用户回应以继续执行命令。可以使用键盘、鼠标或快捷菜单来响应命令。另外，绘制图样需要多个命令，经常需要结束某个命令接着执行新命令。有些命令在执行完毕后会自动结束，有些命令需要使用相应操作才能结束。

结束命令有以下四种方法：

- 按键盘上的〈Enter〉键：按键盘上的〈Enter〉键可以结束命令或确认输入的选项和数值。
- 按键盘上的空格键：按键盘上的空格键可以结束命令，也可确认除书写文字外的其余选项。这种方法是最常用的结束命令的方法。

> **提示**　绘图时，一般左手操作键盘，右手控制鼠标，这时可以使用左手拇指方便地操作空格键，所以使用空格键是更方便的一种操作方法。

- 使用快捷菜单：在执行命令过程中，单击鼠标右键，在弹出的快捷菜单中选择【确认】选项即可结束命令。
- 按键盘上的〈Esc〉键：通过按键盘上的〈Esc〉键结束命令，回到命令提示状态下。有些命令必须使用键盘上的〈Esc〉键才能结束。

3.2.2 取消命令

绘图时也有可能会选错命令，需要中途取消命令或取消选中的目标。取消命令的方法有以下两种：

- 按键盘上的〈Esc〉键：〈Esc〉键的功能非常强大，无论命令是否完成，都可通过按键盘上的〈Esc〉键取消命令，回到命令提示状态下。在编辑图形时，也可通过按键盘上的〈Esc〉键取消对已激活对象的选择。
- 使用快捷菜单：在执行命令过程中，单击鼠标右键，在弹出的快捷菜单中选择【取消】选项即可结束命令。

> **提示** 有时需要多次使用键盘上的〈Esc〉键才能结束命令。

3.2.3 撤销命令

撤销即放弃最近执行过的一次操作，回到未执行该命令前的状态，方法有以下几种：

- 单击【编辑】/【放弃】命令。
- 单击快速访问工具栏中的按钮。
- 在命令行输入“undo”或“u”命令，按空格键或〈Enter〉键。
- 使用快捷键〈Ctrl+Z〉。

放弃近期执行过的一定数目操作的方法如下：

- 单击快速访问工具栏中的按钮右侧列表箭头，在下拉列表中选择一定数目要放弃的操作。
- 在命令行输入“undo”命令后按〈Enter〉键，根据提示操作。此时命令窗口提示如下：

命令：undo　　　　　　　　　　　　　// 按〈Enter〉键或空格键

当前设置：自动＝开，控制＝全部，合并＝是，图层＝是

输入要放弃的操作数目或［自动（A）/ 控制（C）/ 开始（BE）/ 结束（E）/ 标记（M）/ 后退（B）］〈1〉：6

// 输入要放弃的操作数目，按〈Enter〉键或空格键

GROUP CIRCLE GROUP ARC GROUP ARC GROUP OFFSET GROUP CIRCLE GROUP LINE

// 系统提示所放弃的 6 步操作的名称

3.2.4 重做命令

重做是指恢复 undo 命令刚刚放弃的操作。它必须紧跟在 u 或 undo 命令后执行，否则命令无效。

重做单个操作的方法如下：

- 单击【编辑】/【重做】命令。

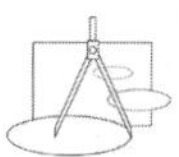

- 单击快速访问工具栏中的按钮。
- 在命令行输入“redo”命令，按空格键或〈Enter〉键。
- 使用快捷键〈Ctrl+Y〉。

重做一定数目的操作的方法如下：

- 单击快速访问工具栏中的按钮右侧列表箭头，在下拉列表中选择一定数目要重做的操作。
- 在命令行输入“mredo”命令后按〈Enter〉键，根据提示操作。此时命令窗口的提示如下：

命令：mredo　　//按〈Enter〉键或空格键

输入动作数目或［全部（A）/上一个（L）］：4　　//输入要重做的操作数目，按〈Enter〉键或空格键

GROUP LINE GROUP CIRCLE GROUP OFFSET GROUP ARC　　//系统提示所重做的 4 步操作的名称

3.3　鼠标操作

鼠标在 AutoCAD 操作中起着非常重要的作用，是不可缺少的工具。AutoCAD 采用了大量的 Windows 的交互技术，使鼠标操作的多样化、智能化程度更高。在 AutoCAD 中绘图、编辑都要用到鼠标操作，灵活使用鼠标，对于加快绘图速度，提高绘图质量有着非常重要的作用，所以有必要先介绍一下鼠标指针在不同情况下的形状和鼠标的几种使用方法。

3.3.1　鼠标指针形状

作为 Windows 的用户，大家都知道鼠标指针有很多样式，不同的形状代表现在系统在干什么或系统要求用户干什么。当然 AutoCAD 也不例外。了解鼠标的指针形状对用户进行 AutoCAD 操作的意义是显而易见的。各种鼠标指针形状的含义见表 3-2。

表 3-2　各种鼠标指针形状的含义

指针形状	含　义	指针形状	含　义
	正常绘图状态		调整图框右上左下方向的大小
	指向状态		调整图框左右方向的大小
	输入状态		调整图框左上右下方向的大小
	选择对象状态		调整图框上下方向的大小
	实时缩放状态		视图平移符号
	移动实体状态		插入文本符号
	调整命令窗口大小		帮助超文本跳转

3.3.2　鼠标基本操作

鼠标的基本操作主要有以下几种方法。

（1）指向　把鼠标指针移动到某一个面板按钮上，系统会自动显示出该图标按钮的名称和说明信息。

（2）单击左键　把鼠标指针移动到某一个对象，单击鼠标左键。通常单击鼠标左键主要应用在以下场合：

- 选择目标。
- 确定十字光标在绘图区的位置。
- 移动水平、竖直滚动条。
- 单击命令按钮，执行相应命令。
- 单击对话框中的按钮，执行相应命令。
- 打开下拉菜单，选择相应的命令。
- 打开下拉列表，选择相应的选项。

（3）单击右键　把鼠标指针指向某一个对象，单击鼠标右键。单击鼠标右键主要应用在以下场合：

- 结束选择目标。
- 弹出快捷菜单。
- 结束命令。

（4）双击　把鼠标指针指向某一个对象或图标，快速按两下鼠标左键。

（5）拖动　在某对象上按住鼠标左键并移动鼠标指针至适当的位置释放。拖动鼠标主要应用在以下场合：

- 拖动滚动条，以快速在水平、垂直方向移动视图。
- 动态平移、缩放当前视图。
- 拖动选项板到合适的位置。
- 在选中的图形上按住鼠标左键拖动，可以移动对象的位置。

（6）间隔双击　在某一个对象上单击鼠标左键，间隔一会再单击一下，这个间隔要超过双击的间隔。间隔双击主要应用于文件名或层名。在文件名或层名上间隔双击后就会进入编辑状态，这时就可以改名了。

（7）滚动中键　滚动中键是指滚动鼠标的中键滚轮。在绘图工作区滚动中键可以实现对视图的实时缩放。

（8）拖动中键　拖动中键是指按住鼠标中键移动鼠标。在绘图工作区拖动中键或结合键盘拖动中键可以完成以下功能：

- 直接拖动鼠标中键，可以实现视图的实时平移。
- 按住〈Ctrl〉键拖动鼠标中键，可以沿 45°倍数方向平移视图。
- 按住〈Shift〉键拖动鼠标中键可以实时旋转视图。通过 View Cube（上）调节还原视图。

（9）双击中键　双击中键是指在图形区双击鼠标中键。双击鼠标中键可以将所绘制的全部图形完全显示在屏幕上，使其便于操作。

3.4　AutoCAD 坐标定位

在绘图过程中要精确定位某个对象时，必须以某个坐标系作为参照，以便精确确定点的位置。通过 AutoCAD 的坐标系可以提供精确绘制图形的方法，可以按照非常高的精度标准，准确地设计并绘制图形。

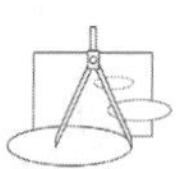

3.4.1　世界坐标系

当进入 AutoCAD 的界面时，系统默认的坐标系统是世界坐标系。坐标系图标中标明了 X 轴和 Y 轴的正方向，如图 3-1 所示，输入的点就是依据这两个正方向来进行定位的。用坐标来定位进行输入时，常使用绝对直角坐标、绝对极坐标、相对直角坐标和相对极坐标四种方法。

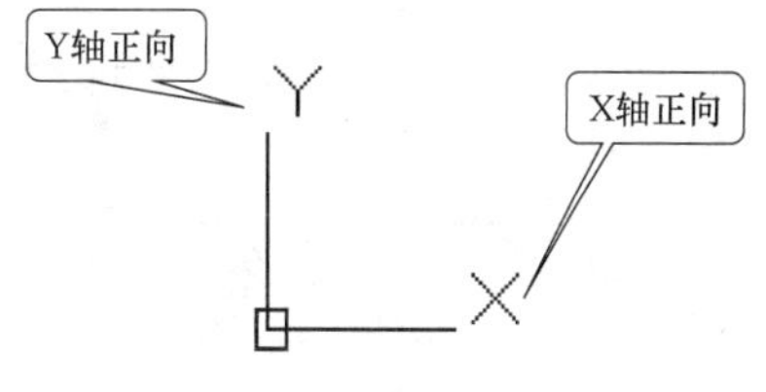

图 3-1　坐标系图标

3.4.2　坐标的表示方法

在 AutoCAD 中，点的坐标可以使用绝对直角坐标、绝对极坐标、相对直角坐标和相对极坐标四种方法表示，它们的特点如下：

- 绝对直角坐标是从原点（0，0）出发的位移，可以使用分数、小数或科学记数等形式表示点的 X 轴、Y 轴的坐标值，坐标间用逗号（英文逗号“,”）分开，如“100,80”。
- 绝对极坐标是从原点（0，0）出发的位移，但给定的是极半径和极角，其中极半径和极角用“<”分开，且规定 X 轴正向为 0°，Y 轴正向为 90°，如“4.5<60”“300<30”等。
- 相对直角坐标和相对极坐标：相对坐标是指相对于某一点的 X 轴和 Y 轴位移，或极半径和极角。它的表示方法是在绝对坐标表达方式前加上“@”号，如“@−45,51”和“@45<120”。其中，相对极坐标中的极角是输入点和上一点连线与 X 轴正向的夹角，极半径是输入点与上一点的连线长度。

以上四种坐标输入方式可以单独使用，也可以混合使用，可根据具体情况灵活运用。

【例 3-1】 混合使用坐标输入方式，创建如图 3-2 所示的图形。

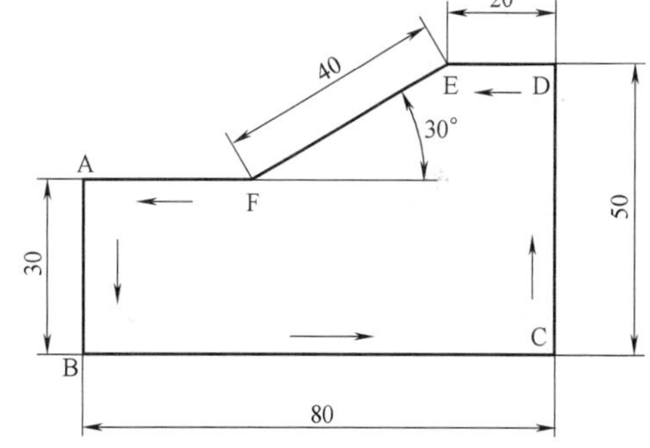

图 3-2　绘制图形

练习步骤

单击【绘图】工具面板图标按钮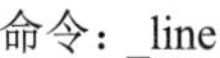，命令行的提示如下：

```
命令：_line
指定第一点：                                          // 单击鼠标左键拾取一点作为 A 点
指定下一点或[放弃(U)]：@0,−30                        // 输入 B 点的相对直角坐标
指定下一点或[放弃(U)]：@80,0                         // 输入 C 点的相对直角坐标
指定下一点或[闭合(C)/放弃(U)]：@0,50                 // 输入 D 点的相对直角坐标
指定下一点或[闭合(C)/放弃(U)]：@−20,0                // 输入 E 点的相对直角坐标
指定下一点或[闭合(C)/放弃(U)]：@40<210               // 输入 F 点的相对极坐标
指定下一点或[闭合(C)/放弃(U)]：C                     // 输入 C，闭合图形
```

3.4.3　对象选择与删除

需要对对象进行编辑或修改时，系统一般提示“选择对象：”，下面介绍几种简单的方法。

1. 单选法

将鼠标指针移至对象上并单击，对象会虚显，表明其被选中（进入选择集）。再单击其他对象，会将其自动添加到选择集。如果要从选择集中去除某个对象，可以按住〈Shift〉键单击该对象。

> **提示** 按〈Esc〉键可以取消选择多个对象。

2. 默认窗口方式

如果将拾取框移到图中的空白区域单击鼠标左键，AutoCAD 会提示"指定对角点："。移动鼠标到另一个位置再单击鼠标左键，AutoCAD 自动以两个拾取点为对角点确定一矩形拾取窗口。如果矩形窗口是从左向右定义的，那么只有完全在矩形框内部的对象会被选中。如果拾取窗口是从右向左定义的，那么位于矩形框内部或与矩形框相交的对象都会被选中。

左框选法：先确定选择框的左上角点 A，然后向右拉出窗口，并确定选择框的右下角点 B。用这种方法可以选中选择框内的图形对象，这些图形对象全部包含在选择框内，如图 3-3 所示。

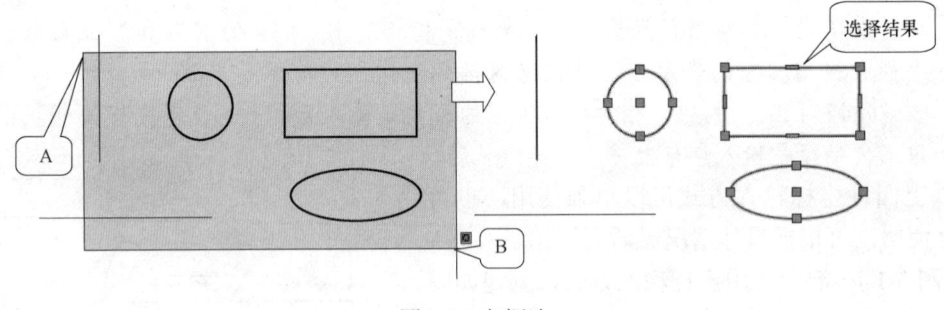

图 3-3 左框选

右框选法：先确定选择框的右上角点 A，然后向左拉出窗口，并确定选择框的左下角点 B，用这种方法无论包含或经过选择框的对象都会被选中，如图 3-4 所示。

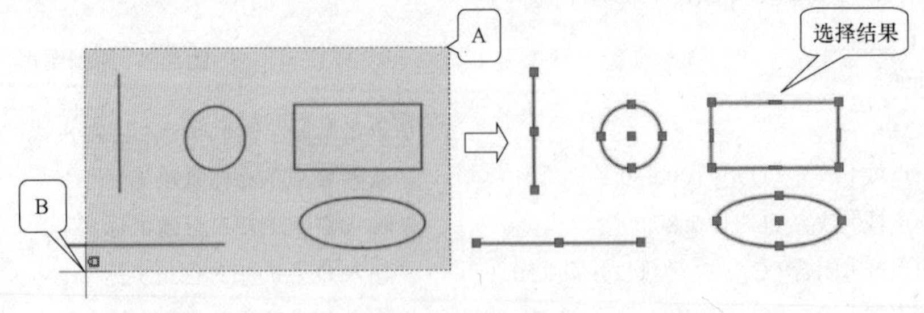

图 3-4 右框选

> **提示** 在没有任何命令激活的状态下，同样可以按上面的方法选择对象，然后按〈Delete〉键可以删除选择的对象。

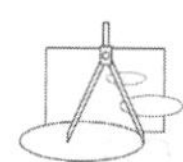

3.5　显示控制方法

3.5.1　缩放

计算机显示屏幕的大小是有限的，也就是可视绘图区域受计算机硬件的限制（在理论上绘图区域是无限的）。

使用视图缩放命令可以放大或缩小图样在屏幕上的显示范围和大小。AutoCAD 向用户提供了多种视图缩放的方法，可以使用多种方法获得需要的缩放效果。

执行视图缩放命令的方法如下：

- 下拉菜单：【视图】/【缩放】命令，如图 3-5 所示。
- 面板：单击【功能区】的【视图】选项卡，使用【导航】面板的缩放工具，如图 3-6 所示。
- 【导航栏】中的【缩放】工具：单击缩放工具的下拉箭头，在下拉列表中选择相应的缩放命令即可，如图 3-7 所示。

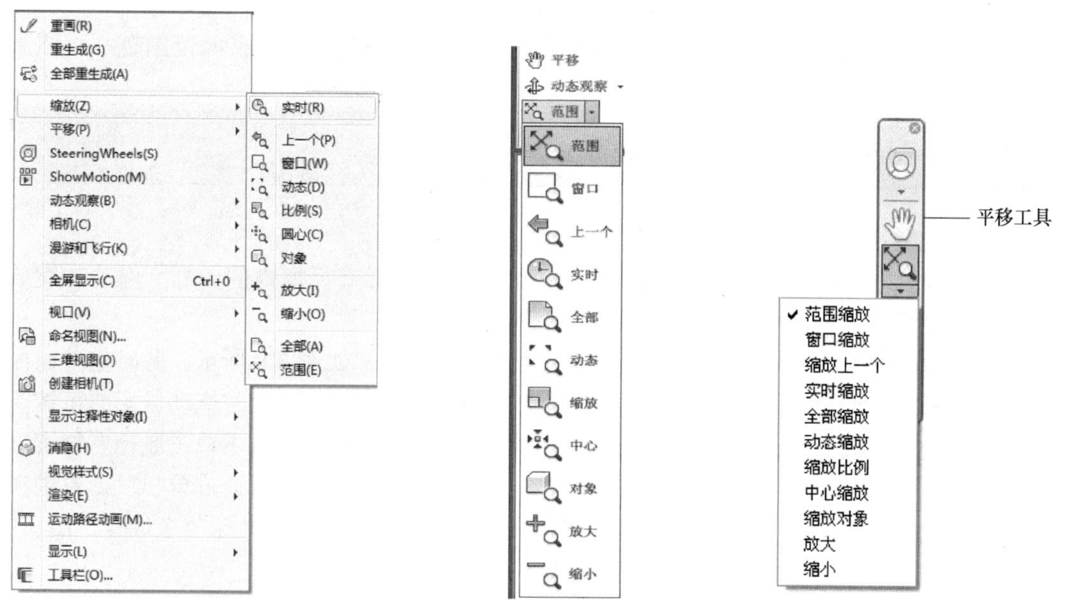

图 3-5 【缩放】菜单　　图 3-6 【导航】面板的缩放工具　　图 3-7 【导航栏】中的缩放菜单

- 使用鼠标控制：滚动鼠标滚轮，即可完成缩放视图，这是最常用的缩放方式。
- 命令行：zoom 或 z。

在命令行输入 zoom 后按〈Enter〉键，命令行的提示如下：

命令：zoom

指定窗口的角点，输入比例因子（nX 或 nXP），或者

[全部（A）/ 中心（C）/ 动态（D）/ 范围（E）/ 上一个（P）/ 比例（S）/ 窗口（W）/ 对象（O）]〈实时〉：

AutoCAD 具有强大的缩放功能，用户可以根据自己的需要显示查看图形信息。常用的缩放工具有窗口缩放、动态缩放、比例缩放、中心缩放、缩放对象、放大、缩小、全部缩放和范围缩放等。

1. 实时缩放

【实时缩放】是系统默认选项。在命令行的提示下直接按〈Enter〉键或使用上述任何一种方式选择【实时缩放】按钮，则可以进行实时缩放。选择【实时缩放】后，光标变为放大镜形状，按住鼠标左键向上方（正上、左上、右上均可）拖动鼠标可实时放大图形显示，按住鼠标左键向下方（正下、左下、右下均可）拖动鼠标可实时缩小图形显示。

> **提示** 在实际操作时，一般滚动鼠标中键完成视图的实时缩放。在图形区向上滚动鼠标滚轮为实时放大视图，向下滚动鼠标滚轮为实时缩小视图。这种操作十分方便、快捷，用户必须牢记。

2. 窗口缩放

窗口缩放就是把处于用户定义矩形窗口的图形局部进行缩放。绘制图样过程中，可能某一部分的图线特别密集，想继续绘制或编辑，会很不方便。遇到这种情况，用窗口缩放命令可以将需要修改的图样部分放大到一定程度，再进行绘制和编辑就十分方便了。通过确定矩形的两个角点，可以拉出一个矩形窗口，窗口区域的图形将放大到整个窗口范围。

角点在选择时，将图形要放大的部分全部包围在矩形框内。矩形框的范围越小，图形显示得越大。

> **提示** 可以通过单击【视图】/【缩放】命令进行视图缩放。

3. 动态缩放

动态缩放与窗口缩放有相同之处，它们放大的都是矩形选择框内的图形，但动态缩放比窗口缩放灵活，可以随时改变选择框的大小和位置。

单击【动态缩放】命令按钮，绘图区会出现选择框，如图 3-8 所示，此时拖动鼠标可移动选择框到需要位置，单击鼠标后选择框的形状如图 3-9 所示，此时拖动鼠标即可按箭头所示方向放大或反向缩小选择框，并可上下移动。在图 3-9 所示状态下单击鼠标左键可以变换为图 3-8 所示的状态，拖动鼠标可以改变选择框的位置。用户可以通过单击鼠标左键在两种状态之间切换。需要注意的是，图 3-8 所示的状态可以通过拖动鼠标改变位置，图 3-9 所示的状态可以通过拖动鼠标改变选择框的大小。

图 3-8 选择框可移动时的状态

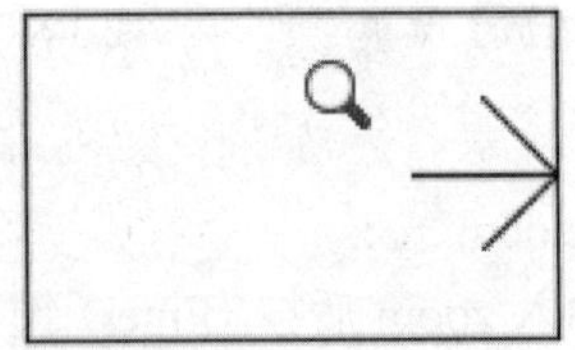

图 3-9 可缩放的选择框

不论选择框处于何种状态，只要将需要放大的图样选择在框内，按〈Enter〉键即可将其放大并且为最大显示。注意，选择框越小，放大倍数越大。

4. 范围缩放

用窗口缩放命令，将图样放大是为了便于局部操作，但全图布局就容易被忽略。要观

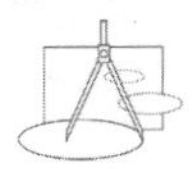

察全图的布局，可以单击【范围缩放】按钮让图样布满屏幕，无论当前屏幕显示的是图样的哪一部分，或者图样在屏幕上多么小，都可以让所有的图布置到屏幕内，并且使所有的对象最大显示。

5. 其他缩放工具

- 单击【缩放对象】按钮，将选定对象（可选择多个对象）显示在屏幕上。该命令可以通过单击【视图】/【缩放】/【对象】命令进行选择。
- 单击【全部缩放】按钮，将所有图形对象（包括栅格，也就是图形界限）显示在屏幕上。该命令可以单击【视图】/【缩放】/【全部】命令进行选择。
- 单击【缩放上一个】按钮，恢复上次的缩放状态。该命令可以通过单击【视图】/【缩放】/【上一个】命令进行选择。

3.5.2　平移

单击【实时平移】按钮即可进入视图平移状态，此时鼠标指针形状变为✋，按住鼠标左键拖动鼠标，视图的显示区域就会随着实时平移。按〈Esc〉键或〈Enter〉键，可以退出该命令。实时平移与实时缩放、窗口缩放、缩放为原窗口、范围缩放等的切换可以通过单击鼠标右键，在弹出的快捷菜单中进行选择来完成，如图 3-10 所示。

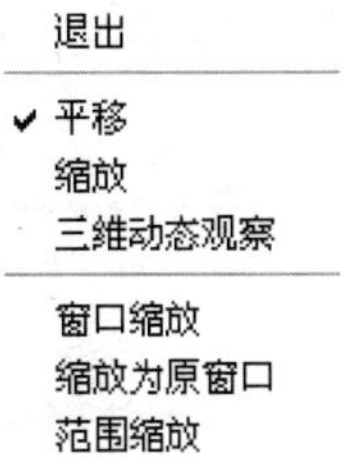

退出
✔ 平移
缩放
三维动态观察
窗口缩放
缩放为原窗口
范围缩放

图 3-10　快捷菜单

3.5.3　命名视图

用户可以通过命名视图命令把绘图过程中的某一显示保存下来，以备随时调用。

【例 3-2】 命名视图。

1）单击【视图】面板上的按钮（或单击【视图】/【命名视图】命令），弹出如图 3-11 所示的【视图管理器】对话框。

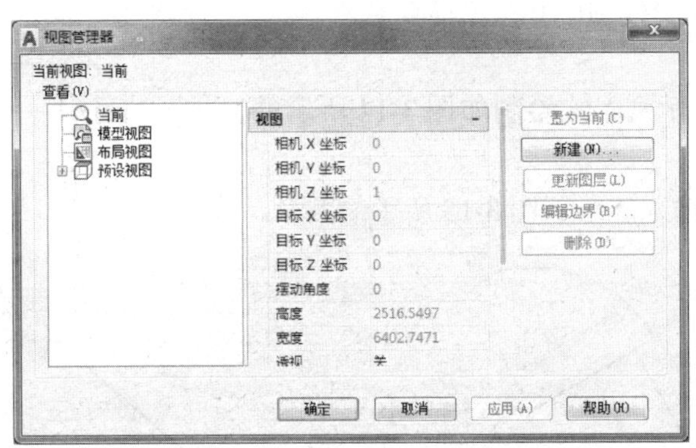

图 3-11　【视图管理器】对话框

2）单击 新建(N)... 按钮，弹出【新建视图】对话框，如图 3-12 所示。在【视图名称】文本框中输入视图名称（如“过程显示”），在【边界】选项区可以选择命名视图定义的范围，可以把当前显示定义为命名视图，也可以通过定义窗口的方法确定命名视图的显示。

3）单击 确定 按钮返回【视图管理器】对话框，新建的视图会显示在视图列表中，单击 确定 按钮退出，如图 3-13 所示。

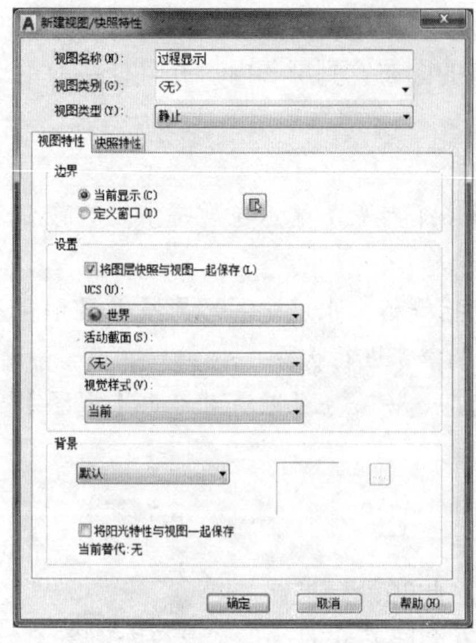

图 3-12 【新建视图】对话框

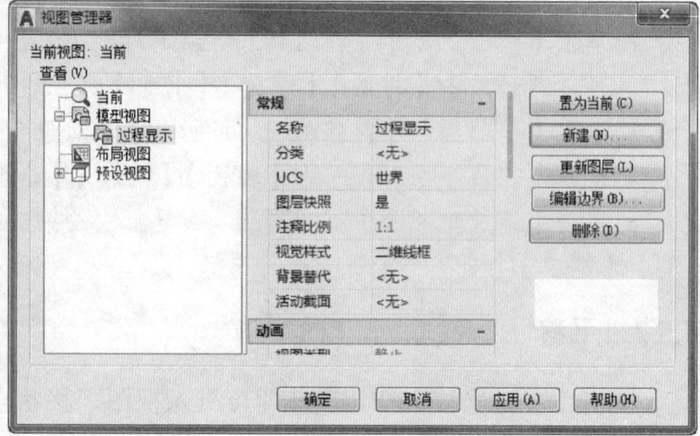

图 3-13 视图状态

如果在绘图过程中要恢复该显示（视图），可以单击【视图】/【命名视图】命令，打开【视图管理器】对话框，在查看列表中选择要恢复的视图，然后单击 置为当前(C) 按钮把该视图置为当前，单击 确定 按钮退出即可。

3.6 思考与练习

1. 概念题

（1）在 AutoCAD 中怎样执行命令？

（2）在 AutoCAD 怎样响应和结束命令？

2. 绘图练习

（1）使用直角坐标输入法绘制如图 3-14 所示的图形。

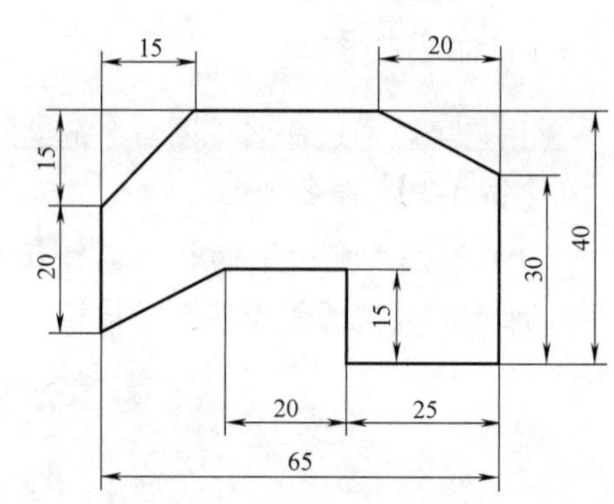

图 3-14 直角坐标输入法绘图

（2）使用极坐标输入法绘制图 3-15 所示的图形。

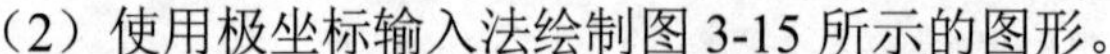

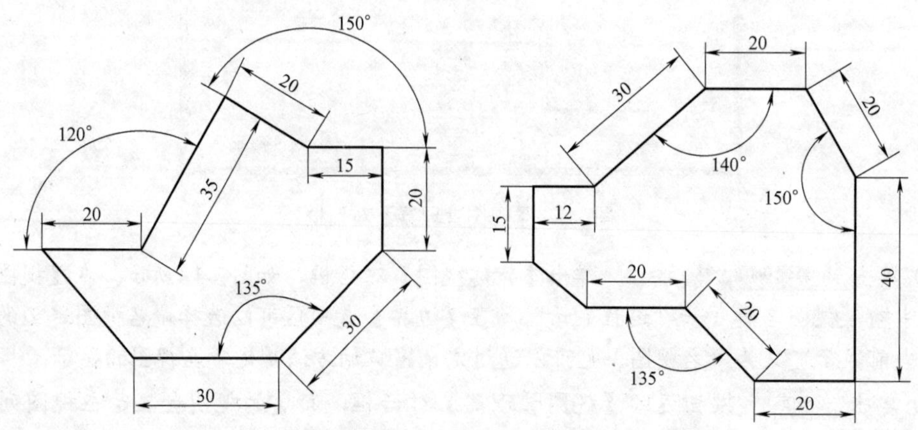

图 3-15 极坐标输入法绘图

第4章

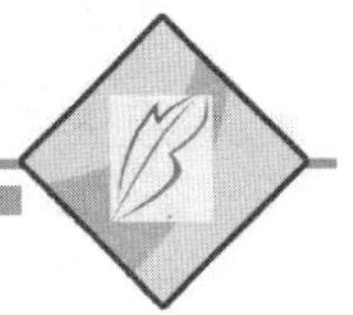

绘制二维图形

【本章重点】

- 绘制直线。
- 绘制圆、圆弧、椭圆和椭圆弧。
- 精确绘图工具一（栅格和对象捕捉）。
- 绘制多段线。
- 绘制平面图形（矩形与正多边形）。
- 绘制点。
- 绘制样条曲线。
- 精确绘图工具二（追踪和动态输入）。

4.1 直线的绘制

直线是构成图形实体的基本元素，可以通过单击【绘图】面板上的直线按钮或单击【绘图】/【直线】命令绘制直线。在绘制直线时，有一根与最后点相连的“橡皮筋”，可以直观地指示端点放置的位置。

用户可以用鼠标拾取或输入坐标的方法指定端点，这样可以绘制连续的线段。按〈Enter〉键、空格键或单击鼠标右键，在弹出的快捷菜单中选择【确认】选项结束命令。

在绘制过程中，如果输入点的坐标出现错误，可以输入字母“U”按〈Enter〉键，撤销上一次输入点的坐标，继续输入，而不必重新执行绘制直线命令。如果要绘制封闭图形，不必输入最后一个封闭点，而直接输入字母“C”，按〈Enter〉键即可。

【例 4-1】 利用直线命令来绘制图 4-1 所示的图形（正三角形）。

单击【绘图】面板上的【直线】按钮直线，命令行的提示如下：

```
命令：_line
指定第一点：                                  // 单击鼠标左键确定 1 点
指定下一点或［放弃（U）］：@60,0               // 确定 2 点
指定下一点或［放弃（U）］：@60<120             // 确定 3 点
指定下一点或［闭合（C）/ 放弃（U）］：C        // 输入 C 闭合图形，命令会自动结束
```

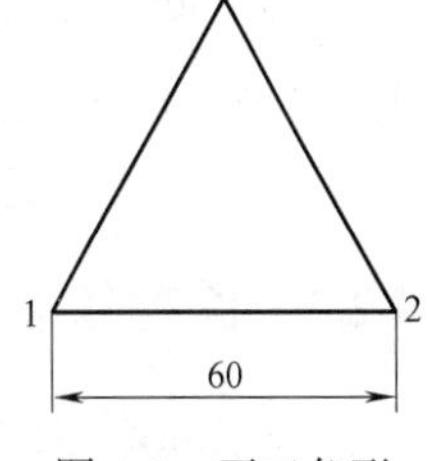

图 4-1 正三角形

如果要绘制水平或垂直线，可以单击状态栏上的按钮，使正交状态开启（图标变蓝），在确定了直线的起始点后，用光标控制直线的绘制方向，直接输入直线的长度即可。利用正交方式可以方便绘制图 4-2 所示的图样。

单击【直线】按钮，命令行的提示如下：

命令：_line
指定第一点：〈正交 开〉 //单击鼠标确定 A 点
指定下一点或［放弃（U）］：〈正交 开〉100 //确定 B 点
指定下一点或［放弃（U）］：60 //确定 C 点
指定下一点或［闭合（C）/ 放弃（U）］：100 //确定 D 点
指定下一点或［闭合（C）/ 放弃（U）］：C //封闭图形

打开正交工具：单击状态栏上的按钮处或按〈F8〉键都可以开启正交状态，这时鼠标只能在水平或竖直方向移动，向右拖动光标，确定直线的走向沿 X 轴正向，如图 4-3 所示。输入长度值 100，然后按〈Enter〉键。用同样的方法确定其余直线的方向，输入长度值。

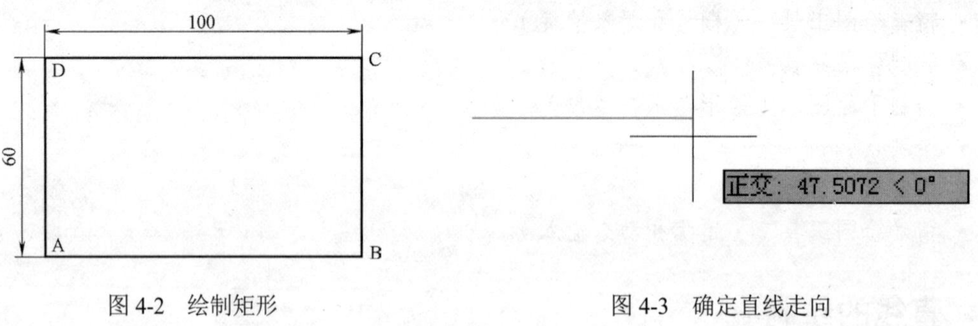

图 4-2　绘制矩形　　　图 4-3　确定直线走向

> **提示**　在处在开启状态的按钮上再次单击鼠标左键或按〈F8〉键都可以取消正交。

> **提示**　建议长度值不要输入负号，要画的线向哪个方向延伸，就把鼠标向哪个方向拖动，然后输入长度值即可。

4.2　圆及圆弧的绘制

圆及圆弧是作图过程中经常遇到的两种基本实体，所以有必要掌握在不同的已知条件下，绘制圆和圆弧的方法。根据已知条件的不同，AutoCAD 2018 提供了 6 种绘制圆的方法，11 种绘制圆弧的方法。

4.2.1　圆的绘制

在 AutoCAD 中，可以通过指定圆心和半径（或直径）或指定圆经过的点创建圆，也可以创建与对象相切的圆。

调用圆命令的方法主要有两种。一是单击【绘图】面板上按钮中的黑三角，可以

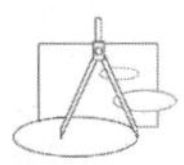

看到与圆绘制有关的所有命令按钮，如图 4-4 所示。二是单击【绘图】/【圆】命令，见表 4-1。这里主要以命令按钮为例创建圆。

表 4-1 【绘图】/【圆】命令说明

命　令	说　明
【绘图】/【圆】/【圆心、半径】	指定圆的圆心和半径绘制圆
【绘图】/【圆】/【圆心、直径】	指定圆的圆心和直径绘制圆
【绘图】/【圆】/【两点】	指定两个点，并以两个点之间的连线为直径来绘制圆
【绘图】/【圆】/【三点】	要求输入圆周上的三个点来确定圆
【绘图】/【圆】/【相切、相切、半径】	以指定的值为半径，绘制一个与两个对象相切的圆。在绘制时，需要先指定与圆相切的两个对象，然后指定圆的半径
【绘图】/【圆】/【相切、相切、相切】	绘制一个与三个对象相切的圆

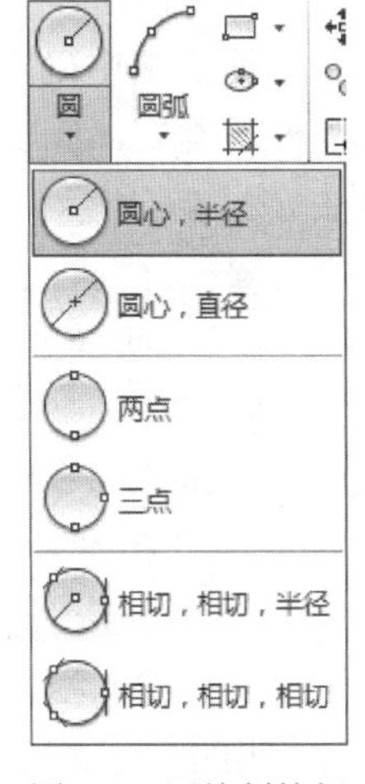

图 4-4　圆绘制按钮

1. 圆心、半径法

圆心、半径法可以通过指定圆心和半径绘制一个圆，单击【圆心，半径】按钮，命令行的提示如下：

命令：_circle

指定圆的圆心或[三点（3P）/ 两点（2P）/ 切点、切点、半径（T）]：　// 指定圆心

指定圆的半径或[直径（D）]：20　// 输入圆的半径，完成圆的绘制

该命令可以通过单击【绘图】/【圆】/【圆心、半径】命令来执行。

2. 圆心、直径法

单击【圆心，直径】命令按钮，命令行的提示如下：

命令：_circle

指定圆的圆心或[三点（3P）/ 两点（2P）/ 切点、切点、半径（T）]：// 指定圆心

指定圆的半径或[直径（D）]：_d 指定圆的直径：20

// 指定圆的直径 20，按〈Enter〉键

3. 三点法

不在同一条直线上的三点可以唯一确定一个圆，用三点法绘制圆要求输入圆周上的三个点来确定圆。如图 4-5 所示的圆就可以用三点法来绘制。

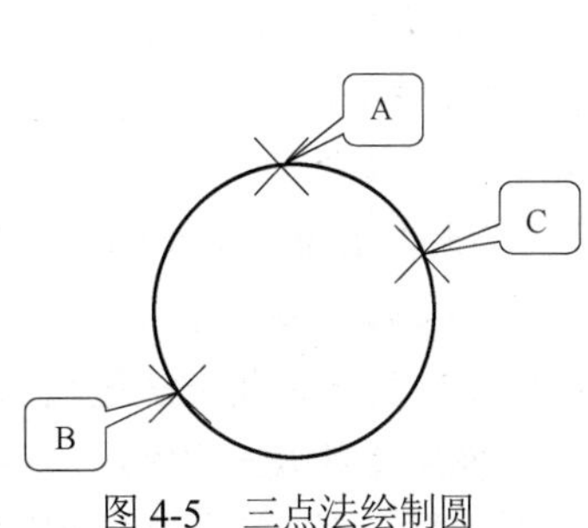

图 4-5　三点法绘制圆

单击【三点】命令按钮，命令行的提示如下：

命令：_circle

指定圆的圆心或[三点（3P）/ 两点（2P）/ 切点、切点、半径（T）]：_3P

指定圆上的第一个点：　// 确定圆上的 A 点

指定圆上的第二个点：　// 确定圆上的 B 点

指定圆上的第三个点：　// 确定圆上的 C 点

该方法还可通过单击【绘图】/【圆】/【三点】命令来实现。在确定圆周上的三个点时，

除了用坐标定位外，还可以用鼠标左键拾取点，这种方法若结合后面讲到的捕捉命令，绘制圆很方便。

4. 两点法

两点法中确定的两个点连成一条直线构成圆的直径。这两点一旦确定，圆的圆心和直径也已确定，圆是唯一的。绘制方法如图 4-6 所示。

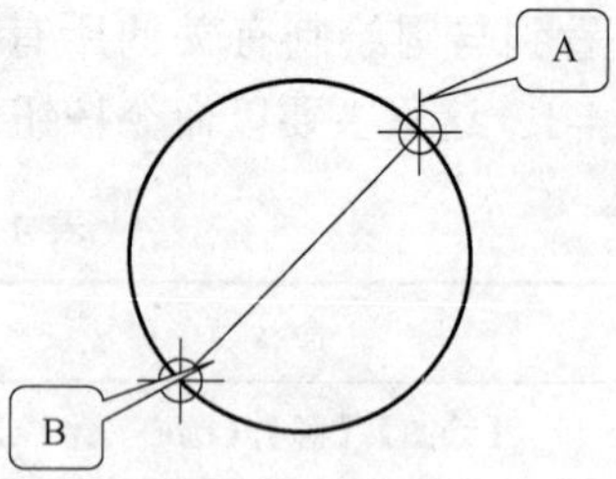

A
B

图 4-6　两点法绘制圆

单击【两点】命令按钮，命令行的提示如下：

命令：_circle

指定圆的圆心或［三点（3P）/ 两点（2P）/ 切点、切点、半径（T）］：_2P

指定圆直径的第一个端点：　　　　　　　　// 输入 A 点

指定圆直径的第二个端点：　　　　　　　　// 输入 B 点

该方法还可通过单击【绘图】/【圆】/【两点】命令来实现。

5. 相切、相切、半径法

用相切、相切、半径法时要确定与圆相切的两个对象，并且要确定圆的半径。图 4-7 所示为用相切、相切、半径法来绘制与两个已知对象相切，并且半径为 150mm 的圆。

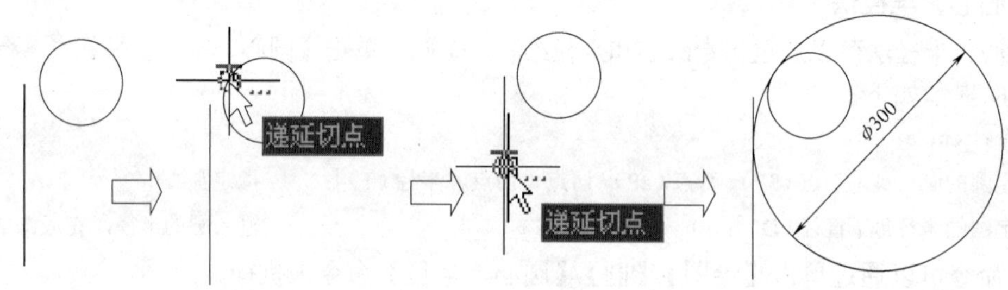

图 4-7　绘制与两个已知对象相切的圆

单击【相切，相切，半径】按钮，命令行的提示如下：

命令：_circle

指定圆的圆心或［三点（3P）/ 两点（2P）// 切点、切点、半径（T）］：_ttr

指定对象与圆的第一个切点：　　　　// 移动鼠标到已知圆上，出现切点符号时，单击鼠标左键

指定对象与圆的第二个切点：　　　　// 移动鼠标到已知直线上，出现切点符号时，单击鼠标左键

指定圆的半径〈50〉：150　　　　　　// 输入半径

如果输入圆的半径过小，系统绘制不出圆，在命令提示行会给出提示：“圆不存在”，并退出绘制命令。此方法还可通过单击【绘图】/【圆】/【相切、相切、半径】命令来实现。

使用【相切、相切、半径】命令时，系统总是在距拾取点最近的部位绘制相切的圆。因此，即使绘制圆的半径相同，拾取相切对象时，拾取的位置不同，得到的结果有可能不相同，如图 4-8 所示。

6. 相切、相切、相切法

用相切、相切、相切法绘制圆时，要确定与圆相切的三个对象。例如，要绘制图 4-9 中的圆，可以使用该方法。

单击【相切，相切，相切】按钮，命令行的提示如下：

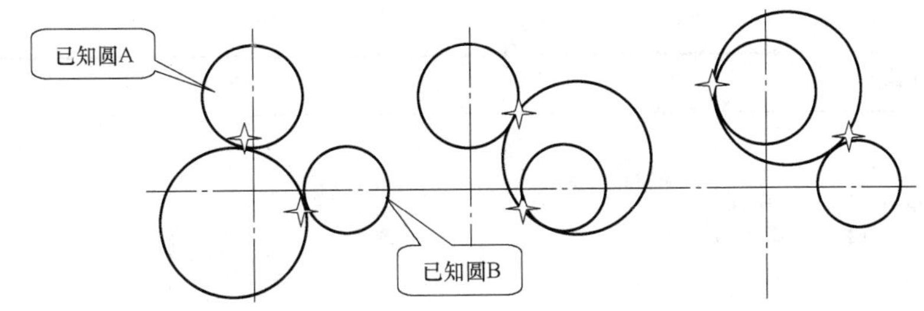

图 4-8　使用【相切、相切、半径】命令绘制圆的不同效果

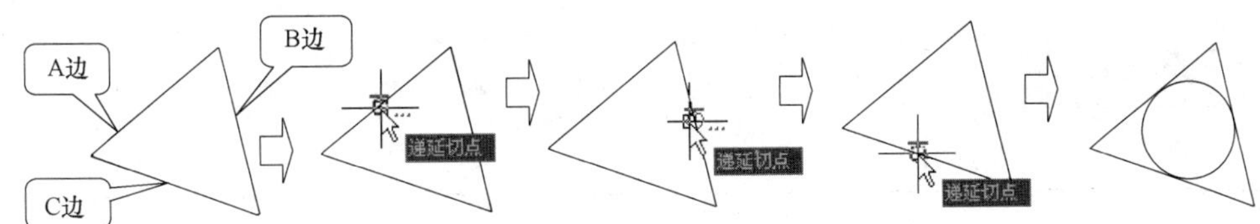

图 4-9　绘制已知三角形的内切圆

命令：_circle

指定圆的圆心或 [三点（3P）/ 两点（2P）/ 相切、相切、半径（T）]：_3P

指定圆上的第一个点：_tan 到　　　　　// 移动鼠标到“A 边”上出现相切标记○，单击鼠标左键

指定圆上的第二个点：_tan 到　　　　　// 移动鼠标到“B 边”上出现相切标记○，单击鼠标左键

指定圆上的第三个点：_tan 到　　　　　// 移动鼠标到“C 边”上出现相切标记○，单击鼠标左键

注意，在选择切点时，移动光标至拟相切实体，系统会出现相切标记○，出现标记时单击鼠标左键确定。

> **提示**　用三点法结合切点捕捉使用，也能达到相切、相切、相切法绘制圆的要求。

4.2.2　圆弧的绘制

AutoCAD 2018 提供了 11 种绘制圆弧的方式。通过控制圆弧的起点、中间点、圆弧方向、圆弧所对应的圆心角、终点、弦长等参数，来控制圆弧的形状和位置，见表 4-2。虽然 AutoCAD 提供了多种绘制圆弧的方法，但经常用到的仅是其中的几种，在以后的章节中，将学到用【倒圆角】和【修剪】命令来间接生成圆弧。

表 4-2　圆弧的画法

已知条件	示　　例
已知起点、端点和中间点，可以使用【三点】命令。在示例中，圆弧的起点捕捉到直线的端点 三点	通过指定三点绘制圆弧 直线的端点 1　2　3

（续）

已知条件	示　例
已知起点、圆心和端点，可以使用【起点、圆心、端点】或【圆心、起点、端点】命令 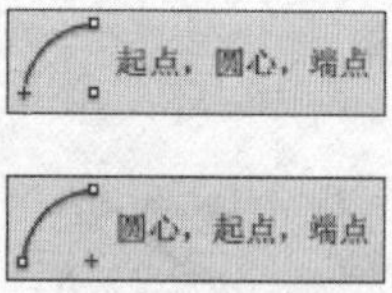 起点，圆心，端点 圆心，起点，端点	通过指定起点、圆心、端点绘制圆弧 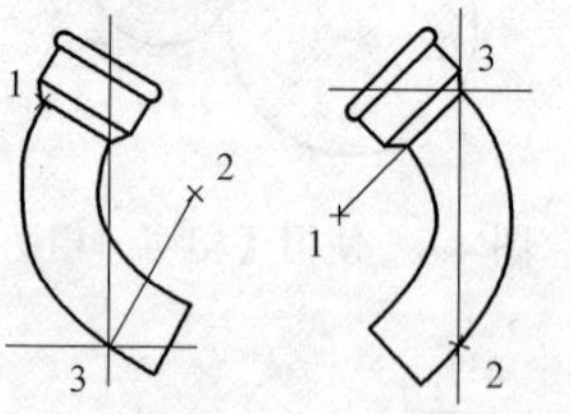 起点(1)、圆心(2)、端点(3)　圆心(1)、起点(2)、端点(3)
已知起点、圆心和包含角度，使用【起点、圆心、角度】或【圆心、起点、角度】命令 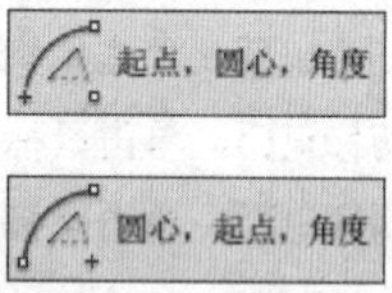 起点，圆心，角度 圆心，起点，角度	通过指定起点、圆心、角度绘制圆弧 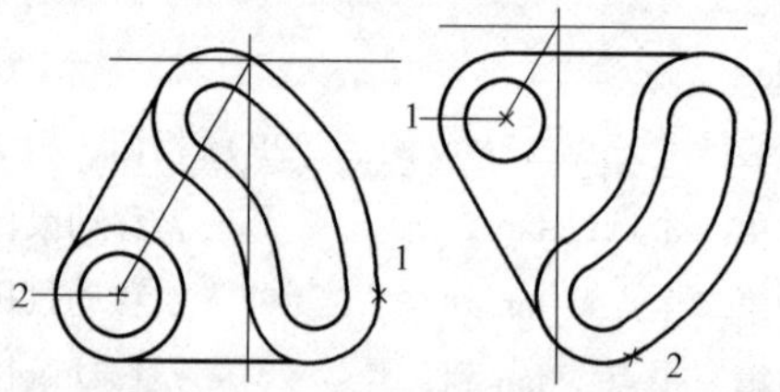 起点、圆心、角度　圆心、起点、角度
已知两个端点和角度，但圆心未知，可以使用【起点、端点、角度】命令  起点，端点，角度	通过指定起点、端点、角度绘制圆弧 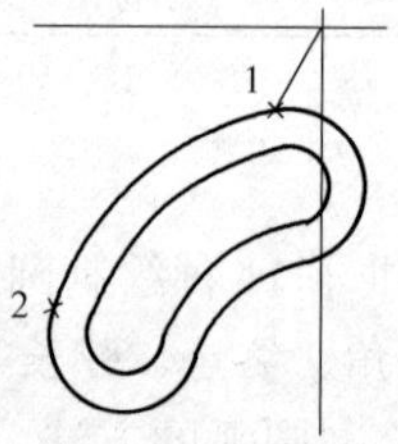 起点、端点、角度
已知起点和圆心，并且已知弦长，可以使用【起点、圆心、长度】或【圆心、起点、长度】命令。弧的弦长决定包含角度 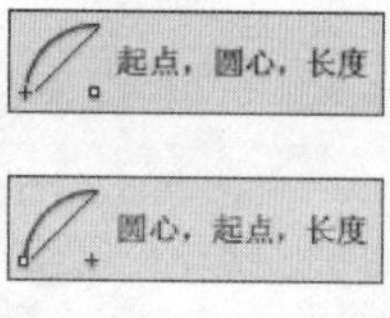 起点，圆心，长度 圆心，起点，长度	通过指定起点、圆心、长度绘制圆弧 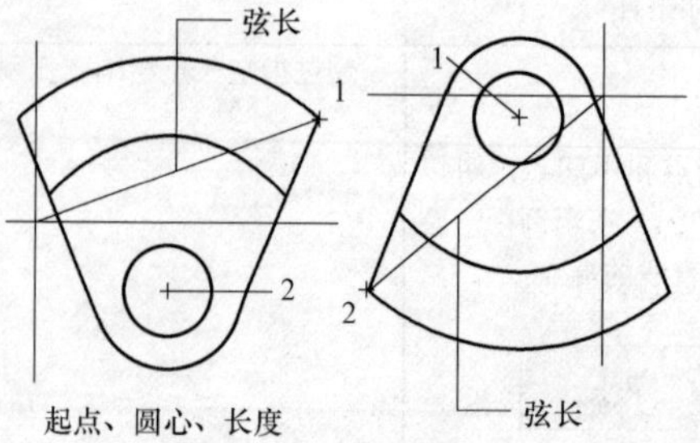 弦长 起点、圆心、长度　弦长　圆心、起点、长度

（续）

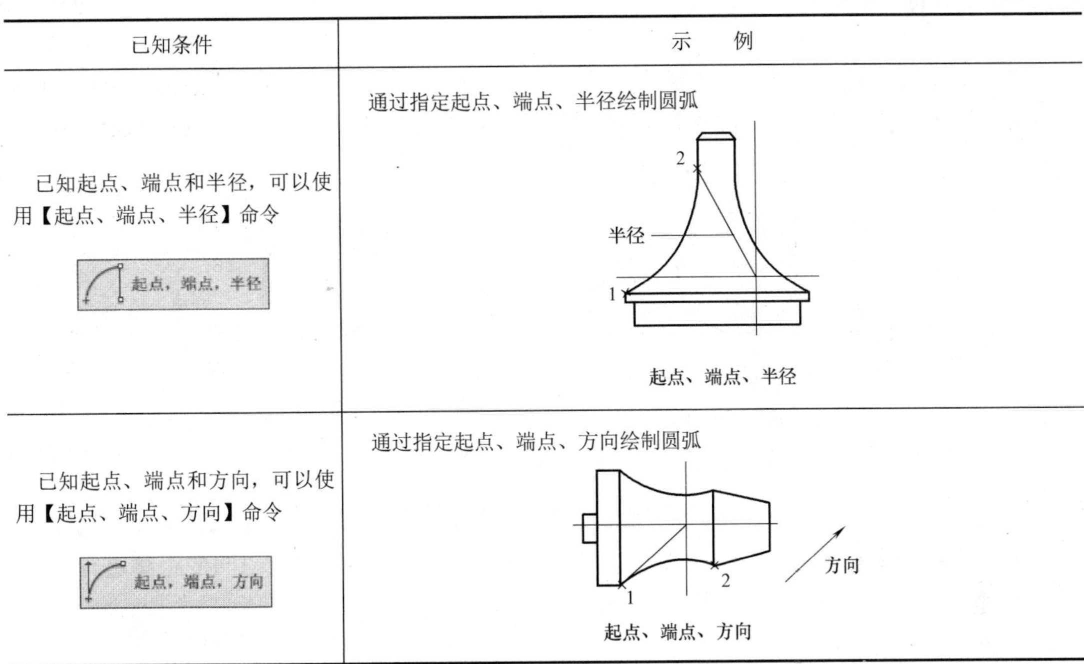

已知条件	示　例
已知起点、端点和半径，可以使用【起点、端点、半径】命令 起点，端点，半径	通过指定起点、端点、半径绘制圆弧 2 半径 1 起点、端点、半径
已知起点、端点和方向，可以使用【起点、端点、方向】命令 起点，端点，方向	通过指定起点、端点、方向绘制圆弧 方向 2 1 起点、端点、方向

单击【绘图】面板上 按钮的黑三角，出现所有的圆弧命令，如图 4-10 所示。与此对应的【绘图】/【圆弧】选项，如图 4-11 所示。

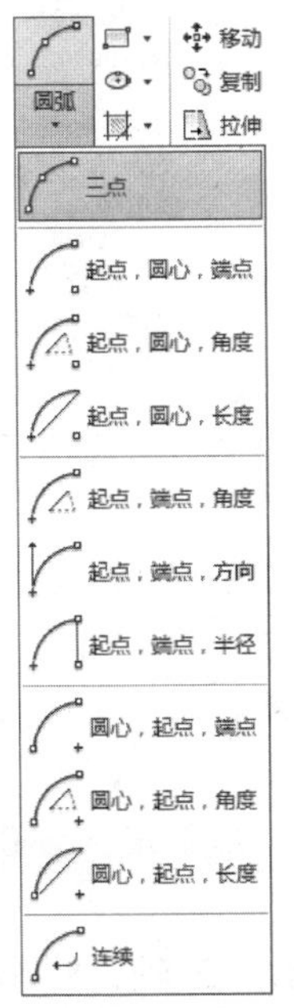

图 4-10 【圆弧】命令

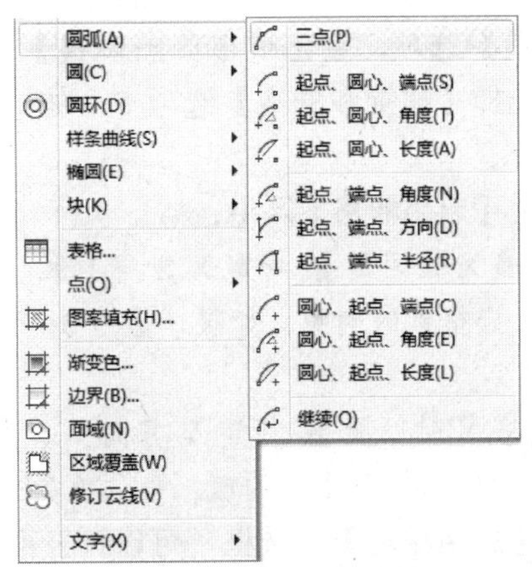

图 4-11 【圆弧】选项

注意：AutoCAD 中默认设置的圆弧正方向为逆时针方向，圆弧沿正方向从起点生成到终点。

4.3 使用栅格

在绘制工程草图时，经常要把图绘制在坐标纸上，以方便定位和度量。AutoCAD 中也提供了类似这种坐标纸的功能，图 4-12 所示的两种样式栅格就是下面要讲的栅格和栅格捕捉。

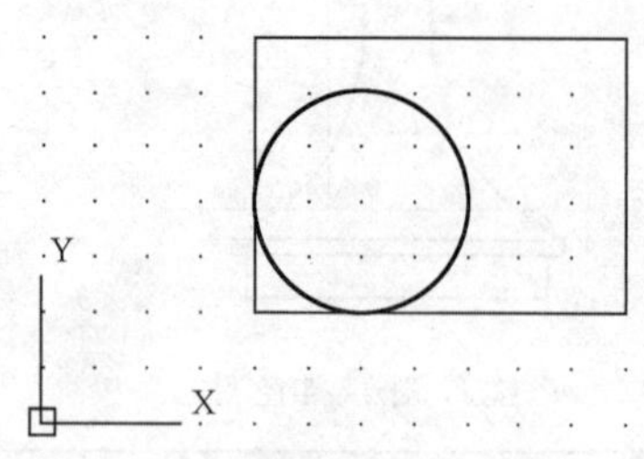

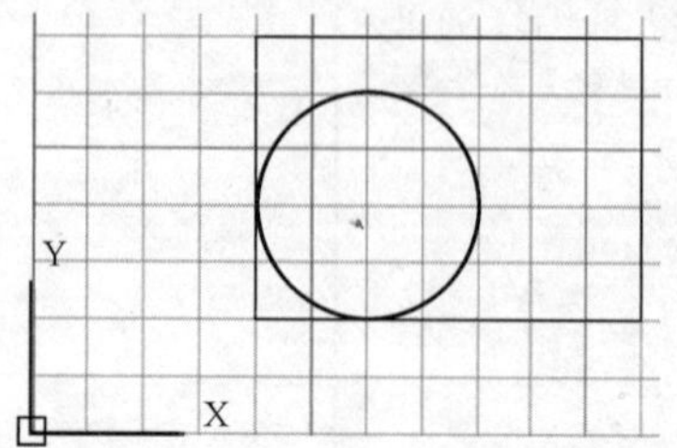

图 4-12　显示栅格

栅格是显示在屏幕上的一些等距离点（这里以点栅格为例讲述，在【草图设置】对话框的【捕捉和栅格】选项卡中选中【二维模型空间】复选框），可以对点间的距离进行设置，在确定对象长度、位置和倾斜程度时，通过数点就可以完成度量。

栅格捕捉是设置了其间隔距离后，调用它，十字光标只能在屏幕上做等距离跳跃。我们把光标跳动的间距称为捕捉分辨率。

栅格和栅格捕捉的设置：单击【工具】/【绘图设置】命令，或在状态栏上的【捕捉模式】按钮或【栅格显示】按钮上单击鼠标右键，在弹出的快捷菜单中选择【设置】选项，会出现【草图设置】对话框，选择【捕捉和栅格】选项卡，如图 4-13 所示。

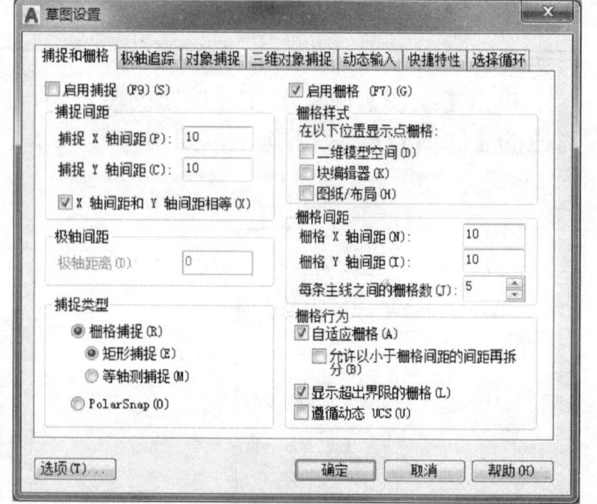

图 4-13　【捕捉和栅格】选项卡

在右边【启用栅格】区中：

- 【栅格 X 轴间距】：指定 X 方向（水平）栅格点的间距，如果该值为 0，则栅格采用【捕捉 X 轴间距】中的值，默认值为 10。
- 【栅格 Y 轴间距】：指定 Y 方向（垂直）栅格点的间距，如果该值为 0，则栅格采用【捕捉 Y 轴间距】中的值，默认值为 10。

选中【启用栅格】复选框，可以打开栅格，屏幕上将显示按 X 轴、Y 轴的间距设置的栅格点。另外，还可以按〈F7〉键，或单击按钮打开和关闭栅格功能。

在左边【启用捕捉】区中：

选中【启用捕捉】复选框，可以打开栅格捕捉，系统将按 X 轴、Y 轴的间距控制光标移动的距离。另外，还可以按〈F9〉键，或单击按钮打开和关闭栅格捕捉功能。

•【捕捉 X 轴间距】：指定 X 方向（水平）的捕捉间距，该值必须为正实数，默认值为 10。

•【捕捉 Y 轴间距】：指定 Y 方向（垂直）的捕捉间距，该值必须为正实数，默认值为 10。

一般情况下，捕捉间距应与栅格间距一致。从上面可以看出，如果把【栅格 X 轴间距】和【栅格 Y 轴间距】两个参数设置为 0，要调整捕捉间距与栅格间距，只需调整【捕捉 X 轴间距】和【捕捉 Y 轴间距】两个参数即可。

> **提示**　AutoCAD 默认设置栅格距离为 X=10，Y=10，捕捉分辨率为 10。

4.4　使用对象捕捉功能

在绘图过程中，经常要指定一些已有对象上的点，如端点、圆心和两个对象的交点等。如果只凭观察来拾取，不可能非常准确地找到这些点。为此，AutoCAD 提供了对象捕捉功能，可以迅速、准确地捕捉到某些特定点，从而精确地绘制图形。

对象捕捉是在已有对象上精确地定位特定点的一种辅助工具，它不是 AutoCAD 的主命令，不能在命令行的“命令：”提示符下单独执行，只能在执行绘图命令或图形编辑命令的过程中，系统提示“指定点”时才能使用。

4.4.1 【对象捕捉】快捷菜单

当 AutoCAD 提示指定一个点时，按住〈Shift〉键不放，在屏幕绘图区单击鼠标右键，则弹出一个快捷菜单，如图 4-14 所示。在该菜单中选择了捕捉方式后，菜单消失，可以再回到绘图区去捕捉相应的点。当将鼠标移到要捕捉的点附近时，会出现相应的捕捉点标记，光标下方还有对这个捕捉点类型的文字提示，此时单击鼠标左键，就会精确捕捉到这个点。对象捕捉工具及其功能，见表 4-3。

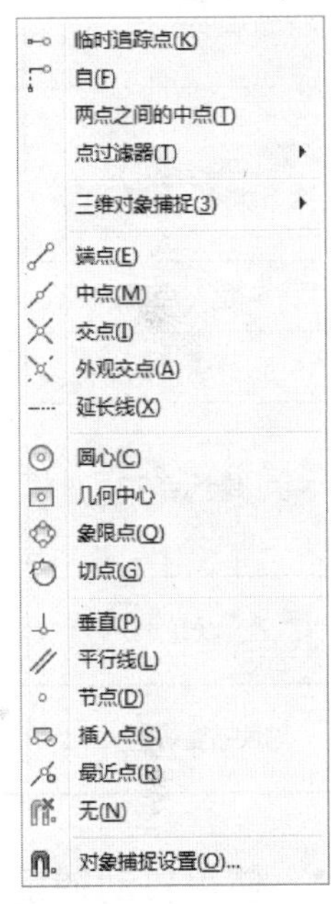

图 4-14 【对象捕捉】快捷菜单

表 4-3　对象捕捉工具及其功能

选　项	名　称	功　能
端点(E)	捕捉到端点	用来捕捉对象的端点，如线段、圆弧等。在捕捉时，将光标移到要捕捉的端点一侧，就会出现一个捕捉端点标记□，单击鼠标左键即可
中点(M)	捕捉到中点	用来捕捉直线或圆弧的中点，捕捉时只要把光标移到直线或圆弧上出现捕捉标记△，单击鼠标左键即可
交点(I)	捕捉到交点	用来捕捉对象之间的交点，它要求对象之间在空间内确定有一个真实交点，不管相交或延长相交都可以。捕捉交点时，光标必须落在交点附近。捕捉标记为×
延长线(X)	捕捉到延长线	用来捕捉直线或圆弧延长线方向上的点，在延长线上捕捉点时，移动鼠标到对象端点处，出现一个临时点标记“ + ”，沿延长线方向移动鼠标，出现一条追踪线，直接输入距离就可以捕捉延长线上的点

续表

选项	名称	功能
圆心(C)	捕捉到圆心	捕捉圆、圆弧、圆环、椭圆及椭圆弧的圆心，捕捉标记为○
象限点(Q)	捕捉到象限点	捕捉圆、圆弧、圆环或椭圆在整个圆周上的四分点，捕捉标记为◇
切点(G)	捕捉到切点	当所绘制对象需要与圆、圆弧或椭圆相切时，调用此命令可以捕捉到它们之间的切点，切点既可以作为第一输入点，也可以作为第二输入点。捕捉标记为Ō
几何中心	捕捉到质心	捕捉到任意闭合多段线和样条曲线的质心。捕捉标记为 *
垂直(P)	捕捉到垂足	捕捉到的点与当前已有的点的连线垂直于捕捉点所在的对象，如从线外某点向直线引垂线确定垂足时，垂足捕捉就非常适用。捕捉标记为⊾
平行线(L)	捕捉到平行线	捕捉到与指定直线平行的线上的点，这种捕捉方式只能用在直线上。它作为点坐标的智能输入，不能用作第一输入点，只能作为第二输入点。捕捉标记为∥
插入点(S)	捕捉到插入点	捕捉块、图形、文字或属性的插入点，捕捉标记为 ⧉
节点(D)	捕捉到节点	捕捉到节点对象，捕捉标记为⊠
最近点(R)	捕捉到最近点	最近点捕捉可以捕捉一个对象上距光标中心最近的点。这些对象包括圆弧、圆、椭圆、椭圆弧、直线、多段线等。捕捉标记为 ⧖，常用于非精确绘图
无(N)	无捕捉	关闭对象捕捉模式
对象捕捉设置(O)...	对象捕捉设置	设置自动捕捉模式

4.4.2 使用自动捕捉功能

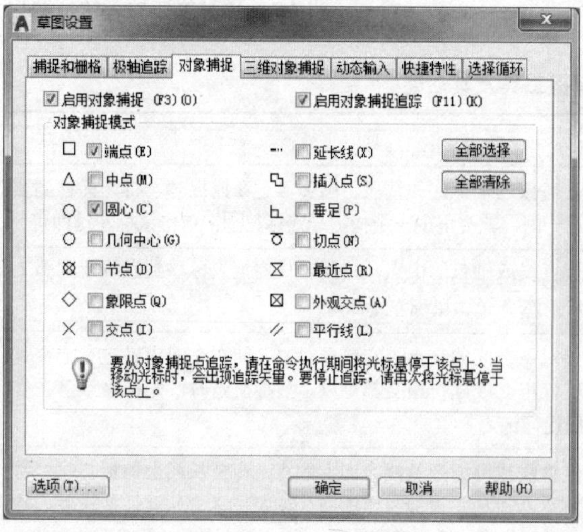

图 4-15 【对象捕捉】选项卡

在绘图过程中，使用对象捕捉的频率非常高。为此，AutoCAD 又提供了一种自动对象捕捉模式。

自动捕捉就是当把光标放在一个对象上时，系统自动捕捉到对象上所有符合条件的几何特征点，并显示相应的标记。如果把光标放在捕捉点上多停留一会，系统还会显示捕捉的提示。这样，在选点之前，就可以预览和确认捕捉点。

下面来设置和调用该命令。移动光标至状态栏的 处，单击鼠标右键，在弹出的快捷菜单中单击【对象捕捉设置】选项，弹出【草图设置】对话框，如图 4-15

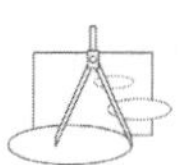

所示。在【对象捕捉】选项卡中选中【启用对象捕捉】复选框（表示打开自动捕捉），在【对象捕捉模式】选项区中选择想要用的捕捉方式，设置好后单击 确定 按钮退出。

单击【工具】/【绘图设置】命令，也可以打开【草图设置】对话框进行设置。这样，在以后执行对象捕捉的过程中，系统就会自动捕捉设置好的目标点。在状态栏的按钮处单击鼠标左键，按钮处于按下状态（）时，自动捕捉打开，反之关闭。按〈F3〉键同样可以打开和关闭自动捕捉功能。

> **提示**　如果设置了多个执行对象捕捉，则可以按〈Tab〉键为某个特定对象遍历所有可用的对象捕捉点。例如，如果在光标位于圆上的同时按〈Tab〉键，则自动捕捉将显示用于捕捉象限点、交点和中心的选项。自动捕捉不宜设得过多。

4.5　矩形的绘制

矩形是最常用的几何图形，用户可以通过指定矩形的两个对角点来创建矩形，也可以指定矩形面积和长度或宽度值来创建矩形。默认情况下绘制的矩形的边与当前 UCS 的 X 轴或 Y 轴平行，也可以绘制与 X 轴成一定角度的矩形（倾斜矩形）。绘制的矩形还可以包含倒角和圆角。

> **提示**　用矩形命令绘制的矩形是一个独立的对象。

现在来绘制4-16所示的图，单击【绘图】面板上的【矩形】按钮，命令行的提示如下：

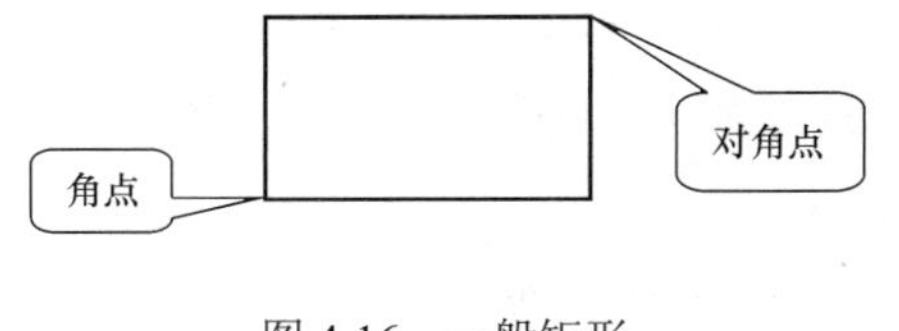

图 4-16　一般矩形

```
命令：_rectang
指定第一个角点或[倒角(C)/标高(E)/圆角(F)/厚度(T)/宽度(W)]：  //确定一个角点
指定另一个角点或[面积(A)/尺寸(D)/旋转(R)]：                  //确定对角点，完成绘制
```

> **提示**　对角点可以使用相对坐标来确定。该命令可以通过单击【绘图】/【矩形】命令来执行。

4.5.1　带倒角的矩形

在工程制图中，经常遇到图 4-17 所示的矩形。要绘制这种矩形，可以调用 AutoCAD 系统中绘制带倒角的矩形命令。

单击【绘图】面板上的【矩形】按钮，命令行的提示如下：

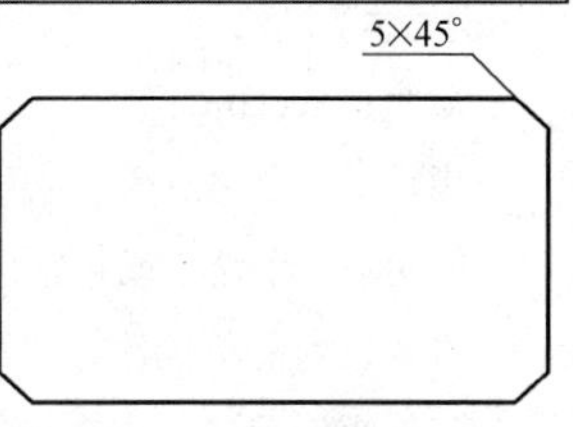

图 4-17　带倒角的矩形

命令：_rectang

指定第一个角点或[倒角（C）/标高（E）/圆角（F）/厚度（T）/宽度（W）]：C　//在命令行输入C

指定矩形的第一个倒角距离〈0.0000〉：5　//在命令行输入5

指定矩形的第二个倒角距离〈5.0000〉：　//按〈Enter〉键

指定第一个角点或[倒角（C）/标高（E）/圆角（F）/厚度（T）/宽度（W）]：　//指定第一个角点

指定另一个角点或[面积（A）/尺寸（D）/旋转（R）]：　//指定另一个角点

在命令提示行的第一行中输入字母C，就是调用倒角选项，然后输入5是确定倒角的距离，系统默认的第二个倒角距离与第一个倒角距离相等。如果不是45°倒角，可以人工修改第二个倒角距离，否则直接按〈Enter〉键即可。

提示　当输入的倒角距离大于矩形的边长时，无法生成倒角。

当倒角距离设置后，再次调用绘制矩形命令，系统会保留上一次的设置，所以应该特别注意命令提示行的命令状态。例如，绘制完上图中的矩形后，再执行绘制矩形命令，命令提示行会出现这样的提示："当前矩形模式：倒角=5.0000×5.0000"。这说明，再绘制矩形依然会有5×5的倒角出现。要想绘制没有倒角或其他样式的矩形，必须在执行矩形命令过程中重新调入倒角选项，将其值重设为0或其他值。

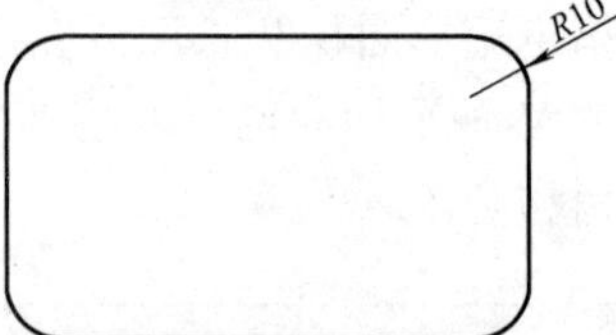

图4-18　带圆角的矩形

4.5.2　带圆角的矩形

AutoCAD可以直接绘制图4-18所示的带有圆角的矩形。

单击【绘图】面板上的【矩形】按钮，命令行的提示如下：

命令：_rectang

指定第一个角点或[倒角（C）/标高（E）/圆角（F）/厚度（T）/宽度（W）]：F　//在命令行输入F

指定矩形的圆角半径〈0.0000〉：10　//指定圆角半径

指定第一个角点或[倒角（C）/标高（E）/圆角（F）/厚度（T）/宽度（W）]：　//指定角点

指定另一个角点或[面积（A）/尺寸（D）/旋转（R）]：　//指定对角点

当输入的半径值大于矩形边长时，倒圆角不会生成；当半径值恰好等于矩形的一条边长的一半时，就会绘制成一个长圆。系统也会保留倒圆角的设置，要改变其设置值，方法同修改倒角距离一样。

4.5.3　根据面积绘制矩形

已知矩形的面积，可以这样绘制矩形。单击【绘图】面板上的【矩形】按钮，命令行的提示如下：

命令：_rectang

指定第一个角点或[倒角（C）/标高（E）/圆角（F）/厚度（T）/宽度（W）]：//指定一个角点

指定另一个角点或[面积（A）/尺寸（D）/旋转（R）]：A　//切换到面积选项

输入以当前单位计算的矩形面积〈100.0000〉：100　//输入矩形面积

计算矩形标注时依据[长度（L）/宽度（W）]〈长度〉：　//选择【长度】或【宽度】选项

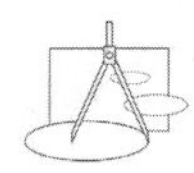

输入矩形长度〈10.0000〉：10　　// 根据上面的选择，输入矩形的长度或宽度，完成矩形

4.5.4　根据长和宽绘制矩形

已知矩形的长和宽，可以这样绘制矩形。单击【绘图】面板上的【矩形】按钮，命令行的提示如下：

命令：_rectang

指定第一个角点或［倒角（C）/ 标高（E）/ 圆角（F）/ 厚度（T）/ 宽度（W）］：// 指定一个角点

指定另一个角点或［面积（A）/ 尺寸（D）/ 旋转（R）］：D　　// 切换到尺寸选项

指定矩形的长度〈100.0000〉：40　　// 输入矩形的长度

指定矩形的宽度〈200.0000〉：60　　// 输入矩形的宽度

指定另一个角点或［面积（A）/ 尺寸（D）/ 旋转（R）］：　　// 移动鼠标确定矩形的另外一个角点的方位，有四个可选位置

还可以绘制与 X 轴成一定角度的矩形，指定矩形的第一个角点后，在“指定另一个角点或［面积（A）/ 尺寸（D）/ 旋转（R）］：”提示下输入“R”，系统会按指定角度绘制矩形。再执行绘制矩形命令，命令提示行会出现这样的提示：“当前矩形模式：旋转 =335”。这说明，再绘制的矩形依然是倾斜的。要想绘制不倾斜的矩形，必须在执行矩形命令过程中重新调入【旋转】选项，将其值重设为 0。

4.6　椭圆及椭圆弧的绘制

手工绘图时，怎样绘制椭圆是必学内容，常用的方法有同心圆法和四心圆弧法。无论用哪种方法都是非常麻烦的，在 AutoCAD 中这种绘图工作将变得非常简单。它主要通过椭圆中心、长轴和短轴三个参数来确定形状，当长轴与短轴相等时，便是一个圆了（特例）。常用的绘制椭圆的方法有三种，见表 4-4。

表 4-4　常用的绘制椭圆的方法

方　法	说　明	示　例
【椭圆】/【轴、端点】 轴，端点	根据两个端点（如 1、2 点）定义椭圆的第一条轴。第一条轴的角度确定了整个椭圆的角度。第一条轴既可定义椭圆的长轴，也可定义短轴	3 1　2
【椭圆】/【圆心】 圆心	通过指定的中心点来创建椭圆	3 1　2

（续）

方法	说明	示例
旋转法	通过绕第一条轴旋转圆来创建椭圆	

单击【绘图】面板上 按钮的黑三角，展开与椭圆有关的所有命令按钮，如图 4-19 所示。单击【绘图】/【椭圆】命令，弹出的菜单如图 4-20 所示。

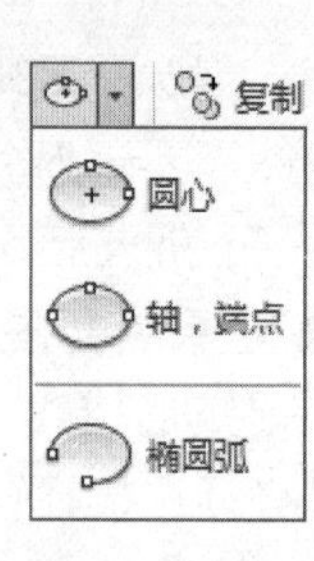

图 4-19 【椭圆】按钮

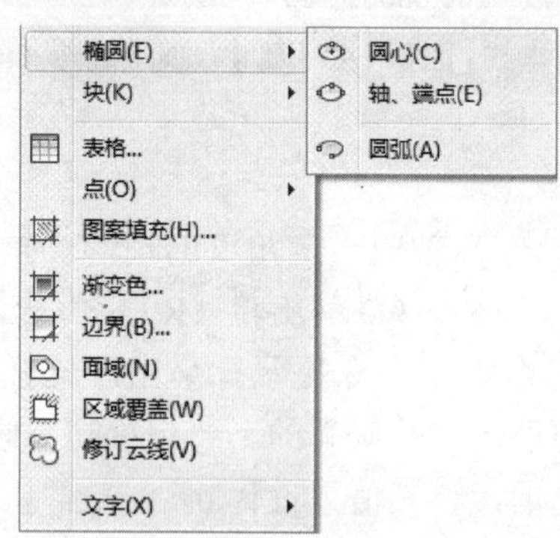

图 4-20 【椭圆】菜单

4.6.1 椭圆的绘制

1. 轴、端点法

用轴、端点法绘制椭圆必须知道椭圆的一条轴的两端点和另一条轴的半轴长，单击【轴，端点】按钮 ，命令行的提示如下：

命令：_ellipse
指定椭圆的轴端点或［圆弧（A）/ 中心点（C）］：　// 确定轴端点 1
指定轴的另一个端点：　// 确定轴端点 2
指定另一条半轴长度或［旋转（R）］：　// 通过输入值（半轴长度）或定位点 3 来指定距离

2. 圆心法

用这种方法绘制椭圆时，要能确定椭圆的中心位置，以及椭圆长、短轴的长度。单击【轴，端点】按钮 ，命令行的提示如下：

命令：_ellipse
指定椭圆的轴端点或［圆弧（A）/ 中心点（C）］：C
指定椭圆的中心点：　// 确定中心点 1
指定轴的端点：　// 确定轴的一个端点 2
指定另一条半轴长度或［旋转（R）］：　// 通过输入值（半轴长度）或定位点 3 来指定距离

此方法可通过单击【绘图】/【椭圆】/【圆心】命令来实现。

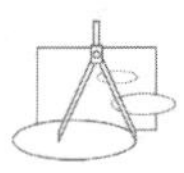

3. 旋转法

已知椭圆的一个轴，通过绕该轴旋转圆来创建椭圆。单击【轴，端点】按钮，命令行的提示如下：

```
命令：_ellipse
指定椭圆的轴端点或[圆弧(A)/中心点(C)]:          // 指定端点 1
指定轴的另一个端点:                              // 指定端点 2
指定另一条半轴长度或[旋转(R)]: R                 // 切换到旋转选项
指定绕长轴旋转的角度: 60                         // 指定旋转角度，完成绘制
```

> **提示**　输入角度的范围为 0°～89.4°。当输入的旋转角为 0°时，生成圆形；当输入的旋转角为 90° 时，理论上投影是一条直线，但 AutoCAD 把这种情况视为不存在，系统会提示：* 无效 *，并退出绘制命令。

4.6.2　椭圆弧的绘制

在 AutoCAD 中可以方便地绘制出椭圆弧。绘制椭圆弧的方法与上面讲的椭圆绘制方法基本类似。执行绘制椭圆弧命令，按照提示首先创建一个椭圆，然后按照提示，在已有椭圆的基础上截取一段椭圆弧。下面绘制图 4-21 所示的 A 点和 D 点之间的椭圆弧。

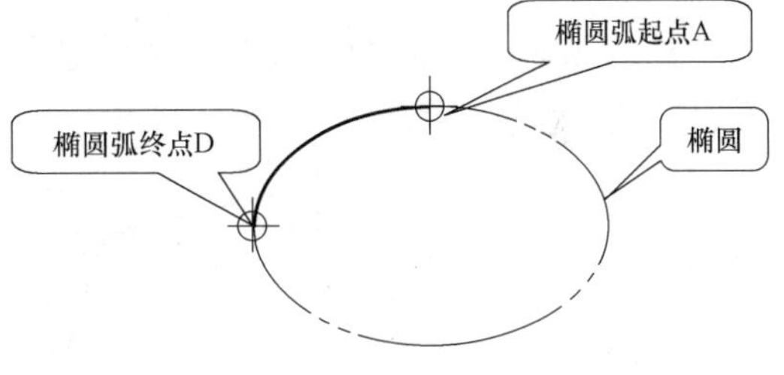

图 4-21　椭圆弧

单击【椭圆弧】按钮，命令行的提示如下：

```
命令：_ellipse
指定椭圆的轴端点或[圆弧(A)/中心点(C)]: A
指定椭圆弧的轴端点或[中心点(C)]:
指定轴的另一个端点:
指定另一条半轴长度或[旋转(R)]:                   // 前三步绘制椭圆
指定起始角度或[参数(P)]:                         // 确定椭圆弧的开始角度
指定终止角度或[参数(P)/包含角度(I)]:             // 确定椭圆弧的结束角度
```

> **提示**　此命令可通过单击【绘图】/【椭圆】/【圆弧】命令来执行。

4.7　正多边形的绘制

绘制工程图时经常会遇到正多边形，正多边形是各边相等且相邻边夹角也相等的多边形。在手工绘图时，要处理好正多边形的这些关系，绘制出标准的图形有一定难度。在 AutoCAD 中，有一个专门绘制正多边形的命令（【绘图】/【正多边形】命令），通过该命令，用户可以控制多边形的边数（边数取值在 3～1024 之间），以及内接圆或外切圆的半径大小，从而绘制出合乎要求的多边形。

4.7.1 内接于圆法

绘制图 4-22 所示的六边形，已知六边形内接于已知圆，绘制步骤如下：

单击【绘图】面板上的【正多边形】按钮，命令行的提示如下：

命令：_polygon

输入边的数目〈4〉：6　　// 确定多边形的边数

指定正多边形的中心点或［边（E）］：　　// 确定多边形的中心 1

输入选项［内接于圆（I）/ 外切于圆（C）］〈I〉：　　// 选择使用内接于圆法

指定圆的半径：　　// 这时鼠标指针在多边形的角点 2 上，确定鼠标指针所在角点的位置 2（使用相对坐标），从而确定多边形的方向和大小。如果仅输入半径值，则多边形会以默认位置出现

4.7.2 外切于圆法

绘制图 4-23 所示的六边形。这个图形的已知条件与上一个不同。在本图中六边形外切于已知圆，绘制步骤如下：

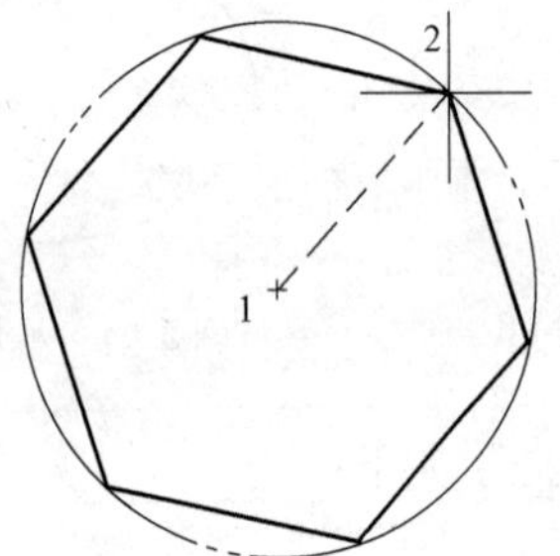

图 4-22　内接于圆

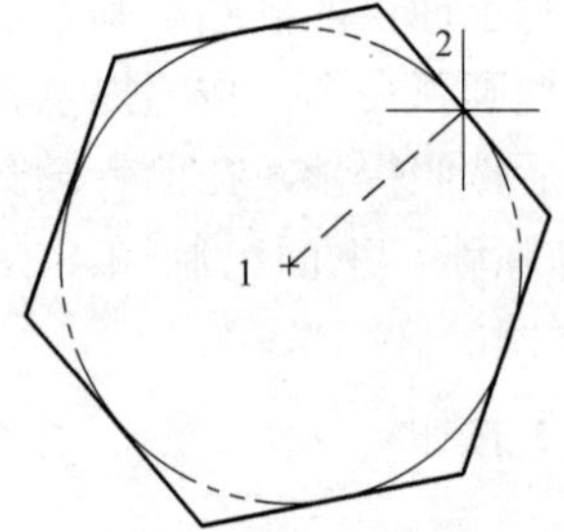

图 4-23　外切于圆

单击【绘图】面板上的【正多边形】按钮，命令行的提示如下：

命令：_polygon

输入边的数目〈4〉：6　　// 确定多边形的边数

指定正多边形的中心点或［边（E）］：100,100　　// 确定多边形的中心

输入选项［内接于圆（I）/ 外切于圆（C）］〈I〉：C　　// 选择使用外切于圆法

指定圆的半径：　　// 这时鼠标指针在多边形边的中点上，确定鼠标指针所在角点的位置 2（使用相对坐标），从而确定多边形的方向和大小。如果仅输入半径值，多边形会以默认位置出现

通过两种方法的比较，应该能发现正多边形的方向控制点的规律：用内接于圆法时，控制点为正多边形的某一角点；用外切于圆法时，控制点为正多边形一条边的中点。认识到这一点，自己动手来绘制图 4-24 所示的正五边形。

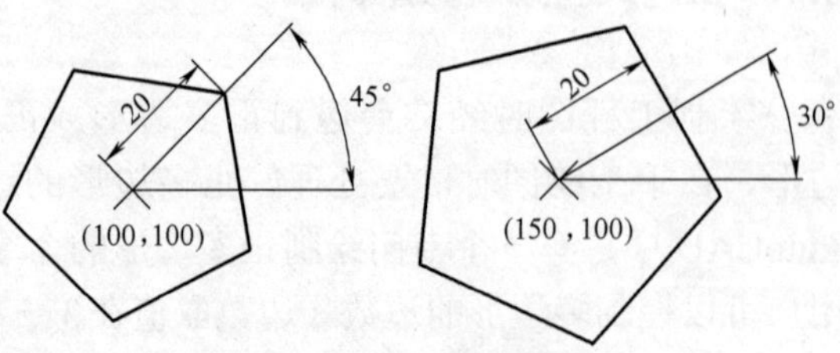

图 4-24　控制多边形的方向

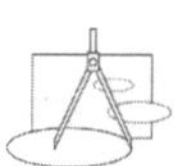

提示　多边形控制点的确定以相对极坐标确定比较方便。

4.7.3　边长法

绘制图 4-25 所示的六边形，已知条件为多边形的边长，这时用边长法来绘制就非常方便。

单击【绘图】面板上的【正多边形】按钮，命令行的提示如下：

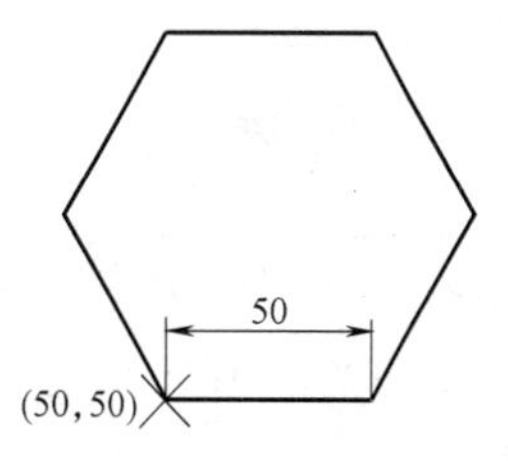

图 4-25　用边长法绘制多边形

```
命令：_polygon
输入边的数目〈4〉：6                        // 确定多边形的边数
指定正多边形的中心点或[边（E）]：E           // 切换到边长法
指定边的第一个端点：50,50                    // 指定边的第一个端点
指定边的第二个端点：@50,0                    // 指定边的第二个端点，完成绘制
```

4.8　点的绘制

几何对象点是用于精确绘图的辅助对象。在绘制点时，可以在屏幕上直接拾取（也可以使用坐标定位），也可以用对象捕捉定位一个点。可以使用定数等分和定距等分命令按距离或等分数沿直线、圆弧和多段线绘制多个点。

单击【绘图】面板上的按钮，可以显示与点操作相关按钮，如图 4-26 所示。单击【绘图】/【点】命令，弹出的菜单如图 4-27 所示。

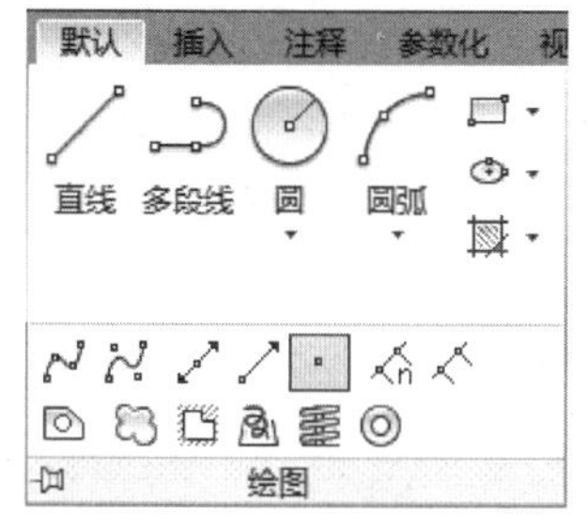

图 4-26　与点操作有关的按钮

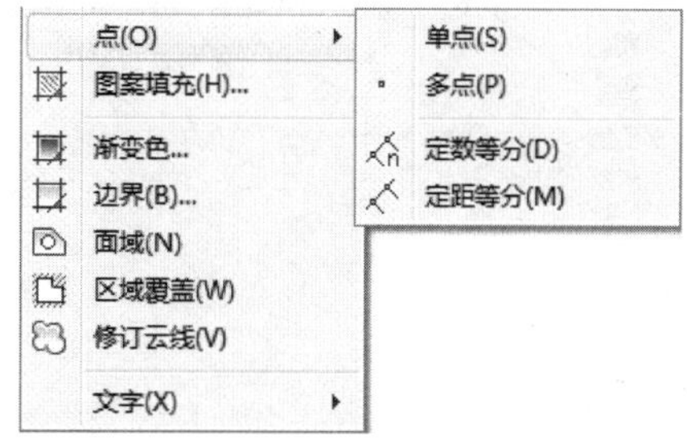

图 4-27　【点】菜单

4.8.1　绘制单独的点

为了方便查看和区分点，在绘制点之前应先给点定义一种样式。单击【格式】/【点样式】命令，进入如图 4-28 所示的【点样式】对话框，选择一种点的样式，如选择这种样式，单击确定按钮保存退出。

单击【多点】按钮，绘制点（100，100），命令行的提示如下：

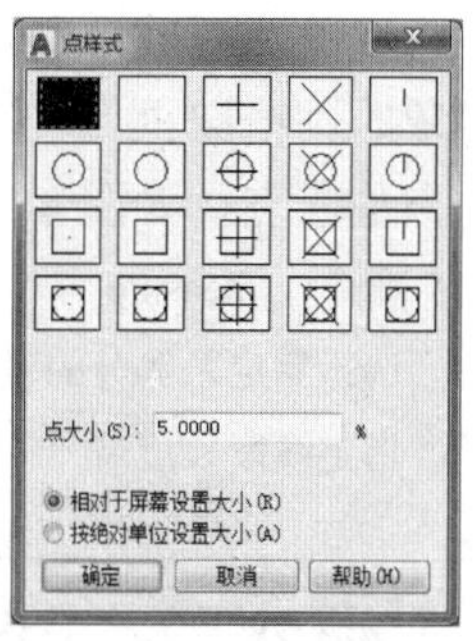

图 4-28　【点样式】对话框

```
命令：_point
```

当前点模式：PDMODE=3 PDSIZE=0.0000

指定点：100,100

在“指定点：”的提示下输入点的坐标，或直接在屏幕上拾取点，系统提示输入下一个点，要退出该命令需按〈Esc〉键。

> **提示** 绘制单独点的命令可以通过单击【绘图】/【点】/【单点】命令来执行。绘制完一个点后，自动结束命令。上例中用的命令可以通过单击【绘图】/【点】/【多点】命令来执行。

4.8.2 绘制等分点

绘制等分点是通过单击【绘图】/【点】/【定数等分】命令来实现的。定数等分是在对象上按指定数目等间距地创建点或插入块（参见块相关章节）。这个操作并不是把对象实际等分为单独对象，而只是在对象定数等分的位置上添加节点，这些节点将作为几何参照点，起辅助作图之用。例如，四等分一个角，可以以角的顶点为圆心画一个与两条边相接的弧，使用定数等分命令四等分圆弧，然后连接顶点和定数等分的节点（见图 4-29）。

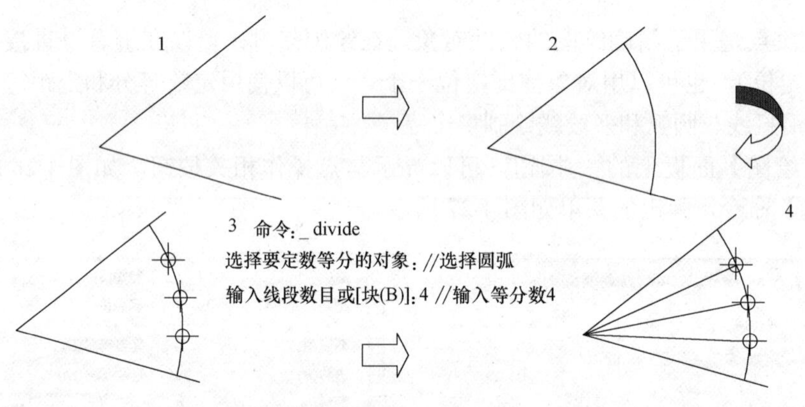

图 4-29 四等分圆弧的过程

4.8.3 绘制等距点

定距等分是指按照指定的长度，从指定的端点测量一条直线、圆弧或多段线，并在其上标记点或块标记。选择对象时，拾取框比较靠近哪一个端点，就以哪个端点为标记点的起点，如图 4-30 所示。单击【绘图】/【点】/【定距等分】命令，命令行的提示如下：

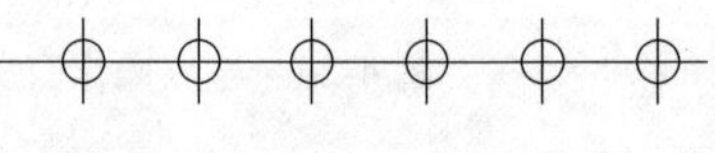

图 4-30 定距等分

命令：_measure

选择要定距等分的对象：　　　　// 拾取对象

指定线段长度或［块（B)]：　　　　// 指定距离

> **提示** 等距点不均分实体，注意拾取实体时，光标应该靠近开始等距的起点。可以把块定义在点的位置上。

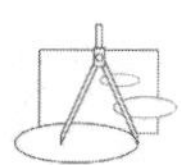

4.9　绘制多段线

多段线（Pline）是 AutoCAD 绘图中比较常用的一种实体。它为用户提供了方便快捷的作图方式。通过绘制多段线，可以得到一个由若干直线和圆弧连接而成的折线或曲线，并且无论这条多段线中包含多少条直线或弧，整条多段线都是一个实体，可以统一对其进行编辑。另外，多段线中各段线条还可以有不同的线宽，这对于制图同样非常有利。在二维制图中，它主要用于箭头的绘制。

AutoCAD 中，绘制多段线的命令是 Pline。启动 Pline 命令有以下三种方式：

- 单击【绘图】/【多段线】命令。
- 在命令行“命令：”提示符下输入“Pline”（或简捷命令 PL）。
- 在【绘图】面板上单击【多段线】按钮。

启动 Pline 命令之后，AutoCAD 命令行出现提示符：“指定起点：”，需用户定义多段线的起点。之后，命令行出现一组选项序列如下：

命令：_pline

指定起点：

当前线宽为 0.0000　　　　　　　　　　　　　// 当前线宽为 0

指定下一个点或［圆弧（A）/ 半宽（H）/ 长度（L）/ 放弃（U）/ 宽度（W）]:

下面分别介绍这些选项：

（1）圆弧（A）　输入 A，可以画圆弧方式的多段线。按〈Enter〉键后重新出现一组命令选项，用于生成圆弧方式的多段线。

指定圆弧的端点或

［角度（A）/圆心（CE）/方向（D）/半宽（H）/直线（L）/半径（R）/第二个点（S）/放弃（U）/宽度（W）]:

在该提示下，可以直接确定圆弧终点，拖动十字光标，屏幕上会出现预显线条。选项序列中各项的意义如下：

- 角度（A）：该选项用于指定圆弧所对的圆心角。
- 圆心（CE）：为圆弧指定圆心。
- 方向（D）：取消直线与弧的相切关系设置，改变圆弧的起始方向。
- 直线（L）：返回绘制直线方式。
- 半径（R）：指定圆弧半径。
- 第二个点（S）：指定三点画弧。

其他各选项与 Pline 命令下的同名选项的意义相同，详见后续介绍。

（2）闭合（C）　该选项自动将多段线闭合，即将选定的最后一点与多段线的起点连起来，并结束命令。

注意，当多段线的线宽大于 0 时，若想绘制闭合的多段线，一定要用【闭合】选项，才能使其完全封闭。否则，即使起点与终点重合，也会出现缺口，如图 4-31 所示。

图 4-31　封口的区别

（3）半宽（H）　该选项用于指定多段线的半宽值，AutoCAD 将提示用户输入多段线段的起点半宽值与终点半宽值。在绘制多段线的过程中，宽线线段的起点和端点位于宽线的中心。

（4）长度（L） 该选项用来定义下一段多段线的长度，AutoCAD 将按照上一线段的方向绘制这一段多段线。若上一段是圆弧，将绘制出与圆弧相切的线段。

（5）放弃（U） 该选项用来取消刚刚绘制的那一段多段线。

（6）宽度（W） 该选项用来设定多段线的线宽。选择该选项后，命令行的提示如下：

指定起点宽度〈0.0000〉：5　　　　　　　　　　　// 起点宽度
指定端点宽度〈5.0000〉：0　　　　　　　　　　　// 终点宽度

提示 起点宽度值均以上一次输入值为默认值，而终点宽度值则以起点宽度为默认值。

下面通过绘制图 4-32 所示的图形来体会一下多段线命令的使用方法。

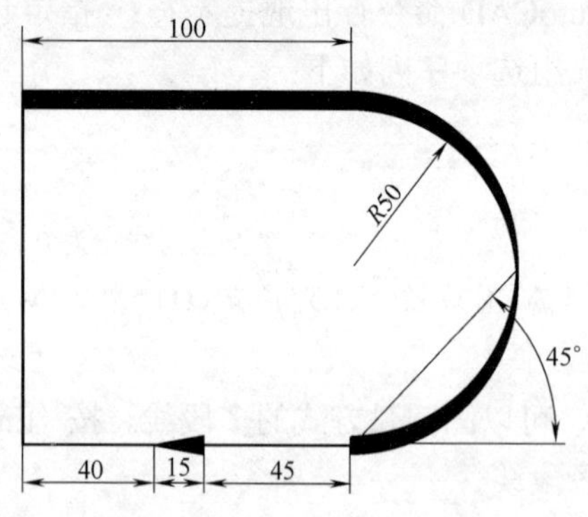

图 4-32 【多段线】的使用

在【绘图】面板上单击【多段线】按钮，命令行的提示如下：

命令：_pline
指定起点：　　　　　　　　　　　　　　　　　　// 指定起点
当前线宽为 0.0000
指定下一个点或［圆弧（A）/ 半宽（H）/ 长度（L）/ 放弃（U）/ 宽度（W）］：W
　　　　　　　　　　　　　　　　　　　　　　　// 输入 W
指定起点宽度〈0.0000〉：5　　　　　　　　　　　// 输入起点宽度 5
指定端点宽度〈5.0000〉：　　　　　　　　　　　// 按〈Enter〉键，默认宽度为 5
指定下一个点或［圆弧（A）/ 半宽（H）/ 长度（L）/ 放弃（U）/ 宽度（W）］：@100,0
　　　　　　　　　　　　　　　　　　　　　　　// 输入直线终点坐标
指定下一点或［圆弧（A）/ 闭合（C）/ 半宽（H）/ 长度（L）/ 放弃（U）/ 宽度（W）］：W
　　　　　　　　　　　　　　　　　　　　　　　// 输入 W
指定起点宽度〈5.0000〉：　　　　　　　　　　　// 按〈Enter〉键，默认宽度为 5
指定端点宽度〈5.0000〉：0　　　　　　　　　　　// 输入 0，按〈Enter〉键
指定下一点或［圆弧（A）/ 闭合（C）/ 半宽（H）/ 长度（L）/ 放弃（U）/ 宽度（W）］：A
　　　　　　　　　　　　　　　　　　　　　　　// 输入 A 切换到圆弧方式
指定圆弧的端点或

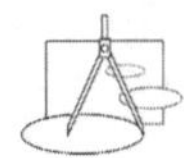

[角度（A）/ 圆心（CE）/ 闭合（CL）/ 方向（D）/ 半宽（H）/ 直线（L）/ 半径（R）/ 第二个点（S）/ 放弃（U）/ 宽度（W）]：A　　// 输入 A

指定包含角：-90　　// 指定圆弧包含角度

指定圆弧的端点或 [圆心（CE）/ 半径（R）]：R　　// 切换到半径方式

指定圆弧的半径：50　　// 输入半径

指定圆弧的弦方向〈0〉：-45　　// 输入圆弧的弦方向

指定圆弧的端点或

[角度（A）/ 圆心（CE）/ 闭合（CL）/ 方向（D）/ 半宽（H）/ 直线（L）/ 半径（R）/ 第二个点（S）/ 放弃（U）/ 宽度（W）]：W　　// 输入 W

指定起点宽度〈0.0000〉：　　// 确定开始线宽

指定端点宽度〈0.0000〉：5　　// 确定结束线宽

指定圆弧的端点或

[角度（A）/ 圆心（CE）/ 闭合（CL）/ 方向（D）/ 半宽（H）/ 直线（L）/ 半径（R）/ 第二个点（S）/ 放弃（U）/ 宽度（W）]：A　　// 输入 A

指定包含角：-90　　// 指定圆弧包含角

指定圆弧的端点或 [圆心（CE）/ 半径（R）]：R　　// 切换到半径方式

指定圆弧的半径：50　　// 输入半径

指定圆弧的弦方向〈270〉：225　　// 输入圆弧的弦方向

指定圆弧的端点或

[角度（A）/ 圆心（CE）/ 闭合（CL）/ 方向（D）/ 半宽（H）/ 直线（L）/ 半径（R）/ 第二个点（S）/ 放弃（U）/ 宽度（W）]：L　　// 输入 L，切换到直线方式

指定下一点或 [圆弧（A）/ 闭合（C）/ 半宽（H）/ 长度（L）/ 放弃（U）/ 宽度（W）]：W
// 输入 W

指定起点宽度〈5.0000〉：0　　// 确定开始线宽

指定端点宽度〈0.0000〉：0　　// 确定结束线宽

指定下一点或 [圆弧（A）/ 闭合（C）/ 半宽（H）/ 长度（L）/ 放弃（U）/ 宽度（W）]：@-45,0
// 输入直线下一点坐标

指定下一点或 [圆弧（A）/ 闭合（C）/ 半宽（H）/ 长度（L）/ 放弃（U）/ 宽度（W）]：W
// 输入 W

指定起点宽度〈0.0000〉：5　　// 确定开始线宽

指定端点宽度〈5.0000〉：0　　// 确定结束线宽

指定下一点或 [圆弧（A）/ 闭合（C）/ 半宽（H）/ 长度（L）/ 放弃（U）/ 宽度（W）]：@-15,0
// 输入直线下一点坐标

指定下一点或 [圆弧（A）/ 闭合（C）/ 半宽（H）/ 长度（L）/ 放弃（U）/ 宽度（W）]：@-40,0
// 输入直线下一点坐标

指定下一点或 [圆弧（A）/ 闭合（C）/ 半宽（H）/ 长度（L）/ 放弃（U）/ 宽度（W）]：C
// 封闭图形

在用 AutoCAD 绘制机械图样的过程中，一般有两种线宽：粗和细。它们一般不是通过 Width 参数设置的，线的宽度主要是通过层来管理的，详细内容见图层管理相关章节。而多

段线绘制主要用来绘制线宽发生渐变的场合，如箭头等。

4.10 样条曲线绘制

在 AutoCAD 的二维绘图中，样条曲线主要用于波浪线、相贯线、截交线的绘制。它必须给定三个以上的点，想要画出的样条曲线具有更多的波浪时，就要给定更多的点。样条曲线是由用户给定若干点，AutoCAD 自动生成的一条光滑曲线，下面通过绘制图 4-33 中的相贯线正投影来说明样条曲线命令的用法。

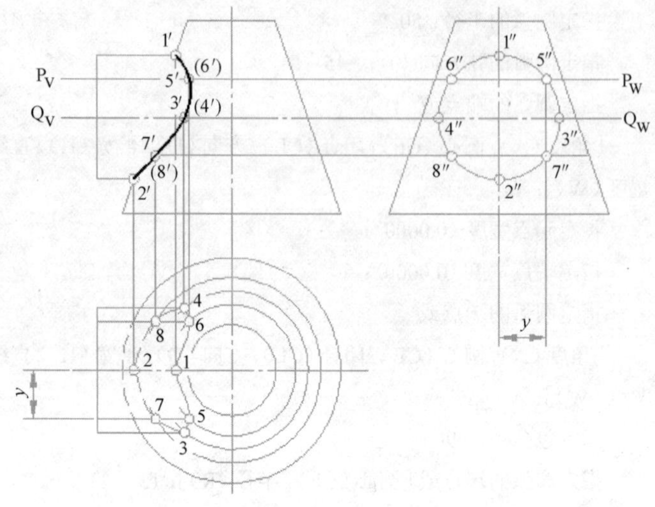

图 4-33　相贯线的画法

单击【绘图】面板上的【样条曲线】按钮，命令行的提示如下：

```
命令：_spline
当前设置：方式＝拟合　节点＝弦
指定第一个点或[方式(M)/节点(K)/对象(O)]:                       // 指定 1′点
输入下一个点或 [起点切向 (T)/公差 (L)]:                        // 指定 5′(6′)点
输入下一个点或[端点相切(T)/公差(L)/放弃(U)/闭合(C)]:          // 指定 3′(4′)点
输入下一个点或[端点相切(T)/公差(L)/放弃(U)/闭合(C)]:          // 指定 7′(8′)点
输入下一个点或[端点相切(T)/公差(L)/放弃(U)/闭合(C)]:          // 指定 2′点
输入下一个点或[端点相切(T)/公差(L)/放弃(U)/闭合(C)]:          // 按〈Enter〉键结束
```

提示　该命令可以通过单击【绘图】/【样条曲线】命令来执行。

样条曲线【公差】选项的功能：当拟合公差的值为 0 时，样条曲线严格通过用户指定的每一点。当拟合公差的值不为 0 时，AutoCAD 画出的样条曲线并不通过用户指定的每一点，而是自动拟合生成一条圆滑的样条曲线，拟合公差值是生成的样条曲线与用户指定点之间的最大距离，如图 4-34 所示。

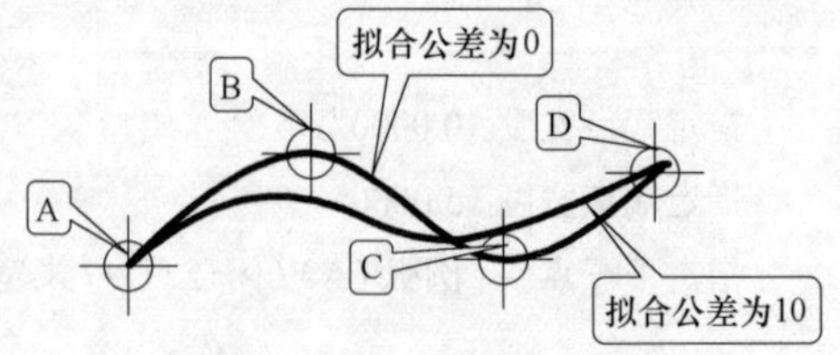

图 4-34　拟合公差的影响

提示　选择绘制好的样条曲线，上面会出现控制句柄，移动鼠标到上面会出现编辑选项，可以选择不同的选项对曲线进行编辑。

4.11 修订云线

修订云线命令用于创建由连续圆弧组成的多段线，以构成云线形对象。在检查或用红线圈阅图形时，可以使用修订云线功能亮显标记以提高工作效率。

可以从头开始创建修订云线，也可以将闭合对象（如圆、椭圆、闭合多段线或闭合样条曲线）转换为修订云线。

从头创建云线的步骤如下：

单击【绘图】面板上的【修订云线】按钮，命令行的提示如下：

命令：_revcloud

最小弧长：15 最大弧长：15 样式：普通

指定起点或[弧长（A）/对象（O）/样式（S）]〈对象〉： //单击鼠标左键指定云线的起点

沿云线路径引导十字光标 ... //沿着云线路径移动十字光标。要更改圆弧的大小，可以沿着路径单击拾取点。要结束云线可以单击鼠标右键（或按〈Enter〉键）

修订云线完成 //云线完成，如图 4-35 所示。

> **提示** 要闭合修订云线，移动十字光标返回到它的起点，系统会自动封闭云线。

图 4-35 完成的云线

如果用户要改变弧长，可以根据提示输入字母 A，然后按〈Enter〉键切换到【弧长】选项，指定新的最大和最小弧长，默认的弧长最小值和最大值设置为 0.5000 个单位。弧长的最大值不能超过最小值的 3 倍。

将闭合对象转换为修订云线的步骤如下：

单击【绘图】面板上的【修订云线】按钮，命令行提示如下：

命令：_revcloud

最小弧长：15 最大弧长：15 样式：普通

指定起点或 [弧长（A）/对象（O）/样式（S）]〈对象〉： //按〈Enter〉键，切换到【对象】选项

选择对象： //选择图 4-36 所示的矩形对象

反转方向 [是（Y）/否（N）]〈否〉： //是否反转圆弧的方向

修订云线完成 //云线自动转换，如图 4-36 所示

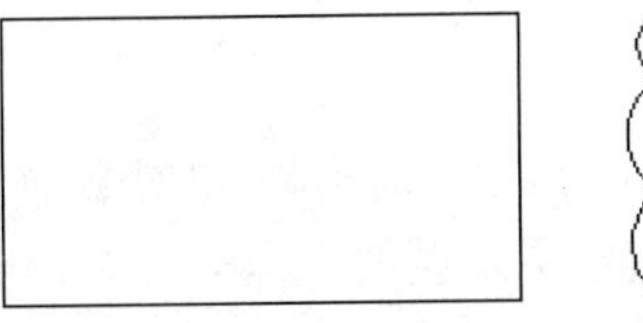

图 4-36 将闭合对象转换为修订云线

4.12 创建无限长线

向一个或两个方向无限延伸的直线（分别称为射线和构造线）可用作创建其他对象的参照。例如，可以使用构造线查找三角形的中心，准备同一个项目的多个视图或创建临时交点用于对象捕捉等。

无限长线不会改变图形的总面积。因此，它们的无限长标注对缩放或视点没有影响，并且会被显示图形范围的命令忽略。和其他对象一样，也可以对无限长线进行编辑操作。在工程绘图过程中，常使用无限长线作为绘图的辅助线。

单击【绘图】面板上的【射线】按钮或单击【绘图】/【射线】命令，可以创建射线，射线是一种结构线，从用户指定的点开始按某个方向一直无限延伸。命令行的提示如下：

命令：_ray

指定起点：　　　　　　　　　// 确定开始点

指定通过点：　　　　　　　　// 确定经过点，构造射线对象

指定通过点：　　　　　　　　// 继续确定经过点，构造其他射线对象，或按〈Enter〉键退出命令

构造线（单击【绘图】面板上的【构造线】按钮或单击【绘图】/【构造线】命令）是经过用户定义点绘制的一种结构线，不用输入线的长度，因为构造线从用户定义的点向两个相反的方向无限延伸。构造线可以水平、垂直或倾斜。可以用构造线将某个角度平分，也可以按指定的距离偏置构造线。执行构造线命令的提示如下：

命令：_xline

指定点或［水平(H)/垂直(V)/角度(A)/二等分(B)/偏移(O)]：　// 直接指定经过点可以自由创建构造线，利用方括号［］中的选项还可以创建特殊的构造线

- 使用【水平】选项，可以绘制水平的构造线。
- 使用【垂直】选项，可以绘制竖直的构造线。
- 使用【二等分】选项，可以创建一条构造线。它经过选定的角顶点，并且将选定的两条线之间的夹角平分。
- 使用【偏移】选项，可以创建平行于另一个对象的构造线。

图 4-37 所示为使用构造线辅助绘图的典型例子。先绘制主视图，然后绘制构造线作为绘制左视图的辅助线。

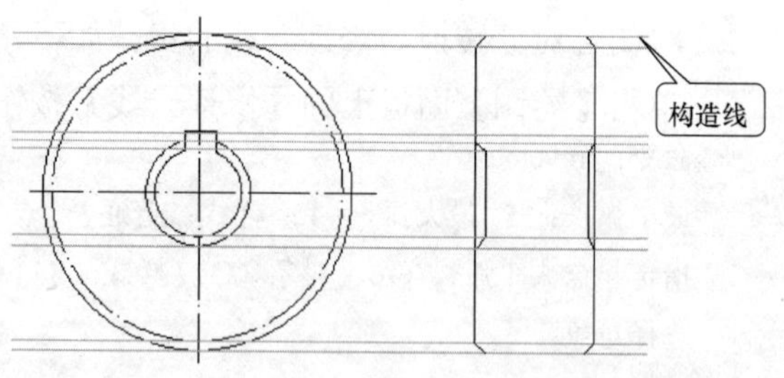

图 4-37　构造线的使用

4.13 使用自动追踪

AutoCAD 的自动追踪功能包括两个部分：极轴追踪和对象捕捉追踪功能。启用 AutoCAD 的极轴追踪功能，在绘图过程中确定了绘图的起点后，系统会自动显示出当前鼠标所在位置的相对极坐标，用户可以通过输入极半径长度的办法来确定下一个绘图点。启用对象捕捉追踪功能后，绘图时，当系统要求输入点时，它会基于指定的捕捉点沿指定方向进行追踪。对象捕捉追踪与极轴追踪的最大不同在于：前者需要在图样中有可以捕捉的对象，

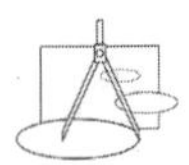

而后者则没有这个要求。

4.13.1　极轴追踪

极轴追踪是用来追踪在一定角度上的点的坐标智能输入方法，用极轴追踪需要先设置追踪角度，让系统在一定角度上进行追踪。

移动光标到状态栏上的按钮处，单击鼠标右键，在弹出的快捷菜单中选择【正在追踪设置】选项，弹出【草图设置】对话框，如图 4-38 所示。极轴追踪的开启有以下三种方法：

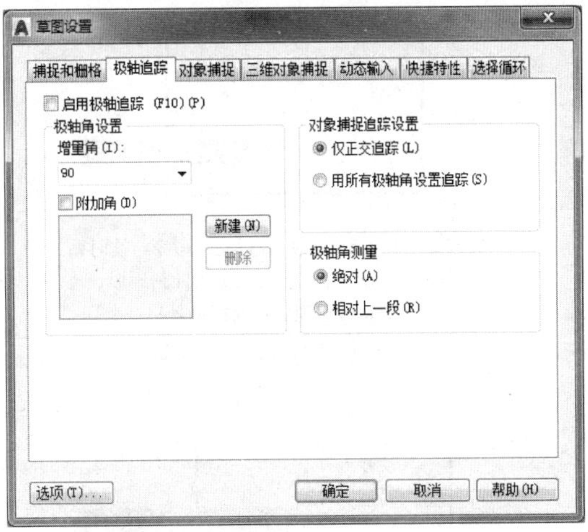

图 4-38 【草图设置】对话框

- 选中【启用极轴追踪】复选框
- 按〈F10〉键。
- 在状态栏上单击按钮（按钮发蓝为激活状态）。

【增量角】下拉列表：可以选择或输入极轴追踪角度。当输入点和基点的连线与 X 轴的夹角等于该角，或是该角的整数倍时，屏幕上会显示追踪路径和相对极坐标标签。

【附加角】复选框：如果除了成规律变化的角度之外，还有特殊追踪角，用户可以选中【附加角】复选框，再单击 新建(N) 按钮，出现一个文本框。在文本框中，输入角度后按〈Enter〉键即可。如果要删除一个附加角，选中该附加角，单击 删除 按钮即可。

在【对象捕捉追踪设置】选项区中，以下两个单选按钮与后面讲的对象捕捉追踪有关。

【仅正交追踪】单选按钮：当对象捕捉追踪打开时，仅显示通过已获得的捕捉点的水平或垂直追踪路径。

【用所有极轴角设置追踪】单选按钮：当对象捕捉追踪打开时，可以沿预先设置的极轴角方向进行追踪。

在【极轴角测量】选项区设置极轴角的测量基准：

【绝对】单选按钮：极轴角的测量基准是 X 轴的正方向。

【相对上一段】单选按钮：极轴角的测量基准是刚绘制的上一段直线的方向，如图 4-39 所示。

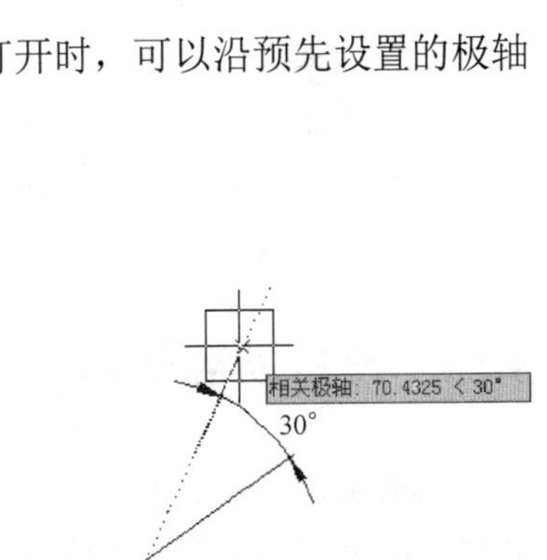

图 4-39　相对基准

4.13.2　对象捕捉追踪

移动光标到状态栏上的位置，单击鼠标右键，在弹出的快捷菜单中选择【对象捕捉追踪设置】选项，弹出【草图设置】对话框。在该对话框中单击【对象捕捉】选项卡。因为是对象捕捉追踪，所以与对象捕捉有很大的关系。怎样来设置对象捕捉追踪呢？首先用户应该知道要从实体的哪一类捕捉点进行追踪。例如，从对象的中点进行追踪，用户需要选择【中点】选项（或其他需要追踪的特殊点），选中【启用对象捕捉】复选框和【启用对象捕捉追踪】复选框。单击 确定 按钮，结束设置。

【例 4-2】 以矩形的中心为圆心绘制一个圆，绘制过程，如图 4-40 所示。

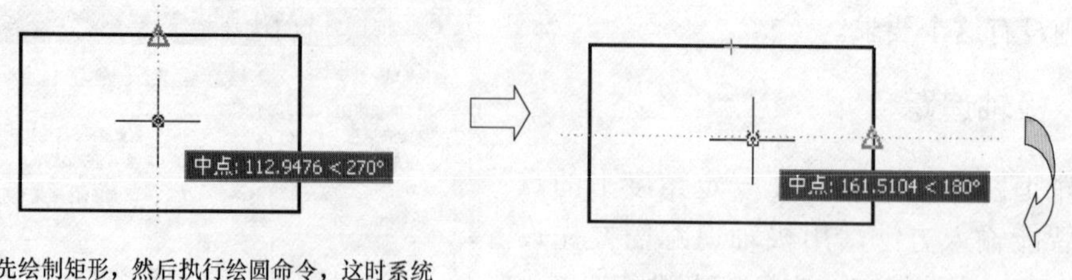

1. 首先绘制矩形，然后执行绘圆命令，这时系统提示输入圆心坐标，移动鼠标指针到矩形长边的中点位置，待出现中点捕捉符号和一个"+"后，上下移动鼠标会出现一条追踪线

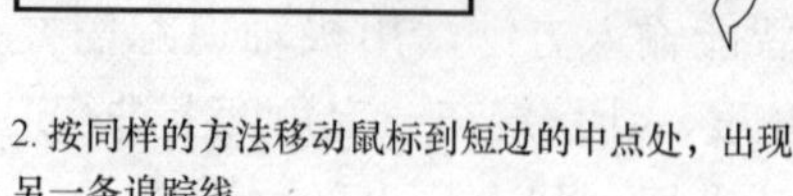

2. 按同样的方法移动鼠标到短边的中点处，出现另一条追踪线

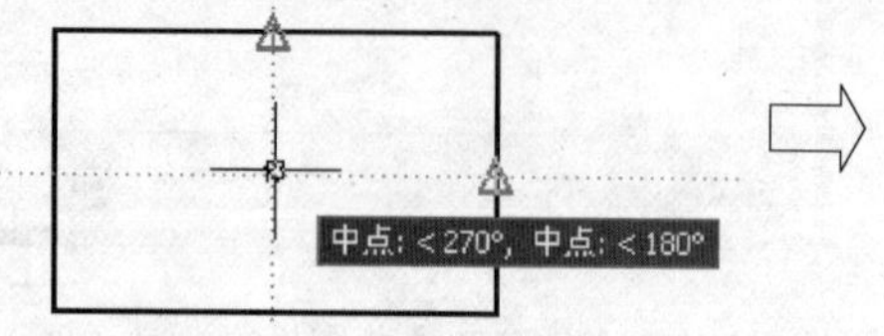
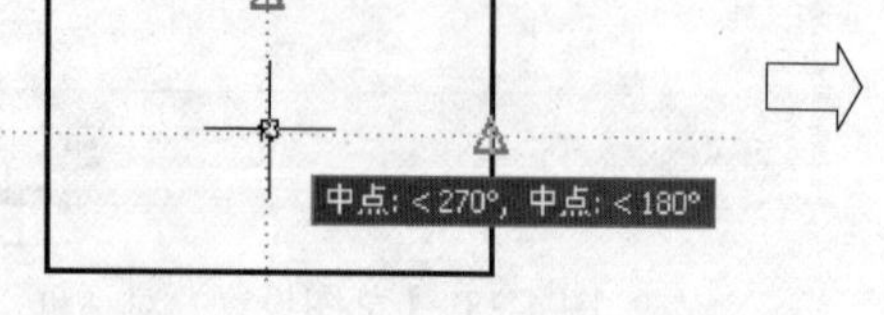

3. 移动鼠标到矩形的中心位置，会发现两条相交的追踪线

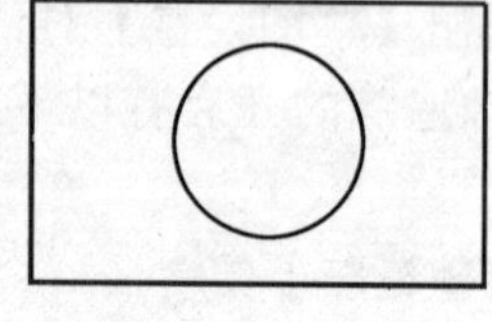

4. 单击鼠标左键，圆心就确定了，然后输入半径就可以绘制出圆了

图 4-40　以矩形的中心为圆心绘制圆的过程

4.13.3　使用【临时追踪点】和【自】工具

在【对象捕捉】快捷菜单中，还有两个非常有用的对象捕捉工具，即【临时追踪点】和【自】工具。

- 临时追踪点(K)：【临时追踪点】工具是通过指定对象的临时追踪点，然后会出现水平或垂直的追踪线，用户确定追踪方向后，输入一个距离值从而确定一个点。
- 自(F)：在使用相对坐标指定下一个应用点时，【自】工具可以提示输入基点，并将该点作为临时参照点（基点）。它不是对象捕捉模式，但经常与对象捕捉一起使用。调用捕捉自命令来确定点时，只能输入要确定点对基点的相对坐标值（如 @30,−40）。

4.14　使用动态输入

动态输入主要由指针输入、标注输入、动态提示三部分组成。当启动【动态输入】模式时，应用程序状态栏【动态输入】按钮处于按下（发蓝）状态，反之关闭该状态。

可以用以下几种方法打开【动态输入】模式：

- 应用程序状态栏按钮：用鼠标左键单击应用程序状态栏中的【动态输入】按钮。
- 功能键：按〈F12〉键。

在应用程序状态栏中的【动态输入】按钮上单击鼠标右键，在弹出的快捷菜单中选择【动态输入设置】选项，弹出【草图设置】对话框。在该对话框中单击【动态输入】选项卡，可以对动态输入进行设置，如图 4-41 所示。

在【动态输入】选项卡中有【指针输入】【标注输入】和【动态提示】三个选项区，分别控制动态输入的三项功能。

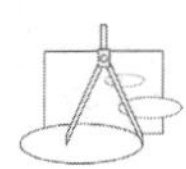

- 指针输入：使用指针输入且有命令在执行时，将在光标附近的工具栏提示中显示坐标，可以在工具栏提示中输入坐标值，而不是在命令行中输入。

> **提示**　使用动态输入进行坐标输入时，输入的都是相对坐标，直角坐标用“,”隔开，极坐标用“<”隔开，或用〈Tab〉键切换距离和角度输入。

- 标注输入：启用标注输入时，当命令提示输入第二点时，工具栏提示将显示距离和角度值。按〈Tab〉键在工具栏之间切换输入。
- 动态提示：选中【在十字光标附近显示命令提示和命令输入】复选框，启用动态提示，提示会显示在光标附近。按〈↓〉键会出现选项菜单，可以使用鼠标左键选取合适的选项。图 4-42 所示为绘制直线，要求输入下一点时，按〈↓〉键出现的提示。

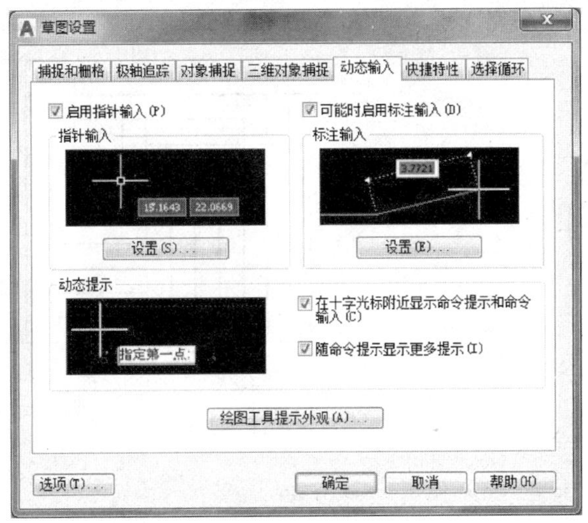

图 4-41 【动态输入】选项卡

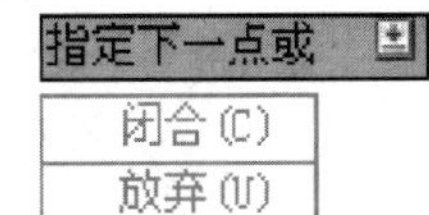

图 4-42　动态提示

动态输入能够取代 AutoCAD 传统的命令行，使用〈Ctrl+9〉键可以关闭或打开命令行的显示。在命令行不显示的状态下可以仅使用动态输入方式输入或响应命令，为用户提供了一种全新的操作体验。

> **提示**　一般情况下，建议初学者不使用动态输入模式。

4.15　思考与练习

1. 概念题

（1）在 AutoCAD 中，系统默认的角度的正向和弧的形成方向是逆时针还是顺时针？

（2）简述绘制矩形的几种方法。

（3）用正多边形命令绘制正多边形时有两个选择：内接于圆和外切于圆。试问用这两种方法怎样控制正多边形的方向？

（4）利用【旋转】选项绘制椭圆时，输入的角度有限制吗？限制的范围是多少？

（5）怎样设置对象捕捉追踪？

2. 绘图练习

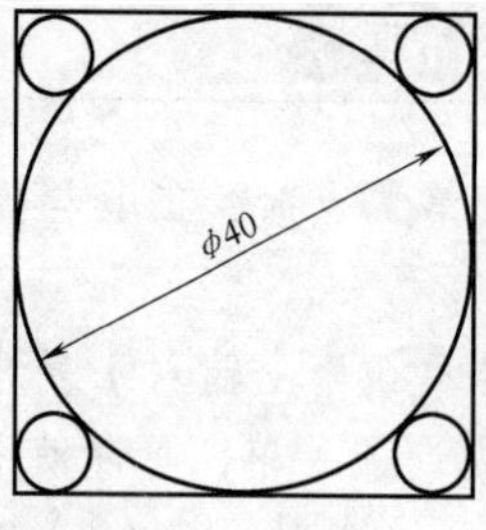

图 4-43　习题图（一）

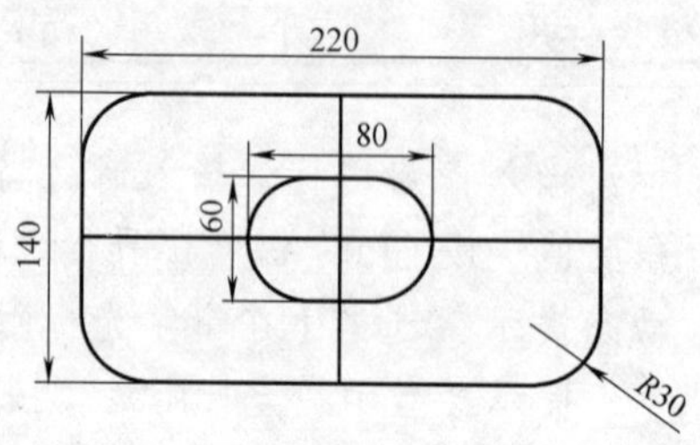

图 4-44　习题图（二）

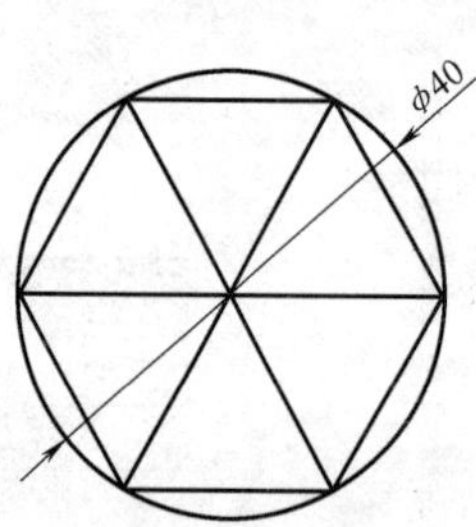

图 4-45　习题图（三）

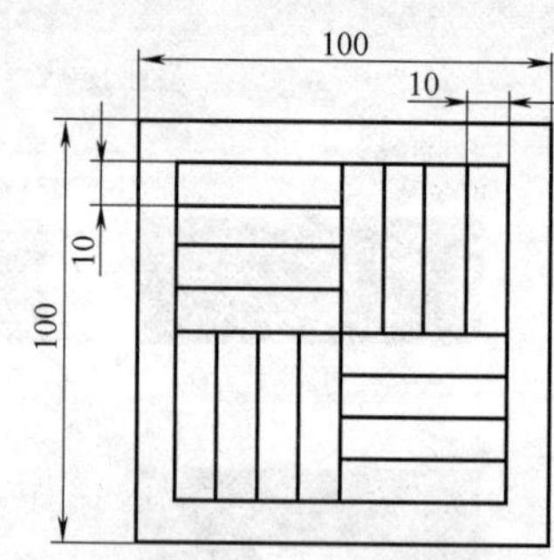

图 4-46　习题图（四）

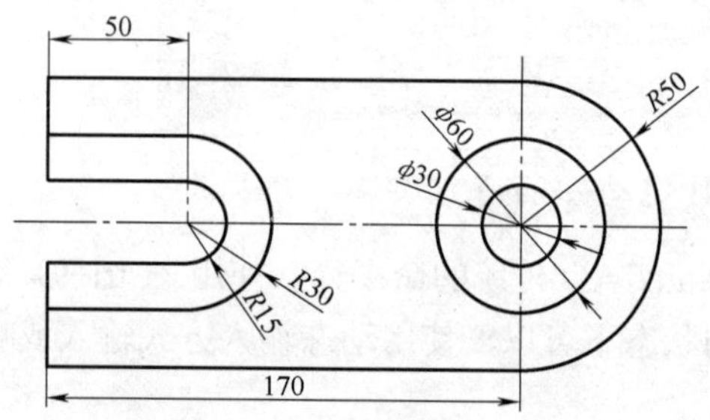

图 4-47　习题图（五）

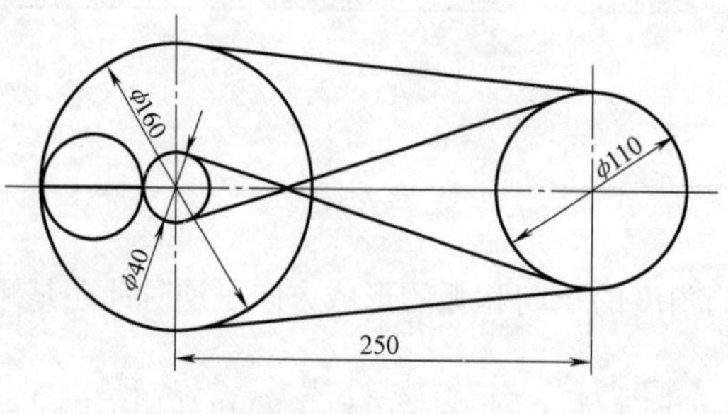

图 4-48　习题图（六）

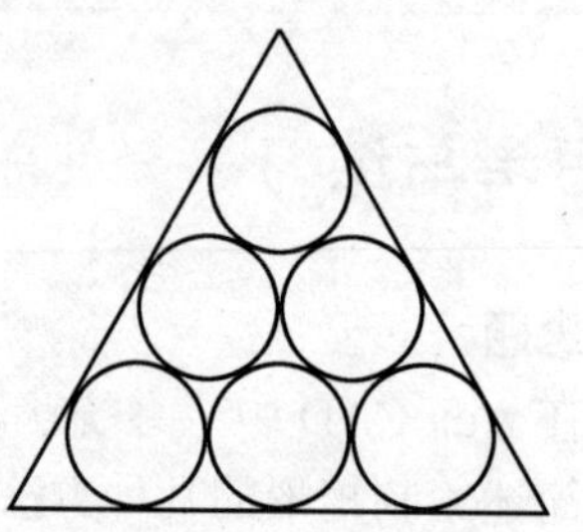
图 4-49　习题图（七）

第5章

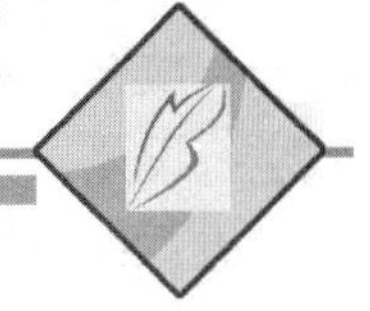

规划与管理图层

【本章重点】

- 图层的建立和管理。
- AutoCAD 图层的特点。
- 对象特性。

5.1 图层概述

确定一个图形对象，除了要确定它的几何数据以外，还要确定诸如颜色、线型等非几何数据。例如，绘制一个圆，除了确定图形的定形和定位尺寸之外，还要指定图形的线型、颜色等数据。AutoCAD 存放这些数据要占一定的存储空间，如果一张图上有大量具有相同颜色、线型等设置的对象，AutoCAD 会重复存放这些数据，显然会浪费大量的存储空间。为此，AutoCAD 使用了图层来管理图形，用户可以把图层想象成没有厚度的透明片，各层之间完全对齐，一层上的某一基准点准确地对准于其他各层上的同一基准点。

使用图层，用户可以为每一图层指定绘图所用的线型、颜色和状态，并将具有相同线型、颜色或功能的对象（如轮廓线）放在规定层上。

图层是 AutoCAD 的主要组织工具，可以使用它们按功能组织信息以及执行线型、颜色和其他标准，如图 5-1 所示。

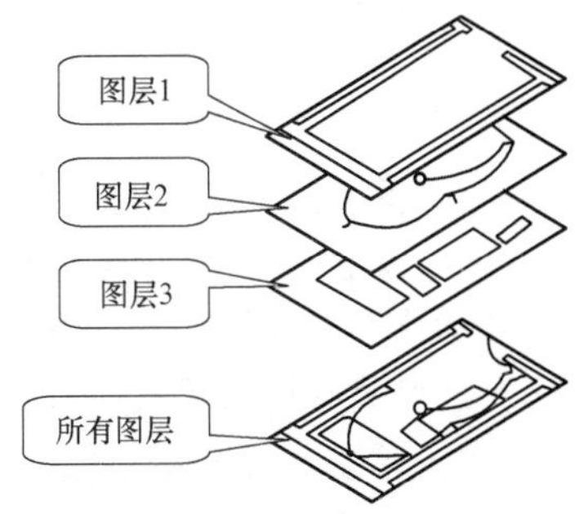

图 5-1　组织图层

通过创建图层，可以将类型相似的对象指定给同一个图层使其相关联。例如，可以将构造线、轮廓线、虚线、点画线、文字、标注和标题栏等置于不同的图层上。然后对以下内容进行控制：

- 图层上的对象是否在任何视口中都可见。
- 是否打印对象以及如何打印对象。
- 为图层上的所有对象指定何种颜色。
- 为图层上的所有对象指定何种线型和线宽。
- 图层上的对象是否可以修改。

5.2 图层设置

要使用图层首先要建立图层，AutoCAD 中的图层有如下特征参数：图层名称、线型、线宽、颜色、打开 / 关闭、冻结 / 解冻、锁定 / 解锁、打印特性等，每一层都围绕这几个参数进行设置。

开始绘制新图形时，AutoCAD 将创建一个名为 0 的特殊图层。默认情况下，图层 0 将被指定使用 7 号颜色（白色或黑色，由背景色决定）、Continuous 线型、“默认”线宽【默认设置是 0.01 英寸（in）或 0.25 毫米（mm）】等。不能删除或重命名图层 0 。

5.2.1 建立新图层

使用【图层特性管理器】对话框可以创建新图层、指定图层的各种特性、设置当前图层、选择图层和管理图层。单击【图层】面板上的【图层特性】按钮，弹出【图层特性管理器】对话框，如图 5-2 所示。

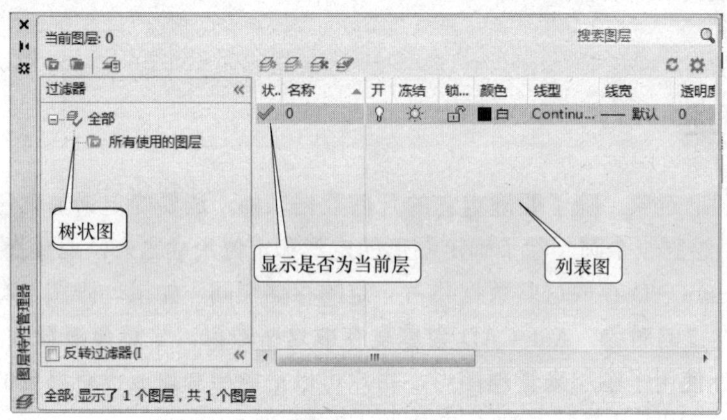

图 5-2 【图层特性管理器】对话框

【例 5-1】 创建新图层的过程。

1）单击【新建图层】按钮，将在图层列表中自动生成一个新图层，新的图层以临时名称【图层 1】显示在列表中，并采用默认设置的特性。此时，【图层 1】反白显示，可以直接用键盘输入图层的新名称，然后按〈Enter〉键（或在空白处单击），新图层建立完成。

2）单击相应的图层颜色、线型、线宽等特性，可以修改该图层上对象的基本特性。

3）需要建立多个图层时，可以重复步骤 1）、步骤 2）。

4）单击对话框左上角的按钮，可以退出此对话框。

如果图形进行了尺寸标注，图层列表中会出现一个【Defpoints】层，该层只有在标注后才会自动出现。该层记录了定义尺寸的点，这些点是不显示的。【定义点】层是不能打印的，不要在此层上进行绘制。【0】层是默认层，该层不能删除或改名。在没有建立新层之前，所有的操作都是在此层上进行的。

提示 在设置图层参数时，个人或单位应该有个统一的规范，以方便交流和协作。

5.2.2　修改图层名称、颜色、线型和线宽

每一个图层都应该被指定一种颜色、线型和线宽，以便与其他的层区分，若图层的这些参数需要改变，可以进入【图层特性管理器】对话框中进行修改。

【例 5-2】　修改图层名称。

要修改某层的名称，可以单击该层名字，使其所在行高亮显示，然后在名称处单击，使名称反白，进入文本输入状态，修改或重新输入名称即可。

【例 5-3】　设置图层颜色。

要改变某层的颜色，直接单击该层的【颜色】属性项，会弹出【选择颜色】对话框，如图 5-3 所示。为图层选择一种颜色后，单击 确定 按钮退出【选择颜色】对话框。

【例 5-4】　设置图层线型。

1）要改变某层的线型，直接单击该层的【线型】属性项，会弹出【选择线型】对话框，如图 5-4 所示。

图 5-3　【选择颜色】对话框

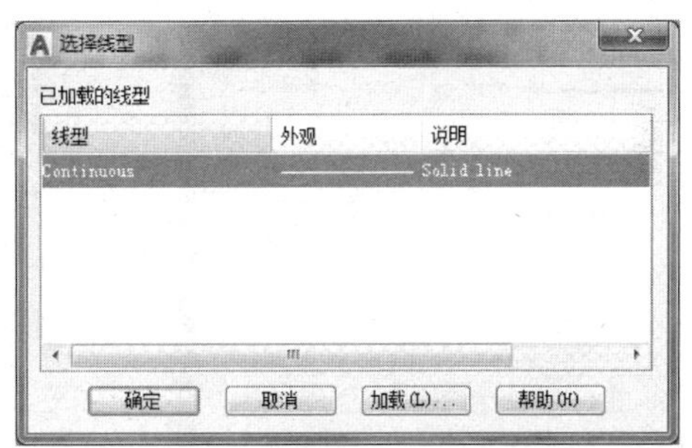

图 5-4　【选择线型】对话框

2）若列表中没有合适的线型选项，单击 加载(L)... 按钮进入【加载或重载线型】对话框，如图 5-5 所示。AutoCAD 提供了丰富的线型，它们存放在线型库 acadiso.lin 文件中，用户可以根据需要从中选择。另外用户还可以建立自己的线型，以适应特殊需要。选择一种线型（如选择了【CENTER】），单击 确定 按钮进行装载。

3）返回到【选择线型】对话框时，新线型在列表中出现，选择【CENTER】，如图 5-6 所示，单击 确定 按钮，该图层便具有了这种线型。

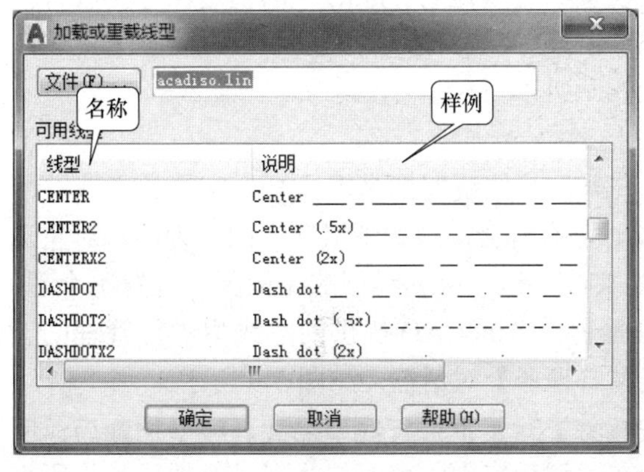

图 5-5　【加载或重载线型】对话框

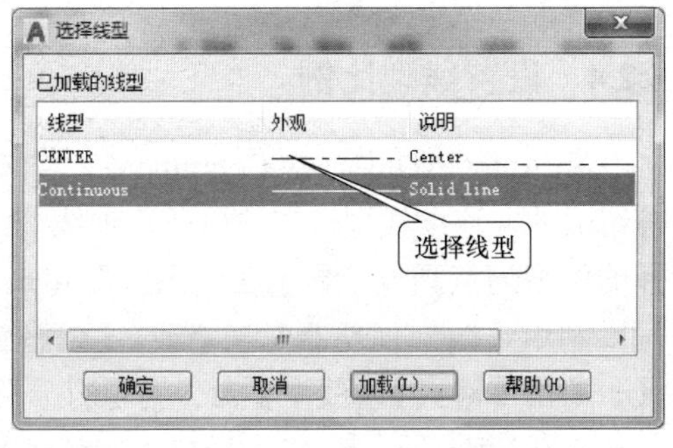

图 5-6　【选择线型】对话框

【例 5-5】 修改图层线宽。

要改变某层的线宽，直接单击该层的【线宽】属性项，会弹出【线宽】对话框，如图 5-7 所示。选择合适的线宽，单击 确定 按钮，线宽属性就赋给了该图层。

5.2.3 显示线宽

为了观察线宽是否与图形的要求相配，在绘图过程中可以显示线宽，AutoCAD 系统默认设置不显示线宽，要显示线宽可以单击状态栏上的按钮使其亮显，这样线宽便显示出来了。也可以在按钮上单击鼠标右键，在弹出的快捷菜单中选择【设置】选项，打开【线宽设置】对话框进行具体设置，如图 5-8 所示。

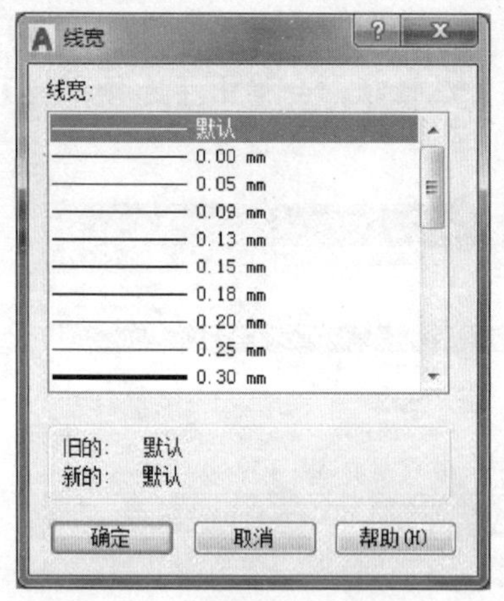

图 5-7 【线宽】对话框

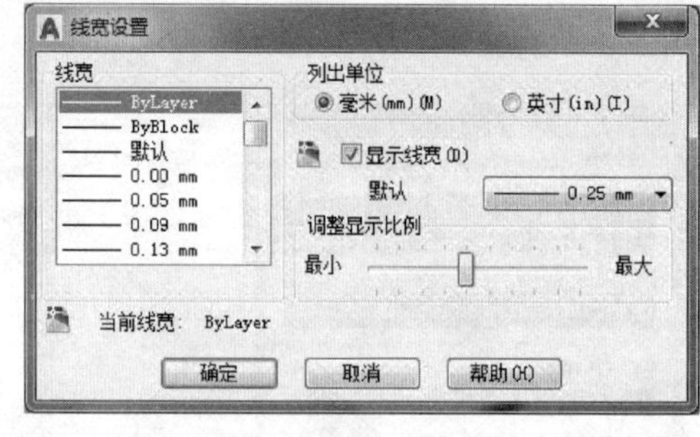

图 5-8 【线宽设置】对话框

- 【显示线宽】复选框与状态栏的按钮作用相同。
- 【调整显示比例】选项只有在绘图时显示线宽才起作用，用鼠标拖动指针来调整线宽的显示比例。

在线宽列表中“默认”项的默认值为 0.25mm，要改变其值，在【线宽设置】对话框中单击【默认】文本框右边的，在下拉列表中选择一个数值，此值即作为线宽的默认值（一般把细线宽作为默认值，如机械图中有粗、细两种线宽，粗线宽是细线的两倍，如果粗线宽是 0.5mm，则细线宽是 0.25mm，这样就可以设置默认值是 0.25mm），也就是在【图层特性管理器】对话框中【线宽】项显示的【默认】。

5.2.4 设置线型比例

在 AutoCAD 中，除 Continuous（连续线）外，其他线型都是由短画、空格、点或符号等组成的非连续线型。在使用非连续线型绘图时，有时会出现如下情况例如，为图形对象选择的线型为点画线，显示在绘图区看起来却像实线。这是因为线型的比例因子设置不合理，可以利用【线型管理器】来修改，【线型管理器】是 AutoCAD 提供的对线型进行管理的工具。单击【格式】/【线型】命令可以打开【线型管理器】对话框，如图 5-9 所示。

单击 加载(L)... 按钮，打开【加载或重载线型】对话框进行线型加载。线型加载后返回【线型管理器】对话框，所加载的线型即显示在线型列表中，表明该线型已经加载。将所需

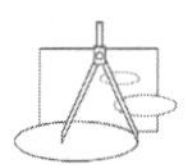

线型加载后，单击【线型管理器】对话框中的 当前(C) 按钮，将线型列表中的选定线型置为当前线型。也可以通过单击【特性】面板上的线型下拉列表中的线型来实现，如图 5-10 所示，这样就可用选定的线型来绘图了。

图 5-9 【线型管理器】对话框

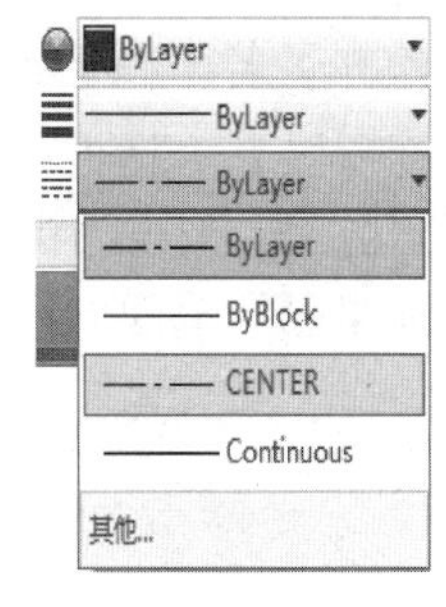

图 5-10　线型下拉列表

【线型管理器】对话框中的 删除 按钮，用来清除已经加载却不需要的线型，当删除的线型已经使用过，系统会给出提示，如图 5-11 所示。

提示中所提到的线型均不能被删除。另外已删除的线型再次加载会给出如图 5-12 所示的提示。

图 5-11　不能删除线型提示

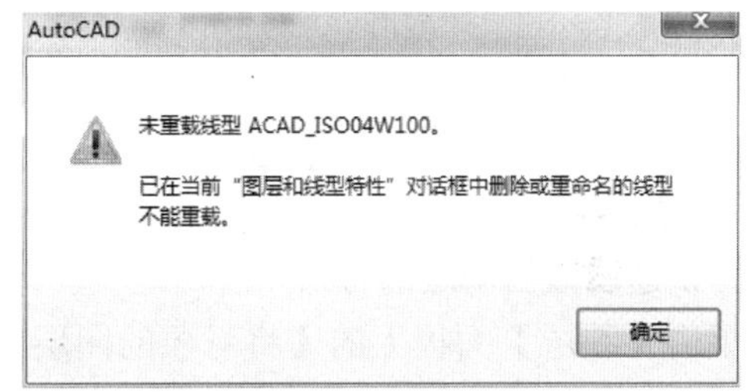

图 5-12　重新加载已删除线型的提示

> **提示**　删除线型时一定要小心，防止删除了需要的线型带来麻烦。

【线型管理器】对话框中的 显示细节(D) 按钮用来控制详细信息的显示和隐藏，图 5-9 所示的【线型管理器】对话框中显示了详细信息，单击 隐藏细节(D) 按钮，可以隐藏详细信息。

【详细信息】中的【全局比例因子】文本框中的值影响图中的所有线的线型比例。例如，它的值是 2，实际上把标准线型的长画或短画放大 2 倍，它对连续线没有作用。【当前对象缩放比例】文本框中的值只影响设置后绘制的对象，对设置以前绘制的对象没有作用，但最终比例是【全局比例因子】与【当前对象缩放比例】的乘积。

> **提示**　使用【特性】选项板可以只修改选定对象的线型比例。

【缩放时使用图样空间单位】复选框：按相同的比例在图纸空间和模型空间缩放线型

（该选择是默认选择）。当在图样空间使用多个视口时（关于视口在布局一章有讲解），该选项很有用。这样即使各个视口的缩放比例不一样，也可以保证各个视口中的非连续线间隔相同，如图 5-13 所示。如果没有正常显示，则可以单击【视图】/【全部重生成】命令。

5.2.5 设置当前层与删除层

建立了若干图层后，要想在某一层上绘制图形，就需把该层设置为当前层。在【图层特性管理器】对话框中，可以首先选中层使其亮显，然后单击【置为当前】按钮，被选中的图层就会被设为当前层，状态栏显示当前层标志。

如果已经退回到绘图界面，可以利用【图层】面板来设置，如图 5-14 所示。

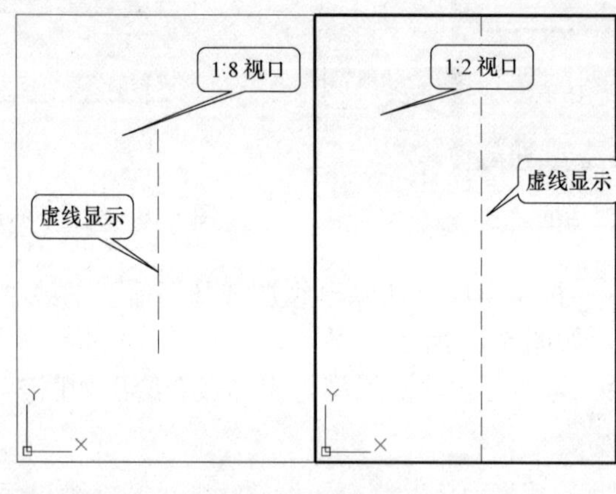

图 5-13 两个视口

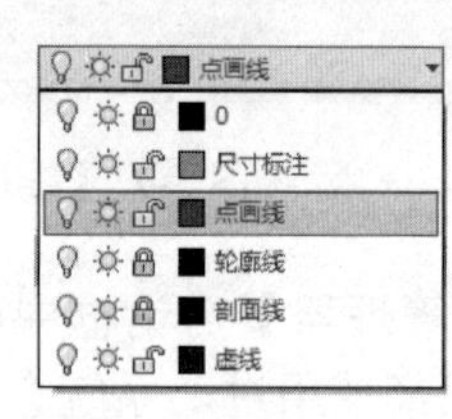

图 5-14 【图层】下拉列表

单击 0 按钮右侧的黑三角，在【图层】下拉列表中单击要设为当前层的图层即可。

1. 快速设置当前层的方法

单击【图层】面板上的【将对象的图层置为当前】按钮，鼠标指针形状变为拾取状态，根据命令行提示，选取将使其所在图层变为当前图层的对象，该对象所在的层立即设置为当前层，并在面板上显示。单击【图层】面板上的【上一个图层】按钮，可以由现在的当前层设置回到上一次的当前层设置。

2. 快速改变对象所在层的方法

如果要把其他层的对象放到指定层，则可以选择这些对象，然后单击 0 按钮右侧的黑三角，在【图层】下拉列表中单击指定图层即可。

为了节约系统资源，有些多余的图层，可以删除掉。删除的方法：在【图层特性管理器】对话框中选择多余的层，单击【删除图层】按钮，即可删除。

需要注意的是，0 层、当前层和含有图形对象的层不能被删除。当删除这几种图层时，系统会给出警告信息，如图 5-15 所示。

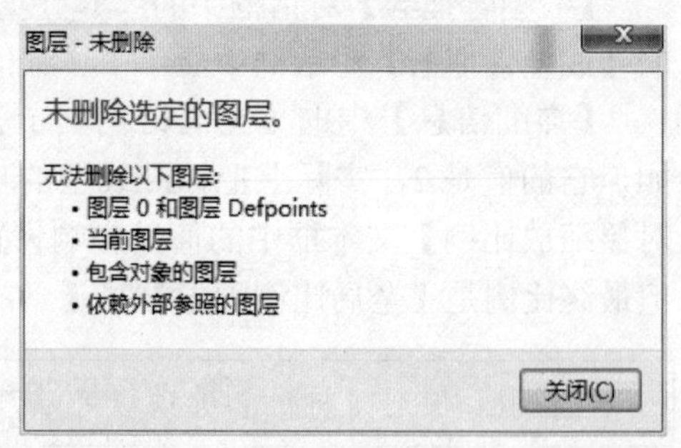

图 5-15 警告信息

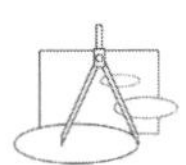

5.2.6　图层的其他特性

AutoCAD 可以控制图层里的对象，用于控制图层的工具有【开 / 关】【冻结 / 解冻】【锁定 / 解锁】【打印 / 不打印】等。使用这几个工具，可以在【图层特性管理器】对话框中的【图层】列表中单击相应图层的控制图标，也可以单击 按钮右侧的黑三角，在【图层】下拉列表中单击相应图层的控制图标，对于【打印 / 不打印】则只能在【图层特性管理器】对话框中进行修改。

1. 打开 / 关闭图层

在机械制图中，经常将一些与本设计无关的图层关闭（图层关闭，该图层的对象不显示），可使得相关的图形更加清晰和明显，关闭的图层可以随时根据需要打开。如果不想打印某些层上的对象，也可以关闭这些层。

单击 按钮右侧的黑三角，在【图层】下拉列表中单击要关闭图层的 按钮，使之由黄变蓝，然后在空白处单击鼠标左键，该图层被关闭；反之，图层打开。【打开 / 关闭图层】命令也可以在【图层特性管理器】对话框中进行设置，方法相同。

2. 冻结 / 解冻图层

图层被冻结，该图层上的图形不能显示，不能把该层设为当前图层，也不能被编辑或打印输出。反之，解冻。在布局中经常冻结某些层，相关知识请看布局的相关章节。

单击 按钮右侧的黑三角，在【图层】下拉列表中单击要冻结图层的【冻结】按钮 ，使它变成淡蓝色 ，图层被冻结；反之，图层解冻。冻结 / 解冻图层可以在【图层特性管理器】对话框中进行设置，方法相同。当前层不能被冻结，被冻结的层不能设置为当前层。

3. 锁定 / 解锁图层

如果不想在以后设计中修改某些图层，或想仅以某些层为参照绘制其他层的对象，可以锁定这些图层。图层锁定后并不影响图样的显示，可以在该层上绘图（绘制完的对象被即时锁定，所以不提倡在锁定层上绘制图形），可以捕捉到图层上的点，可以把它打印输出，也可以改变层的颜色和线型、线宽，但图样（包括锁定后绘制的）不能被修改。

锁定 / 解锁的方法与冻结 / 解冻的方法相同，锁定的符号是 ，解锁的符号是 。

4. 打印特性

打印特性的改变只决定图层是否打印，并不影响别的性质。打印符号是 ，不打印的符号是 。

设置的方法与图层的锁定 / 解锁方法相同，不过需要在【图层特性管理器】对话框中完成。

根据上述方法建立一些常用的层，保存文件，名字为图层 .dwg，以备使用，如图 5-16 所示。

5.2.7　图层面板的其他工具

对于图层的使用和管理都可以使用图层面板完成，如图 5-17 所示。如果想使展开的图层面板一直显示，只需单击展开的【图层】按钮的【图钉】按钮 ，使其变为 即可，反之，扩展的【图层】面板自动收缩。

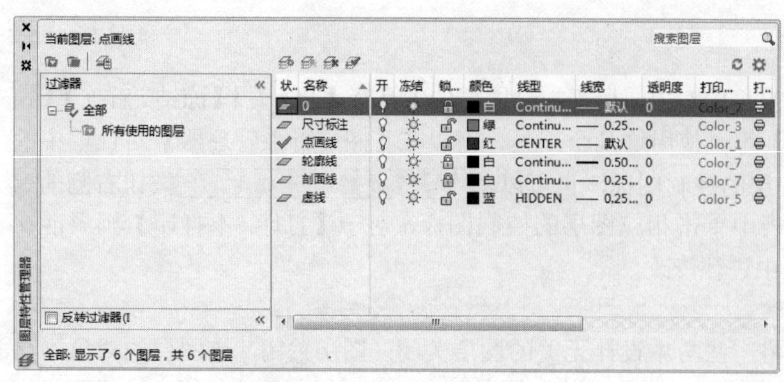

图 5-16　常用图层的设置

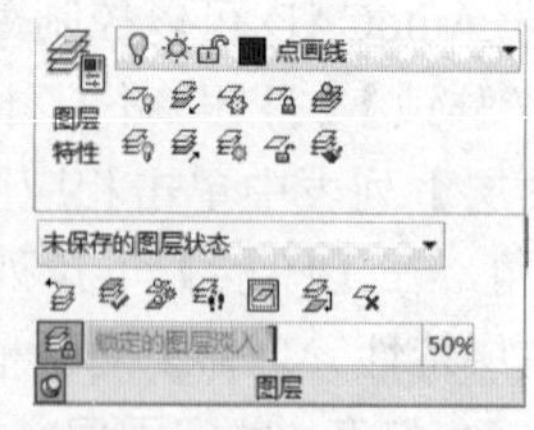

图 5-17　扩展的【图层】面板

【图层】面板常用的工具功能如下：

- 【匹配】按钮：单击此按钮，可以将选定的对象的图层更改为与目标图层相匹配。
- 【隔离】按钮：单击此按钮，根据提示选定对象，将除选定对象所在图层以外的所有图层都锁定。指定的对象可以是多个图层上的对象。
- 【取消隔离】按钮：单击此按钮，恢复使用【隔离】工具锁定的图层。
- 【冻结】按钮：单击此按钮，根据提示选定对象，将选定的对象所在的图层冻结。
- 【关闭】按钮：单击此按钮，根据提示选定对象，将选定的对象所在的图层关闭。
- 【图层状态】列表 未保存的图层状态：可以在其中选择已经保存的图层状态以加载，或新建、管理图层状态。
- 【打开所有图层】按钮：单击此按钮，将所有图层设置为打开状态。
- 【解冻所有图层】按钮：单击此按钮，将所有图层设置为解冻状态。
- 【锁定】按钮：单击此按钮，根据提示选定对象，将选定的对象所在的图层锁定。
- 【解锁】按钮：单击此按钮，根据提示选定对象，将选定的对象所在的图层解锁。
- 【更改为当前图层】按钮：单击此按钮，根据提示选定对象，将选定的对象所在的图层更改为当前图层。
- 【图层漫游】按钮：单击此按钮，出现【图层漫游】对话框，在列表中选择图层，将只显示选定图层上的图形，其余图层上的图形被隐藏。
- 【视口冻结当前视口以外的所有视口】按钮：单击此按钮，冻结除当前视口外的所有布局视口中的选定图层。
- 【删除】按钮：单击此按钮，根据提示选择图线，删除所选图线所在图层上的所有对象并清理该图层。但选定对象的图层不能是 0 层和当前层。
- 【锁定的图层淡入】滑块 锁定的图层淡入 50%：拖动滑块，调整锁定图层上对象的透明度。利用按钮启用或禁用应用于锁定图层的淡入效果。

5.2.8　AutoCAD 图层特点

AutoCAD 的图层主要具有以下特点：

- 用户可以在一幅图中指定任意数量的图层。系统对图层数没有限制，对每一图层上的对象数也没有任何限制。

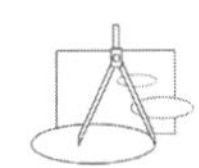

- 每个图层有不同的名字，以加以区别，当开始绘制一幅新图时，AutoCAD 自动创建名字为 0 的图层（习惯称为浮动层），这是 AutoCAD 的默认图层。当标注尺寸时，会自动产生一个【DefPoints】层。其余图层需要用户自己去定义。
- 一般情况下，一个层上的所有对象应该具有统一线型、颜色和线宽。只有具有统一性，才便于管理（虽然可以使用【特性】面板单独为图层上的某一个对象设置不同的特性，但为了方便管理，不提倡这样做）。
- AutoCAD 允许用户建立很多图层，但只允许在当前层上绘图，所以在绘图过程中需要根据绘制的对象不同，而经常地变换当前层。
- 虽然对象分布在不同的层上，但并不影响用户同时操作位于不同图层上的对象。
- 用户可以对各图层进行打开、关闭、冻结、解冻、锁定与解锁等操作，以决定各图层的可见性与可操作性。

图层是 AutoCAD 管理图形的一种非常有效的方法，用户可以利用图层将图形进行分组管理。例如，将轮廓线、中心线、尺寸、文字、剖面线等机械制图常用的绘图元素放置在不同的图层中。每一层根据实际需要或组织规定设置线型、颜色、线宽等特性。用户还可以根据需要打开或关闭、锁定或解锁相应的层。被关闭的层将不再显示，这样会大大简化显示的内容，避免过多显示的影响。例如，在标注尺寸时，可以把剖面线层关闭，避免它对捕捉的影响，误捕到剖面线的端点，造成误标。图层被锁定后仍然显示在屏幕上，但可以避免被删除或移动位置等操作，用户还可以以被锁层内容为参照绘制新图形。图层看上去比较简单，但这方面经常出问题，尤其在出图时，所以希望用户能够灵活掌握。

5.3　对象特性

运用 AutoCAD 提供的绘图命令可以绘出各种各样的图形，我们称这些图形为对象。它们所具有的属性被称为对象特性。而对象所具有的图层、线型、线宽、颜色、坐标值等特性可以通过【特性】面板或【特性】对话框进行修改。

图 5-18　【特性】面板

5.3.1 【特性】面板

使用特性面板可以修改选中对象的特性，【特性】面板如图 5-18 所示。

- 【对象颜色】列表 ByLayer：对于选定的对象，单击该列表可以从弹出的下拉列表中选择某颜色，如图 5-19 所示。此时，对象的颜色变为所选颜色。其中，“ByLayer”是指由对象所在图层的颜色决定对象的颜色，“ByBlock”是指由对象所在图块的颜色决定对象的颜色。如果在列表中选择【更多颜色】选项，则可以打开【选择颜色】对话框，在其中选择更多的颜色种类。
- 【线宽】列表 ByLayer：对于选定的对象，单击该列表可以从弹出的下拉列表中选择线宽来设置对象的线宽，如图 5-20 所示。其中，“ByLayer”是指由对象所在图层的线宽决定对象的线宽，“ByBlock”是指由对象所在图块的线宽决定对象的线宽。如果在列表中选择【线宽设置】选项，则可打开【线宽设置】对话框进行线宽设置，以定义默认的线宽及线宽的单位及线宽的显示。

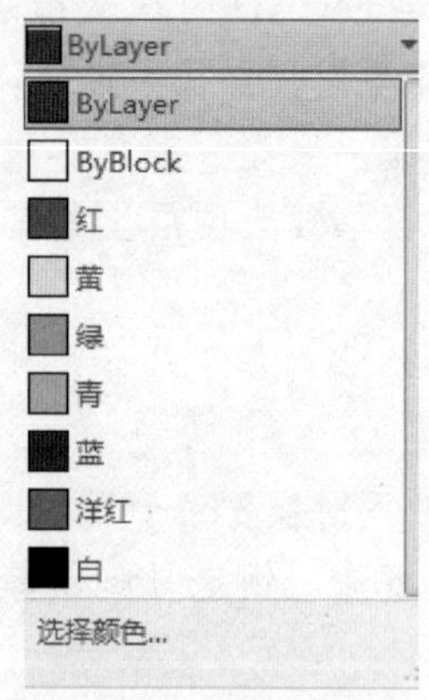

图 5-19 【对象颜色】列表

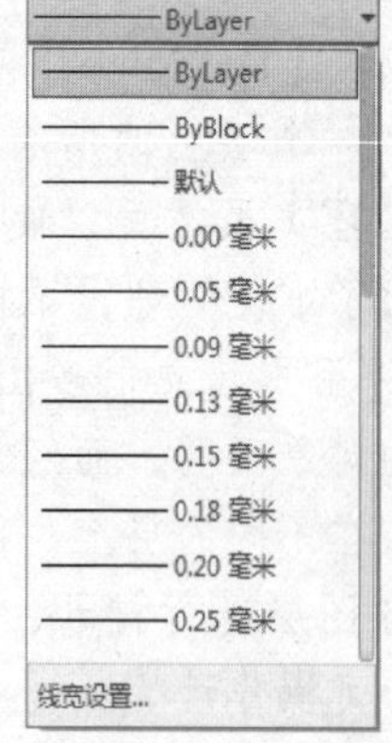

图 5-20 【线宽】列表

- 【线型】列表 ByLayer：对于选定的对象，单击该列表可以从弹出的下拉列表中选择线型来设置对象的线型，如图 5-21 所示。其中，“ByLayer”是指由对象所在图层的线型决定对象的线型，“ByBlock”是指由对象所在图块的线型决定对象的线型。如果在列表中选择【其他】选项，则可打开【线型管理器】对话框用于加载列表中不显示的线型，并设置线型的详细信息。
- 【打印样式】列表 BYCOLOR：对于选定的对象，单击该列表可以从弹出的下拉列表中选择来设置对象的打印样式。只有设置了命名打印样式，该列表才可用。

提示 可以先设置特性，再绘制对象。注意，除了选项设置为“ByLayer”的对象，其他对象不受【图层特性管理器】的管理。

- 【透明度】列表：对于选定的对象，单击该列表可以从弹出的下拉列表中选择来设置对象的透明度显示样式，如图 5-22 所示。其中“ByLayer”是指由对象所在图层的透明度决定对象的透明度，“ByBlock”是指由对象所在图块的透明度决定对象的透明度。当设置为【透明度值】方式时，可以使用其后的滑块调整选定对象的透明度。

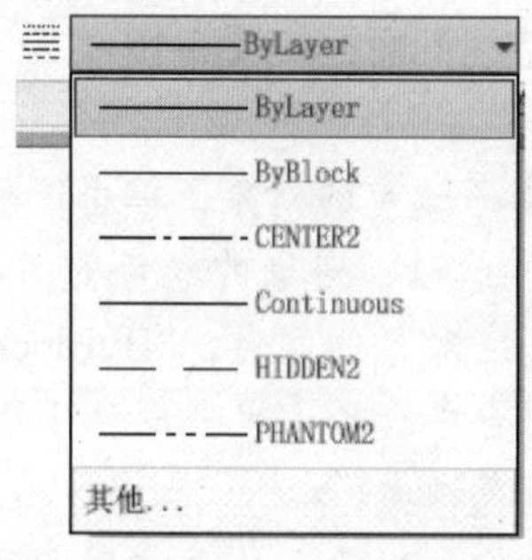

图 5-21 【线型】列表

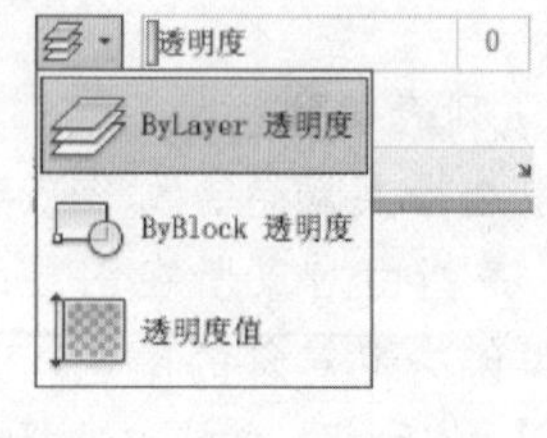

图 5-22 【透明度】列表

- 【透明度】滑块 透明度 0：拖动滑块来设置所选对象的透明度值。
- 【列表】按钮 列表：选定对象后，单击此按钮，可在【文本窗口】显示该对象的详

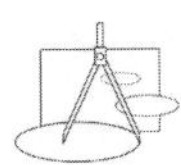

细信息。

- 【特性】按钮：单击此按钮打开或关闭【特性】对话框，用于设置对象的详细特性。

如果应用程序状态栏的【快捷特性】按钮处于按下状态，则启用了显示快捷特性模式。在命令行“命令：”提示状态下，选中需要修改特性的对象，在绘图区会出现【快捷特性】选项板，如图 5-23 所示。也可使用它在对应列表中修改对象的颜色、图层和线型等特性。

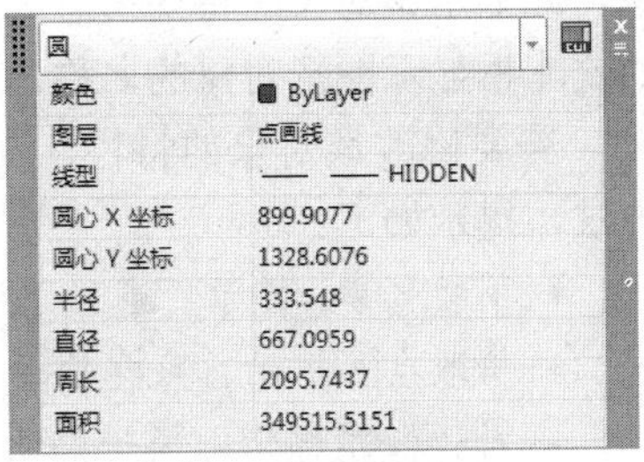

圆	
颜色	ByLayer
图层	点画线
线型	—— —— HIDDEN
圆心 X 坐标	899.9077
圆心 Y 坐标	1328.6076
半径	333.548
直径	667.0959
周长	2095.7437
面积	349515.5151

图 5-23 【快捷特性】选项板

5.3.2 【特性】对话框

单击【特性】面板上的按钮，打开图 5-24 所示的【特性】对话框，用于设置对象的详细特性。

- 【切换 PICKADD 值】按钮：默认状态下，将选择的对象添加到当前选择集中。单击此按钮，图标变为，此时选定对象将替换当前选择集。再次单击按钮，回到默认状态。
- 【选择对象】按钮：单击此按钮，可以以任何选择对象的方法选择对象，【特性】对话框将显示所有选中对象的共同特性。
- 【快速选择】按钮：单击此按钮，弹出【快速选择】对话框，如图 5-25 所示。选择时，可以根据具体的条件选择符合条件的对象，如果选中【附加到当前的选择集】复选框，选择的对象将添加到原来的选择集中。否则，选择的对象将替换原来的选择集。

图 5-24 【特性】对话框

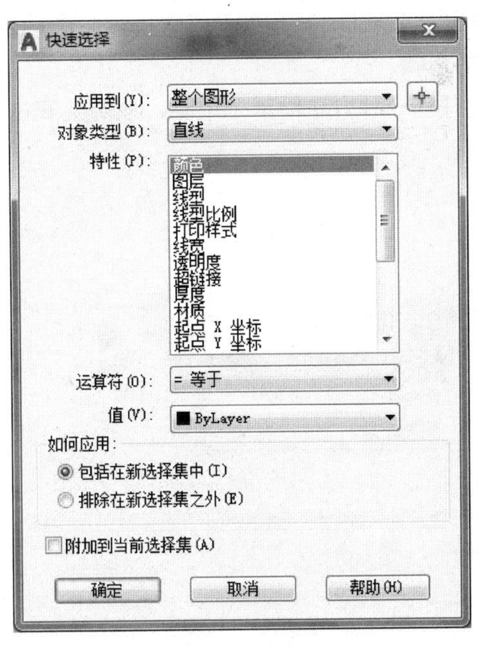

图 5-25 【快速选择】对话框

对话框中显示的信息与图形文档所处的状态有关。若在打开对话框时，没有选择文档中的任何图形对象，显示的信息为当前所应用的特性，如图 5-24 所示。若选择某个图形对象，则显示该对象的特性信息。若选择了几个对象，则显示它们的共有特性信息，对话框中的文本框显示图形对象的名称。

若要修改该对象的特性，在对话框中选择要修改的特性项，特性项会显示相应的修改方法，提示如下：

- 下拉列表提示，通过下拉列表来修改。
- 拾取点提示，可在绘图区用鼠标拾取所需点，也可直接输入坐标值。
- 对话框提示，通过对话框来修改。

选择修改对象有如下几种方法：

（1）打开【特性】对话框前选取　先选取要修改的对象（可以为多个对象），再打开【特性】对话框，通过最上面的下拉列表来选择修改对象，然后按上述方法修改其特性（按〈Esc〉键可以取消选择）。

（2）打开【特性】对话框后选取

1）直接选择对象。

2）单击选择对象按钮，根据提示选择对象。按〈Enter〉键结束选择。通过选择下拉列表来选择某个修改对象，然后修改其特性，如图 5-26 所示。

5.3.3　特性驱动

使用【特性】对话框，不仅可以查询对象的特性，还可以通过特性驱动来绘制图形，下面以绘制一个面积为 100mm^2 的圆为例。我们知道所有的绘制圆的命令都不能直接确定圆的面积，所以用绘制圆的命令不能直接绘制满足要求的圆。下面通过这个实例简单讲述一下特性驱动的步骤。

1）用任何一种方法绘制一个圆，在圆上双击打开【特性】对话框，如图 5-27 所示。

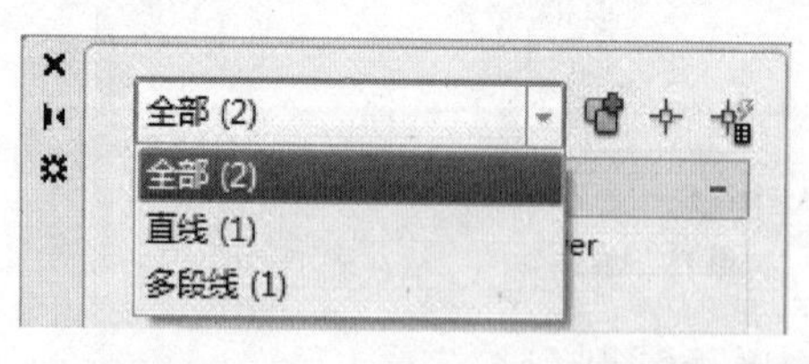

图 5-26　选择下拉列表

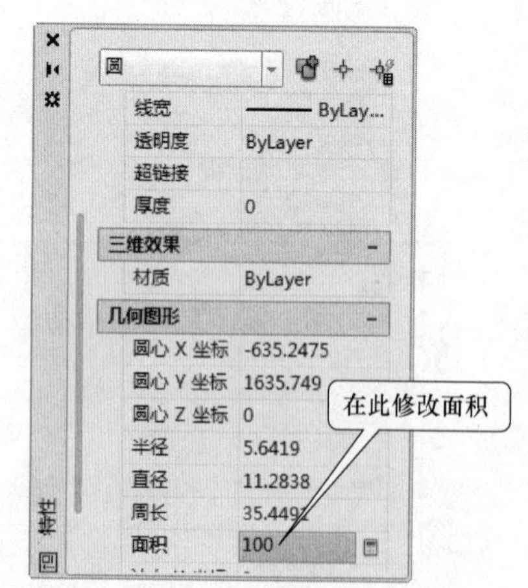

图 5-27　【特性】对话框

2）在【面积】右边的文本框处单击鼠标就会变为可编辑状态，修改为 100，然后按〈Enter〉键即可。这时圆的面积就会自动变为 100mm^2。

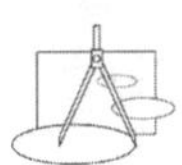

5.4　思考与练习

1. 概念题

（1）AutoCAD 图层有哪些特点？

（2）怎样设置需要的图层？

（3）怎样修改对象特性？

（4）怎样使用特性驱动几何图形？

2. 首先进行图层设置，然后根据尺寸绘图进行图线练习，如图 5-28 所示。

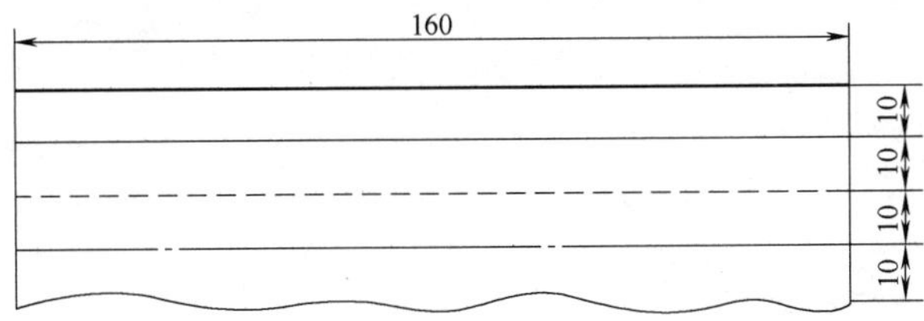

图 5-28　习题图

第6章

修改二维图形

【本章重点】

- 构造选择集。
- 删除、移动、旋转和对齐。
- 复制、阵列、偏移和镜像对象。
- 修改对象的形状和大小。
- 倒角、圆角和打断。

在绘图过程中，经常会遇到一些复杂的对称图形。有时也会遇到一些相同或类似的图样在不同的位置出现，是否需要像手工绘图那样一个个的绘制呢？当所绘制的直线或弧过长或过短时，是否有必要清除掉重新绘制呢？当需要把已存在图形旋转一定角度时，是否要再重复一遍绘制过程呢？当所绘制的图形对象不符合要求时，可以利用 AutoCAD 的修改工具解决手工绘图难以解决的问题。通过修改工具，可以任意地移动图样，改变图样的大小，复制图样。修改工具具有很高的智能性。通过这一章的学习，可以进一步认识到利用 AutoCAD 来绘制图样的高效率。

【修改】面板如图 6-1 所示，【修改】下拉菜单如图 6-2 所示。

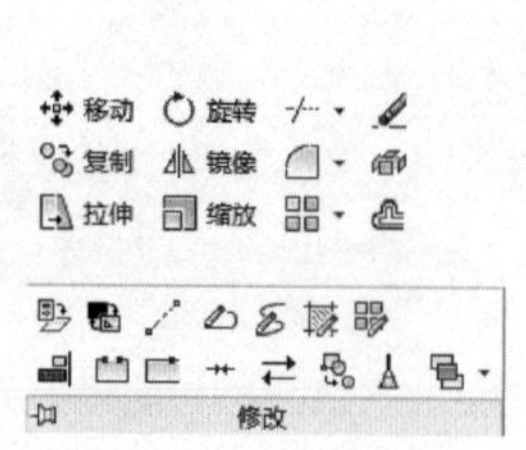

图 6-1 【修改】面板

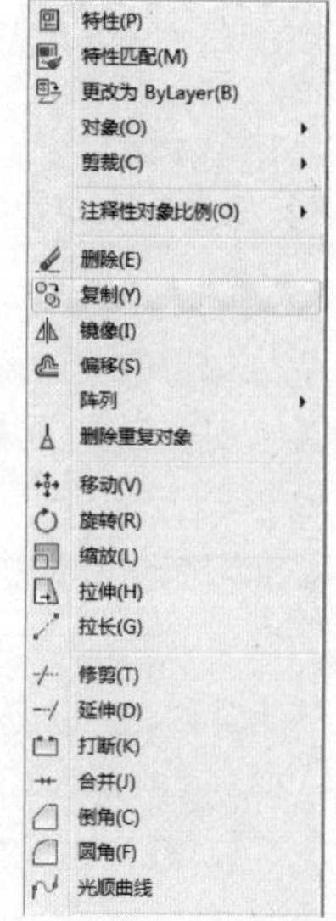

图 6-2 【修改】下拉菜单

6.1　构造选择集

复杂图形的绘制仅靠绘图命令是不够的，借助于修改命令，可以轻松、高效地实现复杂图形的绘制。执行修改命令一般会遇到选择修改对象的问题，即构造选择集。

选择集是被修改对象的集合，它可以包含一个或多个对象。用户可以先执行修改命令后选择，也可以先选择后执行修改命令。

修改命令执行之后，一般会出现“选择对象：”提示，十字光标变为小方框（称为拾取框），系统要求用户选择要进行操作的对象。选择对象后，AutoCAD 会亮显选中的对象（即用蓝线高亮显示），表示对象已加入选择集，也可以从选择集中将某个对象移出（按〈Shift〉键的同时选择对象）。

用鼠标拾取对象，或使用窗口选择，或使用下拉菜单选择对象方式，都可以选择对象。不管执行哪个命令，只要给出“选择对象：”提示，都可以使用这些方法。要查看所有选项，可在命令行中输入“?”。

在“选择对象：”提示下输入“?”然后按〈Enter〉键，命令行的显示如下：

需要点或窗口（W）/ 上一个（L）/ 窗交（C）/ 框（BOX）/ 全部（ALL）/ 栏选（F）/ 圈围（WP）/ 圈交（CP）/ 编组（G）/ 添加（A）/ 删除（R）/ 多个（M）/ 前一个（P）/ 放弃（U）/ 自动（AU）/ 单个（SI）/ 子对象（SU）/ 对象（O）

这些是 AutoCAD 提供的选择方法，用户可以根据需要选择适合的方法。在“选择对象：”提示下可以直接选择或输入一个选项再进行选择。下面具体讲一下常用选项的使用方法。

1. 直接方式

直接方式是一种默认的选择对象方法。选择过程：通过鼠标移动拾取框，使其压住要选择的对象，单击鼠标左键，该对象就会变蓝亮显，表明已被选中。用此方法可以连续选择多个对象。

2. 默认窗口方式

当出现“选择对象：”提示时，如果将拾取框移动到图中的空白区域单击鼠标左键，AutoCAD 会提示：“指定对角点”。移动鼠标到另一个位置再单击，AutoCAD 自动以两个拾取点为对角点确定一矩形拾取窗口。如果矩形窗口是从左向右定义的，那么只有完全在矩形框内部的对象会被选中。如果拾取窗口是从右向左定义的，那么位于矩形框内部或与矩形框相交的对象都会被选中。

3. 窗口（W）

选择矩形窗口（由两个角点定义）中的所有对象。在“选择对象：”提示下输入“W”并按〈Enter〉键，AutoCAD 会依次提示用户确定矩形窗口的两个对角点。此方式与默认窗口方式的区别是可以压住对象拾取角点。

4. 窗交（C）

窗交（C）与窗口（W）选择的区别在于：除选择全部位于矩形窗口内的所有对象外，还包括与窗口 4 条边相交的对象。在“选择对象：”提示下输入“C”并按〈Enter〉键，AutoCAD 会依次提示用户确定矩形窗口的两个对角点。

5. 全部（ALL）

全部（ALL）表示选择非冻结图层上的所有对象。

6. 栏选（F）

栏选（F）方式是绘制一条多段的折线，所有与多段折线相交的对象将被全部选中。图 6-3 所示为选择对角线上的 4 个小圆。在“选择对象：”提示下输入“F”并按〈Enter〉键，系统提示：

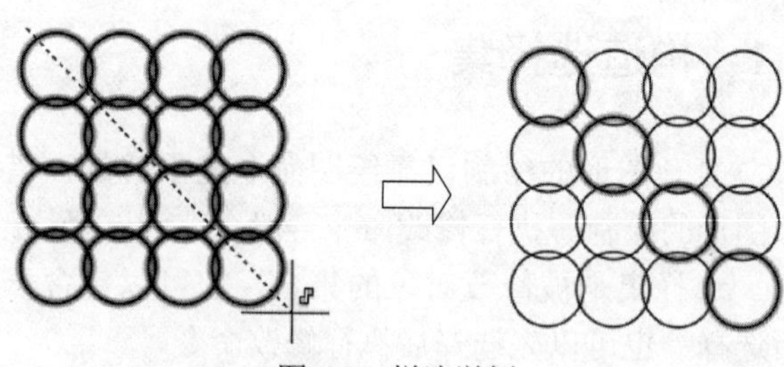

图 6-3　栏选举例

第一栏选点：　　　　　　　　　　　　　　　　// 指定一点

指定直线的端点或[放弃(U)]:　　　　　　　　　// 指定下一点或输入 U 放弃上一个指定点

7. 删除（R）

在“选择对象：”提示下输入“R”并按〈Enter〉键，切换到“删除”模式，可以使用任何对象选择方式将对象从当前选择集中去除。还有一种方法，按下〈Shift〉键选择对象，同样可以将选中的对象从当前选择集中去除。

上面讲述的选择方法各有所长，可以根据场合选择合适的方法快速地确定选择集。

6.2　删除对象

在绘图过程中，常常会遇到一些不想其在最终图样中出现的对象，像一些辅助线或一些错误图形。这时，就可以用删除命令，将不需要的对象清除掉。

单击【修改】工具栏上的【删除】按钮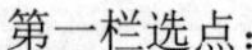，命令行的提示如下：

命令：_erase

选择对象：　　　　　　　　　　　　　　　　// 构造删除选择集

选择对象：　　　　　　　　　　　　　　　　// 按〈Enter〉键，选择的对象被删除

提示　选中对象，然后按〈Delete〉键也可以删除选择的对象。另外，删除可以通过单击【修改】/【删除】命令完成。注意，被锁定层上的对象不能删除，详见图层相关章节。

6.3　复制对象

在绘图过程中，有时候要绘制相同的图形，如果用绘图命令逐个绘制，将大大降低绘图效率。用户可以使用【复制】命令复制对象。使用【复制】命令要先选择需要复制的对象，再指定一个基点，然后根据相对基点的位置放置复制对象。用户可以利用对象捕捉直接用鼠标定位放置对象，也可以利用相对坐标方式确定复制位置。

【**例 6-1**】 把复制对象复制到板状零件的右边，如图 6-4 所示。

单击【修改】面板上的【复制对象】按钮，命令行的提示如下：

命令：_copy

选择对象：指定对角点：　　　　　　　　　　// 选择复制对象

选择对象：　　　　　　　　　　　　　　　　// 按〈Enter〉键，确定选择对象

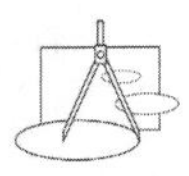

当前设置：复制模式 = 多个

指定基点或［位移（D）/ 模式（O）］〈位移〉：　　　// 选择基点，捕捉圆心；

指定第二个点或〈使用第一个点作为位移〉：

指定第二个点或［退出（E）/ 放弃（U）］〈退出〉：　　// 捕捉目标点，或输入相对坐标 @18,0，注意相对点总是基点位置

指定第二个点或［退出（E）/ 放弃（U）］〈退出〉：　　// 可以继续复制，按〈Enter〉键结束命令

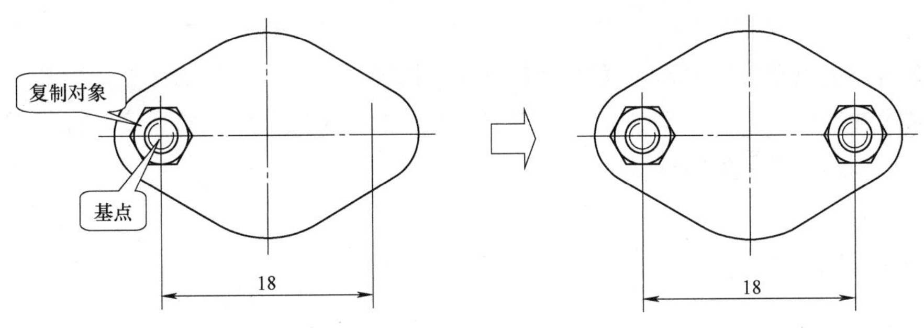

图 6-4　复制

提示　注意复制对象上的基点应该与目标点重合。该命令也可以通过单击【修改】/【复制】来执行。

6.4　镜像

在机械制图中，经常会遇到一些对称的图形，如某些底座、轴和支架等。我们可以画出对称图形的一半，然后用镜像命令将另一半对称图形复制出来。下面，通过实例来讲一下它的用法。

【例 6-2】 已知对称图形的一半（一个盘类零件），使用镜像命令完成视图，如图 6-5 所示。

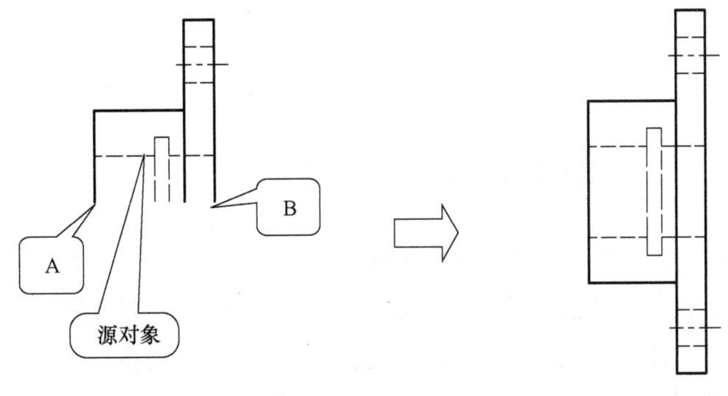

图 6-5　镜像图形

单击【修改】面板上的【镜像】按钮，命令行的提示如下：

命令：_mirror

选择对象：指定对角点：　　　// 选择镜像源对象

选择对象：　　　　　　　　　　　　　　　　　// 按〈Enter〉键，确定选择对象

指定镜像线的第一点：　　　　　　　　　　　　// 捕捉 A 点

指定镜像线的第二点：　　　　　　　　　　　　// 捕捉 B 点，定义对称轴

要删除源对象吗？［是（Y）/ 否（N）］〈否〉：　　// 按〈Enter〉键结束命令

> **提示**　如果在镜像的同时删除源实体，则在“是否删除源对象？［是（Y）/ 否（N）］〈N〉：”命令行输入“Y”，按〈Enter〉键即可。

该命令可以通过单击【修改】/【镜像】命令来执行。比较一下该命令生成对象与复制命令生成对象的区别，不难发现复制命令生成的对象与源对象的对应位置不变，而镜像生成的对象与源对象对应位置沿镜像线对称。

6.5　偏移

偏移命令用于创建造型与选定对象造型平行的新对象。偏移圆或圆弧可以创建更大或更小的圆或圆弧，取决于向哪一侧偏移。可以偏移的对象包括直线、圆弧、圆、二维多段线、椭圆、构造线、射线和样条曲线等。利用偏移命令可以将定位线或辅助曲线进行准确的定位，这样可以精确高效地绘图。

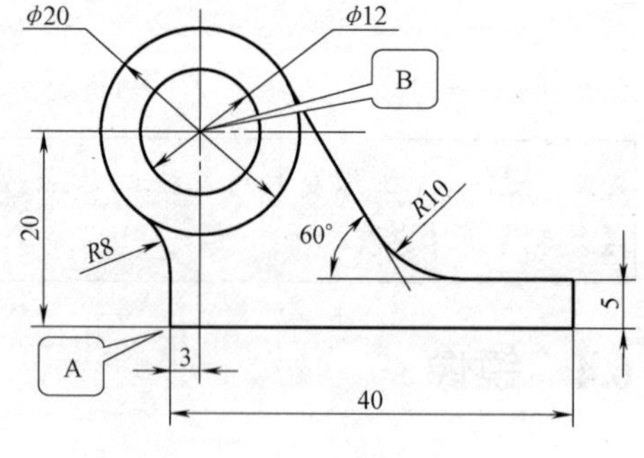

图 6-6　例图（一）

【例 6-3】 如图 6-6 所示，已知点 A，精确定位 B 点。辅助作图过程如图 6-7 所示。

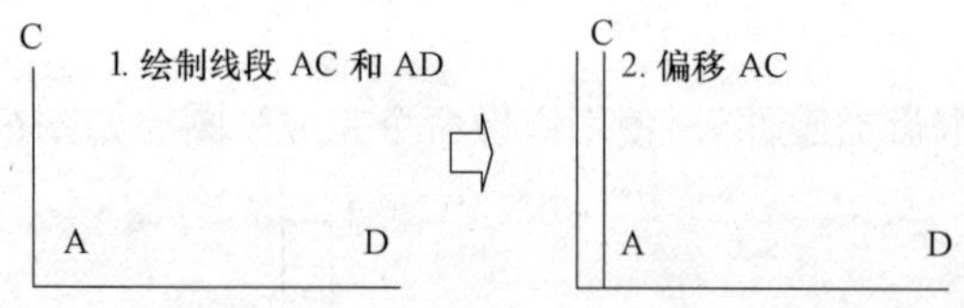

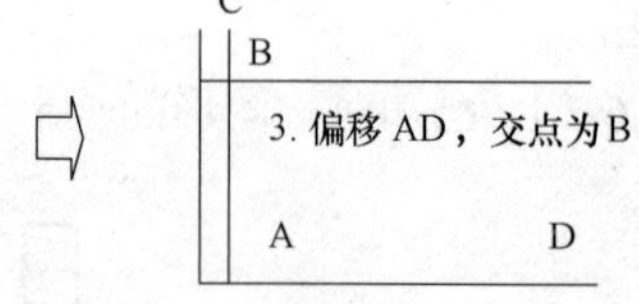

图 6-7　辅助作图过程

单击【修改】面板上的【偏移】按钮，命令行的提示如下：

命令：_offset

当前设置：删除源 = 否　图层 = 源　OFFSETGAPTYPE=0

指定偏移距离或［通过（T）/ 删除（E）/ 图层（L）］〈20.0000〉：3　// 设置偏移距离

选择要偏移的对象，或［退出（E）/ 放弃（U）］〈退出〉：　　// 选择偏移的对象 AC

指定要偏移的那一侧上的点，或［退出（E）/ 多个（M）/ 放弃（U）］〈退出〉：

　　　　　　　　　　　　　　　　　　　　　　// 在 AC 右方单击鼠标左键，确定要偏移的方向，完成偏移

选择要偏移的对象，或［退出（E）/ 放弃（U）］〈退出〉：　　// 按〈Enter〉键退出

命令：OFFSET　　　　　　　　　　　　　　　　// 重新执行偏移命令

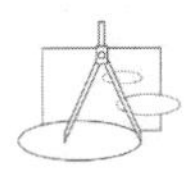

当前设置：删除源 = 否 图层 = 源 OFFSETGAPTYPE=0

指定偏移距离或[通过（T）/ 删除（E）/ 图层（L）]〈3.0000〉：20 // 设置偏移距离

选择要偏移的对象，或[退出（E）/ 放弃（U）]〈退出〉： // 选择偏移的对象 AD

指定要偏移的那一侧上的点，或[退出（E）/ 多个（M）/ 放弃（U）]〈退出〉：

// 在 AD 上方单击鼠标左键，确定要偏移的方向，完成偏移

选择要偏移的对象，或[退出（E）/ 放弃（U）]〈退出〉： // 按〈Enter〉键退出

用户可以在“选择要偏移的对象，或[退出（E）/ 放弃（U）]〈退出〉：”提示下继续选择对象，以上面指定的距离进行偏移。如果不继续偏移，则直接按〈Enter〉键。

该命令可以通过单击【修改】/【偏移】命令来执行。在选择实体时，只能选择一个单独的实体。

如果不知道要偏移的距离，而只知道偏移的实体要经过某点，选择【通过】选项，系统会询问经过点，可以通过捕捉的办法获得经过点。

用偏移方法还可以得到用圆、矩形、弧、正多边形命令生成实体的同心结构，如图 6-8 所示。

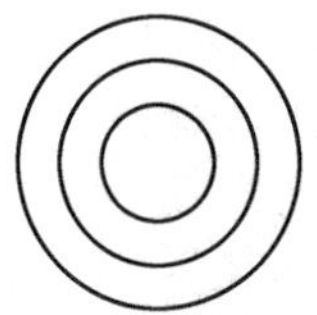 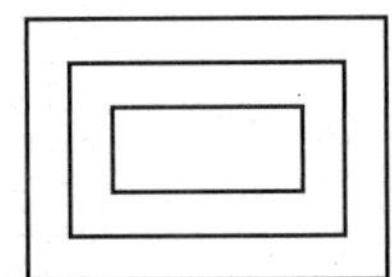  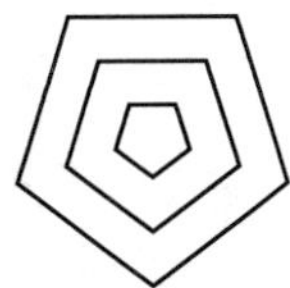

图 6-8 偏移图形

6.6 阵列对象

在制图过程中，要绘制按规律（矩形阵列或圆周均布）排列的相同图形，可以使用阵列命令。阵列分为三类：矩形阵列、路径阵列和环形阵列。

6.6.1 矩形阵列

矩形阵列是按照行列方阵的方式进行对象复制的。执行矩形阵列时必须确定想阵列的行数、列数及行间距、列间距。在 AutoCAD 中，可以通过单击【默认】选项卡中【修改】面板上的【阵列】按钮，或通过单击【修改】/【阵列】命令，或在命令行中输入“ARRAYRECT”并按〈Enter〉键来操作。

下面以例 6-4 来说明如何使用矩形阵列阵列对象。

【例 6-4】 将图 6-9 所示的对象阵列为图 6-10 所示的对象。

单击【修改】面板上的【矩形阵列】按钮，命令行的提示：

选择对象： // 此时选择图 6-9 中的图形，然后按〈Enter〉键

类型 = 矩形 关联 = 是

选择夹点以编辑阵列或[关联（AS）/ 基点（B）/ 计数（COU）/ 间距（S）/ 列数（COL）/ 行数（R）/ 层数

（L）/ 退 出（X）]〈退出〉: COU　　　　　　　　　　　　// 此时在命令行中输入“COU”并按〈Enter〉键

输入列数或[表达式（E）]〈4〉: 4　　　　　　　　　　// 此时在命令行中输入 4 并按〈Enter〉键

输入行数或[表达式（E）]〈3〉: 3　　　　　　　　　　// 此时在命令行中输入 3 并按〈Enter〉键

选择夹点以编辑阵列或[关联（AS）/ 基点（B）/ 计数（COU）/ 间距（S）/ 列数（COL）/ 行数（R）/ 层数（L）/ 退出（X）]〈退出〉: S　　　　　　　　　　// 此时在命令行中输入“S”并按〈Enter〉键

指定列之间的距离或[单位单元（U）]〈0.4686〉: 40　// 此时在命令行中输入“40”并按〈Enter〉键

指定行之间的距离〈0.4686〉: 50　　　　　　　　　　// 此时在命令行中输入“50”并按〈Enter〉键

选择夹点以编辑阵列或 [关联（AS）/ 基点（B）/ 计数（COU）/ 间距（S）/ 列数（COL）/ 行数（R）/ 层数（L）/ 退出（X）]〈退出〉:　　　　　　　　　　// 按〈Enter〉键确定

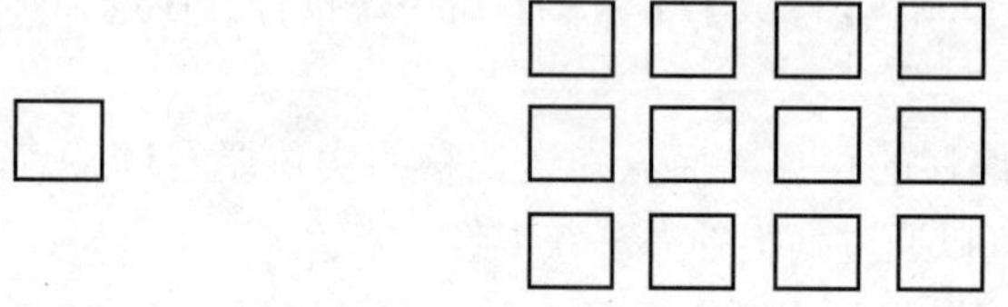

图 6-9　例图（二）　　　　图 6-10　例图（三）

也可以在选择命令之后通过图 6-11 所示的【阵列】对话框来完成操作。

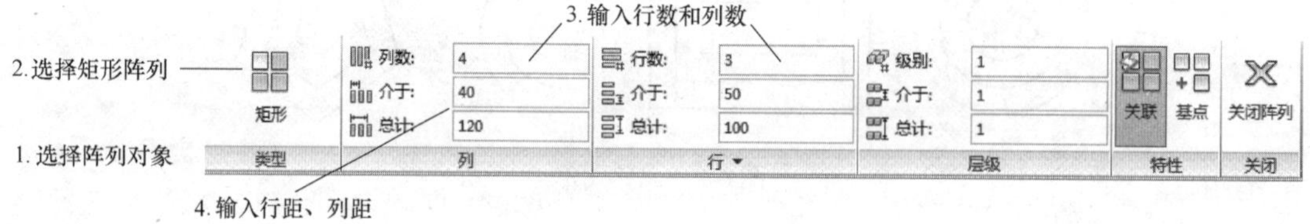

图 6-11　【阵列】对话框

用户也可以根据需要选择中括号里的选项来定义矩形阵列参数，各选项的含义如下：

1）关联（AS）：指定是否在阵列中创建项目作为关联阵列对象，或作为独立对象。选择该项中的“是（Y）”，表示创建关联阵列，使用户可以通过编辑阵列的特性和源对象快速传递修改。选择“否（N）”，表示创建阵列项目作为独立对象，更改一个项目不影响其他项目。

2）基点（B）：指定阵列的基点。

3）计数（COU）：指定阵列中的列数和行数。

4）间距（S）：指定列间距和行间距。

5）列数（COL）：指定阵列中的列数和列间距，以及它们之间的增量标高。

6）行数（R）：指定阵列中的行数和行间距，以及它们之间的增量标高。

7）层数（L）：指定层数和层间距。

6.6.2　路径阵列

路径阵列是沿着一条路径而实现的阵列。在 AutoCAD 中，可以通过单击【修改】/【阵列】/【路径阵列】命令，或单击【默认】选项卡中的【修改】面板中的【阵列】下拉列表中的【路径阵列】按钮，或在命令行中输入“ARRAYPATH”，并按〈Enter〉键。通过这三种

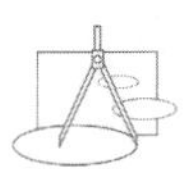

方法实现路径阵列对象。

下面以例 6-5 来说明如何使用路径阵列阵列对象。

【例 6-5】 将图 6-12 所示的对象阵列为图 6-13 所示的对象。

图 6-12　例图（四）　　图 6-13　例图（五）

单击【默认】选项卡中【修改】面板中的【阵列】下拉列表中的【路径阵列】按钮。命令行的提示如下：

选择对象：　　// 此时选择图 6-12 中的图形，按〈Enter〉键

类型 = 路径　关联 = 是

选择路径曲线：　　// 此时选择阵列路径曲线

选择夹点以编辑阵列或［关联（AS）/ 方法（M）/ 基点（B）/ 切向（T）/ 项目（I）/ 行（R）/ 层（L）/ 对齐项目（A）/Z 方向（Z）/ 退出（X）］〈退出〉：I　　// 此时在命令行中输入 I 并按〈Enter〉键

指定沿路径的项目之间的距离或［表达式（E）］〈139.0563〉：120

// 此时在命令行中输入 120 并按〈Enter〉键

最大项目数 =6

指定项目数或［填写完整路径（F）/ 表达式（E）］〈6〉：6　　// 此时在命令行中输入 6 并按〈Enter〉键

用户也可以在【阵列创建】选项卡中进行下述设置，如图 6-14 所示。

3.输入行数和项目数

1.选择阵列对象

2.选择路径阵列

图 6-14 【阵列创建】选项卡

输入各参数，按〈Enter〉键确定。

6.6.3　环形阵列

环形阵列是将所选实体按圆周等距复制。这个命令需要确定阵列的圆心和阵列的个数，以及阵列图形所对应的圆心角等。可以通过单击【修改】面板上的【环形阵列】按钮，或单击【修改】/【阵列】命令选择【环形阵列】，还可以在命令行中输入“ARRAYPOLAR”，并按〈Enter〉键来完成环形阵列。

下面以例 6-6 来说明如何使用路径阵列阵列对象。

【例 6-6】 根据图 6-15 完成图 6-16。

单击【修改】面板上的【环形阵列】按钮，命令行的提示如下：

选择对象：　　// 此时选择图 6-15 中的阵列对象，按〈Enter〉键

类型 = 极轴　关联 = 是

指定阵列的中心点或［基点（B）/ 旋转轴（A）］：　　// 指定大圆圆心为阵列中心

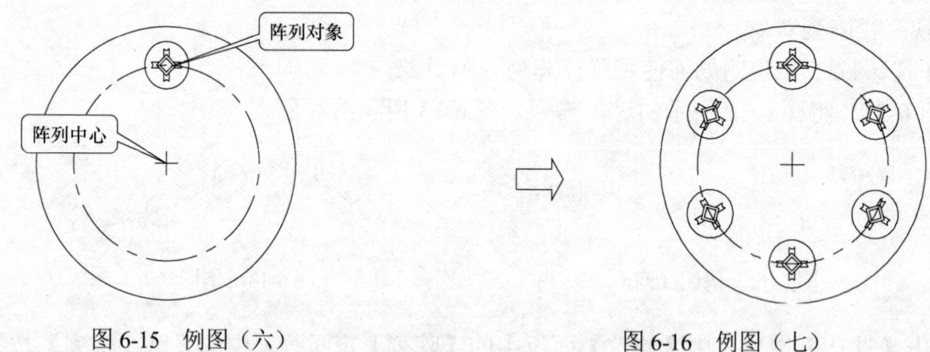

图 6-15　例图（六）　　　　图 6-16　例图（七）

在【环形阵列】对话框中输入阵列数目即可，如图 6-17 所示。

图 6-17　【环形阵列】对话框

用户可能注意到在对话框中有【旋转项目】选项，进行例 6-6 操作时，本选项是选中的。如果不选择该项，则环形阵列时对象不旋转。

如果复制时不想旋转项目，又要复制项目分布在圆周上，则单击图 6-17 中的【旋转项目】，使其不亮显（即对象不旋转），其中小圆形的中点到大圆心的距离相等，如图 6-18 所示。

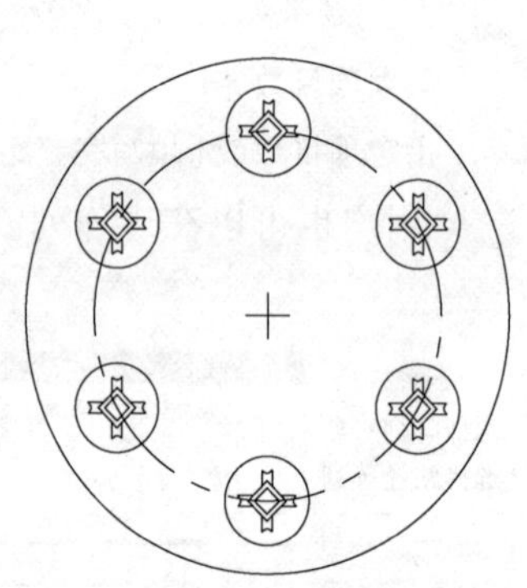

图 6-18　圆周阵列矩形

6.7　移动和旋转

在绘图时，经常需要调整某些实体或视图的位置。以前手工绘图时，只有将先前的实体擦掉，才可以在新的位置重新绘制。而用 AutoCAD 绘图时遇到这种情况，只需调用移动命令进行调整即可。有时候还需要把图形旋转一个角度，手工绘图无法直接实现，但在 AutoCAD 绘图中遇到这样的情况，可以用旋转命令将图形旋转一定角度，达到倾斜要求。

6.7.1　移动

移动命令与前面所讲的复制命令参数有些类似，不同之处在于移动操作后，原位置的实体不再存在，通过下面的例题可以看出。

【例 6-7】 把两个零件装配在一起，如图 6-19 所示。

单击【修改】面板上的【移动】按钮，命令行的提示如下：

```
命令：_move
选择对象：
选择对象：                          // 选择对象，按〈Enter〉键结束选择
```

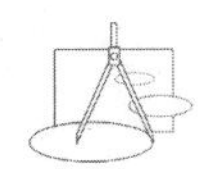

指定基点或位移：　　　　　　　　　　　　　　　　// 指定基点
指定位移的第二点或〈用第一点作位移〉：　　　　　// 指定移动的目标点

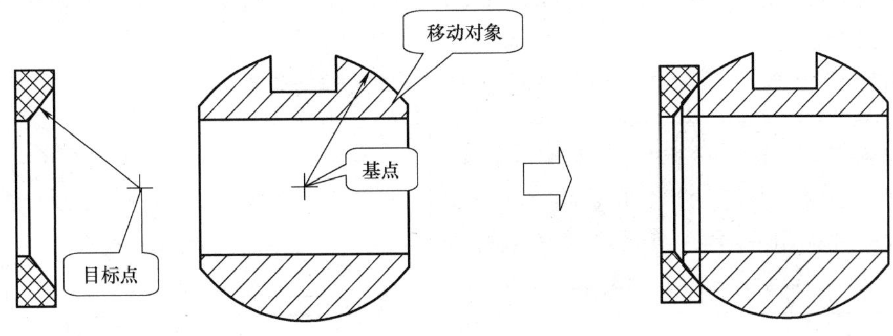

图 6-19　例图（八）

该命令可以通过单击【修改】/【移动】命令来执行，当确定移动的基点后，位移的第二点可以通过输入点的坐标（包括绝对坐标和相对坐标）来确定。

提示　如果在“指定第二个点”提示下按〈Enter〉键，则第一个点将被认为是相对 X、Y 位移。例如，如果将基点指定为（2，3），然后在下一个提示下按〈Enter〉键，则对象将从当前位置沿 X 方向移动 2 个单位，沿 Y 方向移动 3 个单位。

6.7.2　旋转

旋转图形时，可以直接输入一个角度，让实体绕选择的基点进行旋转。也可以用规定的三个点的夹角来作为旋转角进行参照旋转。

1. 直接输入角度

【例 6-8】 由左图得到右图，如图 6-20 所示。

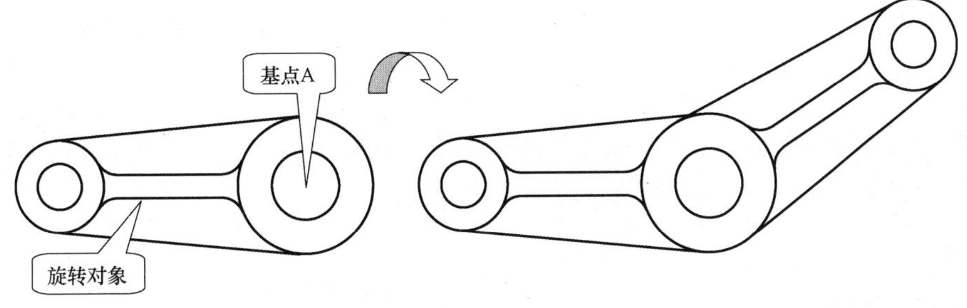

图 6-20　例图（九）

单击【修改】面板上的【旋转】按钮，命令行的提示如下：

命令：_rotate
UCS 当前的正角方向：ANGDIR= 逆时针　ANGBASE=0
选择对象：指定对角点：　　　　　　　　　　　　// 选择旋转对象
选择对象：　　　　　　　　　　　　　　　　　　// 按〈Enter〉键结束选择

指定基点： //捕捉 A 点作为旋转的基点，这时移动鼠标，选中对象会绕 A 点旋转

指定旋转角度，或［复制（C）/参照（R）］〈0〉：C //切换到复制选项，这样可以既旋转又复制

旋转一组选定对象

指定旋转角度，或［复制（C）/参照（R）］〈221〉： //指定旋转角度

提示 该命令可以通过单击【修改】/【旋转】命令来执行，旋转角有正负之分：逆时针为正值，顺时针为负值。注意，复制功能可以在旋转过程中保留源对象。

2. 参照旋转

当需要旋转的实体的旋转角不能直接确定时，可以用这种参照旋转法来进行旋转。

【例 6-9】 将倾斜部位转成水平，然后投射到俯视图，如图 6-21 所示。

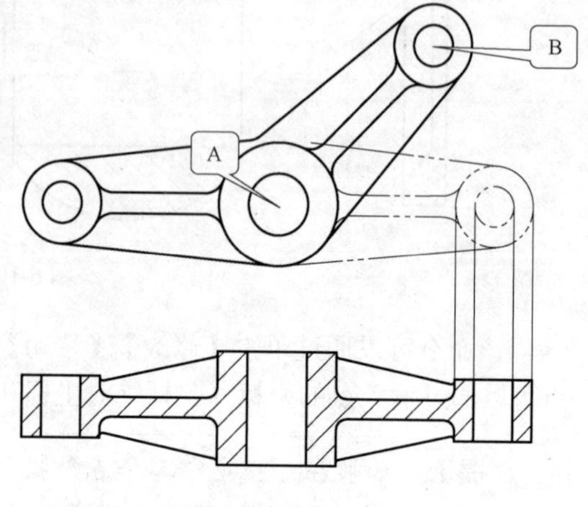

图 6-21 例图（十）

单击【修改】面板上的【旋转】命令，命令行的提示如下：

命令：_rotate

UCS 当前的正角方向：ANGDIR= 逆时针 ANGBASE=0

选择对象： //选择倾斜部分

选择对象： //按〈Enter〉键结束选择

指定基点： //指定 A 点为基点

指定旋转角度，或［复制（C）/参照（R）］〈0〉：C //切换到复制选项

旋转一组选定对象

指定旋转角度，或［复制（C）/参照（R）］〈0〉：R //切换到参照选项

指定参照角〈47〉：指定第二点： //捕捉 A 点再捕捉 B 点，把 AB 线的角度作为参照角

指定新角度或［点（P）］〈0〉： //输入 0，指定要转到的角度

提示 最后一步也可以指定点，假设为 C 点，旋转角就是线 AB 和 X 轴正向夹角与线 AC 和 X 轴正向夹角之差，即 AB 与 AC 的夹角。

6.8 比例缩放

利用比例缩放功能可以将选中对象以指定点为基点进行比例缩放，比例缩放可分为两类：比例因子缩放和参照缩放。

1. 比例因子缩放

比例因子缩放就是缩放的倍数比。因子为 1 时，图形大小不变，小于 1 时图形将缩小，大于 1 时，图形会放大，同时实体尺寸也随之缩放。

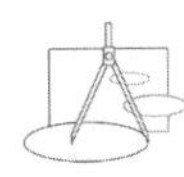

单击【修改】面板上的【缩放】按钮，命令行的提示如下：

命令：_scale

选择对象：指定对角点：　　//选择缩放对象

选择对象：　　//按〈Enter〉键结束选择

指定基点：　　//选择点作为缩放基点

指定比例因子或[复制（C）/参照（R）]〈1.0000〉：　　//输入比例，按〈Enter〉键完成操作

2. 参照缩放

用比例因子缩放，必须知道比例因子，如果不知道比例因子，但知道缩放后实体的尺寸，可以用参照缩放。其实缩放后的尺寸与原尺寸比值就是一个比例因子。下面通过实例来说明它的用法。

单击【修改】面板上的缩放命令按钮，命令行的提示如下：

命令：_scale

选择对象：指定对角点：　　//选择缩放对象

选择对象：　　//按〈Enter〉键结束选择

指定基点：　　//捕捉点作为缩放的基点

指定比例因子或［复制（C）/参照（R）]：R　　//输入“R”，执行参照缩放

指定参照长度〈28〉：　　//指定两点，把两点之间的长度作为参照长度

指定新的长度或［点（P）]〈30.0000〉：　　//输入新长度，完成操作

> **提示**　该命令可通过单击【修改】/【缩放】命令来执行。注意，复制功能可以在比例缩放过程中保留源对象。

6.9　拉伸、拉长、延伸

1. 拉伸

拉伸命令用于移动图形对象的指定部分，同时保持与图形对象未移动部分相连接。在拉伸过程中需要指定一个基点，然后利用交叉窗口或交叉多边形选择要拉伸的对象。

【例 6-10】 把螺纹拉伸 100mm，如图 6-22 所示。

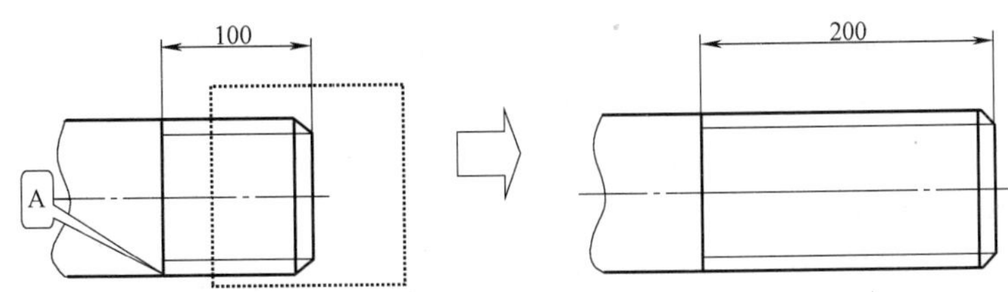

图 6-22　图形拉伸

单击【修改】面板上的【拉伸】按钮，命令行的提示如下：

命令：_stretch

以交叉窗口或交叉多边形选择要拉伸的对象

选择对象： //用交叉窗口法选择矩形，如图 6-22 所示。注意，选择框不要包含所有对象，如果包含了，就会变成移动操作

选择对象： //按〈Enter〉键结束选择

指定基点或位移： //捕捉 A 点作为拉伸的基点

指定位移的第二个点或〈用第一个点作位移〉：@100,0 //指定位移的第二个点，决定拉伸多少

> **提示** 该命令可以通过单击【修改】/【拉伸】命令来执行。选择实体时必须以交叉窗口或交叉多边形选择要拉伸的对象。只有选择框内的端点位置会被改变，框外端点位置保持不变。当实体的端点全被框选在内时，该命令等同于移动命令。

2. 拉长

使用拉长命令，可以修改直线或圆弧的长度。单击【修改】面板上的【拉长】按钮（或单击【修改】/【拉长】命令），命令行的提示如下：

选择要测量的对象或[增量（DE）/百分比（P）/总计（T）/动态（DY）]〈总计（T）〉：

默认情况下，选择对象后，系统会显示出当前选中对象的长度和包含角等信息。各选项的功能说明如下：

- 【增量（DE）】选项：以增量方式修改圆弧（或直线）的长度。可以直接输入长度增量来拉长直线或圆弧，长度增量为正值时拉长，长度增量为负值时缩短。也可以输入“A”切换到【角度】选项，通过指定圆弧的包含角增量来修改圆弧的长度。
- 【百分数（P）】选项：以相对于原长度的百分比来修改直线或圆弧的长度。
- 【总计（T）】选项：以给定直线新的总长度或圆弧的新包含角来改变长度。
- 【动态（DY）】选项：允许动态地改变圆弧或直线的长度。

3. 延伸

延伸命令可以延长指定的对象与另一个对象（延伸边界）相交，执行延伸命令时，需要确定延伸边界，然后指定对象延长与边界相交。

【例 6-11】 延长两个弧和一条直线与 AB 相交，如图 6-23 所示。

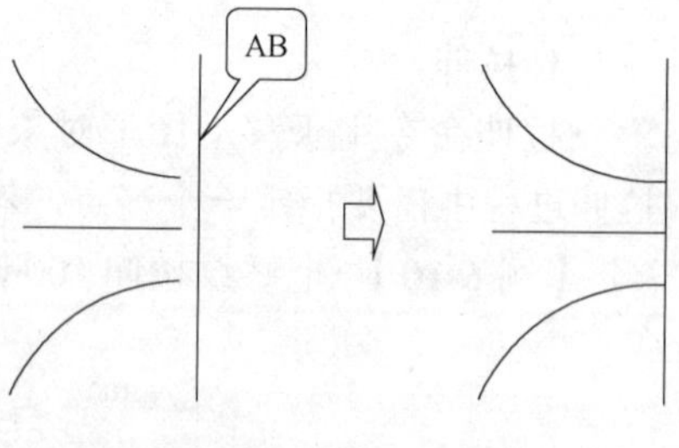

图 6-23 例图（十一）

单击【修改】面板上的【延伸】按钮，命令行的提示如下：

命令：_extend

当前设置：投影 =UCS，边 = 无

选择边界的边 ... //提示选择要延伸到的边界

选择对象或〈全部选择〉： //选择延伸边界 AB

选择对象： //按〈Enter〉键结束选择

选择要延伸的对象，或按住 Shift 键选择要修剪的对象，或

[栏选（F）/窗交（C）/投影（P）/边（E）/放弃（U）]： //选择要延伸的对象

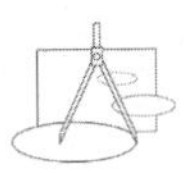

选择要延伸的对象，或按住 Shift 键选择要修剪的对象，或
[栏选（F）/ 窗交（C）/ 投影（P）/ 边（E）/ 放弃（U）]:　　　// 按〈Enter〉键结束命令

> **提示**　该命令可以通过单击【修改】/【延伸】命令来执行，另外要注意延伸命令的状态，如果“边 = 无”，则表明边界是不延伸的；如果“边界 = 延伸”，则表明边界是延伸的，用户可以根据自己的需要设置。

【例 6-12】 要把线 AB 拉伸到线 AB 与线 CD 交点的位置，需要重新设置边界延伸模式，如图 6-24 所示。

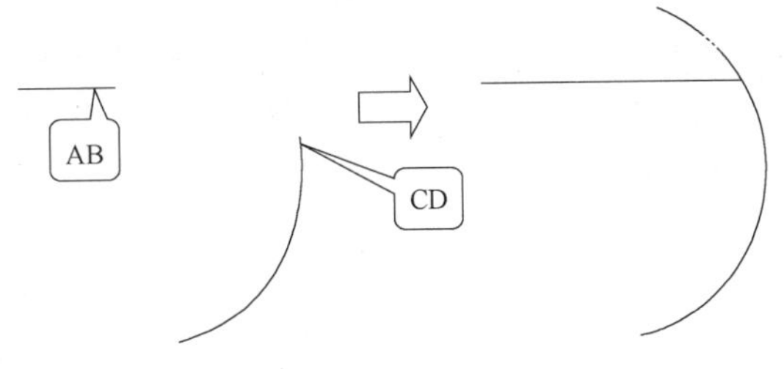

图 6-24　边界延伸

单击【修改】面板上的【延伸】按钮，命令行的提示如下：

命令：_extend
当前设置：投影 =UCS，边 = 无　　　// 注意当前设置，边界是不延伸的
选择边界的边 ...　　　// 提示选择要延伸到的边界
EXTEND 选择对象或〈全部选择〉:　　　// 选择弧 CD，作为延伸边界
选择对象：　　　// 按〈Enter〉键结束选择
选择要延伸的对象，或按住 Shift 键选择要修剪的对象，或
[栏选（F）/ 窗交（C）/ 投影（P）/ 边（E）/ 放弃（U）]: E　　　// 切换到边界延伸模式切换状态
输入隐含边延伸模式 [延伸（E）/ 不延伸（N）]〈不延伸〉: E　　　// 切换到延伸选项
选择要延伸的对象，或按住 Shift 键选择要修剪的对象，或
[栏选（F）/ 窗交（C）/ 投影（P）/ 边（E）/ 放弃（U）]:　　　// 选择延伸对象 AB
选择要延伸的对象，或按住 Shift 键选择要修剪的对象，或
[栏选（F）/ 窗交（C）/ 投影（P）/ 边（E）/ 放弃（U）]:　　　// 按〈Enter〉键结束

> **提示**　在命令提示行“选择要延伸的对象，或按住 Shift 键选择要修剪的对象，或 [栏选（F）/ 窗交（C）/ 投影（P）/ 边（E）/ 放弃（U）]: ”中提示“按住〈Shift〉键选择要修剪的对象”，说明延伸命令和下面要讲的修剪命令在选择完边界后，按住〈Shift〉键可以切换。

6.10　修剪、打断、分解和合并对象

1. 修剪

在执行修剪命令时，AutoCAD 首先要求确定修剪边界，然后再以边界为剪刀，剪掉实

体的一部分，被剪部分不一定与修剪边界直接相交（延长必须相交）。

【例 6-13】 修剪图形，如图 6-25 所示。

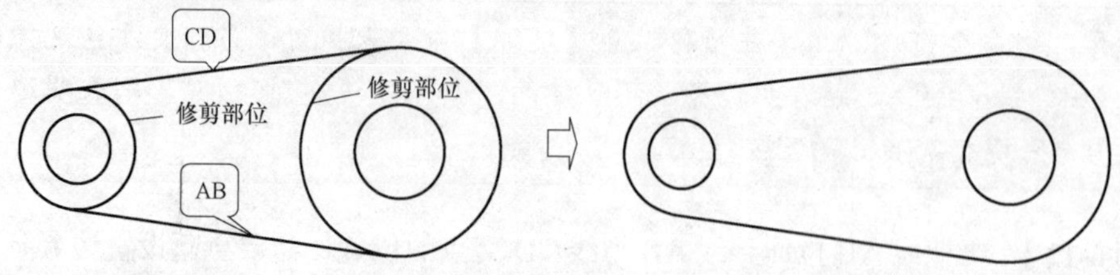

图 6-25 例图（十二）

单击【修改】面板上的【修剪】按钮，命令行的提示如下：

命令：_trim

当前设置：投影 =UCS，边 = 延伸

选择剪切边 ...

选择对象或〈全部选择〉： // 选择剪切边界 AB 和 CD

选择对象： // 按〈Enter〉键结束选择

选择要修剪的对象，或按住 Shift 键选择要延伸的对象，或

[栏选（F）/ 窗交（C）/ 投影（P）/ 边（E）/ 删除（R）/ 放弃（U）]： // 在要剪去的部位单击鼠标左键

> **提示** 修剪命令可以通过单击【修改】/【修剪】命令来执行。在“选择要修剪的对象，或按住 Shift 键选择要延伸的对象，或 [栏选（F）/ 窗交（C）/ 投影（P）/ 边（E）/ 删除（R）/ 放弃（U）]: ”提示下，按〈Shift〉键可以切换到延伸。

在“选择要修剪的对象，或按住 Shift 键选择要延伸的对象，或［栏选（F）/ 窗交（C）/ 投影（P）/ 边（E）/ 删除（R）/ 放弃（U）]：”提示中有一个【边（E)】选项，输入 E 后，有两个选择［延伸（E）/ 不延伸（N)]。一个是延伸剪切边界，另一个是不延伸剪切边界。当剪切线和被剪切线相交时，两者没有区别，但当剪切线和被剪切线不相交时，两者才有区别，选择【不延伸（N)】将不能剪切。

在使用修剪命令时，可以选中所有参与修剪的实体，作为【选择剪切边】的回应，让它们互为剪刀。绘图过程中，修剪命令与偏移、阵列命令配合使用，会大大提高绘图效率。

【例 6-14】 绘制左图时用到阵列命令，下面用修剪命令将左图修改为右图，如图 6-26 所示。

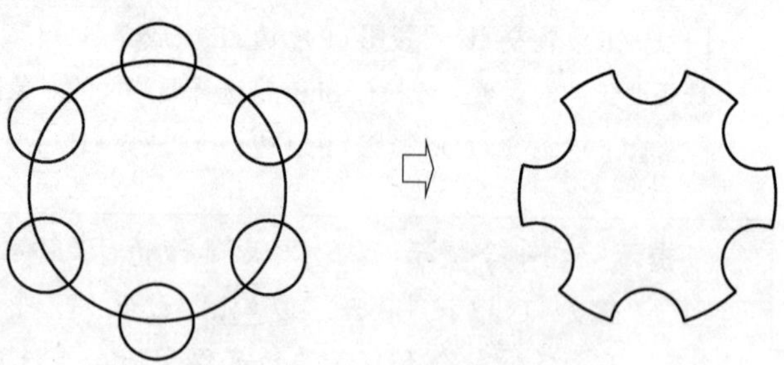

图 6-26 例图（十三）

单击【修改】面板上的【修剪】按钮，命令行的提示如下：

命令：_trim

当前设置：投影 =UCS，边 = 延伸

选择剪切边 ...

选择对象或〈全部选择〉：指定对角点：　　　　　　　　　　　// 框选所有实体作为剪切边
选择对象：　　　　　　　　　　　　　　　　　　　　　　　　// 按〈Enter〉键结束剪切边选择
选择要修剪的对象，或按住 Shift 键选择要延伸的对象，或
[栏选（F）/ 窗交（C）/ 投影（P）/ 边（E）/ 删除（R）/ 放弃（U）]：　// 在要删除的部位单击鼠标左键

2. 打断

打断命令（命令按钮）用于删除对象中的一部分或把一个对象分为两部分。可以打断的对象包括直线、圆弧、圆、二维多段线、椭圆弧、构造线、射线和样条曲线等。

打断对象时，可以先在第一个断点处选择对象，然后再指定第二个打断点；也可以先选择对象，然后在命令行提示“指定第二个打断点或[第一点（F)]：”时输入“F”按〈Enter〉键，然后重新选择第一打断点。

AutoCAD 按逆时针方向删除圆上第一个打断点到第二个打断点之间的部分，从而将圆转换成圆弧。绘制螺纹线的过程如图 6-27 所示。要将对象一分为二，并且不删除某个部分，输入的第一个点和第二个点应相同。通过输入“@”指定第二个点即可实现此过程。也可以单击【打断于点】按钮来完成。

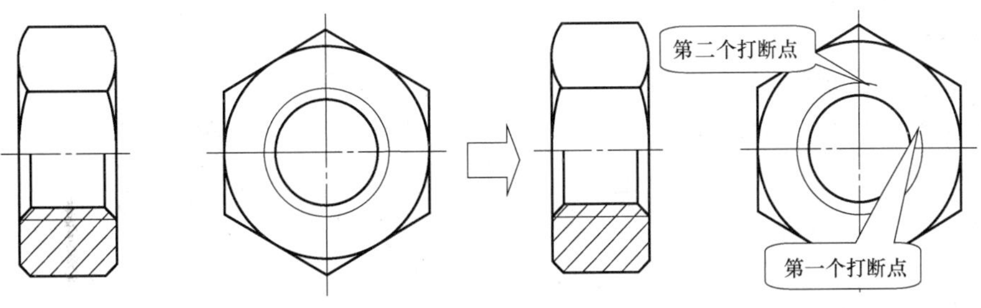

图 6-27　绘制螺纹线

> **提示**　该命令可以通过单击【修改】/【打断】命令来执行。要删除直线、圆弧或多段线的一端，请在要删除的一端以外指定第二个打断点。

3. 分解

在 AutoCAD 中，有许多组合对象，如矩形（矩形命令绘制的）、正多边形（正多边形命令绘制的）、块、多段线、标注、图案填充等，不能对其某一部分进行编辑，就需要使用分解命令把对象组合进行分解。有时在分解后，图形外观上看不出明显的变化。例如，将矩形（用矩形命令绘制的）分解 4 条线段，但用鼠标直接拾取对象可以发现它们的区别。

单击【修改】面板上的【分解】按钮，命令行的提示如下：

命令：_explode
选择对象：　　　　　　　　　　　　　// 选择要分解的对象
选择对象：　　　　　　　　　　　　　// 按〈Enter〉键结束操作

> **提示**　该命令可通过单击【修改】/【分解】命令来执行。

4. 合并

使用合并命令可以将相似的对象合并为一个对象。用户可以合并圆弧、椭圆弧、直线、多段线、样条曲线等。要合并的对象必须位于相同的平面上。有关各种对象的其他限制这里不再详述，有兴趣的读者可以参见相关资料。

单击【修改】面板上的【合并】按钮，根据不同选择的不同提示合并直线、圆弧和多段线，如图 6-28 所示。

（1）合并圆弧

命令：_join

JOIN 选择源对象或要一次合并的多个对象：　　//选择圆弧对象，按〈Enter〉键

JOIN 选择圆弧，以合并到源或进行［闭合（L）］：　　//选择要合并的圆弧或输入 L 圆弧闭合

（2）合并直线

命令：_join:

JOIN 选择源对象或要一次合并的多个对象：　　//选择直线对象，按〈Enter〉键

JOIN 选择要合并到源的直线　　//选择要合并的直线，按〈Enter〉键完成合并

（3）与多段线合并

命令：_join

JOIN 选择源对象或要一次合并的多个对象：　　//选择多段线

JOIN 选择要合并到源的对象：　　//选择与之相连的直线、圆弧或多段线

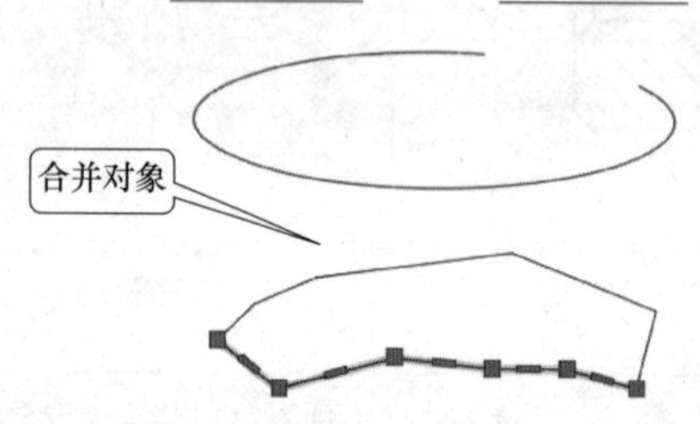

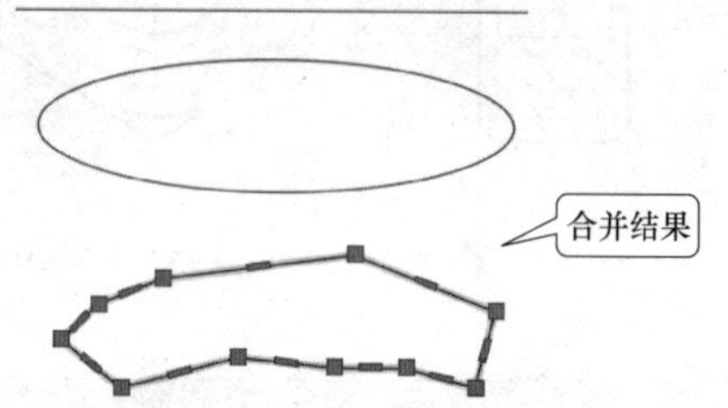

图 6-28　合并示例

6.11　倒角和圆角

在绘图过程中，倒角和圆角是经常遇到的。AutoCAD 中可使用倒角和圆角命令来完成。

1. 倒角

在机件上倒角主要是为了去除掉锐边和安装方便。倒角多出现在轴端或机件外边缘。用 AutoCAD 绘制倒角时，如两个倒角距离不相等时，要特别注意倒角第一边与倒角第二边的区分。选错了边，倒角就不正确了。

单击【修改】面板上的【倒角】按钮，命令行的提示如下：

命令：_chamfer

（“修剪”模式）当前倒角距离 1 = 0.0000，距离 2 = 0.0000

选择第一条直线或［放弃（U）/ 多段线（P）/ 距离（D）/ 角度（A）/ 修剪（T）/ 方式（E）/ 多个（M）］：D

指定第一个倒角距离〈0.0000〉：5　　//指定第一个倒角距离

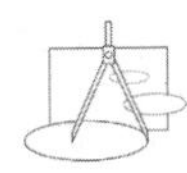

指定第二个倒角距离〈5.0000〉：　　　　　　　　　　// 指定第二个倒角距离

选择第一条直线或[放弃(U)/多段线(P)/距离(D)/角度(A)/修剪(T)/方式(E)/多个(M)]：

// 选择线 A

选择第二条直线，或按住 Shift 键选择要应用角点的直线：　// 选择线 B

> **提示**　该命令可以通过单击【修改】/【倒角】命令来执行。当两个倒角距离不同时，要注意两条线的选中顺序。第一个倒角距离适用于第一条被选中的线，第二个倒角距离适用于第二条被选中的线。

执行倒角命令时，首先显示的是当前的倒角设置，如本例中显示的是“(“修剪”模式) 当前倒角距离 1 = 5.0000，距离 2 = 5.0000”，用户在操作过程中要注意这个信息。当前使用的是修剪模式，倒角后多余线自动修剪。

在“选择第一条直线或[放弃(U)/多段线(P)/距离(D)/角度(A)/修剪(T)/方式(E)/多个(M)]：”提示下输入“T”就可以切换到修剪设置选项，如果选择不修剪，执行倒角命令后就不会自动修剪多余的线。

在倒角设置中，可设置距离，也可设置角度。这个功能用户可根据设置距离的方式自己试一下。倒角命令的应用见表 6-1。

表 6-1　倒角命令的应用

说　明	示　例
基本应用	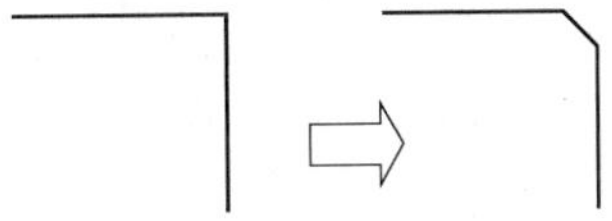
使用【不修剪】选项	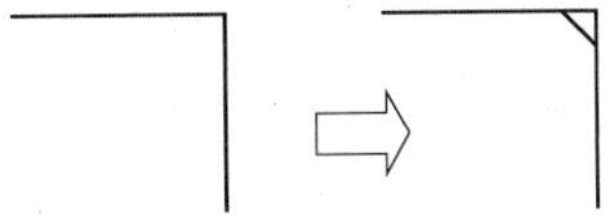
用于连接线段，设置倒角距离为 0+【修剪】	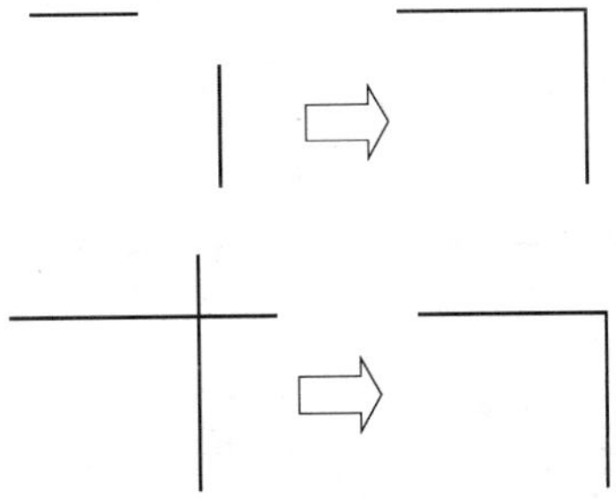

> **提示**　使用【多个】选项可以向其他直线添加倒角和圆角，而不必重新启动倒角(或圆角)命令。

2. 圆角

圆角主要出现在铸造件上，以及机加工的退刀处。执行倒圆角的命令时，主要参数就是圆角半径，操作与倒角基本相同。

单击【修改】面板上的【圆角】按钮，命令行的提示如下：

命令：_fillet

当前设置：模式 = 修剪，半径 = 0.0000

选择第一个对象或［放弃（U）/ 多段线（P）/ 半径（R）/ 修剪（T）/ 多个（M）］：R

指定圆角半径〈0.0000〉：　　　　　　　　　　// 设置半径，其余与倒角一样

执行圆角命令时要注意命令的当前设置，若“模式 = 修剪”表示在倒圆角的同时以圆角弧为边界修剪线条，但如果被修剪线条需要保留，可以在执行圆角命令时，将当前状态设为不修剪。圆角命令的灵活运用，见表 6-2。

> **提示**　该命令可以通过单击【修改】/【圆角】命令来执行。若倒圆角半径大于某一边时，圆角不生成，系统会提示半径太大。

表 6-2　圆角命令的应用

说　明	示　例
基本应用	
使用【不修剪】选项	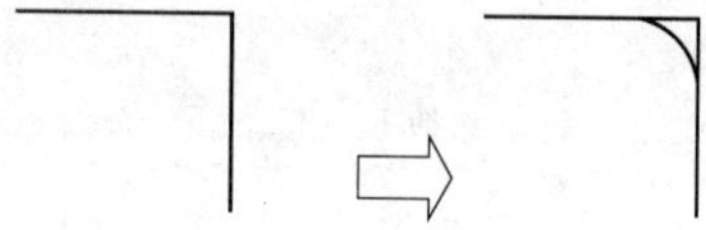
用于连接线段，设置圆角半径为 0+【修剪】	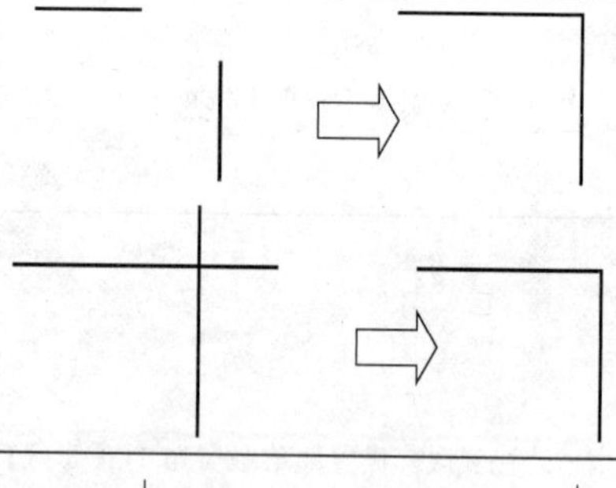
用于圆弧连接	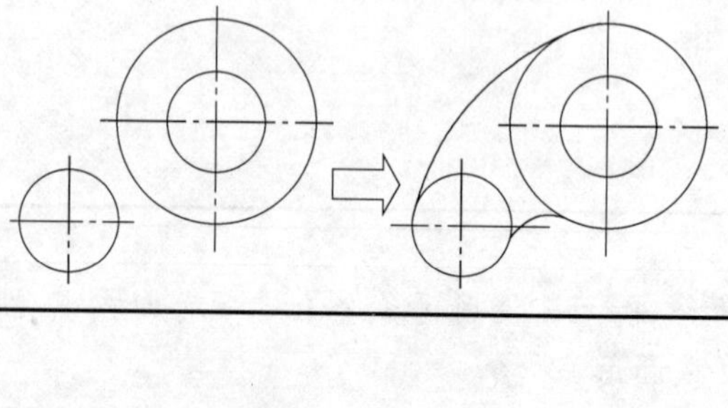

6.12　面域

面域是具有边界的平面区域。AutoCAD 能把圆、椭圆、封闭的二维多义线、封闭的样

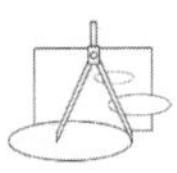

条曲线以及由圆弧、直线、二维多义线、椭圆弧、样条曲线等对象构成的封闭环创建成面域。构成这个环的元素一定要首尾相连，一个端点只能由两个元素共享，并且元素之间不能相交。AutoCAD 会自动从图样中抽取这样的环定义为面域。定义成面域后，可以运用布尔运算对面域进行编辑。

6.12.1　创建面域

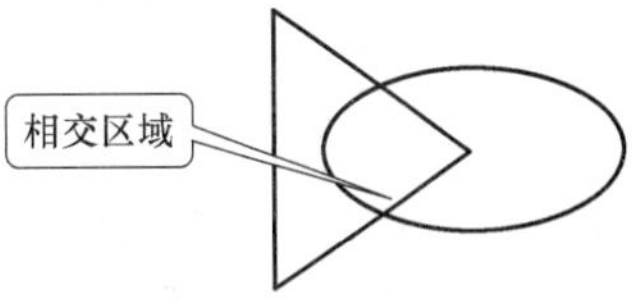

在 AutoCAD 中不能直接生成面域，只能利用创建面域命令将已有的封闭区域对象定义成面域。把一个由直线构成的三角形和一个椭圆定义成面域，如图 6-29 所示。

相交区域

图 6-29　定义面域

单击【绘图】面板上的【面域】按钮，命令行的提示如下：

```
命令：_region
选择对象：指定对角点：                    // 选择对象
选择对象：                                // 结束选择
已提取 2 个环。
已创建 2 个面域。                          // 面域创建完成
```

> **提示**　该命令可以通过单击【绘图】/【面域】命令来执行。如果系统变量 DELOBJ 的值为 1，则 AutoCAD 创建面域后删除源对象。如果系统变量 DELOBJ 的值为 0，则不删除源对象。

在图 6-29 中，要把三角形和椭圆的相交区域定义成面域，利用上述方法是不行的。AutoCAD 中还提供了一种创建面域的方法——边界法。单击【绘图】面板上的【边界】按钮（或单击【绘图】/【边界】命令），弹出【边界创建】对话框，如图 6-30 所示。

在【对象类型】下拉列表中选择【面域】，单击拾取点按钮，对话框暂隐，在三角形和椭圆相交区域内部拾取点并按〈Enter〉键，面域就会创建完成。

边界命令可将由直线、圆弧、多段线等多个对象组合形成的封闭图形构建成一个独立的面域或多段线（在图 6-30【边界创建】对话框的【对象类型】下拉列表中选择【多段线】）对象，基于源对象创建多段线或面域，源对象将保留，如图 6-31 所示。如果边界对象中包含有椭圆或样条曲线，则无法创建出多段线，只能创建与边界形状一致的面域。

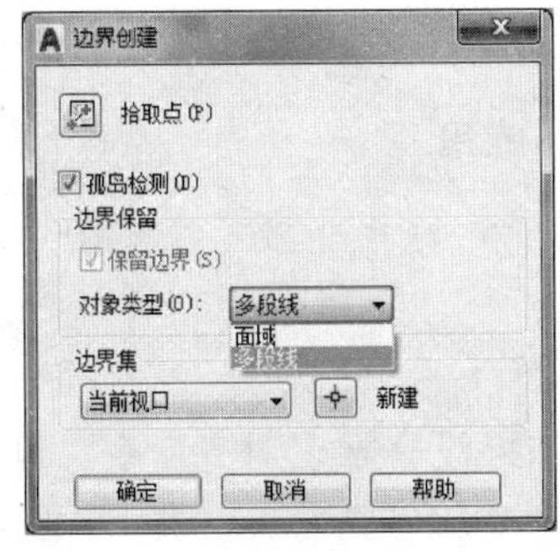

图 6-30 【边界创建】对话框

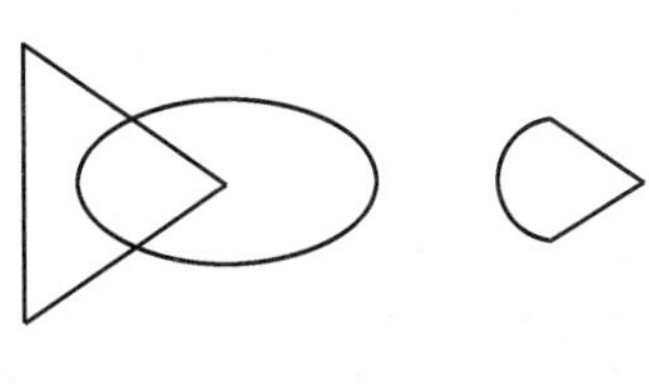

图 6-31　新建面域移出后的结果

6.12.2 布尔运算

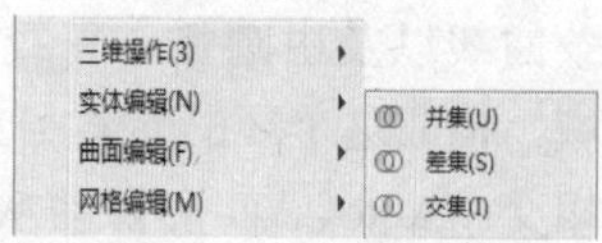

图 6-32 【实体编辑】菜单

AutoCAD 中提供了三种面域的编辑方法：并运算、差运算、交运算，这几种方法统称为布尔运算。对面域进行布尔运算后的结果还是面域。这三个命令在【修改】/【实体编辑】子菜单上，如图 6-32 所示。

对图 6-29 中的两个面域分别进行这三种运算，结果见表 6-3。

表 6-3 布尔运算

布尔运算命令	结　果
并集运算	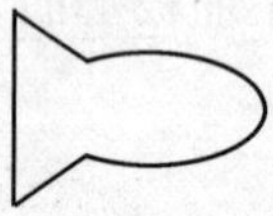
交集运算	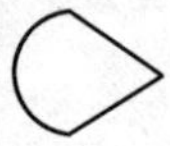
差集运算	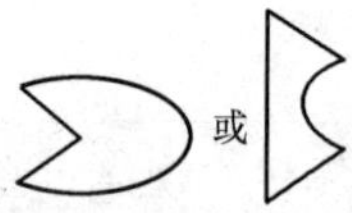 或

做并集、交集运算时，直接选择要合并或相交的面域后按〈Enter〉键即可，而在做差集运算时，需先选择对象作为“被减数”，按〈Enter〉键后再选择“减数”，选择有先后顺序，所以做差集运算时会有两种结果出现。

【例 6-15】 面域布尔运算的运用，如图 6-33 所示。

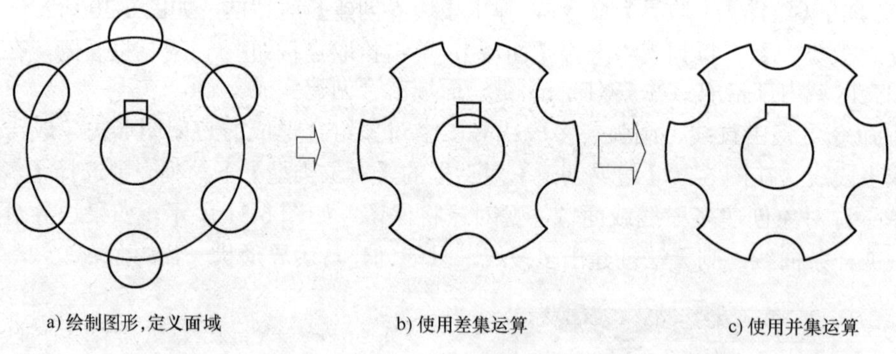

a) 绘制图形，定义面域　　b) 使用差集运算　　c) 使用并集运算

图 6-33 布尔运算的运用

6.13 对齐

在绘图过程中常常会遇到对齐对象的问题，如果没有学习对齐命令，可以使用移动、旋转和比例缩放来完成任务，非常麻烦，有了对齐命令就可以一次完成，下面来介绍它的使用方法。

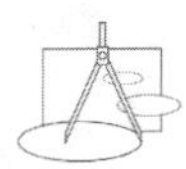

【例 6-16】 把螺母和垫圈装到螺栓上，如图 6-34 所示。

单击【修改】面板上的【对齐】按钮，命令行的提示如下：

命令：_align
选择对象：　　　　// 选择螺母与垫圈
选择对象：　　　　// 按〈Enter〉键结束选择
指定第一个源点：　　　　// 捕捉 C 点
指定第一个目标点：　　　　// 捕捉 A 点
指定第二个源点：　　　　// 捕捉 D 点
指定第二个目标点：　　　　// 捕捉 B 点，系统自动在源点和目标点之间连线
指定第三个源点或〈继续〉：　　　　// 按〈Enter〉键
是否基于对齐点缩放对象？［是（Y）/ 否（N）］〈否〉：// 按〈Enter〉键结束对齐

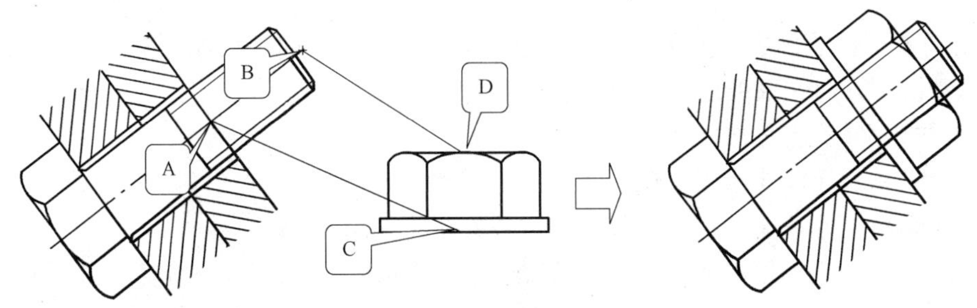

图 6-34　对齐过程

当选择两对点时，选定的对象可在二维或三维空间中移动、转动和按比例缩放以便与其他对象对齐。第一组源点和目标点定义对齐的基点，第二组源点和目标点定义旋转角度。

在输入了第二对点后，AutoCAD 会给出缩放对象提示。AutoCAD 将以第一目标点 A 和第二目标点 B 之间的距离作为按比例缩放对象的参考长度，只有使用两对点对齐对象时才能使用缩放。

> **提示**　该命令可以通过【修改】/【三维操作】/【对齐】命令来实现。对齐命令是移动、旋转、比例缩放三个命令的有机组合。

6.14　夹点编辑

如果在未启动命令的情况下，单击选中某图形对象，那么被选中的图形对象就会变蓝亮显，而且被选中图形的特征点（如端点、圆心、象限点等）将显示为蓝色的小方框，如图 6-35 所示。这样的小方框被称为夹点。

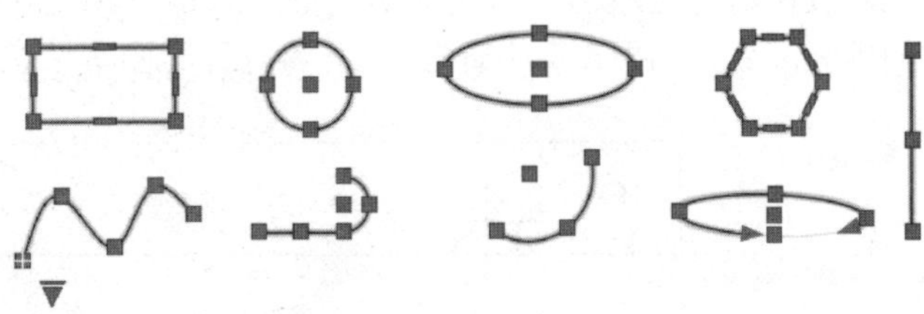

图 6-35　夹点的显示状态

夹点有两种状态：未激活状态和被激活状态。选择某图形对象后

出现的蓝色小方框，就是未激活状态的夹点。如果单击某个未激活夹点，该夹点就被激活，以红色小方框显示，这种处于被激活状态的夹点又称为热夹点，以被激活的夹点为基点，可以对图形对象执行拉伸、平移、复制、缩放和镜像等基本修改操作。

使用夹点编辑功能，可以对图形对象进行各种不同类型的修改操作。其基本的操作步骤是“先选择，后操作”，分为三步：

- 在不输入命令的情况下，单击选择对象，使其出现夹点。
- 单击某个夹点，使其被激活，成为热夹点。
- 根据需要在命令行输入拉伸（ST）、移动（MO）、旋转（RO）、缩放（SC）、镜像（MI）等基本操作命令的缩写，执行相应的操作。

6.15 图案填充

在绘制零部件的剖视图或断面图时，经常需要在剖切断面区域添加剖面符号。【图案填充】可以帮助用户将选择的图案或渐变色填充到指定的区域内。

调用【图案填充】命令的方法：

- 下拉菜单：单击【绘图】/【图案填充】命令。
- 工具面板：单击【绘图】面板上的【图案填充】工具▦。
- 命令行：在命令行“命令：”提示状态下输入 hatch 或者 h，按空格键或〈Enter〉键确认。

调用【图案填充】命令后，会弹出图 6-36 所示的【图案填充创建】面板组，包括【边界】面板、【图案】面板、【特性】面板、【原点】面板、【选项】面板和【关闭】面板。用户可以在面板组设置图案填充，也可以根据命令行提示操作。

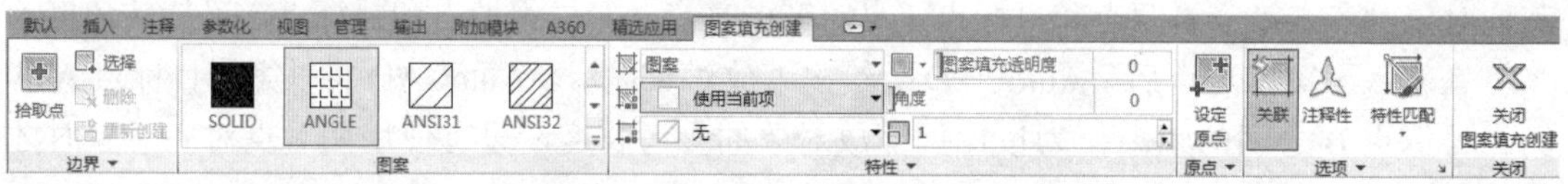

图 6-36 【图案填充创建】面板组

1.【边界】面板

使用【边界】面板中的工具可以选择图案填充的边界，有两种选择边界的方式：【拾取点】方式和【选择边界对象】方式。

单击【边界】面板中的【拾取点】工具⊞，系统提示如下：

拾取内部点或[选择对象（S）/放弃（U）/设置（T）]：　　　//拾取内部点

选择需要填充图案的闭合区域内的点，系统自动搜索边界并选中该区域，边界变蓝亮显，且在所选区域出现填充图案预览。图 6-37 所示为拾取了“⊗”标志处的两点后所选择的填充区域。如果在命令行输入 t，将打开【图案填充和渐变色】对话框。

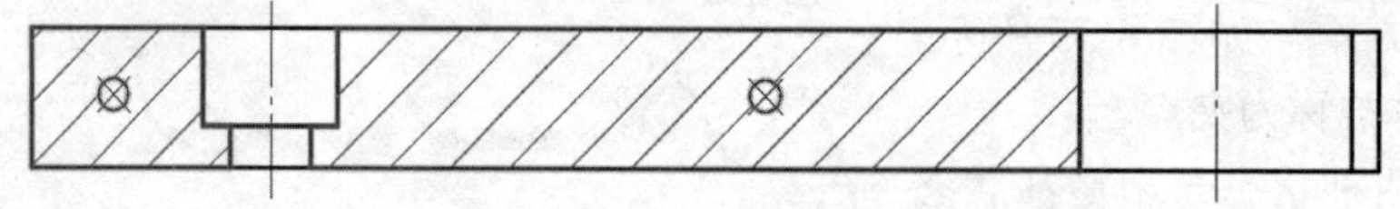

图 6-37　拾取点方式

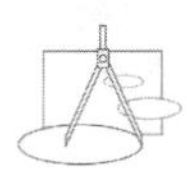

> **注意**　使用【拾取点】方式选择边界时，不能拾取在边界上，且拾取的边界应闭合，否则将出现错误提示。

单击【边界】面板中的【选择边界对象】工具，根据提示选择填充区域的边界，选中的边界变蓝亮显，且在所选区域出现填充图案预览。图 6-38 所示为拾取了圆和小矩形作为边界对象后，系统所选择的填充区域。

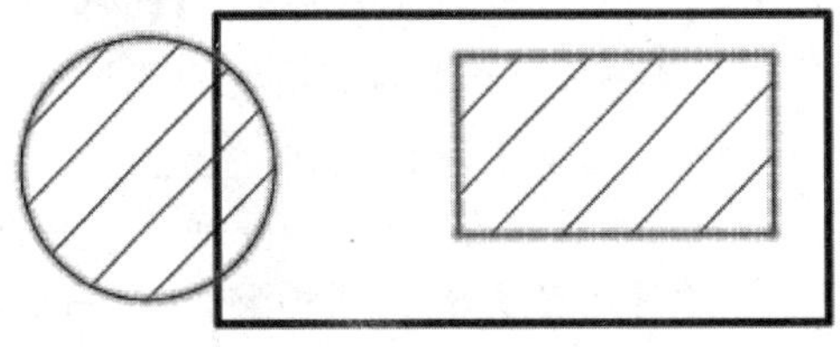

图 6-38　选择边界对象方式

> **提示**　一般情况下，建议用户使用【拾取点】方式选择填充边界，这样便于操作。

选择填充边界后，【边界】面板中【删除边界对象】工具可用，单击此工具，可以根据提示在已选择的边界中选取边界将其在选择集中移除。

2.【图案】面板

展开的【图案】面板如图 6-39 所示。单击其中的图案样例，可以设置填充图案的形式。可以拖动面板右侧的滚动条选取更多的图案，或单击滚动条下方的按钮打开图 6-40 所示的【图案】工具箱，从中选择合适的填充图案。

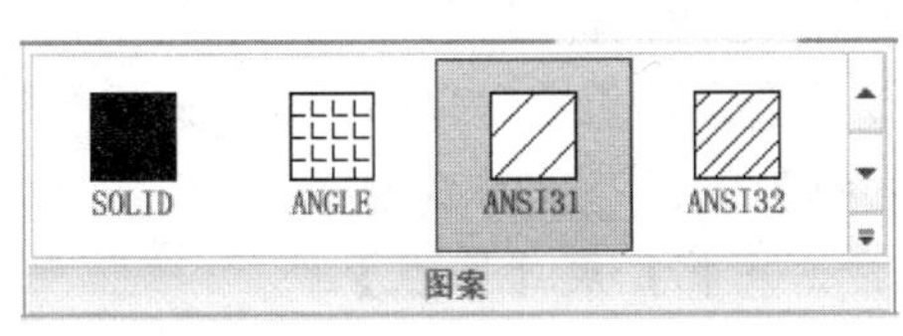

图 6-39　【图案】面板

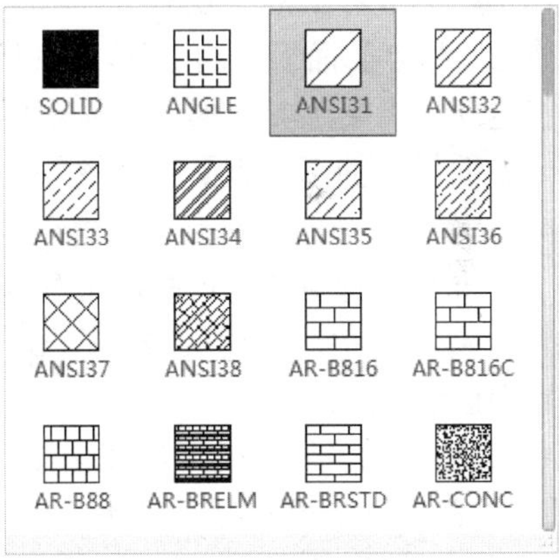

图 6-40　【图案】工具箱

> **提示**　在机械图样中，根据国家标准规定，金属材料的断面符号使用“ANSI31”，非金属材料的断面符号使用“ANSI37”。

3.【特性】面板

使用【特性】面板，可以设置填充图案的类型、颜色、背景色、透明度、角度和比例。【特性】面板如图 6-41 所示。

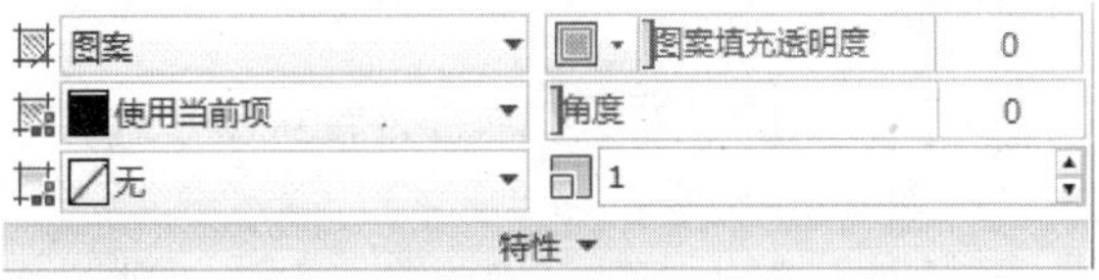

面板中各工具的含义如下：

图 6-41　【特性】面板

- 【图案填充类型】列表：单击该列表，在下拉列表中选择图案填充类型，有图案、实体、渐变色和用户定义四种类型。实体填充是指将填充区域以色块填充，渐变色填充是指将填充区域以渐变色填充。
- 【图案填充颜色】列表：单击该列表，出现【颜色】工具箱，在其中可以选取填充图案的颜色。一般使用“ByLayer”。
- 【背景色】列表：单击该列表，出现【颜色】工具箱，在其中可以选取填充图案的背景色。机械图样中，背景色一般选用“无”。
- 【透明度类型】列表：单击该列表，在出现的工具箱中设置透明度类型，有使用当前项、ByLayer，ByBlock 和透明度值选项可供选择。
- 【图案填充透明度】滑块：拖动该滑块，可以调整图案填充的透明度值。
- 【图案填充角度】滑块：拖动该滑块，可以调整填充图案的角度值。
- 【图案填充比例】文本框：在文本框中输入数值或单击其后的上、下箭头，可以调整填充图案的间距。值大于 1 时，间距增大，值小于 1 时，间距减小。

4.【原点】面板

使用【原点】面板可以控制填充图案生成的起始位置。某些图案填充（如砖块图案）需要与图案填充边界上的一点对齐。默认情况下，所有图案填充原点都对应于当前的 UCS 原点。使用【原点】面板中的工具，可以调整填充图案原点的位置。默认的【原点】面板只显示【指定新原点】工具，如果想显示更多的指定原点工具，可以单击【原点】面板中的【原点】按钮，将显示出隐藏的原点工具，如图 6-42 所示。展开的【原点】面板在选择命令后会自动折叠，单击展开的【原点】面板中【原点】按钮左侧的【图钉】图标使其变为状态，可将其固定，方便选取原点工具。反之，可将扩展【原点】面板设置为自动折叠样式。

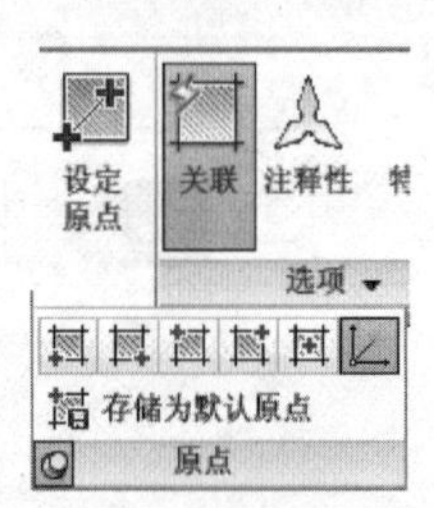

图 6-42 【原点】面板

【原点】面板中各工具的用法和含义如下：

- 【指定新原点】按钮：单击该按钮，系统提示“指定原点：”，指定原点后，填充图案的原点变为指定的点。
- 【左下】按钮：单击该按钮，系统将填充图案的原点设置在填充区域的左下角，如图 6-43 所示。
- 【右下】按钮：单击该按钮，系统将填充图案的原点设置在填充区域的右下角，如图 6-44 所示。
- 【左上】按钮：单击该按钮，系统将填充图案的原点设置在填充区域的左上角，如图 6-45 所示。
- 【右上】按钮：单击该按钮，系统将填充图案的原点设置在填充区域的右上角，如图 6-46 所示。
- 【中心】按钮：单击该按钮，系统将填充图案的原点设置在填充区域的正中，如图 6-47 所示。

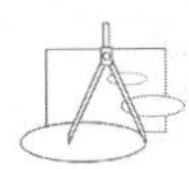

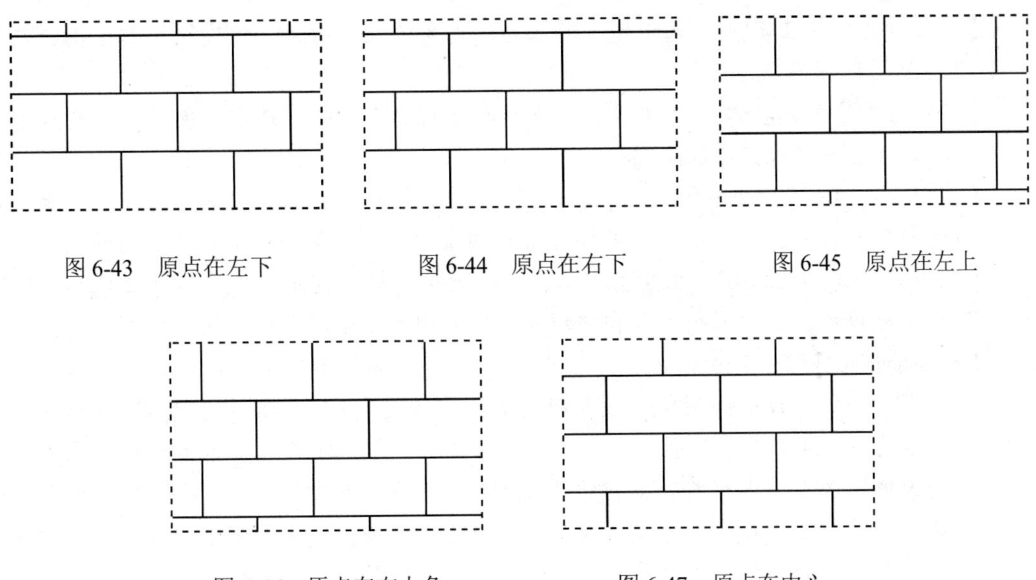

图 6-43　原点在左下　　图 6-44　原点在右下　　图 6-45　原点在左上

图 6-46　原点在右上角　　图 6-47　原点在中心

- 【使用当前原点】按钮：单击该按钮，系统将填充图案的原点设置在系统默认的位置。
- 【另存为默认原点】按钮 存储为默认原点：单击该按钮，将指定原点指定为后续图案填充的新默认原点。

5.【选项】面板

使用【选项】面板中的工具，可以设置填充图案和边界的关联特性，以及进行填充图案的高级设置。默认的【选项】面板如图 6-48 所示。单击【选项】面板中的【选项】按钮 选项，将显示隐藏的选项工具，如图 6-49 所示。

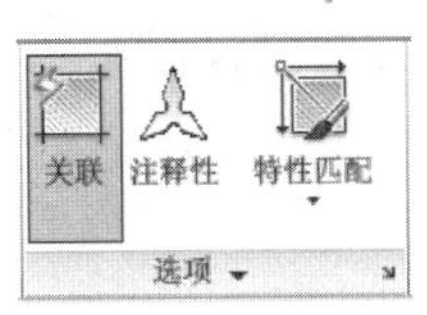

图 6-48　【选项】面板

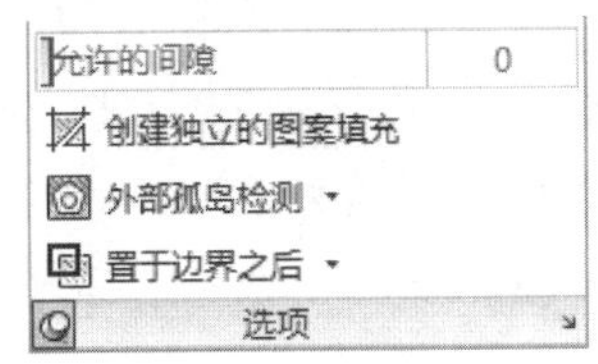

图 6-49　展开的【选项】面板

【选项】面板中各工具的用法和含义如下：

- 【关联边界】工具：设置填充图案和边界的关联特性。选中该工具，设置填充图案和边界有关联，修改边界时，填充图案的边界随之变化，否则修改边界时，填充图案的边界不随之变化，如图 6-50 所示。

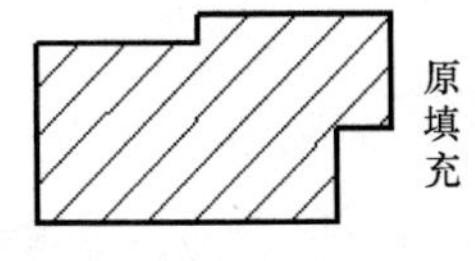

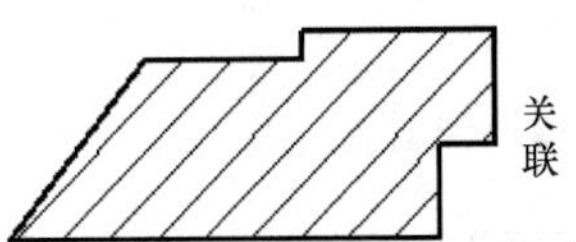

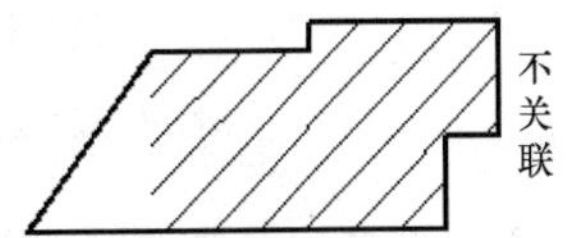

图 6-50　边界和填充图案的关系

•【注释性比例】工具：选中该工具，指定对象的注释特性，填充图案的比例根据视口的比例自动调整。

•【特性匹配】列表：单击该列表，可在出现的工具箱中选取【使用当前原点】工具或【使用源原点】工具。

*【使用当前原点】工具：单击该工具，根据系统提示在图形区选择源图案填充，然后选择填充边界，新的填充图案和源填充图案相同且使用当前填充边界的原点。

*【使用源原点】工具：单击该工具，根据系统提示在图形区选择源图案填充，然后选择填充边界，新的填充图案和源填充图案相同且使用和源填充图案相同的原点。

•【允许的间隙】滑块 允许的间隙 0 ：拖动滑块调整允许的间隙，或在其后的文本框中修改允许的间隙值。设定将对象用作图案填充边界时可以忽略的最大间隙。默认值为 0，该值指定对象必须封闭区域而没有间隙。任何小于等于允许的间隙中指定的值的间隙都将被忽略，并将边界视为封闭。图 6-51 所示为设置允许的间隙为 3，而边界间隙分别为 0，2，4 时使用【拾取点】方式选取填充边界的情况，其中“⊗”标志为拾取点的位置。当边界间隙大于设置的允许间隙时，出现错误提示。

•【创建独立的图案填充】按钮 创建独立的图案填充 ：选中该按钮，使其处于按下状态时，使用一次图案填充工具填充的多个独立区域内的填充图案相互独立。反之，当该按钮处于浮起状态时，使用一次图案填充工具填充的多个独立区域内的填充图案是一个关联的对象。

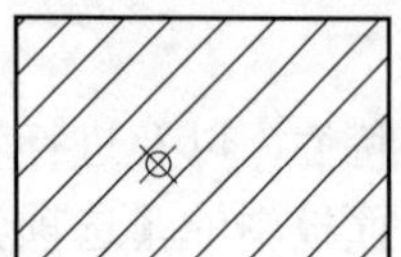

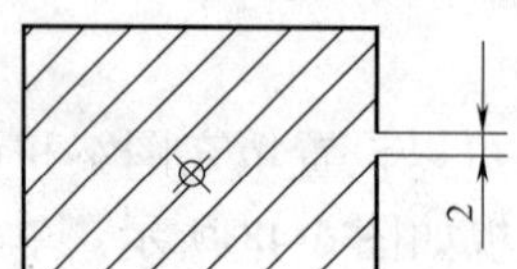

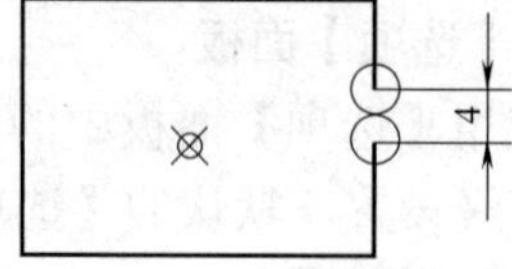

图 6-51　边界间隙不同时的填充效果

•【孤岛检测】列表 外部孤岛检测 ：单击按钮，出现下拉列表，如图 6-52 所示。从中选择相应方式设置最外层边界内部图案填充或填充边界的定义方法。对于图 6-53 所示的图形，在“⊗”标志处拾取点。

图 6-52　【孤岛检测】列表

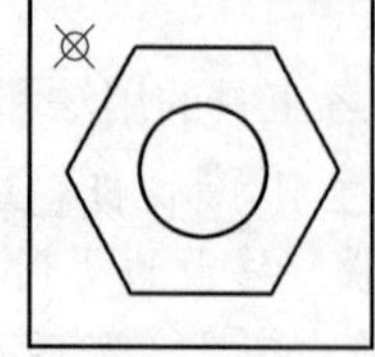

图 6-53　源图形

*【普通孤岛检测】选项 普通孤岛检测 ：选择该选项，从外部边界向内填充。如果遇到内部孤岛，填充将关闭，直到遇到孤岛中的另一个孤岛，如图 6-54 所示。

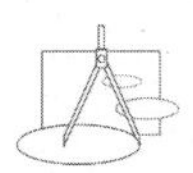

*【外部孤岛检测】选项：选择该选项，从外部边界向内填充。此选项仅填充指定的区域，不会影响内部孤岛，如图 6-55 所示。推荐用户使用这种设置。

*【忽略孤岛检测】选项：选择该选项，忽略所有内部的对象，填充图案时将通过这些对象，如图 6-56 所示。

*【无孤岛检测】选项：选择该选项，不进行孤岛检测，如图 6-57 所示。

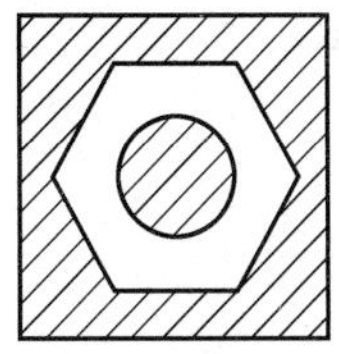

图 6-54　普通孤岛检测

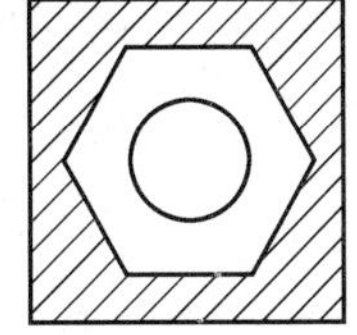

图 6-55　外部孤岛检测

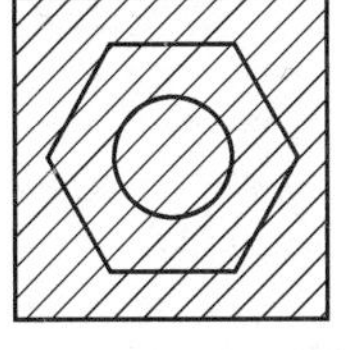

图 6-56　忽略孤岛检测

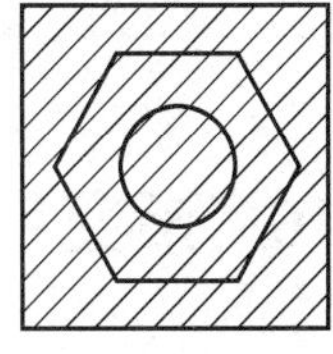

图 6-57　无孤岛检测

- 【绘图次序】列表：单击按钮，出现下拉列表，如图 6-58 所示。从中选择相应方式设置填充图案和其他图形对象的绘图次序。如果将图案填充"置于边界之后"，则可以更容易地选择图案填充边界。
- 【图案填充设置】按钮：单击该按钮，打开图 6-59 所示的【图案填充和渐变色】对话框，可以对图案填充和渐变色的选项进行详细设置。因为大部分的选项都可在面板中设置，故很少使用【图案填充和渐变色】对话框。

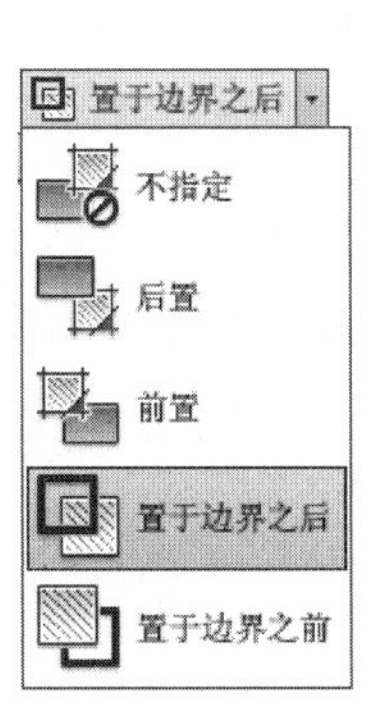

图 6-58　绘图次序列表

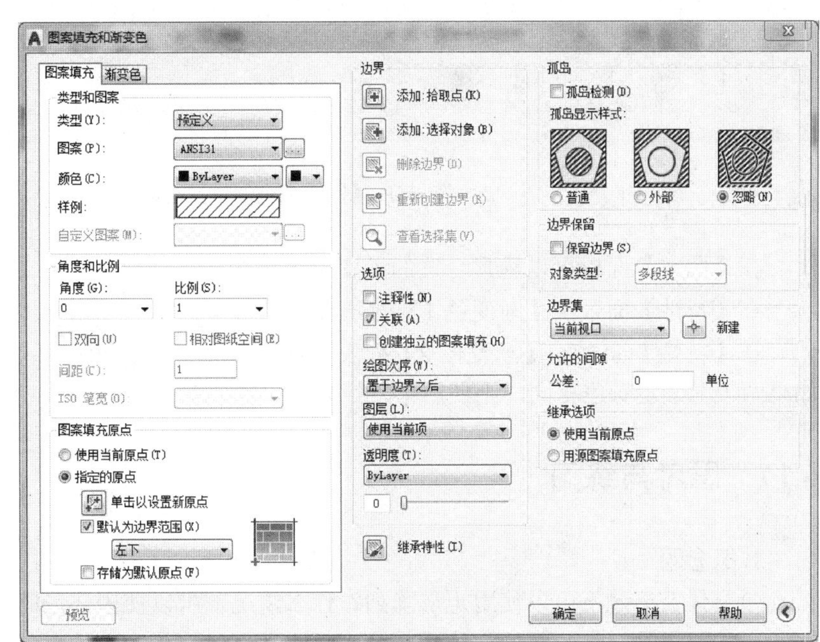

图 6-59　【图案填充和渐变色】对话框

提示　在默认情况下，只显示左半部分，单击【帮助】按钮后的按钮可显示对话框全部内容；显示全部内容后，单击【帮助】按钮后的按钮可只显示对话框左半部分内容。

6.【关闭】面板

单击【关闭】面板中的【关闭】按钮，可以关闭【图案填充创建】面板组，并退出【图案填充】命令。

> **提示** 按空格键或〈Enter〉键也可关闭【图案填充创建】面板组，并退出【图案填充】命令。

6.16 渐变色填充

渐变色填充也是一种填充的模式，调用【渐变色】工具的方法有以下几种：

- 下拉菜单：单击【绘图】/【渐变色】命令。
- 工具面板：单击展开的【绘图】面板中的【渐变色】工具。
- 命令行：在命令行的“命令：”提示状态下输入 gradient，按空格键或〈Enter〉键确认。

调用【渐变色】命令后，会弹出图 6-60 所示的【图案填充创建】面板组，包括【边界】面板、【图案】面板、【特性】面板、【原点】面板、【选项】面板和【关闭】面板。和【图案填充创建】面板组类似，用户可以在面板组设置图案填充，也可以根据命令行的提示操作。

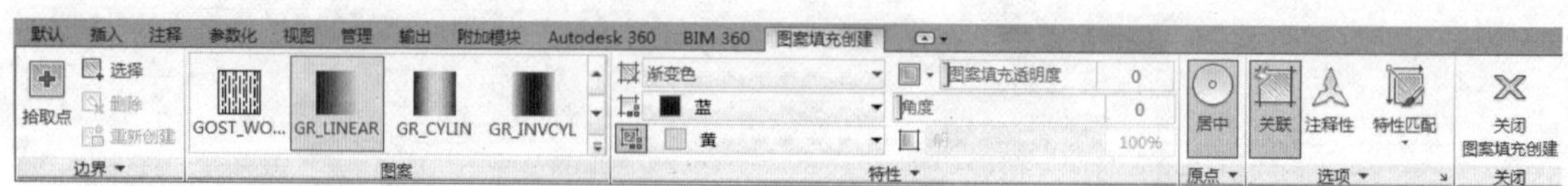

图 6-60 【图案填充创建】面板组

在【图案】面板可以选择合适的渐变色图案。

在【特性】面板的【渐变色 1】列表中可以选择渐变色 1 的颜色。

在【特性】面板的【渐变色 2】列表中可以选择渐变色 2 的颜色，如果两个渐变色颜色相同，则使用单色填充。

6.17 思考与练习

1. 概念题

（1）什么情况下可以使用矩形阵列？什么情况下可以使用环形阵列？

（2）怎样将一个倾斜的实体旋转为水平或垂直？

（3）怎样得到一个偏移实体，并且使之通过一个指定点？

（4）移动命令为什么需要指定基点？在实际应用中有什么用途？

（5）怎样在圆弧连接中使用倒圆角命令？举例说明。

（6）怎样创建面域？面域可以进行哪些布尔运算？

（7）怎样在修剪和延伸之间进行切换？

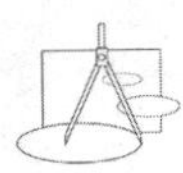

2. 操作题

绘制如图 6-61 ～图 6-64 所示的图形。

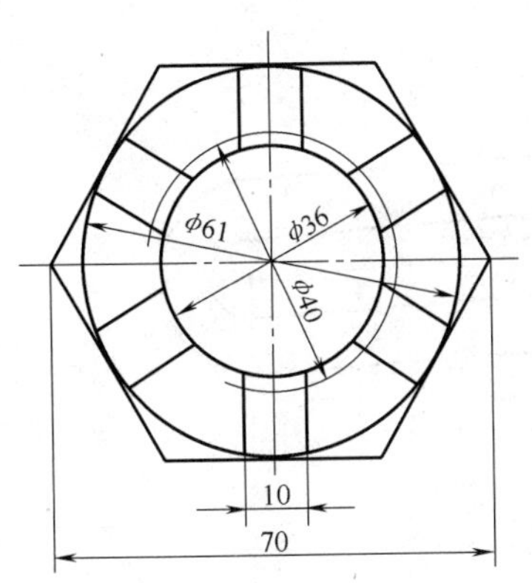

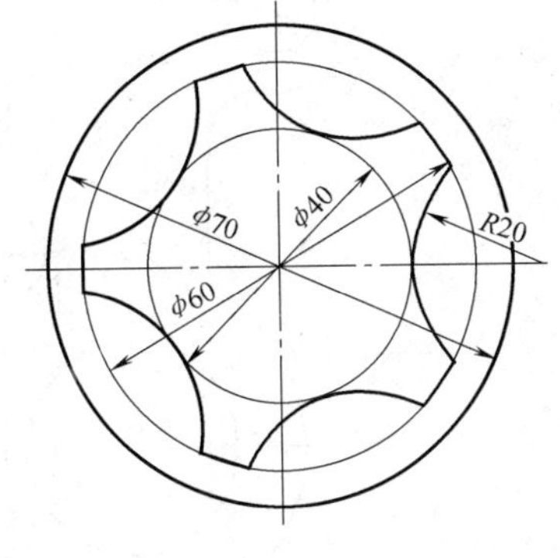

图 6-61　习题图（一）

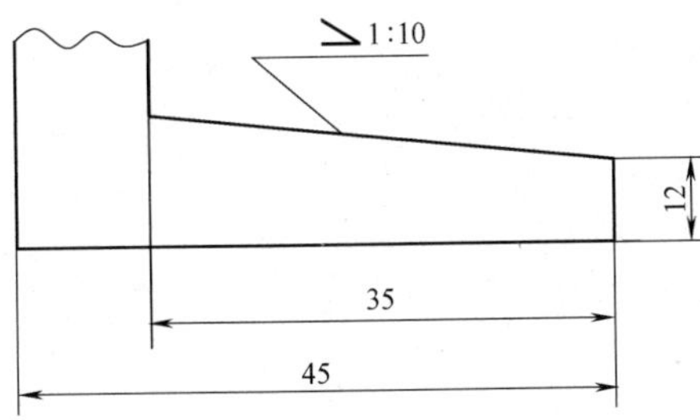

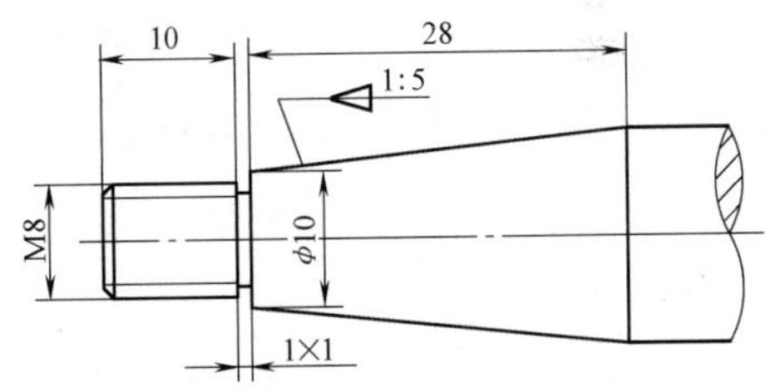

图 6-62　习题图（二）

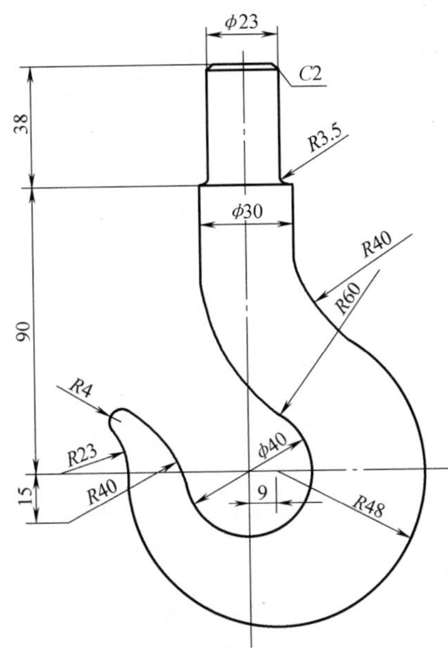

图 6-63　习题图（三）

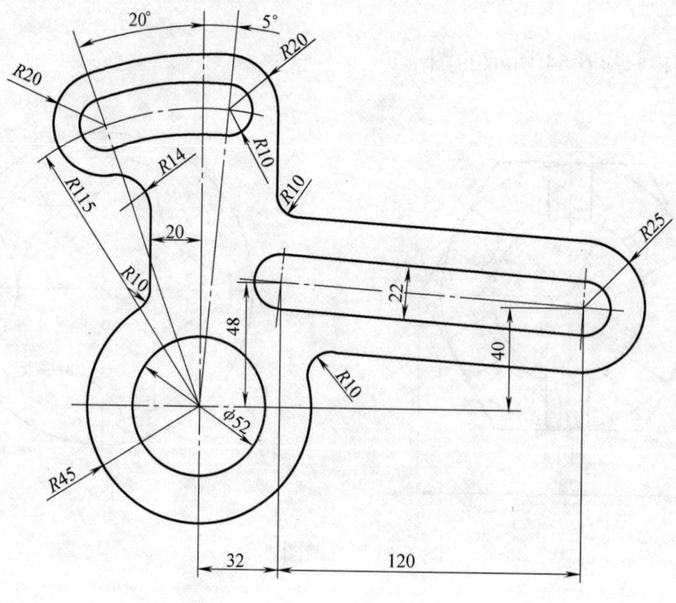
20°
5°
R20
R20
R10
R14
R115
R10
20
R10
R25
22
48
40
R10
φ52
R45
32
120

图 6-64　习题图（四）

第7章

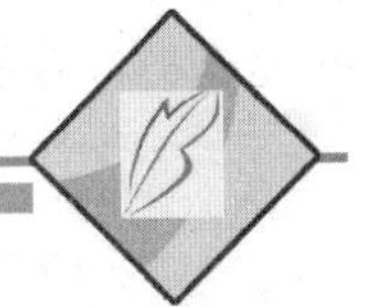

文字与表格

【本章重点】

- 文字样式的设定。
- 文字输入与编辑。
- 在图形中使用字段。
- 表格。

7.1 文字样式的设定

工程图样中很多地方需要文字，如标题栏、技术要求和尺寸标注等。国家标准（GB/T 14691—1993）中规定的文字样式：汉字为长仿宋体，字体宽度约等于字体高度的 $1/\sqrt{2}$，字体高度有 20mm、14mm、10mm、7mm、5mm、3.5mm、2.5mm、1.8mm 八种，汉字高度不小于 3.5mm。字母和数字可写为直体和斜体，若文字采用斜体，文字必须向右倾斜，与水平基线约成 75°。

AutoCAD 可以提供两种类型的文字，分别是 AutoCAD 专用的形字体（扩展名为 shx）和 Windows 自带的 True Type 字体（扩展名为 ttf）。形字体的特点是字形比较简单，占用的计算机资源较小。在 AutoCAD2000 简体中文版后的版本里，提供了中国用户专用的符合国家标准的中西文工程形字体，其中有两种西文字体和一种中文长仿宋体工程字。两种西文字体的字体名是 gbeitc.shx（控制英文斜体）和 gbenor.shx（控制英文直体），中文长仿宋体的字体名为 gbcbig.shx。True Type 字体是 Windows 自带字体。由于 True Type 字体不完全符合国家标准对工程图用字的要求，所以一般不推荐使用。

AutoCAD 图形中的所有文字都具有与之相关的文字样式，因此在用 AutoCAD 进行文字输入之前，应该先定义一个文字样式（系统有一个默认样式——Standard），然后再使用该样式输入文本。用户可以定义多个文字样式，不同的文字样式用于输入不同的字体。要修改文本格式时，不需要逐个修改文本，而只要对该文本的样式进行修改，就可以改变使用该样式书写的所有文本的格式。

AutoCAD 2018 中文字样式的默认设置是：Standard（标准样式）。用户在使用过程中可以通过“文字样式”对话框自定义文字样式，建立自己的样式用起来比较方便。下面以工程图中使用的工程字样式为例，讲述文字样式的设置。

【例 7-1】“工程字”文字样式的建立。

1）单击【注释】面板上的【文字样式】按钮（或单击【格式】/【文字样式】命令），弹出【文字样式】对话框，如图 7-1 所示（图中数字与步骤对应）。在【样式名】下拉列表中显示的是当前所应用的文字样式。

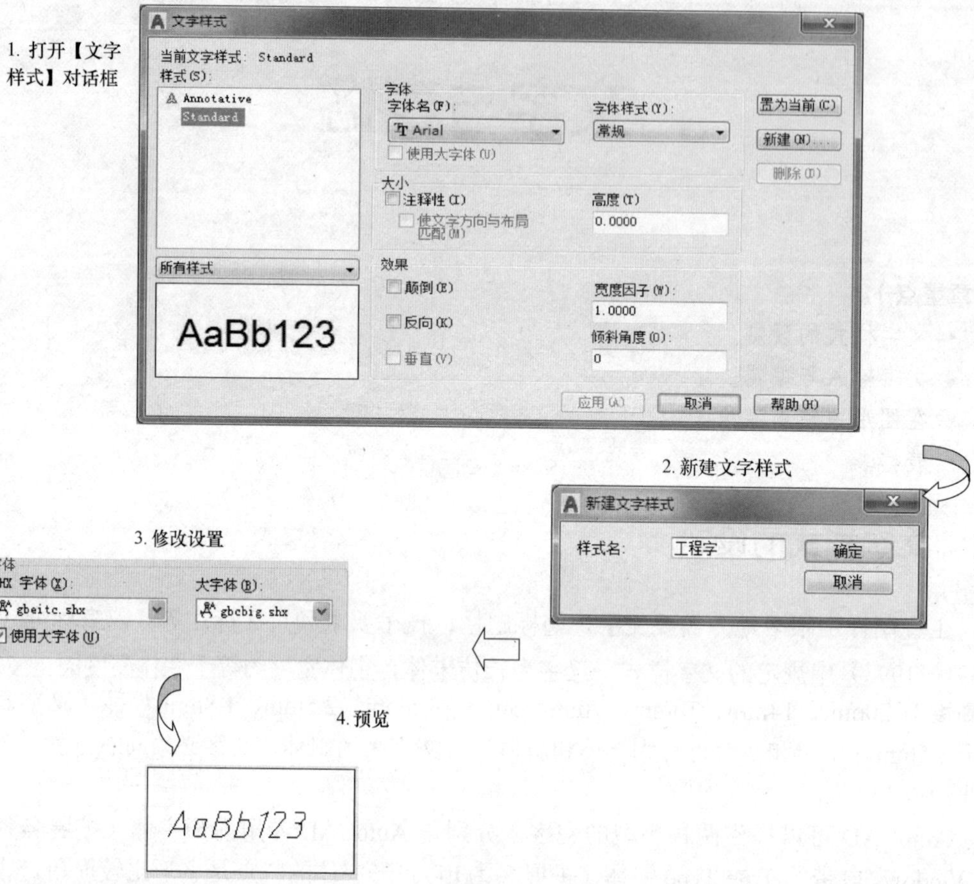

1. 打开【文字样式】对话框

2. 新建文字样式

3. 修改设置

4. 预览

图 7-1　文字样式建立过程

2）单击 新建(N)... 按钮，弹出【新建文字样式】对话框，在样式名文本框中输入样式名“工程字”，单击 确定 按钮，返回到【文字样式】对话框。

3）从【SHX 字体】下拉列表中选择字体 gbeitc.shx。在【高度】文本框中输入字体高度，这里使用的字体高度为 0，字体项设置完成。

4）这时可以在【预览】区显示设置字体的效果。

5）单击 应用(A) 按钮，将对话框中所做的样式修改应用于图形中当前样式的文字，单击 关闭(C) 按钮关闭对话框。

这时，定义的文本样式就会显示在【注释】面板上的【文字样式】下拉列表中，以供用户方便文字样式的切换，如图 7-2 所示。单击【注释】面板上的【文字样式】按钮可以快速打开【文字样式】对话框，进行文字样式定义。

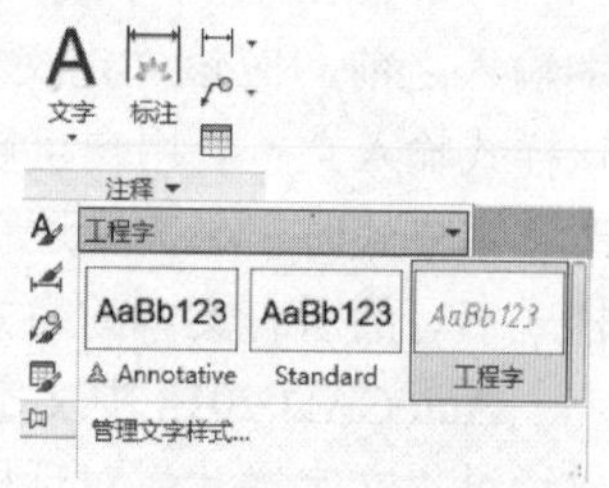

图 7-2 【注释】面板

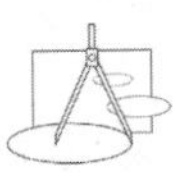

1. 关于【高度】的说明

在【高度】文本框中，如果设置字体高度为 0，在以后启动文本标注命令时，系统会提示输入字体高度。所以，0 字高用于使用同一种文字样式标注不同的字高的文本。如果输入的不是 0，那么以后启动文本标注命令，系统自动以此字高书写文字，不再提示输入字体的高度，用这种方法标注的文本高度是固定的。

> **提示**　关于【注释性】选项的说明见 14.7 节。

2. 关于【效果】的说明

- 【颠倒】：倒置显示字符。
- 【宽度比例】：默认值是 1。如果输入值大于 1，则文本宽度加大。
- 【反向】：反向显示字符。
- 【倾斜角度】：字符向左或向右倾斜的角度，以 Y 轴正向为角度的 0 值，顺时针为正。可以输入 −85 ~ 85 之间的一个值，使文本倾斜。
- 【垂直】：垂直对齐显示字符。这个功能对 True Type 字体不可用。

设置文字样式的效果如图 7-3 所示。

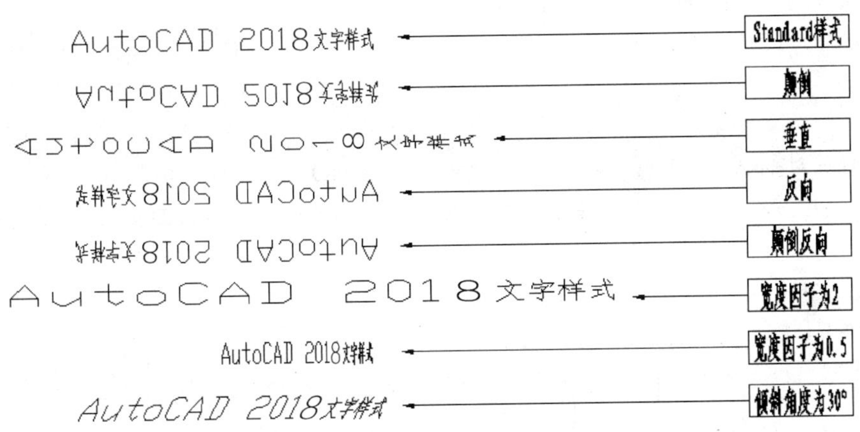

图 7-3　设置文字样式的效果

> **提示**　选择【使用大字体】复选框指定亚洲语言的大字体文件。只有在“字体名”中指定 SHX 文件，才能使用“大字体”。只有 SHX 文件可以创建“大字体”。

7.2　文字输入

AutoCAD 中提供了两种文字输入方式，分别为单行文字与多行文字。所谓的单行文字输入，并不是用该命令每次只能输入一行文字，而是输入的文字，每一行单独作为一个实体对象来处理。相反，多行文字输入就是不管输入几行文字，AutoCAD 都把它作为一个实体对象来处理。对于简短的输入项可以使用单行文字，对于有内部格式的分行较多的输入项则使用多行文字比较合适。

7.2.1 单行文字输入

要进行单行文字输入，单击【注释】面板上的【单行文字】按钮（或单击【绘图】/【文字】/【单行文字】命令），命令行的提示如下：

命令：_dtext

当前文字样式："工程字" 文字高度：2.5000 注释性：否

指定文字的起点或 [对正（J）/ 样式（S）]：

指定高度〈2.5000〉：5　　　　// 指定文字字高

指定文字的旋转角度〈0〉：　　　　// 指定文字行与水平方向的夹角

然后在图 7-4 所示的输入框中输入文字，也可以在其他处单击鼠标左键进行别的输入，按两次〈Enter〉键结束命令。

> **提示**　若建立文字样式时，【高度】设置是 0.000，在执行文字输入命令时还有一个修改字高的提示。如果是非 0 值，就没有此提示。

图 7-4　输入过程

执行单行文字命令时，会出现如下提示：

指定文字的起点或 [对正（J）/ 样式（S）]：　　　　// 输入"J"切换到【对正】选项，用于决定字符的哪一部分与指定的基点对齐，如图 7-5 所示

输入选项 [对齐（A）/ 调整（F）/ 中心（C）/ 中间（M）/ 右（R）/ 左上（TL）/ 中上（TC）/ 右上（TR）/ 左中（ML）/ 正中（MC）/ 右中（MR）/ 左下（BL）/ 中下（BC）/ 右下（BR）]：// AutoCAD 提供的对齐选项，用户根据自己的需要，输入括号内的字母

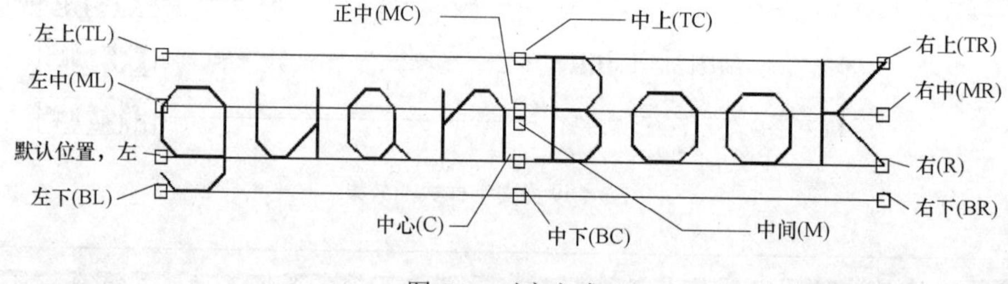

图 7-5　对齐方式

> **提示**　用户可以在"指定文字的起点或 [对正（J）/ 样式（S）]："提示下输入"S"，切换到样式选项，利用这个选项可以输入已定义的文字样式名称，设置该样式为当前样式。输入"?"可以查询当前文档中定义的所有文字样式。用户也可以在启动文字命令前，在【注释】面板上的【文字样式】下拉列表中选择需要的文字样式。

7.2.2 命令行中特殊字符的输入

用户可以利用单行文字命令输入特殊字符，如直径符号"ϕ"，角度符号"°"等。

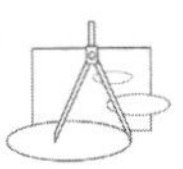

1. 用软键盘输入

调出如图 7-6 所示的输入法状态条。

在▦按钮上，单击鼠标右键，弹出键盘选择菜单，如图 7-7 所示。

例如，选择【希腊字母】，就会出现如图 7-8 所示的软键盘，软键盘的用法与硬键盘一样，在需要的字母键上单击鼠标左键，就可以输入对应的字母。

图 7-6　输入法状态条

PC键盘	标点符号
希腊字母	数字序号
俄文字母	数学符号
注音符号	✔ 单位符号
拼　音	制表符
日文平假名	特殊符号
日文片假名	

图 7-7　键盘选择菜单

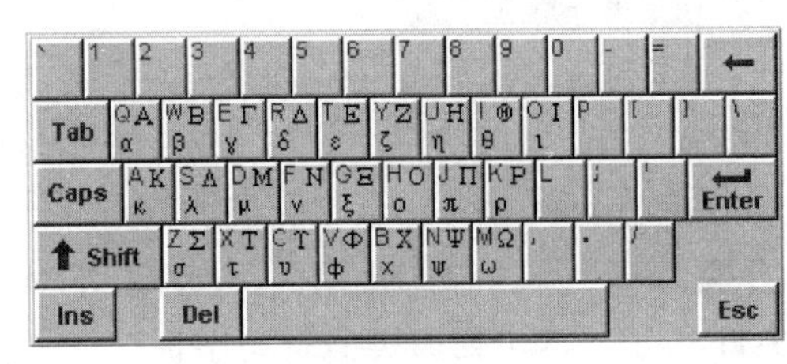

图 7-8　软键盘

2. 用控制码输入特殊字符

控制码由两个百分号（%%）后紧跟一个字母构成。表 7-1 中列出了 AutoCAD 常用的控制码。

表 7-1　AutoCAD 常用的控制码

控　制　码	功　　能
%%o	加上画线
%%u	加下画线
%%d	度符号
%%p	正 / 负符号
%%c	直径符号
%%%	百分号

要输入图 7-9 所示的文字，命令行输入如下：

命令：_dtext

命令：_dtext

当前文字样式："工程字" 文字高度：5.0000 注释性：否

指定文字的起点或 [对正（J）/ 样式（S）]：

指定高度 〈5.0000〉：

指定文字的旋转角度 〈0〉：

键盘输入文字：%%uAutoCAD%%u　　// 加下画线

键盘输入文字：45%%d　　// 输入度符号

键盘输入文字：%%oAutoCAD%%o　　// 加上画线

键盘输入文字：%%p0.001　　// 正 / 负符号

键盘输入文字：%%u%%oAutoCAD%%o%%u　　// 同时加上、下画线

键盘输入文字：%%c50　　// 输入直径符号

AutoCAD
45°
AutoCAD
±0.001
AutoCAD
Ø50

图 7-9　特殊字符样例

7.2.3 多行文字输入

多行文字输入命令用于输入内部格式比较复杂的多行文字，与单行文字输入命令不同的是，输入的多行文字是一个整体，每一单行不再是一个单独的文字对象。

单击【注释】面板上的【多行文字】按钮 多行文字（或单击【绘图】/【文字】/【多行文字】命令），可以启动多行文字命令。命令行的提示如下：

命令：_mtext 当前文字样式："工程字" 文字高度：5 注释性：否

指定第一角点： // 指定第一角点

指定对角点或[高度（H）/ 对正（J）/ 行距（L）/ 旋转（R）/ 样式（S）/ 宽度（W）/ 栏（C）]：

// 指定第二角点，如图 7-10 所示

确定两个角点后，系统自动切换到多行文字编辑界面，如图 7-11 所示。这个窗口类似于写字板、Word 等文字编辑工具，比较适合文字的输入和编辑。

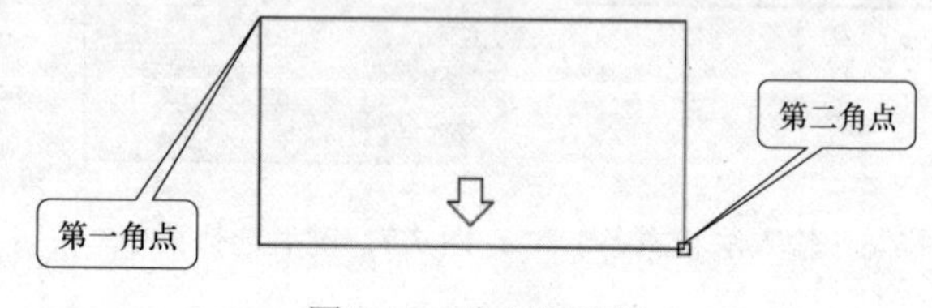

图 7-10 确定矩形框

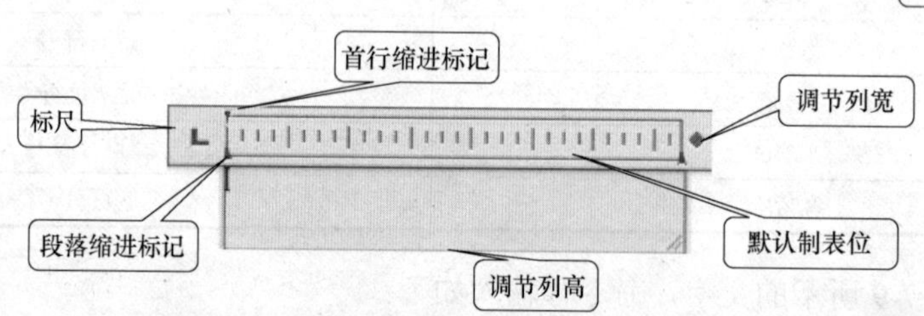

图 7-11 多行文字编辑界面

1.【样式】面板

（1）【样式】下拉列表 向多行文字对象应用文字样式。当前样式保存在 TEXTSTYLE 系统变量中。

如果将新样式应用到现有的多行文字对象中，用于字体、高度和粗体或斜体属性的字符格式将被替代。堆叠、上（下）画线和颜色属性将保留在应用了新样式的字符中。

具有反向或倒置效果的样式不被应用。如果在 SHX 字体中应用定义为垂直效果的样式，这些文字将在多行文字编辑器中水平显示。

（2）【文字高度】下拉列表 按图形单位设置新文字的字符高度或更改选定文字的高度。如果当前文字样式没有固定高度，则文字高度是 TEXTSIZE 系统变量中存储的值。多行文字对象可以包含不同高度的字符。

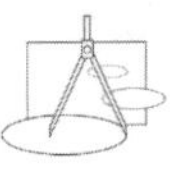

2.【格式】面板

（1）【字体】下拉列表　为新输入的文字指定字体或改变选定文字的字体。

（2）粗体![B]　为新输入文字或选定文字打开或关闭粗体格式。此选项仅适用于使用 TrueType 字体的字符。

（3）斜体![I]　为新输入文字或选定文字打开或关闭斜体格式。此选项仅适用于使用 TrueType 字体的字符。

（4）下画线![U]和上画线![O]　为新输入文字或选定文字打开或关闭下、上画线格式。

（5）文字颜色　为新输入文字指定颜色或修改选定文字的颜色。

可以为文字指定与所在图层关联的颜色（ByLayer）或与所在块关联的颜色（ByBlock）。也可以从颜色列表中选择一种颜色，还可以单击【选择颜色】选项打开【选择颜色】对话框选择颜色。

（6）堆叠　当文字中包含“/”“^”“#”符号时，如 9/8（见图 7-12），先选中这 3 个字符，然后单击【格式】面板上的【堆叠】按钮，就会变成分数形式；选中堆叠成分数形式的文字，然后单击【格式】面板上的【堆叠】按钮，可以取消堆叠。用户可以编辑堆叠文字、堆叠类型、对齐方式和大小。要打开【堆叠特性】对话框，首先选中堆叠文字，然后单击鼠标右键，在弹出的快捷菜单中选择【堆叠特性】选项即可（或选择堆叠文字，出现，在上面单击鼠标右键会出现快捷菜单，选择【堆叠特性】选项即可），如图 7-3 所示。

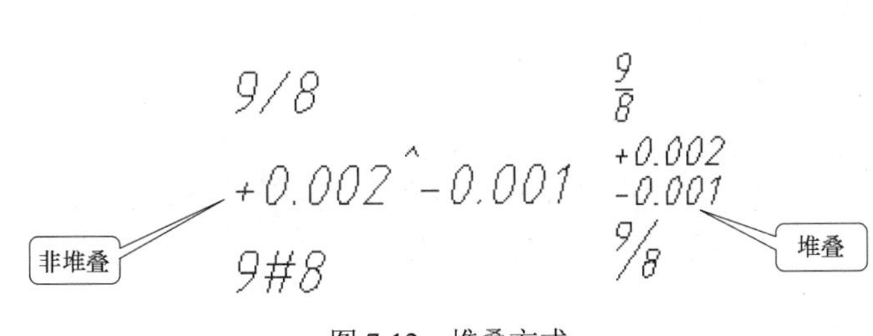

图 7-12　堆叠方式

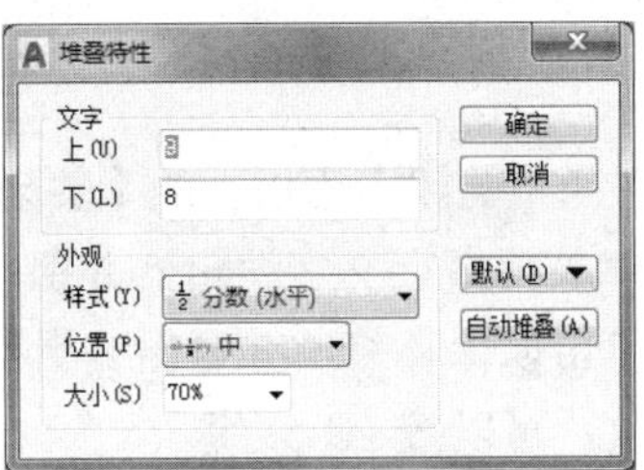

图 7-13　【堆叠特性】对话框

3.【段落】面板

使用【段落】面板可以进行段落、制表位、项目符号和编号的设置，这与 Word 一样，在此不再讲述。

4.【快捷菜单】

在文本框中单击鼠标右键会弹出快捷菜单，可以选择合适的选项进行操作。

5.【工具】面板

单击【工具】面板上的输入文字按钮，弹出【选择文件】对话框，用该对话框可以把外部的 txt 文本文件或 rtf 文件直接导入。

6.【插入】面板

单击【插入】面板上的【符号】按钮@，弹出图 7-14 所示的菜单，可以插入制图过程中需要的特殊符号。

单击【插入】面板上的【字段】按钮，可以插入字段。

单击【其他】菜单项，可以打开【字符映射表】对话框，提供更多特殊符号，如图 7-15 所示。

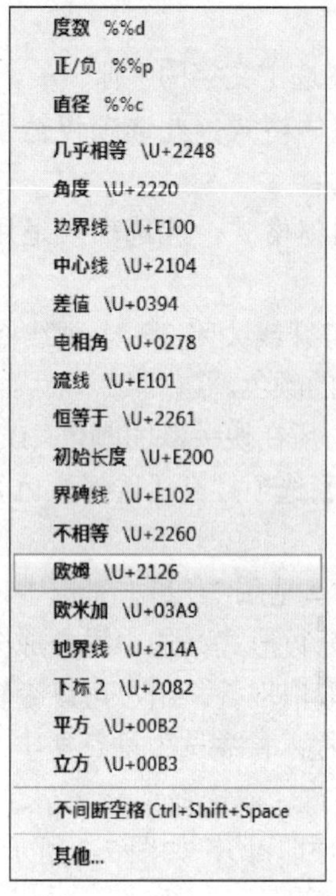

图 7-14 【符号】下拉菜单

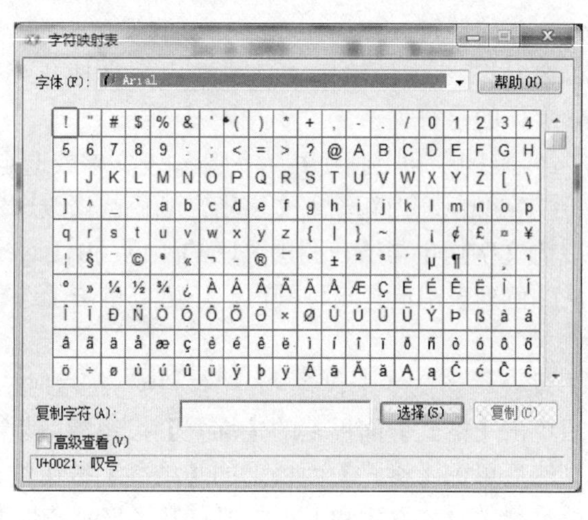

图 7-15 【字符映射表】对话框

7.【关闭】面板上的【关闭】按钮

关闭多行文字编辑器并保存所做的任何修改。也可以在编辑器外单击以保存修改并退出编辑器。要关闭多行文字编辑器而不保存修改，可以按〈Esc〉键。

计算机绘图CAD

图 7-16 编辑状态的文字

7.3 文字编辑

1. 编辑单行文字

对单行文字的编辑包含两方面的内容：修改文字内容和修改文字特性。如果仅仅要修改文字的内容，可以直接在文字上双击，使文字处于编辑状态，如图 7-16 所示。

要修改单行文字的特性，可以选择文字后单击【特性】面板上的按钮，打开【特性】对话框修改文字的内容、样式、高度、旋转角度等，如图 7-17 所示。

2. 编辑多行文字

直接双击多行文字，系统会弹出多行文字编辑器，直接在编辑器中修改文字的内容和格式。

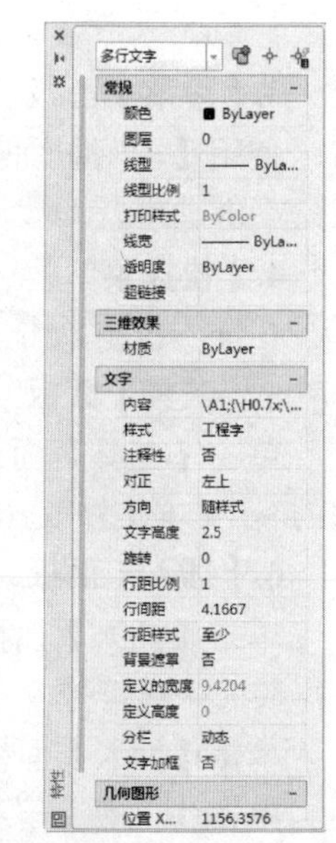

图 7-17 【特性】对话框

> **提示** 文字编辑命令也可以通过单击【修改】/【对象】/【文字】/【编辑】命令来完成。

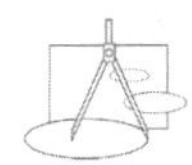

7.4　创建表格

在工程图中经常遇到表格，以前我们需要用绘图工具画出来，AutoCAD 现在提供了一个新功能——表格。可以利用这个功能自动生成表格，非常方便。

7.4.1　表格样式

AutoCAD 提供的表格样式，如图 7-18 所示。

单击【格式】/【表格样式】命令（或单击【注释】面板上的【表格样式】按钮），打开【表格样式】对话框，如图 7-19 所示。

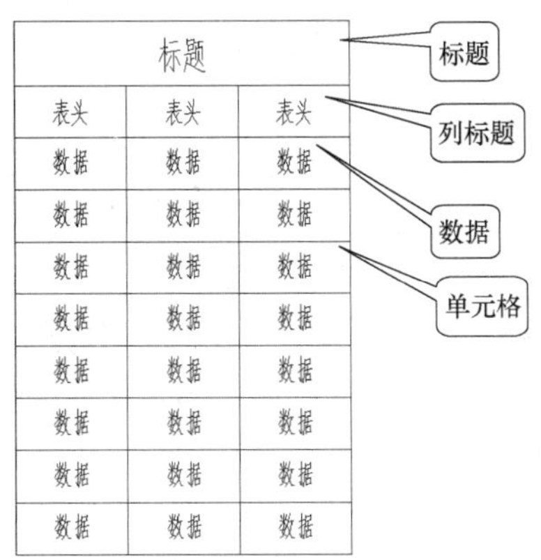

图 7-18　表格样式

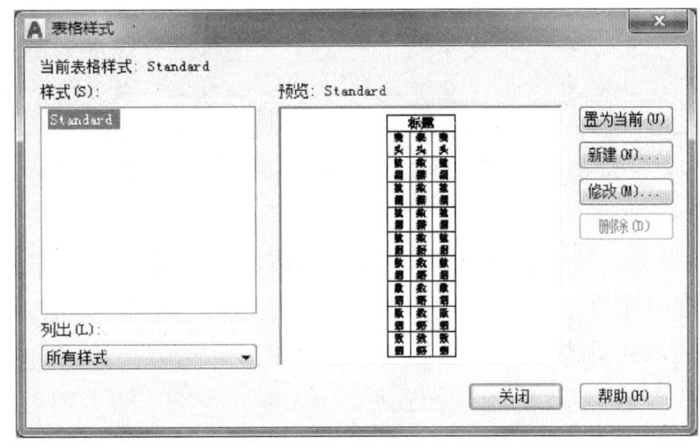

图 7-19　【表格样式】对话框

在【样式】列表中显示的是系统自带的表格样式，该样式可以在【预览】中看到样子。具体说明可以对照图 7-18。

建立明细栏样式的步骤如下：

1）单击【表格样式】对话框中的 新建(N)... 按钮，弹出【创建新的表格样式】对话框，修改【新样式名】为“明细栏”，单击 继续 按钮，如图 7-20 所示。

2）弹出【新建表格样式】对话框，如图 7-21 所示。【单元样式】下拉列表中有标题、表头和数据三个选择。选择一个选项，在下面的【常规】【文字】和【边框】选项卡中设置参数。

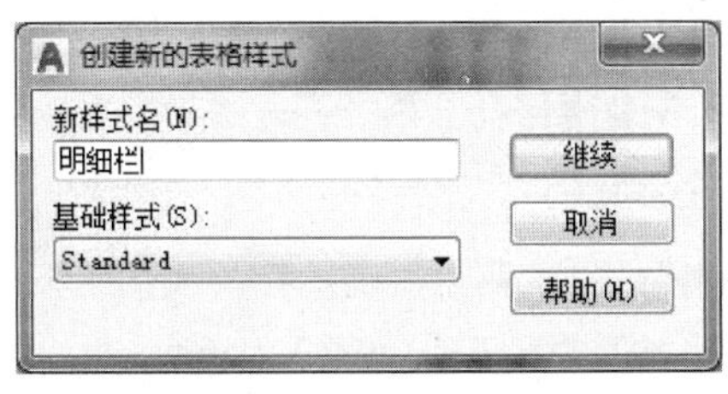

图 7-20　【创建新的表格样式】对话框

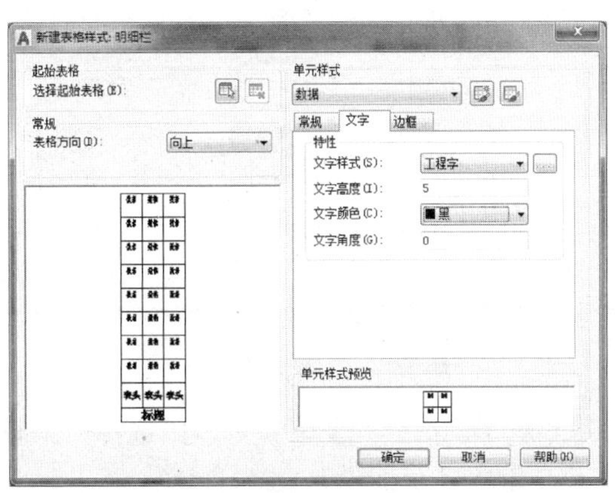

图 7-21　【新建表格样式】对话框

- 在【单元样式】下拉列表中选择【数据】，在【文字】选项卡中设置【文字样式】为工程字，字高为 5，在【边框】选项卡中设置内框线宽为 0.25，外框为 0.5（比如先选择【线宽】为 0.25，然后单击【内边框】按钮，就可以设置内框线宽）。
- 在【单元样式】下拉列表中选择【表头】，设置【文字样式】为工程字，字高为 5，设置内框线宽为 0.25，外框为 0.5。

3）使用【表格方向】选项改变表的方向。

- 向下：创建由上而下读取的表。标题行和列标题行位于表的顶部。
- 向上：创建由下而上读取的表。标题行和列标题行位于表的底部（由于明细栏是从下向上绘制的，所以选择此项）。

4）使用【页边距】选项控制单元边界和单元内容之间的间距（修改数据和表头的设置）。

- 水平：设置单元中的文字或块与左右单元边界之间的距离（使用默认值）。
- 垂直：设置单元中的文字或块与上下单元边界之间的距离（修改为 0.5）。

提示 关于标题不做设置，因为明细栏没有该行，所以在插入表格时删除。

5）设置完毕单击 确定 按钮回到【表格样式】对话框，这时在【样式】列表中会出现刚定义的表格样式，如图 7-22 所示。用户可以在列表中选择样式，单击 置为当前(C) 按钮把该样式置为当前。如果要修改某样式，可以单击 修改(M)... 按钮。

6）定义好表格样式后，单击 关闭 按钮关闭对话框。

提示 表格样式可以使用后面讲述的设计中心进行文件之间的共享。

7.4.2 创建表格

1）单击【注释】面板上的【表格】按钮 表格，弹出【插入表格】对话框，如图 7-23 所示。

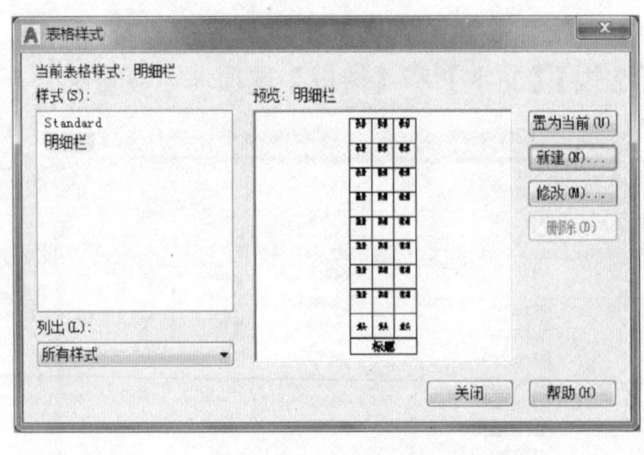

图 7-22 表格样式

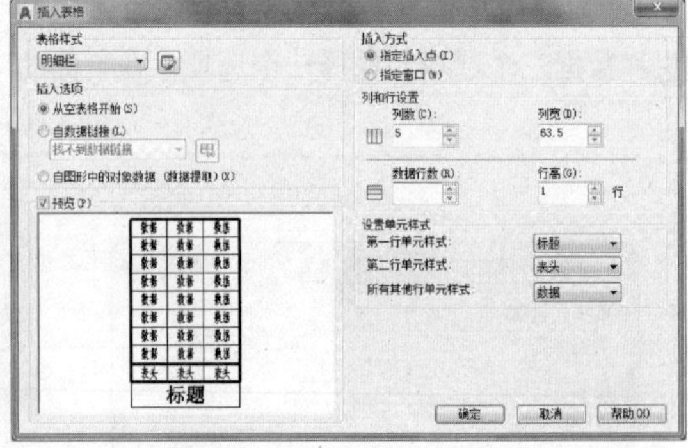

图 7-23 【插入表格】对话框

2）从【表格样式】下拉列表中选择一个表格样式，或单击按钮创建一个新的表格样式（这里选择【明细栏】表格样式）。

3）选择【指定插入点】作为插入方式。

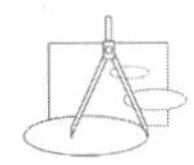

> **注意**　如果表格样式将表格的方向设置为由下而上读取，则插入点位于表格的左下角。

4）设置列数和列宽（列数为 7，列宽为 30）。

5）设置行数和行高（数据行数为 4，行高为 1）。

> **提示**　按照文字行高指定表的行高。文字行高基于文字高度和单元边距，这两项均在表样式中设置。选定【指定窗口】选项并指定行数时，行高为【自动】选项，这时行高由表的高度控制。

6）设置单元格式，【第一行单元格式】为表头设置，【第二行单元格式】为数据设置。

7）单击 确定 按钮，系统提示输入表格的插入点，指定插入点后，第一个单元格为可编辑线框显示。显示【文字格式】工具栏时可以开始输入文字，输入内容如图 7-24 所示。单元的行高会加大以适应输入文字的行数。要移动到下一个单元，可以按〈Tab〉键，或使用箭头键向左、向右、向上和向下移动。

> **提示**　如果表格中的中文不能正常显示，可以单击【格式】/【文字样式】命令修改当前文字样式使用的字体，具体方法参考文字输入章节。

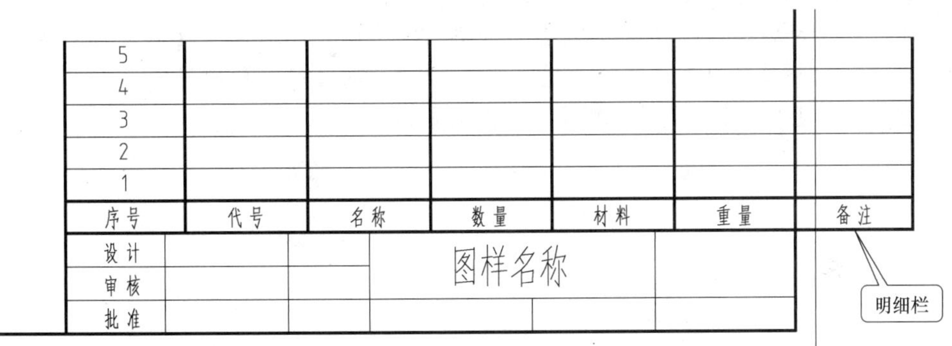

图 7-24　输入内容

> **提示**　用户在任意一个单元格中双击鼠标，都会出现文字编辑器。在单元格内，可以用箭头键移动光标。使用文字编辑器可以在单元中格式化文字、输入文字或对文字进行其他修改。

7.4.3　修改表格

1. 整个表格修改

首先认识一下表格上的控制句柄，在任意表格线上单击会选中整个表格，表格上的控制句柄会同时显示出来，它们的作用如图 7-25 所示。

2. 修改表格单元

在单元内单击以选中它，单元边框的中央将显示夹点。拖动单元上的夹点可以使单元格及其列或行变大或变小。

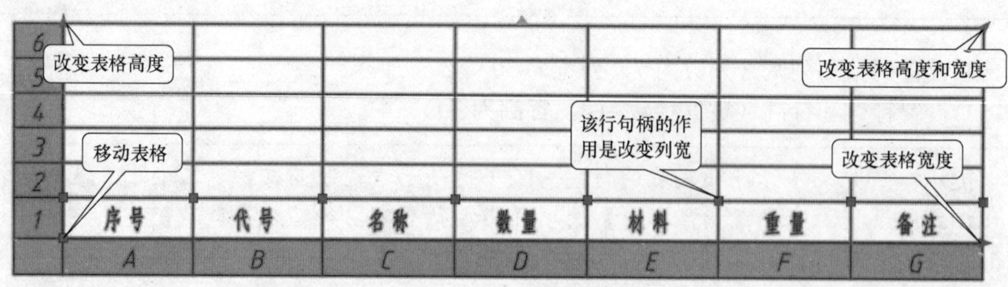

图 7-25　表格上的控制句柄

要选择多个单元，请单击并在多个单元上拖动。按住〈Shift〉键并在另一个单元内单击，可以同时选中这两个单元以及它们之间的所有单元。

对于一个或多个选中的单元，可以单击鼠标右键，然后使用图 7-26 所示的快捷菜单上的选项来插入或删除列和行，合并相邻单元或进行其他修改。

提示　对于表格，可以使用【特性】选项板进行编辑。

【例 7-2】 编辑明细栏。

1）编辑如图 7-25 所示的不完善明细栏，将序号一列选中，单击鼠标右键，在弹出的快捷菜单上选择【特性】选项，出现如图 7-27 所示的【特性】对话框。

2）修改【单元宽度】为 10，【单元高度】为 8。

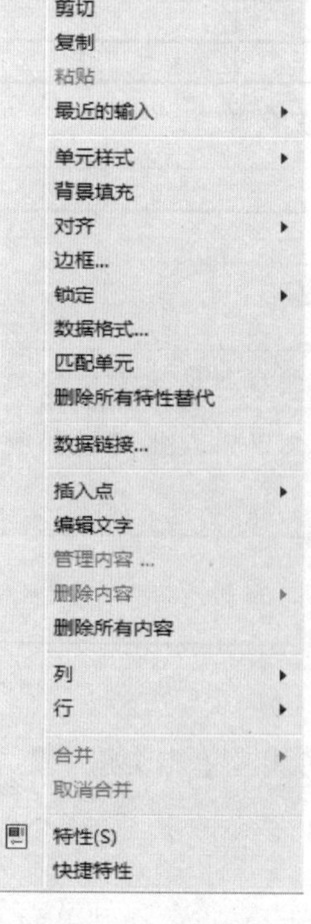

图 7-26　快捷菜单

图 7-27 【特性】对话框

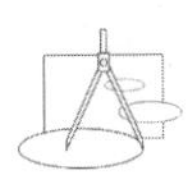

3）继续选择其他列，修改代号列【单元宽度】为 40、名称列【单元宽度】为 50、数量列【单元宽度】为 10、材料列【单元宽度】为 40、重量和备注列【单元宽度】为 15。

4）编辑完毕的明细栏如图 7-28 所示。

图 7-28 明细栏

> **提示** 可以将完成的表格复制到【工具】选项板上，使用时拖出即可。这样可以保证表格单元的尺寸不变，但里面的文字都不见了。另外可以将表格制成块，插入块后，将块分解后就可以添加新内容了。

7.5 字段

字段用于显示可能会在图形生命周期中更改的数据。字段更新时，将显示最新的字段值。

7.5.1 插入字段

字段可以在图形、多行文字、表格等中使用。下面以图 7-29 为例讲述字段的使用方法。图中有三个图形（矩形、圆、多边形）和一个表格，用表格记录三个图形的面积。这时如果使用字段，当图形面积变化时，表格中的数字会同步发生变化。

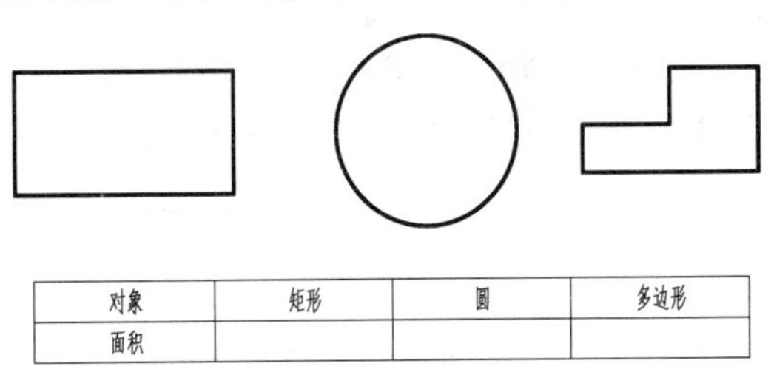

图 7-29 字段例图

【例 7-3】 在表格中使用字段。

1）在图 7-29 所示表格的“矩形”下面的单元格双击，单元格变为输入状态，单击鼠标右键，在弹出的快捷菜单上选择【插入字段】选项（或单击【插入】面板上的【字段】按钮），出现图 7-30 所示的【字段】对话框。

2）这里要插入面积字段，在【字段类别】下拉列表中选择【对象】，这时对话框随之发生变化，单击【选择对象】按钮，选择图 7-29 所示的矩形，这时对话框如图 7-31 所示。

3）在【特性】列表中选择【面积】，在【格式】列表中选择格式为【当前单位】，单击 确定 按钮，表格如图 7-32 所示。

4）用同样的方法插入其他两个图形的面积，如图 7-33 所示。

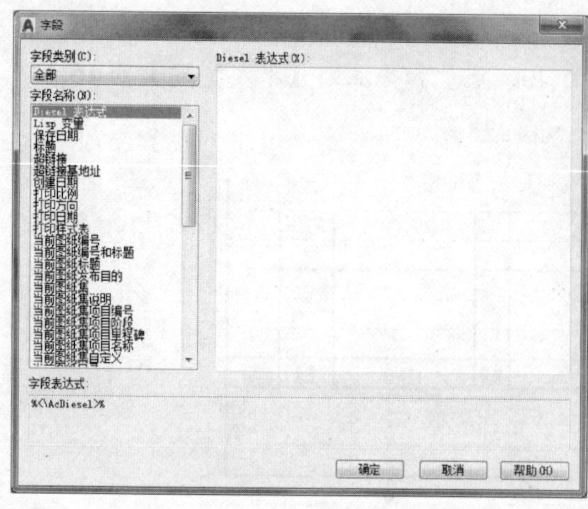

图 7-30 【字段】对话框

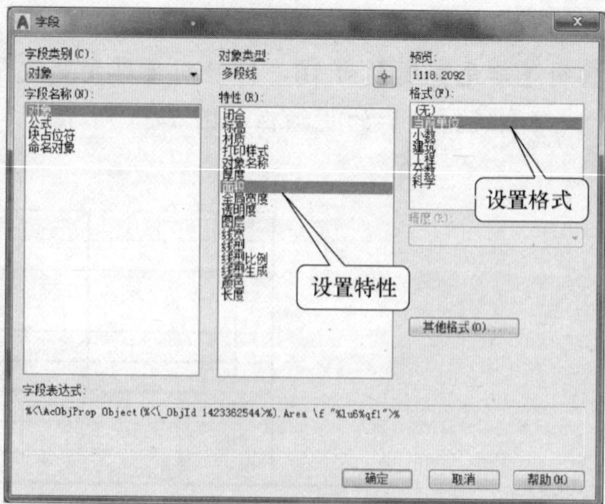

图 7-31 选择对象

对象	矩形	圆	多边形
面积	10172		

图 7-32 插入一个面积字段

对象	矩形	圆	多边形
面积	10172	10372	5127

图 7-33 完整表格

5）这时如果改变图形的大小，如用夹点法改变圆的面积，然后单击【工具】/【更新字段】命令，选择表格后按〈Enter〉键，表格中的字段进行更新，如图 7-34 所示。

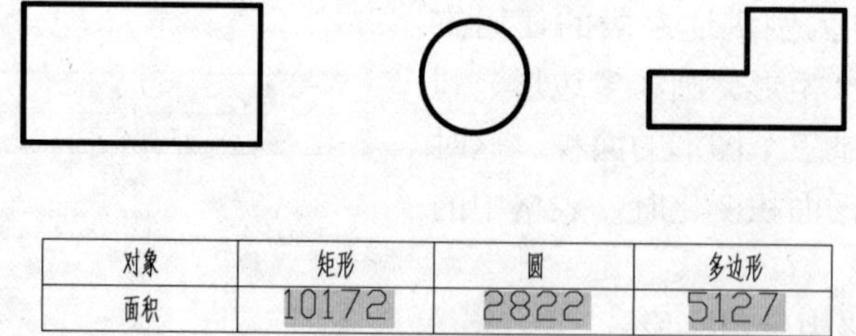

对象	矩形	圆	多边形
面积	10172	2822	5127

图 7-34 更新字段

7.5.2 修改字段外观

字段文字所使用的文字样式与其插入的文字对象所使用的样式相同。默认情况下，字段用不会打印的浅灰色背景显示（FIELDDISPLAY 系统变量控制是否有浅灰色背景显示）。【字段】对话框中的【格式】选项用来控制所显示文字的外观。可用的选项取决于字段的类型。例如，日期字段的格式中包含一些用来显示星期几和时间的选项。

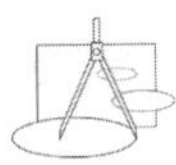

7.5.3　编辑字段

因为字段是文字对象的一部分，所以不能直接进行选择。必须选择该文字对象并激活编辑命令（多行文字编辑器）。选择某个字段后，使用快捷菜单上的【编辑字段】选项，或双击该字段，将显示【字段】对话框。所做的任何修改都将应用到字段中的所有文字。

如果不再希望更新字段，则可以通过将字段转换为文字来保留当前显示的值（选择一个字段，在快捷菜单上选择【将字段转化为文字】）。

7.6　思考与练习

1. 概念题

（1）怎样设置文本样式？

（2）简述单行输入与多行输入的区别。

（3）怎样编辑文本？编辑单行命令输入的文本与编辑多行命令输入的文本有何不同？

（4）怎样在图样中使用字段？

（5）怎样设置表格样式和编辑表格？

2. 操作题

建立明细栏，书写技术要求，如图 7-35 所示。

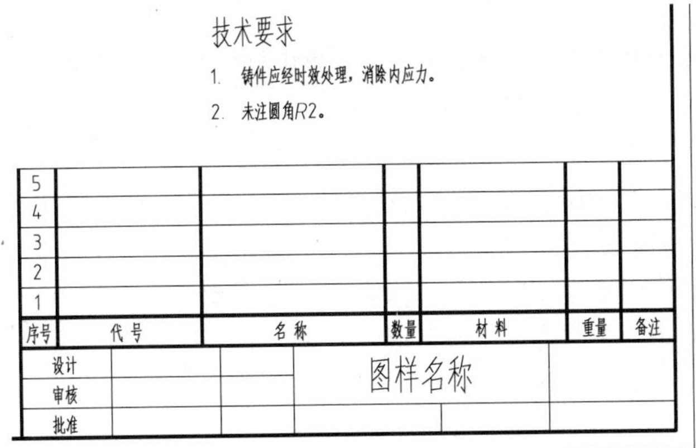

图 7-35　习题图

第8章

尺寸标注

【本章重点】

- 尺寸样式的设置。
- 各种具体尺寸的标注方法。
- 尺寸标注的编辑修改。
- 尺寸关联。

8.1 尺寸标注规定

图形只能表达零件的形状，零件的大小则通过标注尺寸来确定。国家标准规定了标注尺寸的一系列规则和方法，绘图时必须遵守。

1. 基本规定

- 图样中的尺寸，以 mm 为单位时，不需注明计量单位代号或名称。若采用其他单位则必须标注相应计量单位或名称。
- 图样中所注的尺寸数值是零件的真实大小，与图形大小及绘图的准确度无关。
- 零件的每一尺寸，在图样中一般只标注一次。
- 图样中所注尺寸是该零件最后完工时的尺寸，否则应另加说明。

2. 尺寸要素

一个完整的尺寸，包含下列四个尺寸要素：

- 尺寸界线：尺寸界线用细实线绘制。尺寸界线一般是图形轮廓线、轴线或对称中心线的延长线，超出尺寸线终端约 2~3mm。也可直接用轮廓线、轴线或对称中心线作尺寸界线。
- 尺寸线：尺寸线用细实线绘制，尺寸线必须单独画出，不能与图线重合或在其延长线上，并应尽量避免尺寸线之间及尺寸线与尺寸界线之间相交。标注线性尺寸时，尺寸线必须与所标注的线段平行，相同方向的各尺寸线的间距要均匀，间隔应大于 5mm，以便注写尺寸数字和有关符号。
- 尺寸线终端：尺寸线终端有两种形式，箭头和细斜线。 在机械制图中使用箭头，箭头尖端与尺寸界线接触，不得超出也不得离开。
- 尺寸数字：线性尺寸的数字一般注写在尺寸线上方或尺寸线中断处。同一图样内字

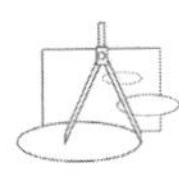

号大小应一致，位置不够可引出标注。尺寸数字前的符号区分不同类型的尺寸：ϕ 表示直径、*R* 表示半径、*S* 表示球面、*t* 表示板状零件厚度、□表示正方形、▷或◁表示锥度、± 表示正负偏差、× 表示参数分隔符（如 M10×1，槽宽 × 槽深等）、∠或⦣表示斜度、⌵表示埋头孔、EQS 表示均布等。

与文字输入需要设置样式一样，在对图形进行尺寸标注前，最好先建立起自己的尺寸样式，因为在标注一张图时，必须考虑打印出图时的字体大小、箭头等样式应符合国家标准，做到布局合理美观，不要出现标注的字体、箭头等过大或过小的情况。同时，建立自己的尺寸标注样式也是为了确保标注在图形实体上的每种尺寸形式相同，风格统一。

在建立尺寸标注样式之前，先来认识一下尺寸标注的各组成部分。一个完整的尺寸标注一般是由尺寸线（标注角度时的标注弧线）、尺寸界线、尺寸终端（机械制图为箭头）、尺寸数字这几部分组成。标注以后这四部分作为一个实体来处理。这几部分的位置关系，如图 8-1 所示。

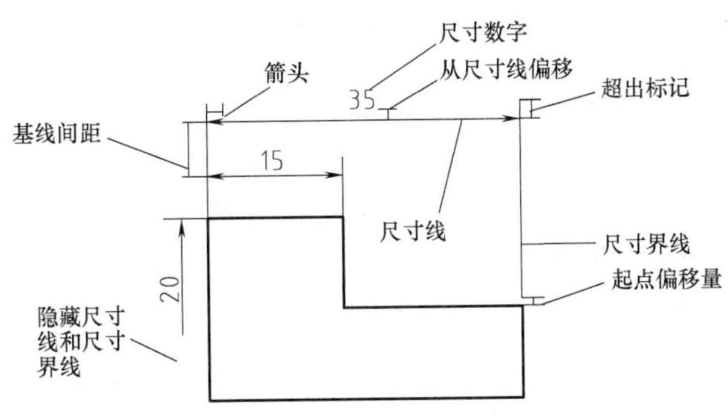

图 8-1　标注样式中部分选项的含义

8.2　创建尺寸样式

AutoCAD 系统中有“Annotative”和“ISO-25”以及“Standard”三种标注样式，但是这三种标注样式标注的尺寸均不符合国家标准，因此需要用户自行设置符合国家标准的标注样式。

设置或编辑标注样式，需要在【标注样式管理器】对话框中进行，打开【标注样式管理器】对话框的方法有以下几种：

- 下拉菜单：单击【格式】/【标注样式】命令。
- 工具面板：单击【注释】面板中的【标注样式】工具，或单击【注释】选项卡中的【标注】面板中的【标注样式】按钮。
- 命令行：在命令行“命令：”提示后输入“dimstyle”，按空格键或〈Enter〉键确认。

【标注样式管理器】对话框如图 8-2 所示。

选择“ISO-25”样式（注意“Annotative”是注释性标注样式），单击 新建(N)... 按钮，在弹出的【创建新标注样式】对话框中的【新样式名】文本框中输入样式名称“GB-35”，其余项保留默认设置，如图 8-3 所示。也就是说新建的“GB-35”以“ISO-25”为基础，用于所有的尺寸标注。

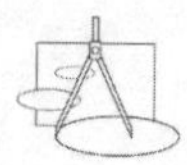

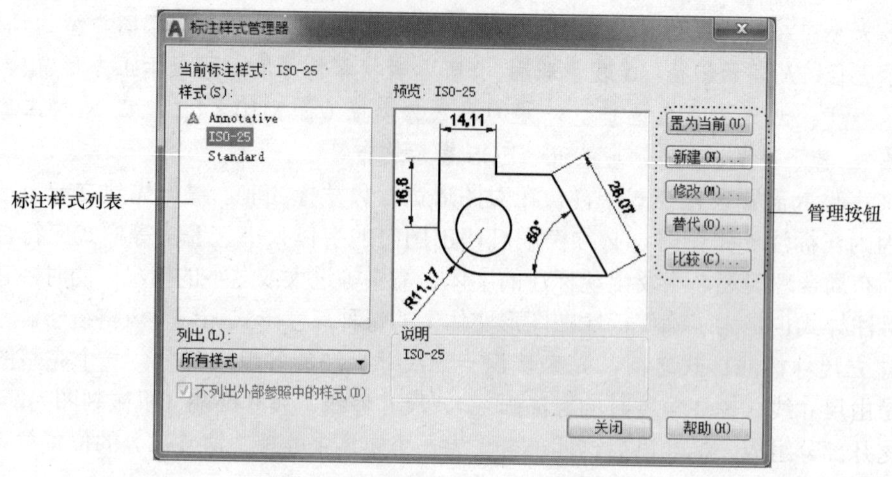

图 8-2 【标注样式管理器】对话框

> **提示** “ISO-25”中的 25 表示文字字高为 2.5mm。

单击 继续 按钮，进入【新建标注样式：GB-35】对话框，如图 8-4 所示。

在此对话框中有 7 个选项卡，下面进行详细介绍。

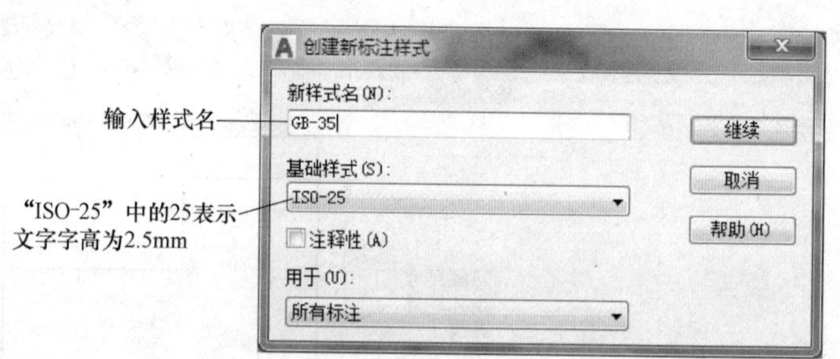

图 8-3 【创建新标注样式】对话框

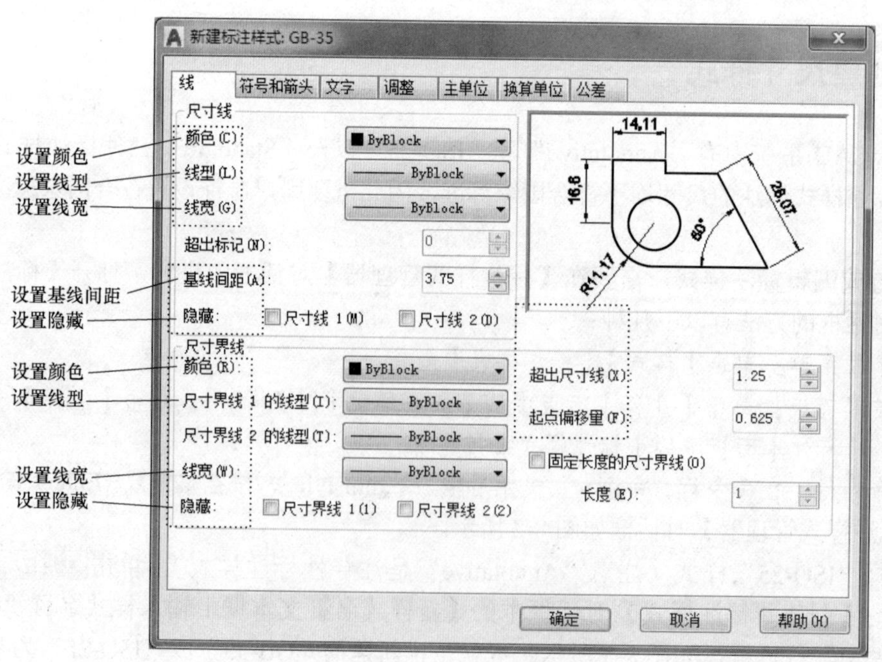

图 8-4 【新建标注样式：GB-35】对话框

8.2.1 【线】选项卡

选择【线】选项卡，如图 8-4 所示。使用该选项卡可以对尺寸线和尺寸界线进行具体设置。

1. 尺寸线设置

【颜色】下拉列表：用于设置尺寸线的颜色，使用默认设置即可。

【线宽】下拉列表：用于设置尺寸线的线宽，使用默认设置即可。

【超出标记】：指定当箭头使用倾斜、建筑标记、小标记、完整标记和无标记时尺寸线超过尺寸界线的距离，如图 8-5 所示。

【基线间距】：用于设置基线标注时，相邻两条尺寸线之间的距离，这里设置为 6，如图 8-6 所示。

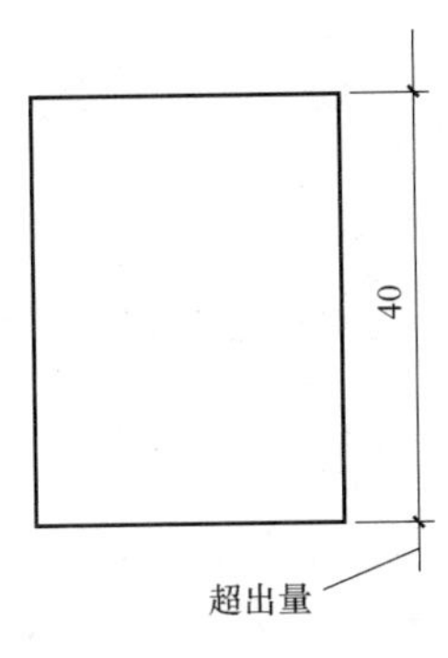

图 8-5　超出量设置

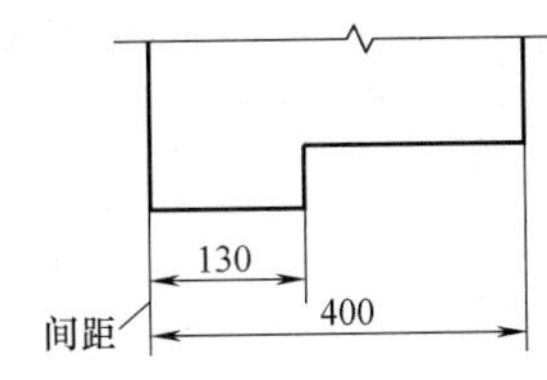

图 8-6　基线间距

【隐藏】：选中【尺寸线 1】隐藏第一条尺寸线，选中【尺寸线 2】隐藏第二条尺寸线，如图 8-7 所示。

2. 尺寸界线设置

【颜色】下拉列表：用于设置尺寸界线的颜色，使用默认设置即可。

【线宽】下拉列表：用于设置尺寸界线的线宽，使用默认设置即可。

【超出尺寸线】：设置尺寸界线超出尺寸线的量，如图 8-8 所示。

【起点偏移量】：设置自图形中定义标注的点到尺寸界线的偏移距离，如图 8-8 所示。

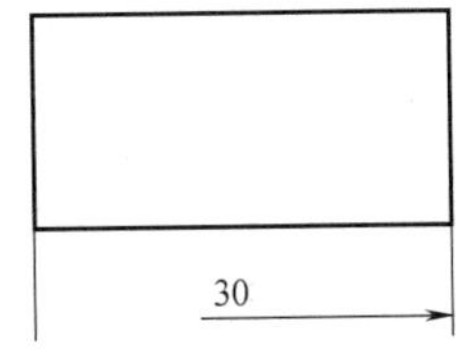

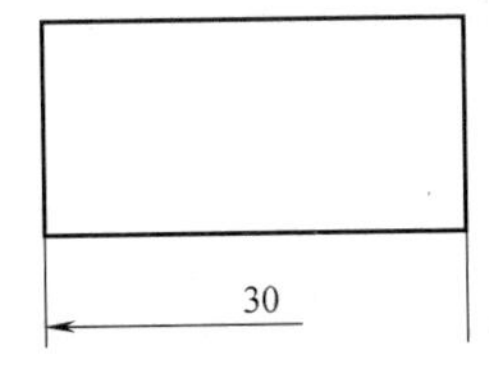

图 8-7　隐藏尺寸线

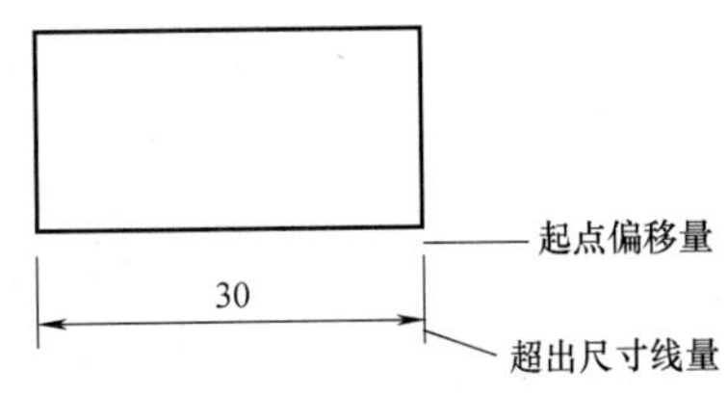

图 8-8　起点偏移量和超出尺寸线量

【隐藏】：选中【尺寸界线 1】隐藏第一条尺寸界线，选中【尺寸界线 2】隐藏第二条尺寸界线，如图 8-9 所示。

【固定长度的尺寸界线】复选框：用于设置尺寸界线从起点一直到终点的长度，不管标注尺寸线所在位置距离被标注点有多远，只要比这里的固定长度加上起点偏移量更大，那么所有的尺寸界线都是按固定长度绘制的，如图 8-10 所示。

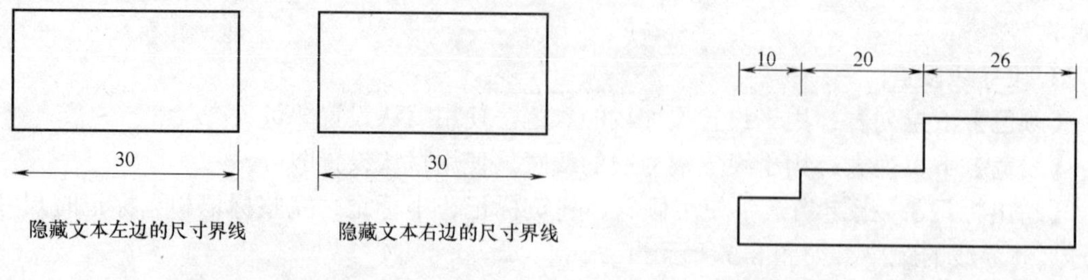

图 8-9　隐藏尺寸界线　　图 8-10　固定长度界线标注

8.2.2 【符号和箭头】选项卡

【符号和箭头】选项卡主要用于设置箭头、圆心标记、弧长符号、折弯半径标注和线性折弯标注的格式和位置，如图 8-11 所示。

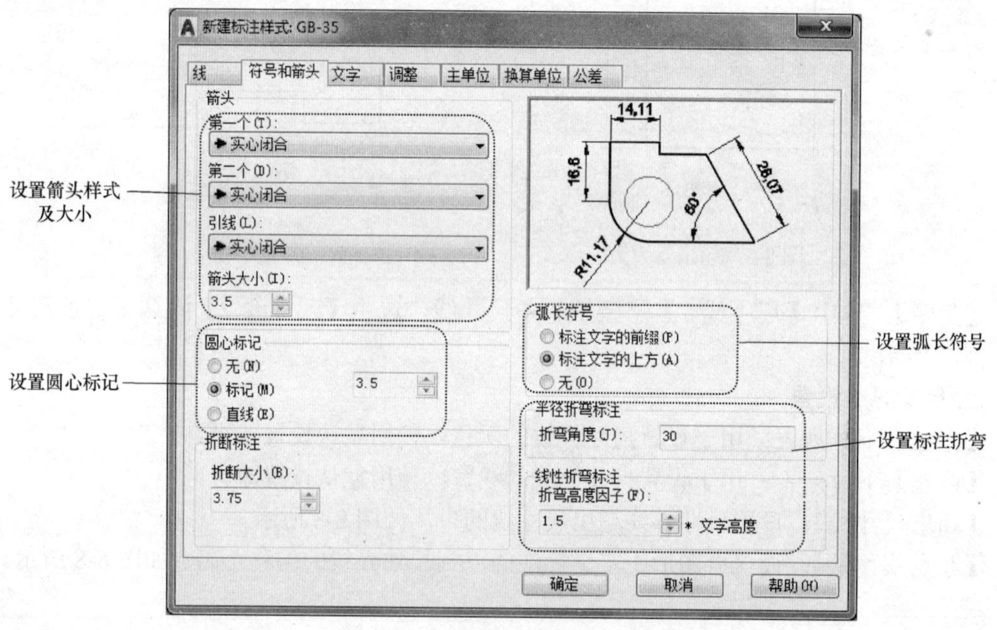

图 8-11　【符号和箭头】选项卡

1. 箭头

【第一个】【第二个】和【引线】下拉列表用于设置箭头类型，这里使用默认设置。

【箭头大小】：设置箭头的大小，这里设置为 3.5。

2. 圆心标记

设置使用【圆心标记】工具标记圆或圆弧时的标记形式。【无】是指不标记；“标记”是指以在其后文本框中设置的数值大小在圆心处绘制十字标记；【直线】是指直接绘制圆的十字中心线。一般情况下，使用【标记】形式，标记大小和文字大小一致。这里修改标记大小为 3.5。

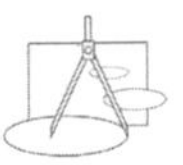

3. 弧长符号

【弧长符号】选项区用于设置弧长符号的放置位置或有无弧长符号，这里选择【标注文字的上方】。

4. 半径折弯标注

【半径折弯标注】选项区用于设置半径折弯标注的显示样式，这种标注一般用于圆心在纸外的大圆或大圆弧标注。【折弯角度】文本框用来确定折弯半径标注中，尺寸线的横向线段的角度，如图 8-12 所示。一般该角度设置为 30°。

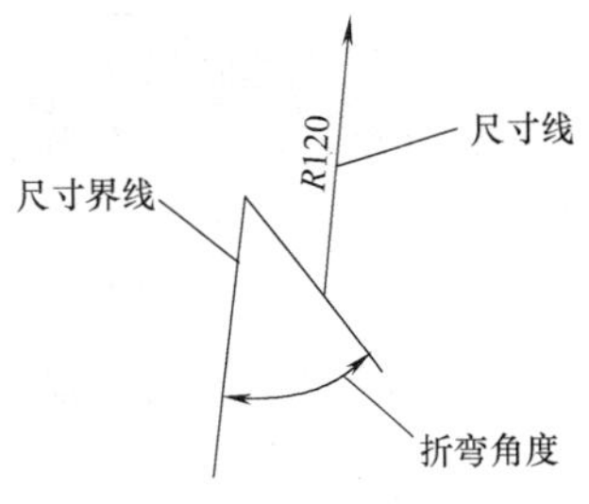

图 8-12　折弯角度

【线性折弯标注】选项区控制线性折弯标注的显示。当标注不能精确表示实际尺寸时，通常将折弯线添加到线性标注中。在【折弯高度因子】文本框中可以设置折弯符号的高度和标注文字高度的比例，折弯符号的高度表示如图 8-13 所示。

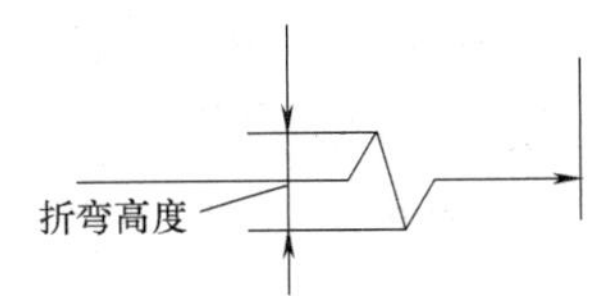

图 8-13　折弯高度

8.2.3 【文字】选项卡

【文字】选项卡如图 8-14 所示。在【文字】选项卡中可以设置文字外观、文字位置以及文字对齐等。

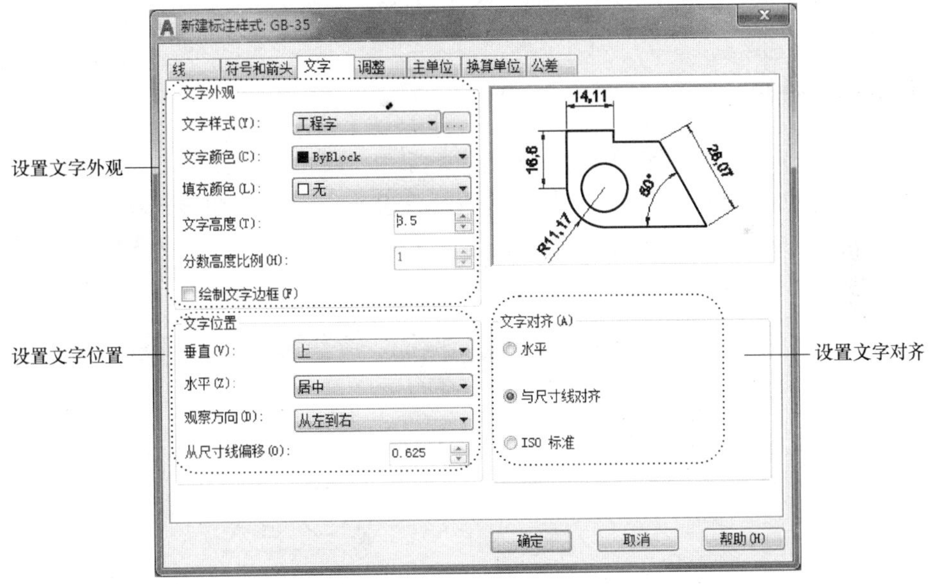

图 8-14 【文字】选项卡

1. 文字外观

【文字样式】：通过下拉列表选择文字样式，也可通过单击[...]按钮打开【文字样式】对话框设置新的文字样式。可以使用 7.1 节定义的工程字样式。

【文字颜色】：通过下拉列表选择颜色，默认设置为 ByBlock（随块）。

【文字高度】：在文本框中直接输入高度值，也可通过按钮增大或减小高度值。这里修改为 3.5。

提示 选择的文字样式中的字高需要为 0（不能为具体值），否则在【文字高度】文本框中输入的值对字高无影响。

【分数高度比例】：设置相对于标注文字的分数比例。仅当在【主单位】选项卡上选择“分数”作为【单位格式】时，此选项才可用。在此处输入的值乘以文字高度，可确定标注分数相对于标注文字的高度。

【绘制文字边框】：在标注文字的周围绘制一个边框。

2. 文字位置

在【文字位置】选项区中，可以对文字的垂直、水平位置进行设置，还可以调节从尺寸线偏移的距离值。

【垂直】：控制标注文字相对于尺寸线的垂直位置，使用默认设置。

【水平】：控制标注文字相对于尺寸线和尺寸界线的水平位置，使用默认设置。

【从尺寸线偏移】：用于确定尺寸文本和尺寸线之间的偏移量，这里设置为 1。

3. 文字对齐

【水平】：无论尺寸线的方向如何，尺寸数字的方向总是水平的。

【与尺寸线对齐】：尺寸数字保持与尺寸线平行。

【ISO 标准】：当文字在尺寸界线内时，文字与尺寸线对齐。当文字在尺寸界线外时，文字水平排列。

8.2.4 【调整】选项卡

【调整】选项卡主要是用来帮助解决在绘图过程中遇到的一些较小尺寸的标注，这些小尺寸的尺寸界线之间的距离很小，不足以放置标注文本、箭头，通过此项进行调整。单击 调整 标签显示其内容，如图 8-15 所示。它包含【调整选项】【文字位置】【标注特征比例】【优化】四个可调整内容。

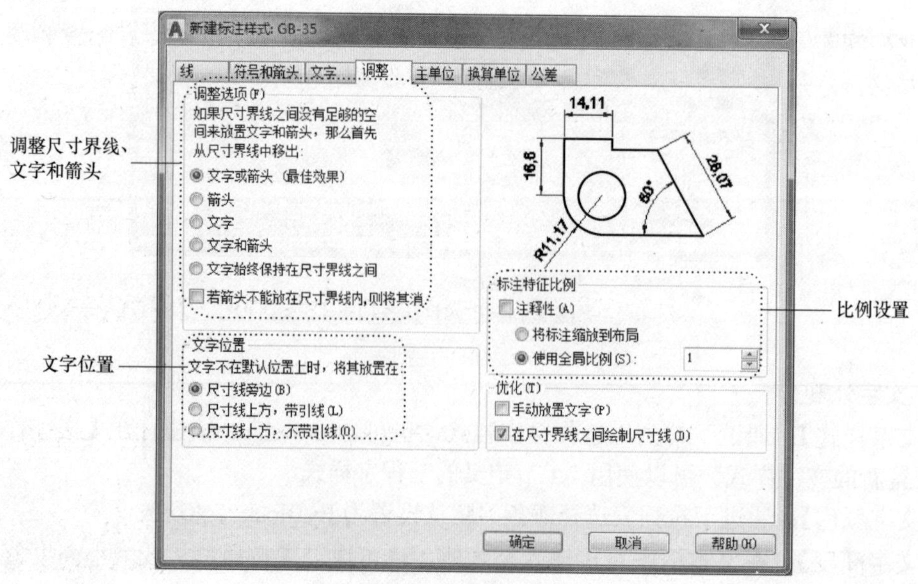

图 8-15 【调整】选项卡

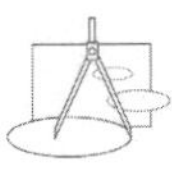

1. 调整选项

【文字或箭头（最佳效果）】：AutoCAD 根据尺寸界线间的距离大小，移出文字或箭头，或文字、箭头都移出。

【箭头】：首先移出箭头。

【文字】：首先移出文字。

【文字和箭头】：文字和箭头都移出。

【文字始终保持在尺寸界线之间】：不论尺寸界线之间能否放下文字，文字始终在尺寸界线之间。

【若箭头不能放在尺寸界线内，则将其消除】：当箭头不能放在尺寸界线内时，消除箭头。

使用【调整选项】，可以根据尺寸界线之间的可用空间调整文字和箭头放置位置。如果有足够大的空间，文字和箭头都将放在尺寸界线内。否则，将按照【调整选项】放置文字和箭头。该选项区一般选择【文字】单选按钮，即当尺寸界线间的距离足够放置文字和箭头时，文字和箭头都放在尺寸界线内；当尺寸界线间的距离仅能容纳文字时，将文字放在尺寸界线内，而将箭头放在尺寸界线外；当尺寸界线间距离不足以放下文字时，文字和箭头都放在尺寸界线外。

2. 文字位置

设置标注文字从默认位置（由标注样式定义的位置）移动时标注文字的位置。该项在编辑标注文字时起作用，如图 8-16 所示。

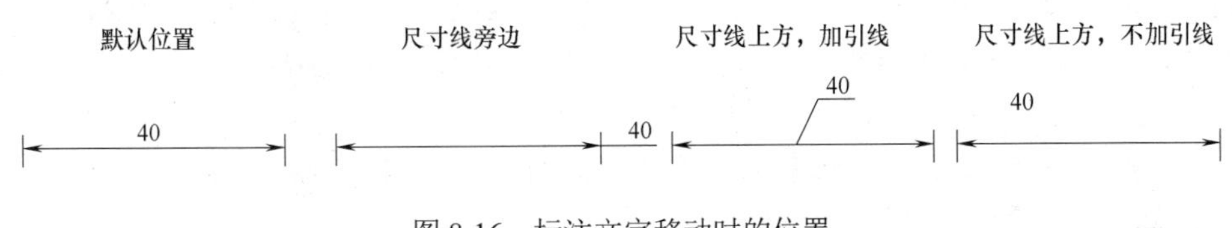

图 8-16　标注文字移动时的位置

3. 标注特征比例

【使用全局比例】：以文本框中的数值为比例因子缩放标注的文字和箭头的大小，但不改变标注的尺寸值（模型空间标注选用该项）。

【将标注缩放到布局】：以当前模型空间视口和图样空间之间的比例为比例因子缩放标注（图样空间标注选用该项）。

【注释性】：该复选框的使用在 14.7 节介绍。

4. 优化

【手动放置文字】：进行尺寸标注时标注文字的位置不确定，需要通过拖动鼠标单击来确定。

【在尺寸界线之间绘制尺寸线】：不论尺寸界线之间的距离大小，尺寸界线之间必须绘制尺寸线，在这选择该项。

8.2.5 【主单位】选项卡

【主单位】选项卡用来设置标注的单位格式和精度，以及标注的前缀和后缀。单击主单位，显示【主单位】选项卡的内容，如图 8-17 所示。

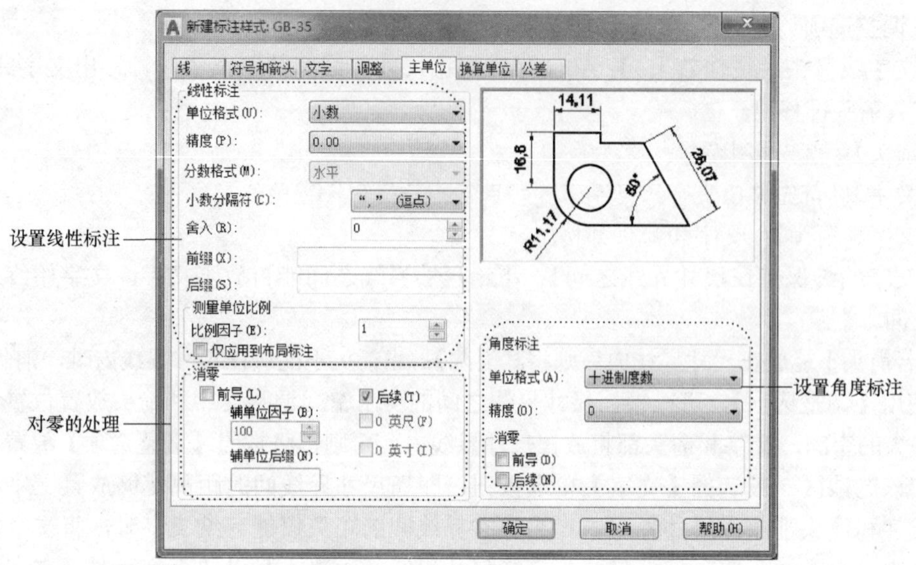

图 8-17 【主单位】选项卡

1. 线性标注

【线性标注】选项区用来设置线性标注的单位格式、精度、小数分隔符号，以及尺寸文字的前缀与后缀等。

【单位格式】下拉列表：用于设置标注文字的单位格式，可供选择的有小数、科学、建筑、工程、分数和 Windows 桌面等格式。工程图中常用的格式是小数。

【精度】下拉列表：用于确定主单位数值保留几位小数，这里选择精度为“0”。

【分数格式】：当【单位格式】采用分数格式时，用于确定分数的格式，有三个选择：水平、对角和非堆叠。

【小数分隔符】：当【单位格式】采用小数格式时，用于设置小数点的格式，根据国家标准，这里设置为“.”(句点)。

【前缀】：输入指定内容，在标注尺寸时，会在尺寸数字前面加上指定内容，如输入“%%c”，则在尺寸数字前面加上“ϕ”直径符号，这在标注非圆视图上圆的直径需要使用。

【后缀】：输入指定内容，在标注尺寸时，会在尺寸数字后面加上指定内容，如输入“H7”，则在尺寸数字后面加上“H7”这个公差代号，注意前缀和后缀可以同时加。

【测量单位比例】：设置线性标注测量值的比例因子，默认值为 1。AutoCAD 按照此处输入的数值放大标注测量值。例如，如果输入 2，AutoCAD 会将 1mm 标注显示为 2mm。一般采用默认设置，直接标注实际测量值，在采用放大或缩小的比例绘图时，可将其设置为相应比例。选中【仅应用到布局标注】复选框，则仅将测量单位比例因子应用于布局视口中创建的标注。

【消零】：该选项用于控制前导零和后续零是否显示。选择【前导】，用小数格式标注尺寸时，不显示小数点前的零，如小数 0.500 选择【前导】后显示为 .500。选择【后续】，用小数格式标注尺寸时，不显示小数后面的零，如小数 0.500 选择【后续】后显示为 0.5。

2. 角度标注

【角度标注】选项区用来设置角度标注的单位格式与精度以及消零的情况，设置方法与

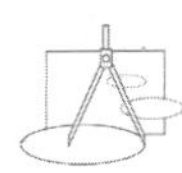

【线性标注】的设置方法相同，一般【单位格式】设置为“十进制度数”，【精度】为“0”。

8.2.6 【换算单位】选项卡

单击换算单位，显示【换算单位】选项卡的内容，如图 8-18 所示。【显示换算单位】用来设置是否显示换算单位，如果需要同时显示主单位和换算单位时，需要选中该项，其他选项才能使用。

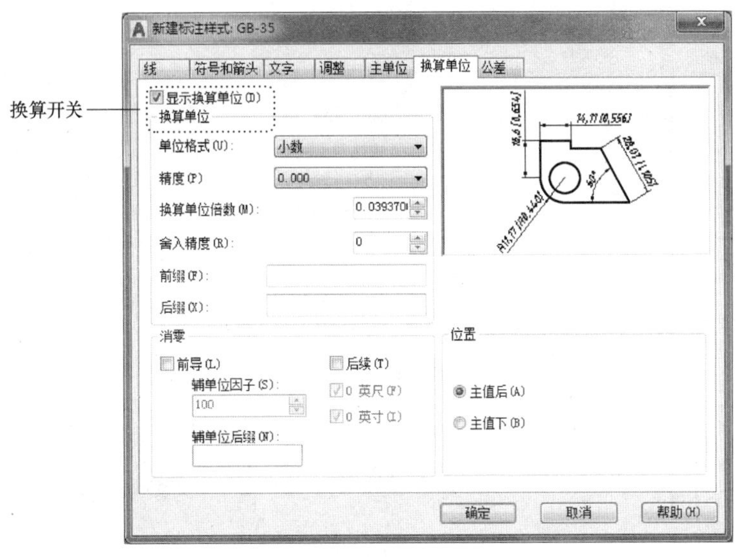

图 8-18 【换算单位】选项卡

【换算单位】选项卡在公、英制图样之间进行交流时非常有用，可以同时标注公制和英制的尺寸，以方便不同国家的工程人员进行交流。在这里使用默认的设置，不选择【显示换算单位】复选框。

8.2.7 【公差】选项卡

单击公差，显示【公差】选项卡的内容，如图 8-19 所示。在该选项卡中，可以设置是否标注公差。若标注公差，则可以设置以哪一种方式进行标注，以及公差的数值等。

在【公差】选项卡中，规定了公差的标注方式，公差的精度，上、下偏差以及消零情况。

【方式】：AutoCAD 中默认的设置是不标注公差，即【无】，但在工程制图中需要标注公差，AutoCAD 提供了“对称”“极限偏差”“极限尺寸”“公称尺寸”等几种公差标注格式。它们之间的区别如图 8-20 所示。

【精度】：公差精度的设置，根据要求的公差数值来确定。

【上偏差[㊀]】和【下偏差[㊁]】：上、下偏差的数值，是用户输入的，AutoCAD 系统默认设置上偏差为正值，下偏差为负值，输入的数值自动带正负符号。若再输入正负号，则系统会

㊀ 根据国家标准，此处应为上极限偏差，为与软件保持一致，本书仍用上偏差。

㊁ 根据国家标准，此处应为下极限偏差，为与软件一致，本书仍用下偏差。

根据“负负得正”的数学原则来显示数值的符号。

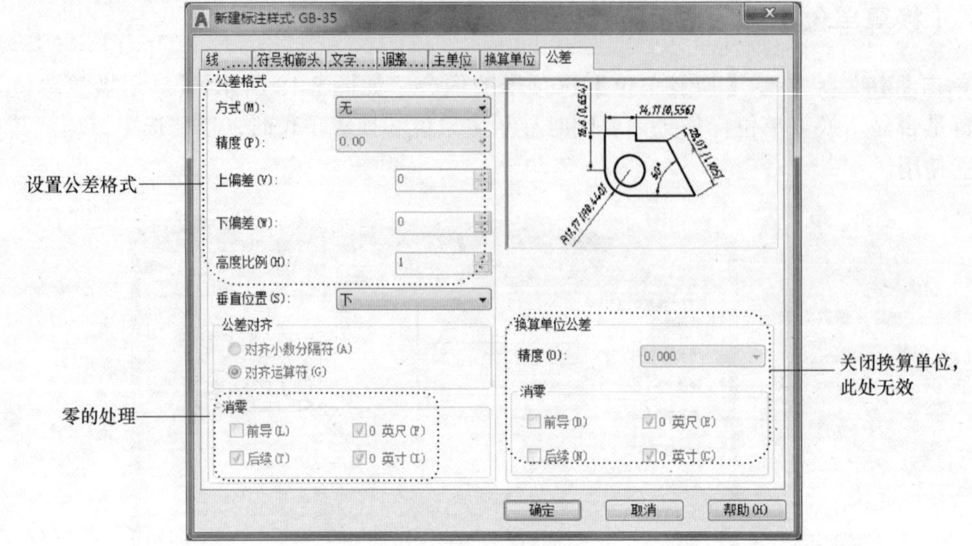

图 8-19 【公差】选项卡

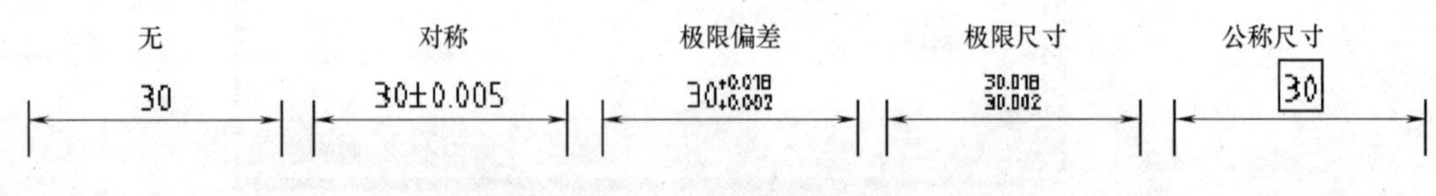

图 8-20 【方式】设置

【高度比例】：该选项用于设置公差文字与公称尺寸文字高度的比值。

【垂直位置】：用于设置公差与公称尺寸在垂直方向上的相对位置。

【消零】选项区：设置方法与主单位相同。

新建的基本样式，【公差】选项卡按默认设置。

当所有的设置完成后，单击 确定 按钮，退回到【标注样式管理器】对话框，若要以【GB-35】为当前标注格式，可以单击【样式】列表中的【GB-35】，使之亮显，再单击 置为当前(U) 按钮，设置它为当前的格式，单击 关闭 按钮关闭设置。

另外，要想把某一种样式设置为当前标注样式，在【默认】选项卡中，打开展开的【注释】面板中的【标注样式】下拉列表，选择“GB-35”，将其设置为当前标注样式，如图 8-21 所示。或在【注释】选项卡，打开【标注】面板中的【标注样式】下拉列表，选择“GB-35”，将其设置为当前标注样式，如图 8-22 所示。

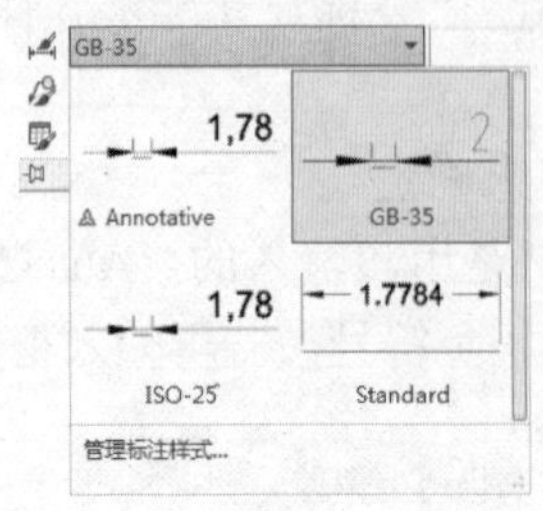

图 8-21 【注释】面板

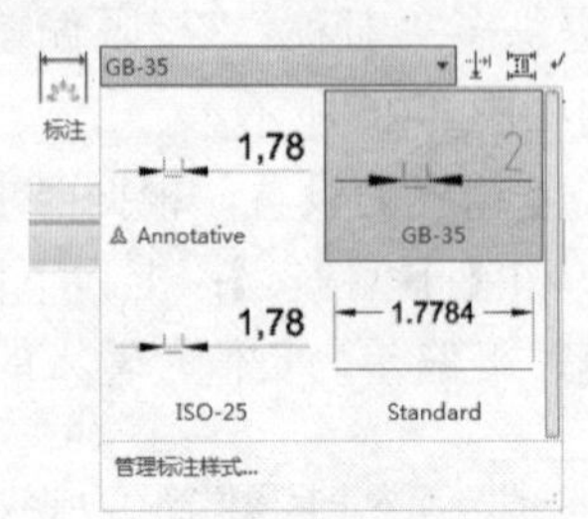

图 8-22 【标注】面板

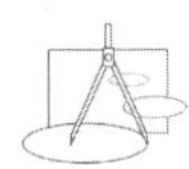

8.3 标注样式的其他操作

前面讲述了怎样新建一个标注样式，怎样把一个标注样式设置为当前的尺寸标注样式。除此之外，标注样式操作还有标注样式的修改、删除、替代和比较等。

1. 修改标注样式

在【标注样式管理器】对话框中，单击要修改的标注样式名，使其亮显，然后单击修改(M)...按钮，就会进入【修改标注样式】对话框，具体修改方法跟新建标注样式一样，修改完毕后单击确定按钮就可以完成样式的修改。

2. 删除标注样式

如果要删除一个没有使用的样式，或对某个样式进行重命名，用户可以用鼠标右键单击【样式】列表中的样式名，在弹出的快捷菜单中单击【删除】或【重命名】选项即可，如图 8-23 所示。用户需要注意的是，当前样式和已经使用的样式是不能被删除的。

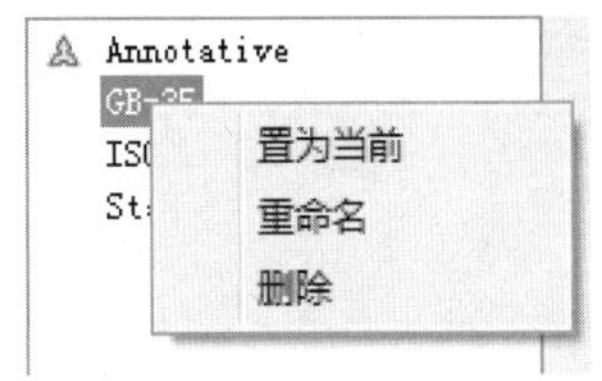

图 8-23 删除标注样式

3. 替代标注样式

在标注尺寸的过程中会遇到一些特殊格式的标注，如标注公差，用户不会为每一种公差设置一种标注样式。这时可以利用样式替代功能为这些特殊标注建立一个临时标注样式。临时样式是在当前样式的基础上修改而成的。

建立样式替代时，首先选择样式替代的基础样式，单击置为当前(U)按钮把其置为当前，然后单击替代(O)...按钮，此时弹出【替代当前样式】对话框，对话框中显示的是当前样式的设置，用户根据需要修改后单击确定按钮，回到【标注样式管理器】对话框。这时，在【样式】列表中当前样式下面多了一个名为【样式替代】的临时样式，如图 8-24 所示。这时，临时样式已经替代了当前样式，可以利用它标注尺寸了。

使用临时标注样式后，可以通过改变当前样式的方法删除临时标注样式（也可以在样式上使用快捷菜单直接删除）。选中另外一个标注样式，单击置为当前(U)按钮，系统会弹出图 8-25 所示的【警告】对话框，系统提示当前样式的改变会使样式替代放弃，也就是会删除临时标注样式。单击确定按钮。这时【样式】列表中名为【样式替代】的临时样式就会消失。

图 8-24 样式替代

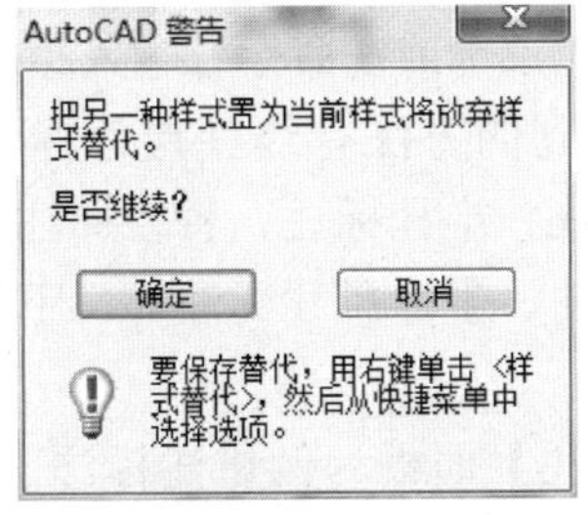

图 8-25 【警告】对话框

4. 标注样式比较

设置标注样式的参数比较多，用户要通过人工找到两种标注样式的区别比较困难，AutoCAD 在【标注样式管理器】对话框中设置了样式比较功能，通过这个功能，用户可以对样式的各个参数进行比较，从而了解不同样式的总体特性。

单击 比较(C)... 按钮，进入【比较标注样式】对话框，分别在【比较】和【与】下拉列表中选择参与比较的两个样式，在下面的列表框中会显示两种尺寸样式对应同一参数的不同数值，如图 8-26 所示。

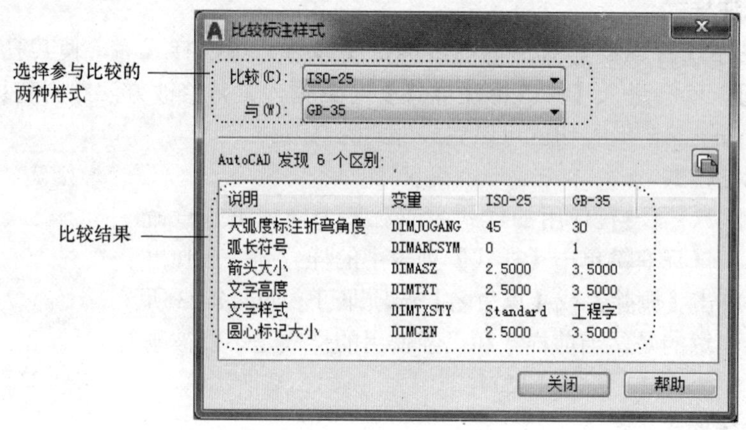

图 8-26　比较标注样式

8.4　各种具体尺寸的标注方法

完成标注样式的设置后，就可以使用各种尺寸标注工具进行尺寸标注了。在标注尺寸前，先设置好所需使用的标注样式，并将其设置为当前标注样式，方法是在【标注】面板中的【标注样式】列表中选择该样式，使其置顶，也可以在展开的【注释】面板中的【标注样式】列表中选择该样式，使其置顶。

常用的尺寸标注工具可在【常用】选项卡的【注释】面板的【标注工具】列表中选取。【标注工具】列表包括两部分，左侧的尺寸标注工具和右侧的下箭头，单击右侧的下箭头可以在出现的下拉列表中选择合适的尺寸标注工具进行标注。如果左侧的尺寸标注工具就是需要的标注工具，直接单击即可进行当前类型的尺寸标注。也可以使用【注释】选项卡的【标注】面板中的【标注工具】及列表选取各种尺寸标注工具进行尺寸标注。还可以使用【标注】下拉菜单或在命令行输入相应命令调用各种标注工具。

标注中常用到的方法有线性尺寸标注、对齐尺寸标注、角度尺寸标注、半径标注、直径标注、引线标注、基线标注、连续标注、坐标尺寸标注等。下面就来具体介绍它们的用法。

本书以【标注】面板为例讲述标注工具的使用，【标注】面板如图 8-27 所示。

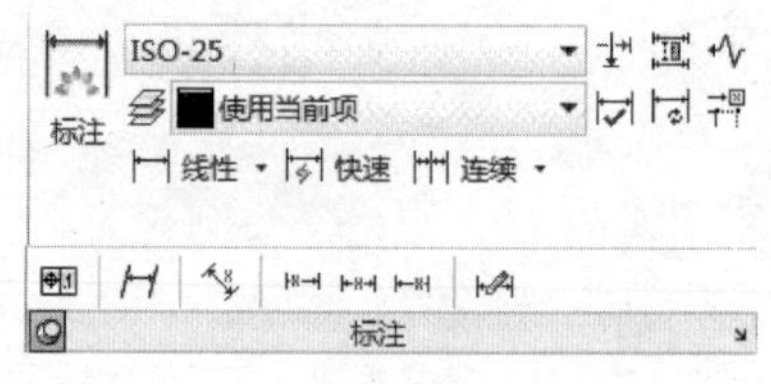

图 8-27　【标注】面板

面板中常用的工具作用如下：

- 【线性】标注工具：标注工具抽屉。
- 【标注】工具：在单个命令会话中创建多种类型的标注。

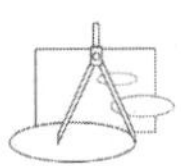

- 【标注样式】列表 ISO-25：单击该列表工具，可以在出现的下拉列表中选择已经设置好的标注样式将其作为当前标注样式。也可以选中已经完成的标注，在【标注样式】列表中查看其标注样式。
- 【快速标注】工具：使用该工具，可以为选定对象快速创建一系列标注，当创建系列基线或连续标注，或者为一系列圆或圆弧创建标注时，该命令特别有用。
- 【连续标注】工具及列表：使用该工具，可以创建从先前创建的标注的尺寸界线开始的标注，此时各标注的尺寸线对齐。单击其后部的，可以选择工具是基线标注还是连续标注。
- 【基线标注】工具及列表：使用该工具，可以从上一个标注或选定标注的基线处创建线性标注、角度标注或坐标标注，此时所标注的尺寸共用同一基准。单击其后部的，可以选择工具是基线标注还是连续标注。
- 【标注样式】按钮：单击该按钮，弹出【标注样式管理器】对话框，用于创建和管理标注样式。
- 【公差】工具：单击该工具，弹出【形位公差㊀】对话框，可以标注几何公差。

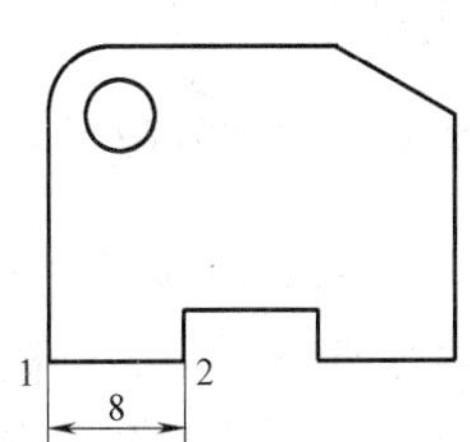

图 8-28　线性尺寸标注

8.4.1　线性尺寸标注

线性尺寸标注是指标注对象在水平或垂直方向的尺寸。用【GB-35】标注样式标注如图 8-28 中的尺寸 8。

把【GB-35】标注样式置为当前，单击【标注】面板上的【线性标注】按钮（或单击【标注】/【线性】命令），命令行的提示如下：

命令：_dimlinear

指定第一个尺寸界线原点或〈选择对象〉：　　　　// 捕捉 1 点

指定第二条尺寸界线原点：　　　　// 捕捉 2 点

指定尺寸线位置或

[多行文字（M）/ 文字（T）/ 角度（A）/ 水平（H）/ 垂直（V）/ 旋转（R）]：// 移动鼠标，单击鼠标左键指定尺寸线的位置

标注文字 = 8　　　　// 系统自动标注尺寸文字

用户可以直接在“指定第一个尺寸界线原点或〈选择对象〉：”提示下按〈Enter〉键选择要标注的对象。

通过上例操作可以看出在“指定尺寸线位置或［多行文字（M）/ 文字（T）/ 角度（A）/ 水平（H）/ 垂直（V）/ 旋转（R）]：”提示下直接指定尺寸线位置，系统测量标注两点之间的水平或竖直距离。其他备选项含义如下：

【多行文字（M）】：在提示后输入“M”，就可以打开【多行文字编辑器】对话框，在文字框中显示 AutoCAD 自动测量的尺寸数字（反白显示），用户可以在反白显示的数字前后加上需要的字符，也可以修改反白显示的数字。编辑完毕关闭文字编辑器即可。

【文字（T）】：以单行文本形式输入尺寸文字内容。其中，自动测量尺寸数字可以用“〈 〉”表示，如要在自动测量文字前面加个 A，可以在命令行输入“A〈 〉”。

㊀ 根据国家标准，此处应为几何公差，为与软件保持一致，本书仍用形位公差。

【角度（A）】：设置尺寸文字的倾斜角度。

【水平（H）】和【垂直（V）】：用于选择水平或垂直标注，或者通过拖动鼠标也可以切换水平和垂直标注。

【旋转（R）】：根据提示输入角度，尺寸线按旋转的角度旋转。

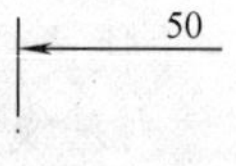

在工程图样中进行线性标注时，经常会遇到图 8-29 所示的情况，这是标注特殊画法和剖视图的一种常用方法，要标注这样的图形用前面讲的【GB-35】标注样式是不行的，应该建立一个专门标注这种形式的标注样式——【抑制样式】。

图 8-29　隐藏尺寸线和尺寸界线

【抑制样式】是在【GB-35】基础上设置完成的，在【标注样式管理器】对话框中选择【样式】列表中的【GB-35】，然后单击 新建(N)... 按钮，弹出【创建新标注样式】对话框，在【新样式名】文本框中输入样式名“抑制样式”，单击 继续 按钮弹出【新建标注样式】对话框，进入【线】选项卡。在【尺寸线】选项区中选中【尺寸线 2】复选框，在【尺寸界线】选项区中选中【尺寸界线 2】复选框。其他内容不做任何修改，单击 确定 按钮即完成新样式设置。

8.4.2　对齐尺寸标注

对齐尺寸标注可以让尺寸线始终与被标注对象平行，它也可以标注水平或垂直方向的尺寸，完全代替线性尺寸标注，但是，线性尺寸标注则不能标注倾斜的尺寸。

在【GB-35】下标注图 8-30 中的倾斜尺寸，单击【标注】面板上的【对齐标注】按钮（或单击【标注】/【对齐】命令），命令行的提示如下：

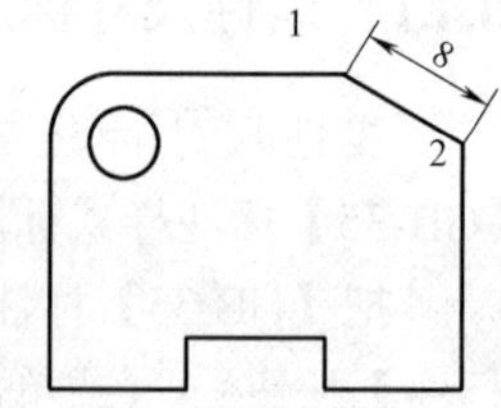

图 8-30　对齐尺寸标注

命令：_dimaligned

指定第一条尺寸界线原点或〈选择对象〉：　　// 直接按〈Enter〉键，切换到选择标注对象状态

选择标注对象：　　// 移动鼠标指针到斜边上单击鼠标左键选择对象

指定尺寸线位置或

[多行文字（M）/ 文字（T）/ 角度（A）]：　　// 指定尺寸线的位置，完成斜边的标注

标注文字 =8

用户还可以选择 1 点、2 点，在适当空白处单击，放置尺寸标注线的位置，这样尺寸线与 1、2 点的连线平行。

8.4.3　半径标注和直径标注

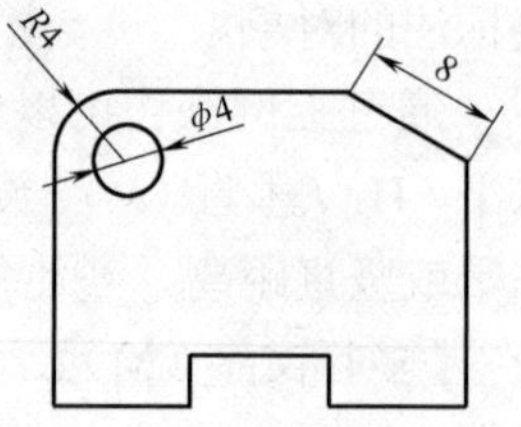

半径标注和直径标注是用来标注圆或圆弧的半径和直径的。图 8-31 中的半径和直径标注，可以在【GB-35】样式下进行。

单击【半径标注】按钮，命令行的提示如下：

图 8-31　半径、直径尺寸标注

命令：_dimradius

选择圆弧或圆：　　// 拾取倒圆弧

标注文字 =4

指定尺寸线位置或[多行文字（M）/ 文字（T）/ 角度（A）]：　// 拖动光标，确定尺寸线位置单击【直径标注】按钮，命令行的提示如下：

命令：_dimdiameter

选择圆弧或圆：　　　　　　　　　　　　　　　　// 拾取圆

标注文字 =4

指定尺寸线位置或[多行文字（M）/ 文字（T）/ 角度（A）]：　// 拖动光标，确定尺寸线位置

在有些情况下，半径或直径的标注不是在圆视图上进行的，而是在非圆视图上进行的，如图 8-32 所示。

这种情况在零件图的绘制过程中经常遇到，所以应该为这种格式专门建立一个【非圆尺寸样式】。【非圆尺寸样式】中的参数与【GB-35】的参数基本相同，要改动的地方是在【主单位】选项卡的【线性标注】选项区中【前缀】文本框中输入直径符号“%%c”。在【非圆尺寸样式】中，用线性标注就可以标注出图 8-32 中的 ϕ108。

使用【折弯】按钮，可以标注折弯半径。使用【弧长】按钮，可以标注弧长，如图 8-33 所示。

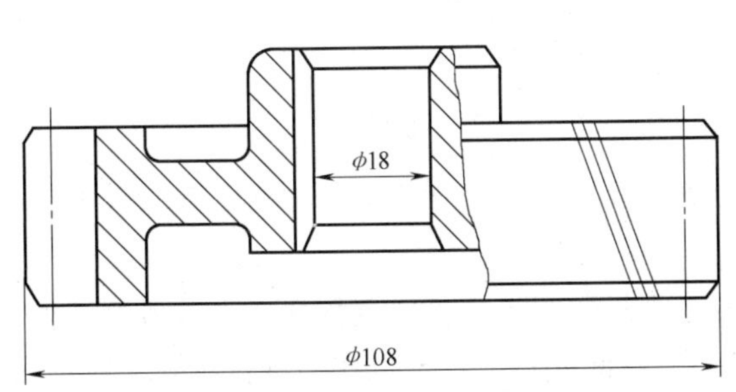

图 8-32　非圆直径尺寸的标注

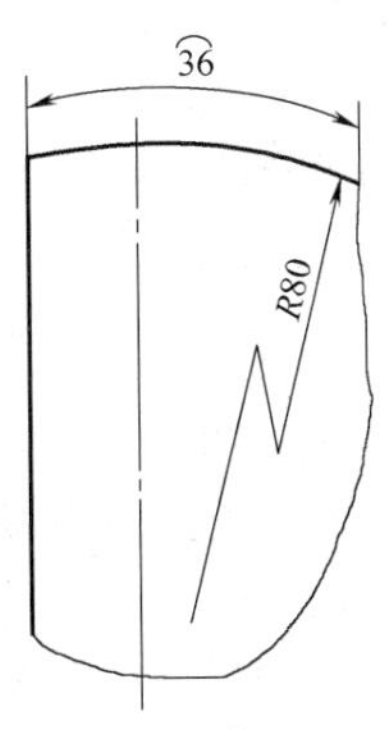

图 8-33　折弯半径标注和弧长标注

8.4.4　角度尺寸标注

角度尺寸标注，顾名思义是用来标注角度尺寸的。角度尺寸标注的两条直线必须能相交，不能标注平行的直线。国家标准中规定，在工程图样中标注的角度值的文字都是水平放置的，在【GB-35】中的尺寸值都是与尺寸线对齐的，所以不能直接用【GB-35】进行角度标注，需要建立一个标注角度的样式——【角度样式】。

【角度样式】的建立步骤如下：

1）进入【标注样式管理器】对话框，在【样式】列表中选择【GB-35】，然后单击 新建(N)... 按钮，出现【创建新标注样式】对话框。

2）不需要输入新样式名，在【用于】下拉列表中选择【角度标注】，单击 继续 按钮，出现【新建样式标注】对话框。

3）打开【文字】选项卡，在【文字对齐】选项区中选择【水平】选项。

4）单击 确定 按钮，回到【标注样式管理器】对话框，这时在【GB-35】下加了【角度样式】这个子样式，如图 8-34 所示。

注意，这个新建样式与前面讲的新建样式的显示有不同，因为前面的新建样式是用于所

有标注的，而刚建的【角度样式】仅用于角度标注，所以 AutoCAD 有不同的对待。由于该样式是以【GB-35】为基础的，因此它作为【GB-35】的子样式，用户进行角度标注时，直接使用【GB-35】即可。因为【角度样式】为子样式，所以在【标注】面板样式列表中不显示。

角度标注命令用于标注圆弧对应的中心角、不平行直线形成的夹角等，如图 8-35 所示。

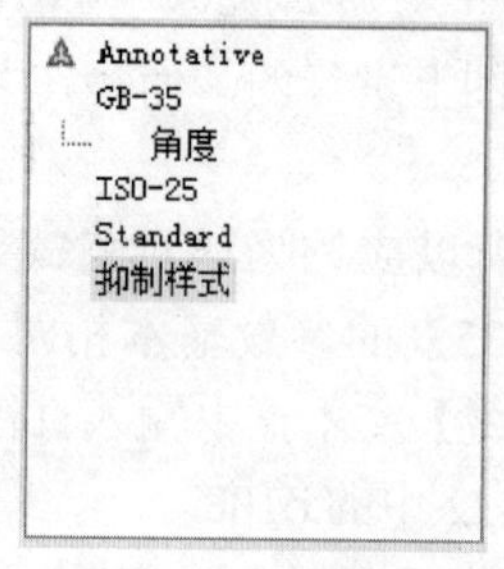

图 8-34 【标注样式管理器】对话框

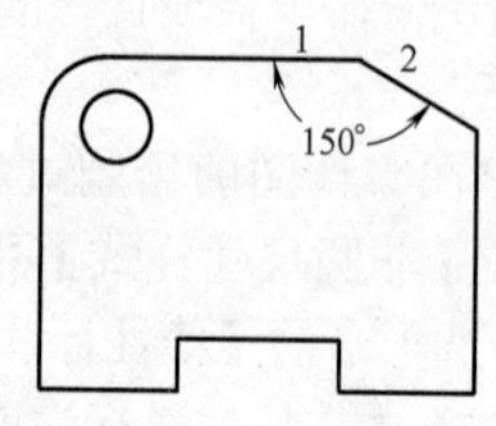

图 8-35 角度标注

设置【GB-35】为当前样式，单击【角度尺寸标注】按钮，命令行的提示如下：

命令：_dimangular

选择圆弧、圆、直线或〈指定顶点〉： //选择线 1

选择第二条直线： //选择线 2

指定标注弧线位置或［多行文字（M）/ 文字（T）/ 角度（A）/ 象限点（Q）］： //指定尺寸线的位置

标注文字 =150

上面是标注两条直线之间角度的方法，如果要标注圆弧，可以直接在“选择圆弧、圆、直线或〈指定顶点〉：”提示下选择圆弧。要标注三点间的角度，可以在“选择圆弧、圆、直线或〈指定顶点〉：”提示下直接按〈Enter〉键，然后指定角的顶点，再指定其余两点。

8.4.5 连续标注

连续标注是从某一个尺寸界线开始，按顺序标注一系列尺寸，相邻的尺寸共用一条尺寸界线，而且所有的尺寸线都在同一条直线上，如图 8-36 所示。

连续标注不能单独进行，必须以已经存在的线性、坐标或角度标注作为基准标注，系统默认刚结束的尺寸标注为基准标注，并且以该标注的第二条尺寸界线作为连续标注的第一条尺寸界线。若想将另外的标注作为基准标注，在连续标注命令提示“指定第二条尺寸界线原点或［放弃（U）/ 选择（S）］〈选择〉：”时直接按〈Enter〉键，切换到默认选择项，命令行提示“选择连续标注：”。此时，选择要作为基准标注的尺寸标注即可，并且以该标注靠近拾取点的尺寸界线作为连续标注的第一尺寸界线。

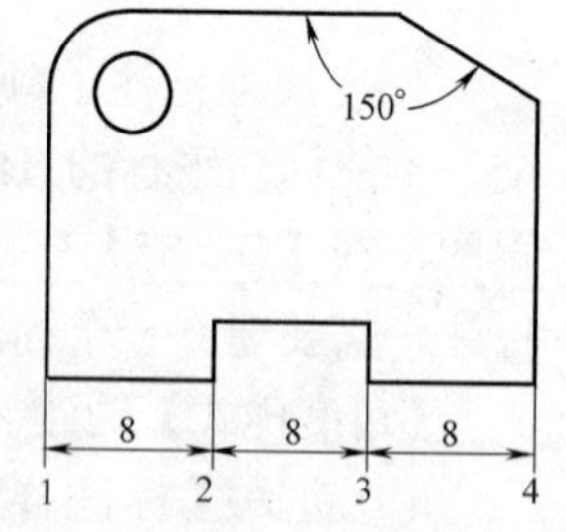

图 8-36 连续尺寸的标注

在图 8-36 中先用线性标注命令标注 1、2 点之间的尺寸，在【GB-35】下执行线性尺寸标注命令，命令行的提示如下：

命令：_dimlinear

指定第一个延伸线原点或〈选择对象〉： //捕捉 1 点

指定第二条延伸线原点： //捕捉 2 点

指定尺寸线位置或

[多行文字（M）/ 文字（T）/ 角度（A）/ 水平（H）/ 垂直（V）/ 旋转（R）]：　　// 指定尺寸线位置

标注文字 =8

单击连续标注命令按钮，命令行的提示如下：

命令：_dimcontinue

指定第二条延伸线原点或 [放弃（U）/ 选择（S）]〈选择〉：　　// 捕捉 3 点

标注文字 =8

指定第二条延伸线原点或 [放弃（U）/ 选择（S）]〈选择〉：　　// 捕捉 4 点

标注文字 =8

指定第二条延伸线原点或 [放弃（U）/ 选择（S）]〈选择〉：　　// 按〈Enter〉键

选择连续标注：　　// 按〈Enter〉键结束标注

8.4.6　基线标注

基线标注是以某一尺寸界线为基准位置，按某一方向标注一系列尺寸，所有尺寸共用一条基准尺寸界线。其方法和步骤与连续标注类似，也应该先标注或选择一个尺寸作为基准标注，如图 8-37 所示。

8.4.7　快速引线标注

利用快速引线标注命令可以标注一些说明或注释性文字。引注一般由箭头、引线和注释文字构成，如图 8-38 所示。

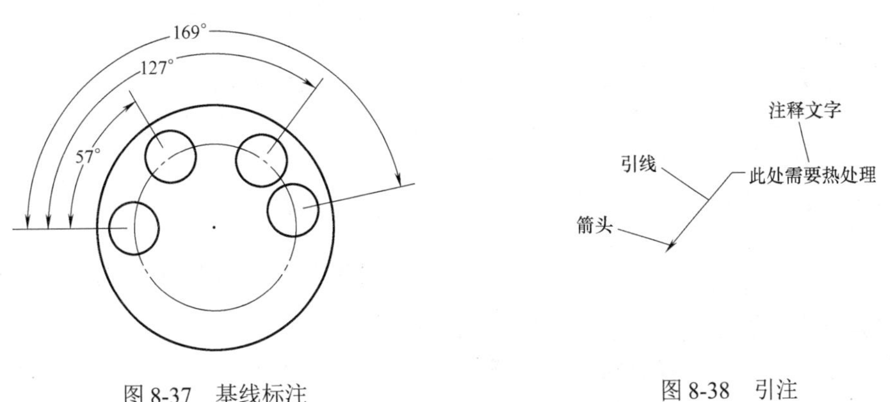

图 8-37　基线标注　　　图 8-38　引注

1. 引注样式设置

启动【快速引线标注】命令（命令行输入：qleader）后，在“指定第一个引线点或 [设置（S）]〈设置〉：”提示下直接按〈Enter〉键，就会打开【引线设置】对话框，如图 8-39 所示。利用该对话框可以对引注的箭头、注释类型、引线角度等进行设置。

（1）【注释】选项卡

1）【注释类型】选项区。常用的是【多行文字】和【公差】选项，用【多行文字】选项加文字注释，使用【公差】选项可以利用引注命令标注几何公差。

2）【多行文字选项】选项区。

【提示输入宽度】：命令行提示输入文字的宽度。

【始终左对齐】：设置多行文字左对齐。

【文字边框】：设置是否为注释文字加边框。

3）【重复使用注释】选项区。

【无】：不重复使用，每次使用引线标注命令时，都手工输入注释文字的内容。

【重复使用下一个】：重复使用为后续引线创建的下一个注释。

【重复使用当前】：重复使用当前注释。选择“重复使用下一个”之后重复使用注释时，则 AutoCAD 自动选择该选项。

（2）【引线和箭头】选项卡　单击引线和箭头标签，显示【引线和箭头】选项卡，如图 8-40 所示。

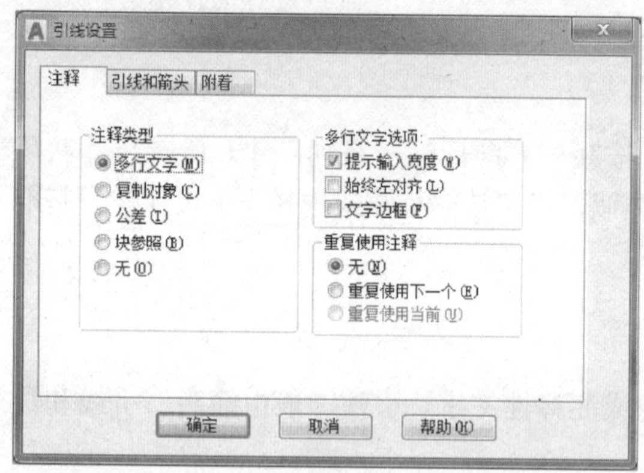

图 8-39 【引线设置】对话框

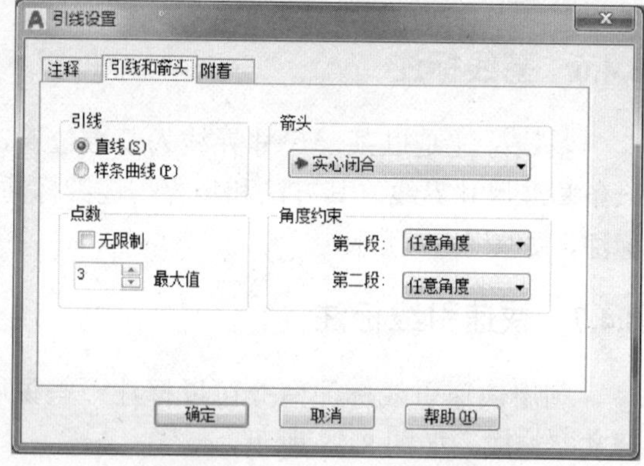

图 8-40 【引线和箭头】选项卡

1）【引线】选项区。用于设置引线形式是直线还是样条曲线。

2）【点数】选项区。在【最大值】文本框中设置一个引注中引线的最多段数。如果选中【无限制】复选框，表示对引线段数没有限制。

3）【箭头】下拉列表。通过下拉列表选择引注箭头的样式。

4）【角度约束】选项区。设置第一段和第二段引线的角度约束，设置角度约束后，引线的倾斜角度只能是角度约束值的整数倍。其中【任意角度】表示没有限制，【水平】表示引线只能水平绘制。

（3）【附着】选项卡　单击附着，显示【附着】选项卡的内容，如图 8-41 所示。

1）【多行文字附着】选项区。用户可以使用左边和右边的两组单选按钮，分别设置当注释文字位于引线左边或右边时，文字的对齐位置。

2）【最后一行加下画线】复选框。选中该复选框，会给最后一行文字加上下画线。

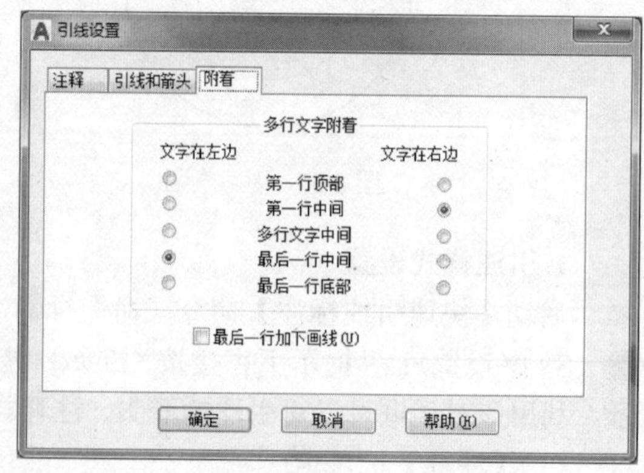

图 8-41 【附着】选项卡

2. 标注举例

根据工程制图的习惯，一般把文字标注在水平引线的上方，如图 8-42 所示。因此，一般设置第二段引线的角度为水平，同时选中【最后一行加下画线】复选框，并且图中没有引线箭头，所以在【箭头】下拉列表中选择“无”。

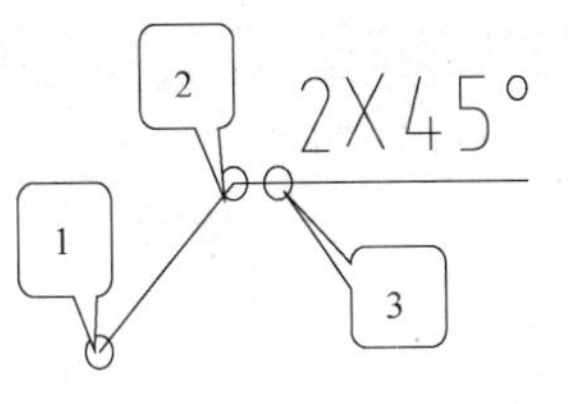

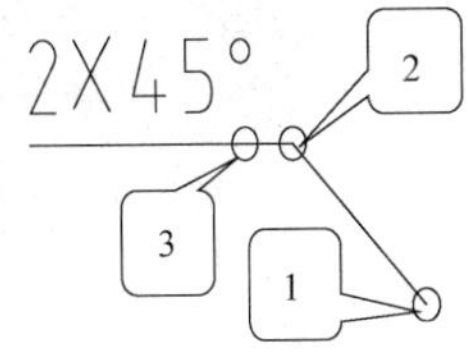

图 8-42　标注

执行快速引线标注命令，命令行的提示如下：

命令：_qleader

指定第一个引线点或［设置（S）］〈设置〉：　　// 按〈Enter〉键，根据上述要求设置引线标注样式

指定第一个引线点或［设置（S）］〈设置〉：　　// 指定引线的第一点“1”点

指定下一点：　　// 指定引线的第二点“2”点

指定下一点：　　// 指定引线的第三点“3”点

指定文字宽度〈0〉：　　// 按〈Enter〉键

输入注释文字的第一行〈多行文字（M）〉：2×45%%d　// 输入文字注释

输入注释文字的下一行：　　// 按〈Enter〉键结束标注

8.4.8　标注尺寸公差

尺寸公差是尺寸误差的允许变动范围，在这个范围内生产出的产品是合格的。尺寸公差取值的恰当与否，直接决定了机件的加工成本和使用性能。工程图样中的零件图或装配图中都必须标注尺寸公差。

为了标注带有公差的尺寸，需要先建立一个【公差样式】。【公差样式】中的参数与【GB-35】中的参数差不多，需要修改的参数在【公差】选项卡中，【公差格式】选项区中的【方式】选项设为【极限偏差】，【精度】设为 0.000，精度值应根据不同机件的具体要求而调定，【上偏差】设置为 0.029，【下偏差】设置为 0.018，【高度比例】设为 0.6，【垂直位置】设置为“中”，如图 8-43 所示。

要标注图 8-44 中的带公差的尺寸，首先把【公差样式】设为当前样式，然后执行线性尺寸标注命令，命令行的提示如下：

命令：_dimlinear

指定第一个延伸线原点或〈选择对象〉：　　// 确定第一点

指定第二条延伸线原点：　　// 确定第二点

指定尺寸线位置或

［多行文字（M）/ 文字（T）/ 角度（A）/ 水平（H）/ 垂直（V）/ 旋转（R）］：　// 确定尺寸线的位置

利用上面建立的【公差样式】标注的尺寸的公差值是一样的，用户一般不会为每一种公差建立一种公差样式。比较方便的方法：用户可以在【公差样式】的基础上进行样式替代，建立一种临时标注样式，标注不同公差值的尺寸。

如果在图 8-42 中还要标注一个尺寸，它的公差值与前面设置的公差值不同，在标注之前首先通过样式替代，建立临时标注样式。

样式替代的步骤如下：

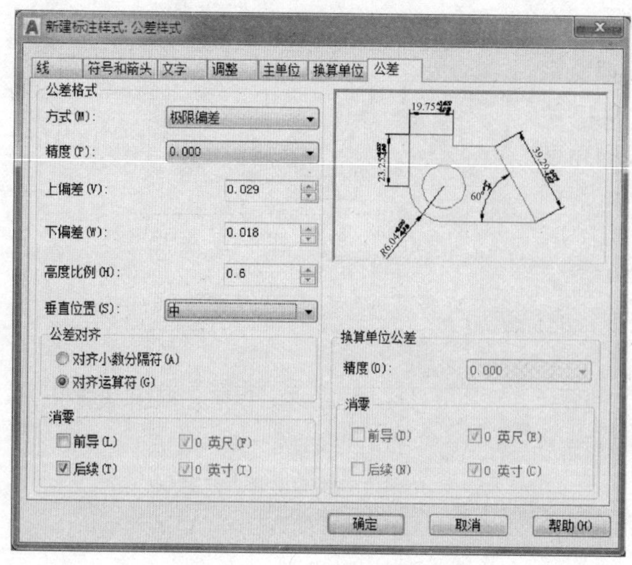

图 8-43 【公差样式】设置

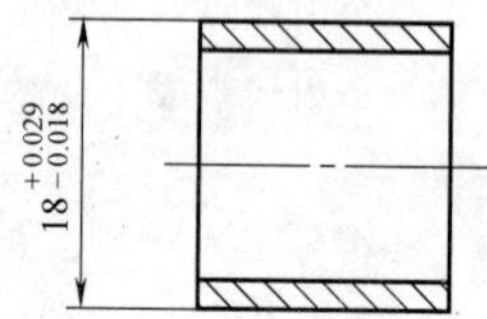

图 8-44　公差标注

1）打开【标注样式管理器】对话框，在【样式】列表中选择【公差样式】，再单击 替代(O)... 按钮。

2）进入【替代当前样式：公差样式】对话框，打开【公差】选项卡进行修改。

3）修改完毕后单击 确定 按钮，回到【标注样式管理器】对话框，在【公差样式】下多了一个【样式替代】，单击 关闭 按钮退出，样式替代设置完成，进行标注即可。

在标注不同公差值时，每次都要进入【标注样式管理器】对话框进行样式替代。

提示　可以使用【特性】选项板修改数值。

8.4.9　几何公差

零件加工后，不仅存在尺寸的误差，而且会产生几何形状误差，以及某些要素的相互位置误差。在机器中某些要求较高的零件，不仅需要保证尺寸公差的要求，而且还要保证几何公差的要求，这样才能满足零件的使用要求和装配互换性。

国家标准规定用代号来标注几何公差。几何公差代号包括几何公差各项目的符号、公差框格及指引线、公差数值以及基准代号和其他有关符号等，见表 8-1。

表 8-1　几何特征符号

公差类型	几何特征	符　号	有无基准
形状公差	直线度	⏤	无
	平面度	⏥	无
	圆度	○	无
	圆柱度	⌭	无

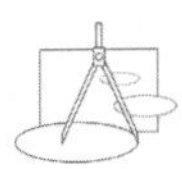

（续）

公差类型	几何特征	符　　号	有无基准
形状公差	线轮廓度	⌒	无
	面轮廓度	⌓	无
方向公差	平行度	//	有
	垂直度	⊥	有
	倾斜度	∠	有
	线轮廓度	⌒	有
	面轮廓度	⌓	有
位置公差	位置度	⌖	有或无
	同心度 （用于中心点）	◎	有
	同轴度 （用于轴线）	◎	有
	对称度	⌯	有
	线轮廓度	⌒	有
	面轮廓度	⌓	有
跳动公差	圆跳动	↗	有
	全跳动	⌰	有

AutoCAD 中提供了一个单独的几何公差的命令，但在标注几何公差时要有引出线。所以，AutoCAD 在引线标注命令中设有【公差】选项，可以直接通过引线标注命令标注几何公差，标注几何公差要求引线为竖直或水平，下面用引线标注命令标注图 8-45 所示的几何公差。

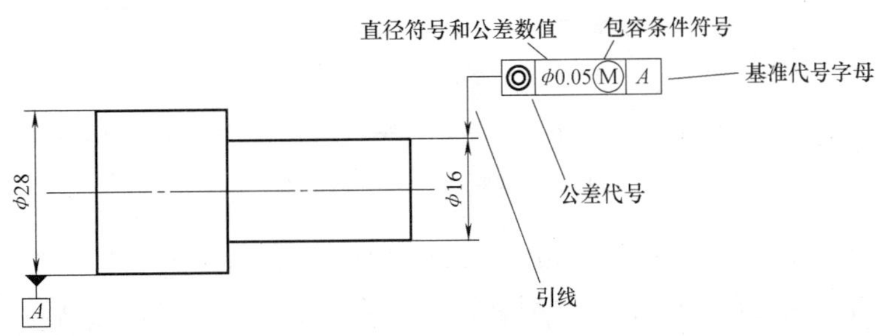

图 8-45　几何公差的标注

标注步骤如下：

1）执行【快速引线标注】命令，命令行的提示如下：

命令：_qleader

指定第一个引线点或［设置（S）］〈设置〉：　　//按〈Enter〉键，弹出【引线设置】对话框，在【注释】选项卡中的【注释类型】选项区中选中【公差】单选按钮，如图 8-46 所示。

2）将【引线和箭头】选项卡设置为如图 8-47 所示。

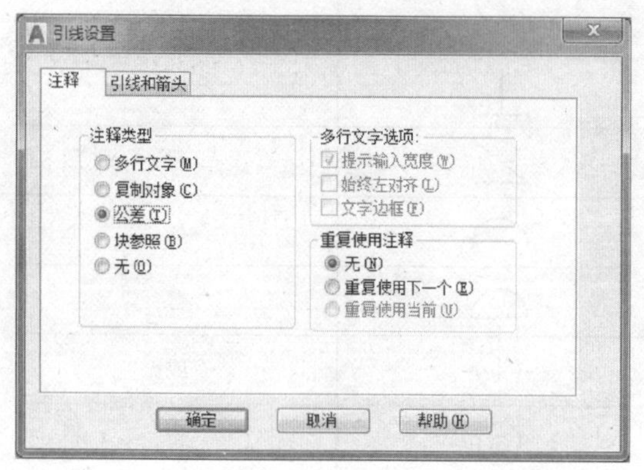

图 8-46 【引线设置】对话框

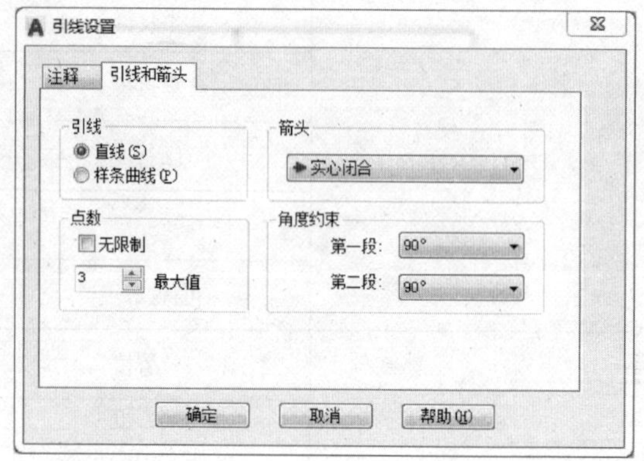

图 8-47 【引线和箭头】选项卡

3）单击 确定 按钮返回绘图状态，在命令行的提示下继续进行标注。

指定第一个引线点或［设置（S）］〈设置〉：　　//确定引线第一点

指定下一点：　　//确定引线第二点

指定下一点：　　//确定引线终点，弹出【形位公差】对，话框，设置如图 8-48 所示

单击对话框中的 确定 按钮完成标注。

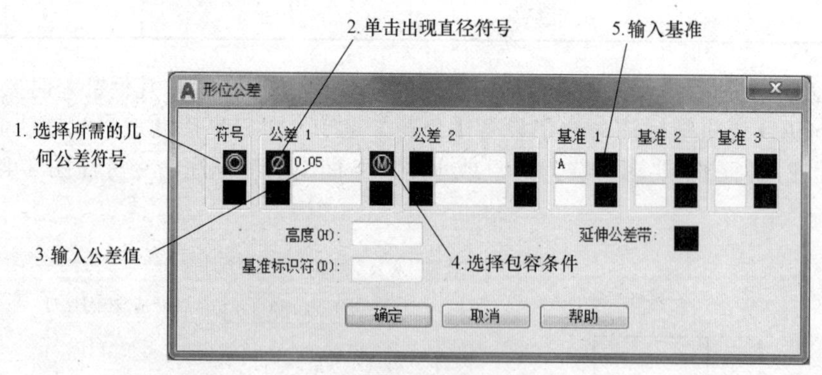

图 8-48 【形位公差】对话框

AutoCAD 中没有提供基准符号，用户可以自己绘制出来（参见第 9 章）。若单独执行【标注几何公差】命令，对话框与上面讲到的一样，只是公差设置完成后，单击 确定 关闭对话框后要求输入公差位置。

8.4.10 快速标注

AutoCAD 将常用标注综合成了一个方便的【快速标注】命令，执行该命令时，不再

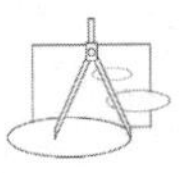

需要确定尺寸界线的起点和终点，只需选择需要标注的对象，如直线、圆、圆弧等，就可以快速标注这些对象的尺寸。

8.4.11　多重引线

使用多重引线同样可以实现引线标注的功能。只是需要首先设置多重引线样式。

1. 标注倒角

在【引线】面板上单击【多重引线样式管理器】按钮（或单击【注释】面板上的按钮），弹出【多重引线样式编辑器】对话框，如图 8-49 所示。

单击 新建(N)... 按钮，弹出【创建多重引线样式】对话框，输入新样式名为“倒角样式”，单击 继续(O) 按钮，弹出【修改多重引线样式：倒角】对话框，如图 8-50 所示。修改箭头符号为“无”。

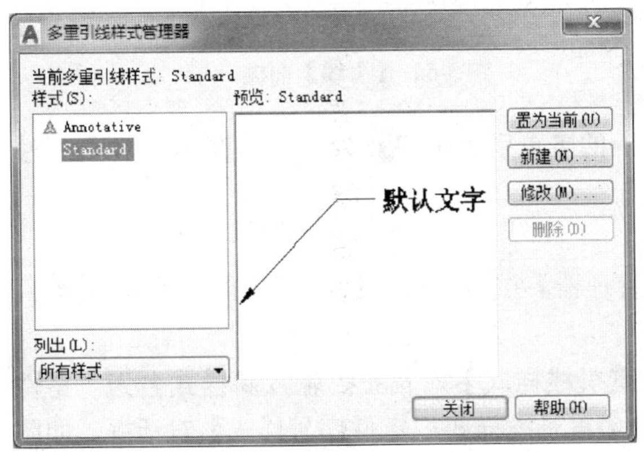

图 8-49 【多重引线样式管理器】对话框

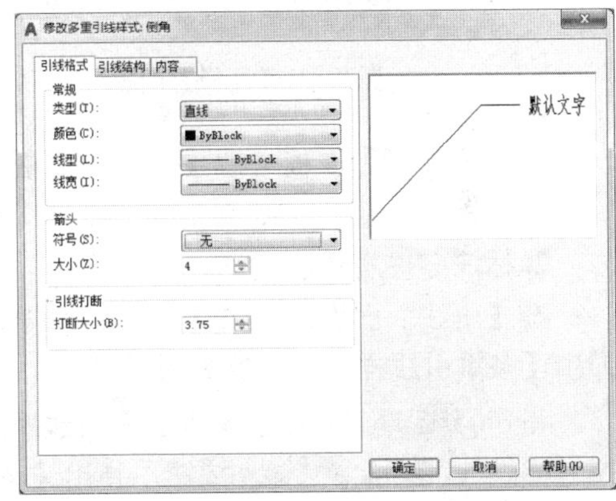

图 8-50 【修改多重引线样式：倒角】对话框

打开【引线结构】选项卡，设置如图 8-51 所示。

> **提示**　关于注释性见 14.7 节。

单击【内容】标签，打开【内容】选项卡，设置如图 8-52 所示。

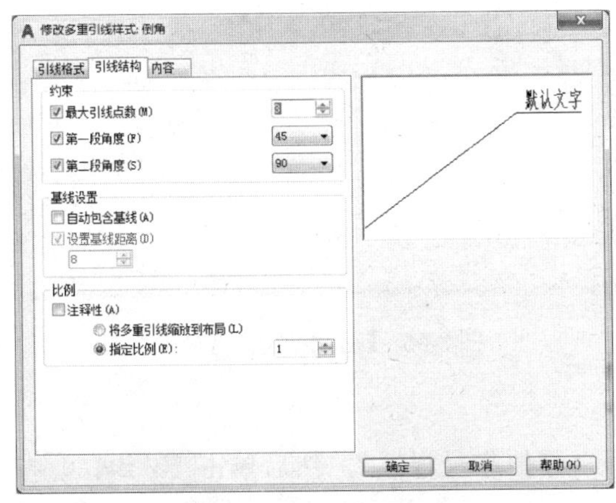

图 8-51 【引线结构】选项卡

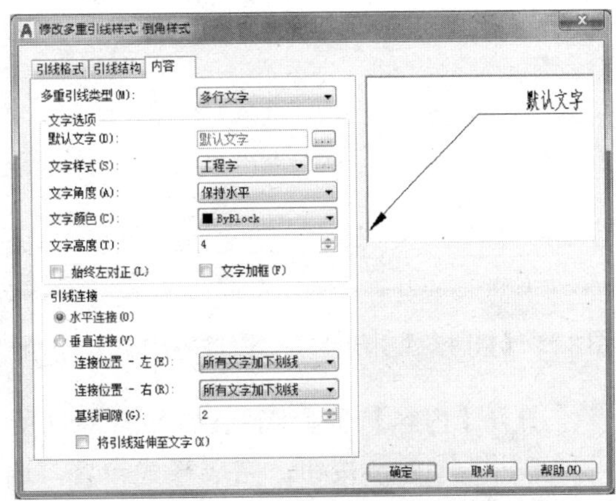

图 8-52 【内容】选项卡

单击 确定 按钮，完成样式设置，选择“倒角样式”，然后单击 置为当前(U) 按钮，把“倒角样式”设为当前样式。

可以使用【默认】选项卡的【注释】面板上的【多重引线样式】列表（见图 8-53）或【注释】选项卡的【引线】面板上的【多重引线样式】列表（见图 8-54）选择要置为当前的样式。

图 8-53 【注释】面板

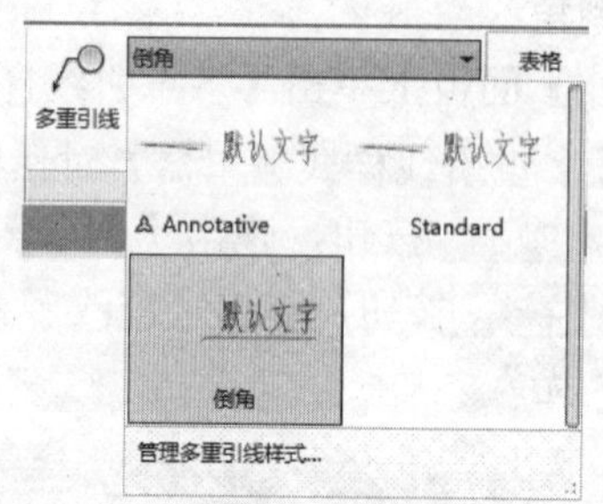

图 8-54 【引线】面板

单击【注释】面板（或【引线】面板）上的多重引线按钮，可以按图 8-42 那样标注倒角。

2. 标注零件序号

在【引线】面板上单击【多重引线样式管理器】按钮（或【注释】面板上的按钮），弹出【多重引线样式编辑器】对话框。

单击 新建(N)... 按钮，弹出【创建新多重引线样式】对话框，输入新样式名为“零件序号样式”，单击 继续(O) 按钮，弹出【修改多重引线样式：零件序号样式】对话框，如图 8-55 所示。修改箭头符号为“点”。

打开【引线结构】选项卡，设置如图 8-56 所示。

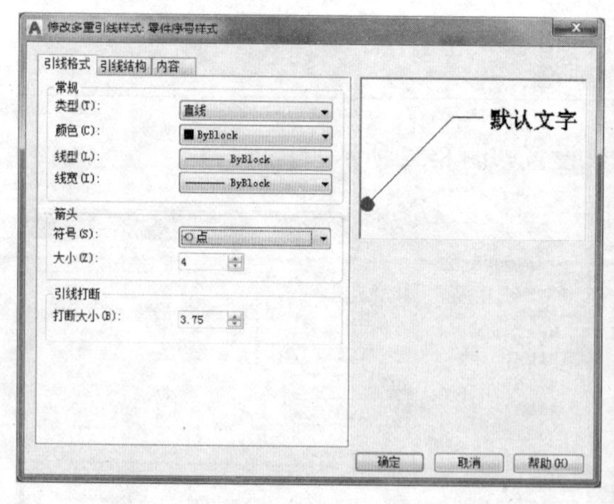

图 8-55 【修改多重引线样式：零件序号样式】对话框

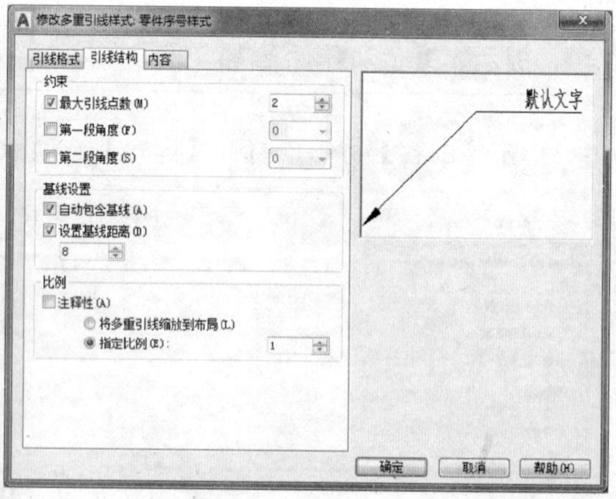

图 8-56 【引线结构】选项卡

打开【内容】选项卡，设置如图 8-57 所示。

单击 确定 按钮，完成样式设置，选择“零件序号样式”，然后单击 置为当前(U) 按钮，把“零件序号样式”设为当前样式。

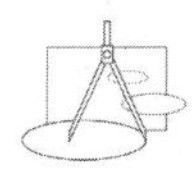

单击【注释】面板（或【引线】面板）上的【多重引线】按钮，可以标注装配图中的零件序号。

命令行的提示如下：

命令：_mleader

指定引线箭头的位置或［引线基线优先（L）/内容优先（C）/选项（O）］〈选项〉：

指定引线基线的位置：

// 指定引线位置

输入属性值

输入标记编号〈TAGNUMBER〉：2

// 输入编号，按〈Enter〉键后编号标注如图 8-58 所示

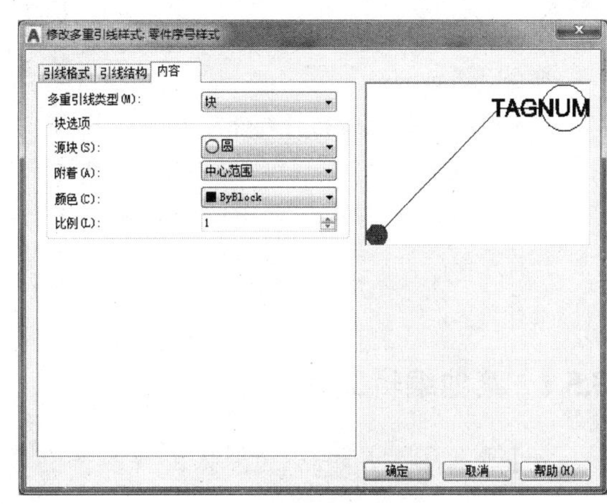

图 8-57 【内容】选项卡

3. 标注对齐与合并

使用【对齐】按钮可以标注对齐（见图 8-59），使用【合并】按钮可以合并标注（见图 8-60）。

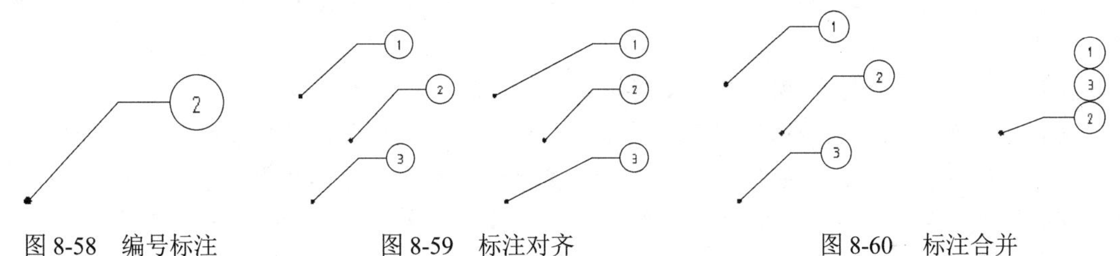

图 8-58　编号标注　　图 8-59　标注对齐　　图 8-60　标注合并

8.5　尺寸标注的编辑修改

尺寸标注之后，如果要改变尺寸线的位置、尺寸数字的大小等，就需要使用尺寸编辑命令。尺寸编辑包括样式的修改和单个尺寸对象的修改。通过修改尺寸样式，可以全部修改用该样式标注的尺寸。还可以用一种样式更新用另外一种样式标注的尺寸，即标注更新。

提示　【特性】选项板也是一种编辑标注的重要手段。

8.5.1　标注更新

要修改用某一种样式标注的所有尺寸，用户只要在【标注样式管理器】对话框中修改这个标注样式即可。用这个标注样式标注的尺寸可以进行统一的修改。

如果要使用当前样式更新所选尺寸，就可以用到标注更新命令。例如，图 8-61 左图中的尺寸标注样式要改为【GB-35】，如图 8-61 右图所示。

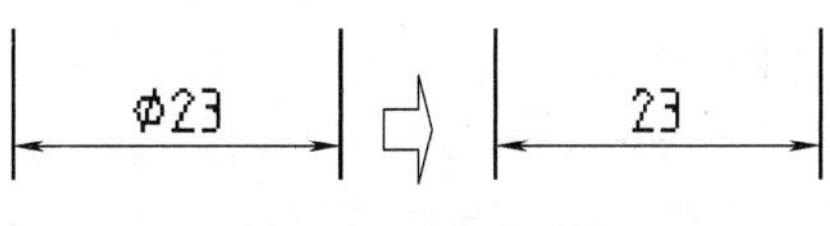

图 8-61　标注更新

首先选择【GB-35】为当前标注样式，然后在【标注】面板上单击【更新】按钮，命令行的提示

如下：

命令：_dimstyle

当前标注样式：GB-35 注释性：否　　　　　　　　// 当前标注样式是【GB-35】

输入标注样式选项

[注释性（AN）/ 保存（S）/ 恢复（R）/ 状态（ST）/ 变量（V）/ 应用（A）/?]〈恢复〉：_apply

选择对象：　　　　　　　　　　　　　　　　　// 选择尺寸对象（可以选择多个对象同时更新）

选择对象：　　　　　　　　　　　　　　　　　// 按〈Enter〉键结束命令

8.5.2 其他编辑工具

- 【检验】工具：选择该工具，弹出【检验标注】对话框，可让用户在选定的标注中添加或删除检验标注。
- 【折弯标注】工具：使用该工具，可在线性标注或对齐标注中添加或删除折弯线。
- 【打断】工具：使用该工具，可以在标注和尺寸界线与其他对象的相交处打断或恢复标注和尺寸界线。
- 【调整间距】工具：使用该工具，可以调整线性标注或角度标注之间的间距。间距仅适用于平行的线性标注或共用一个顶点的角度标注。间距的大小可根据提示设置。
- 【重新关联】工具：使用该工具，可将选定的标注关联或重新关联至某个对象或该对象上的点。
- 【倾斜】工具：使用该工具，可以编辑标注文字和尺寸界线。
- 【文字角度】工具：使用该工具，可以移动和旋转标注文字并重新定位尺寸线。
- 【左对正】工具：使用该工具，可以使标注文字与左侧尺寸界线对齐。
- 【居中对正】工具：使用该工具，可以使标注文字标注于尺寸线中间位置。
- 【右对正】工具：使用该工具，可以使标注文字与右侧尺寸界线对齐。
- 【替代】工具：使用该工具，可以控制选定标注中使用的系统变量的替代值。

8.5.3 尺寸关联

单击【工具】/【选项】命令，弹出【选项】对话框，打开【用户系统设置】选项卡，在【关联标注】选项区选择【使新标注可关联】，标注的尺寸就会与标注的对象尺寸关联。系统默认尺寸关联。当与其关联的几何对象被修改时，关联标注将自动调整其位置、方向和测量值。布局中的标注可以与模型空间中的对象相关联。

利用这个特点，在修改标注对象后不必重新标注尺寸，非常方便。移动矩形的右上角点尺寸标注的变化，如图 8-62 所示。在图 8-63 中移动圆的位置，圆心与矩形右上角点的水平和竖直距离尺寸也随着更新。

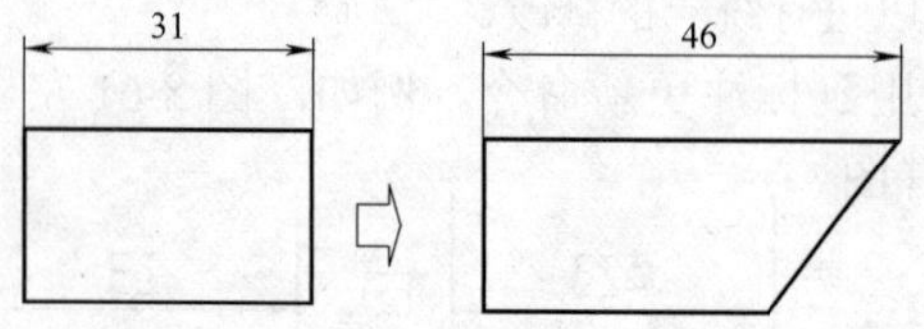

图 8-62　夹点编辑尺寸更新

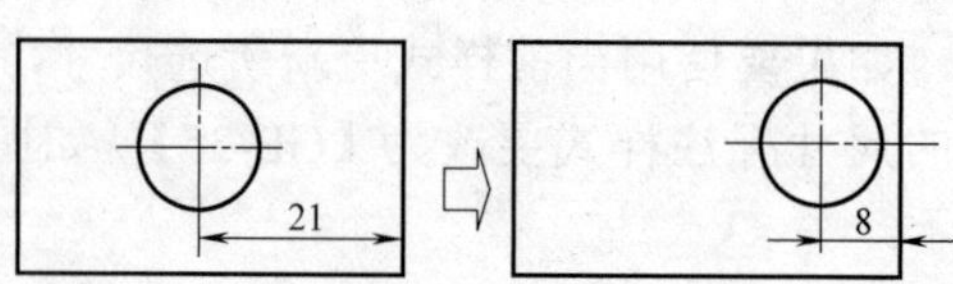

图 8-63　移动编辑尺寸更新

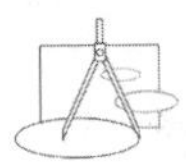

8.6　思考与练习

1. 概念题

（1）常用的尺寸样式有哪几种？该怎样设置？

（2）怎样标注公差？

（3）怎样标注形位公差？

（4）怎样设置前后缀？

（5）怎样对已有的尺寸标注进行编辑？

（6）怎样理解和使用尺寸关联？

2. 操作题

灵活使用前面学习的绘图和编辑方法绘制下列图样，并标注尺寸（见图 8-64 ～图 8-67）。

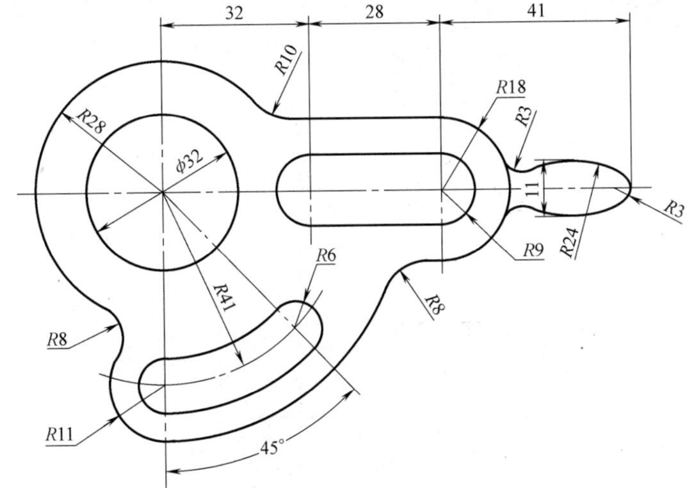

图 8-64　习题图（一）

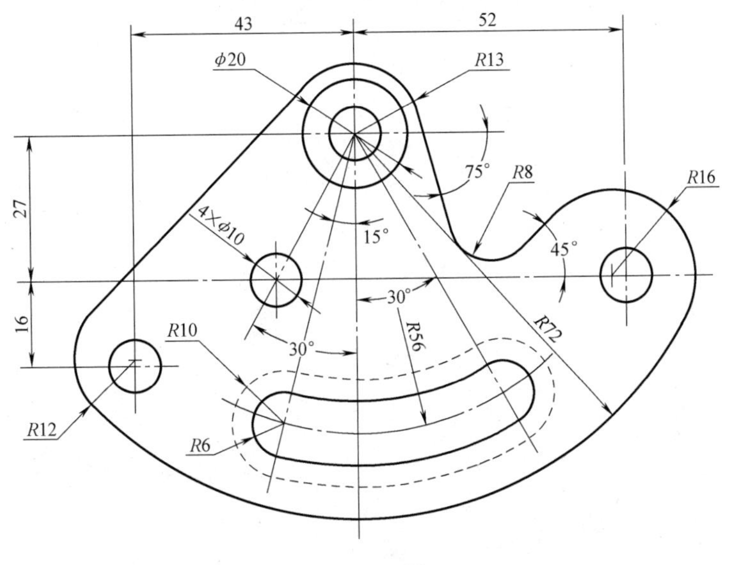

图 8-65　习题图（二）

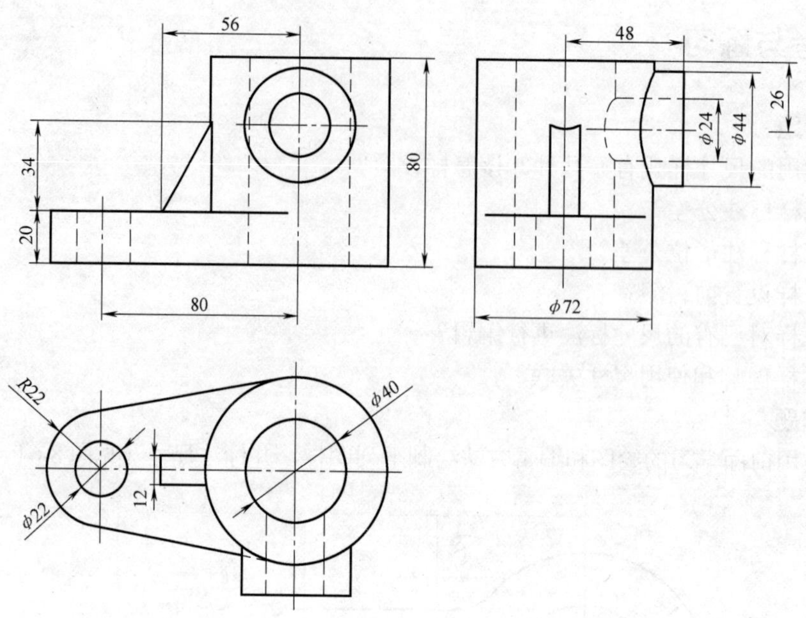

图 8-66　习题图（三）

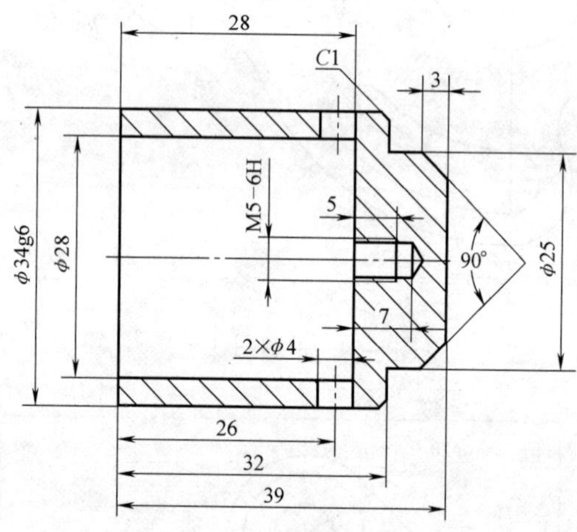

图 8-67　习题图（四）

第 9 章

图块与外部参照

【本章重点】

- 定义块。
- 定义属性块。
- 块的编辑。
- 动态块。
- 使用外部参照。
- 外部参照管理。

9.1 在图形中使用块

使用【复制】或【阵列】工具可以完成对相同对象的多重复制。但如果需要将复制出的图像沿 X、Y 轴进行不同比例的缩放，或把复制对象旋转一定的角度，除了使用【复制】或【阵列】工具外，还需要使用【比例缩放】和【旋转】命令进行二次处理。这不仅操作烦琐，而且图形所占空间也会大大增加。

为了解决上述问题，AutoCAD 引入了“块”的概念。块作为一个图形对象是一组图形或文本的总和。在块中，每个图形要素有其独立的图层、线型和颜色特征，但系统把块中所有要素实体作为一个整体进行处理。将创建好的“块”以不同的比例因子和旋转角度插入图形中，AutoCAD 系统只记录定义“块”时的初始图形数据，对于插入图形中的“块”，系统只记录插入点、比例因子和旋转角度等数据。因此，“块”的内容越复杂、插入的次数越多，与普通绘制方法相比越节省存储空间。“块”在工程图样绘制中使用非常普遍，如基准符号、表面结构符号、标题栏、明细栏等都可以制作成图块，方便用户调用。实际上，块类似于图库的作用。

掌握块的存储和使用等操作可以帮助用户更好地理解 AutoCAD 引入“块”这一概念的意义。在使用块之前，必须定义用户需要的块，块的相关数据储存在块定义表中。通过执行块的插入命令，将块插入图形的需要位置。块的每次插入都称为块参照。它不仅仅是从块定义复制到绘图区域，更重要的是，它建立了块参照与块定义间的链接。因此，如果修改了块定义，所有的块参照也将自动更新。同时，AutoCAD 系统默认将插入的块参照作为一个整体对象进行处理。

块主要有以下功能：

（1）提高绘图速度　用 AutoCAD 绘制机械图样时，经常遇到一些重复出现的图样，如表面结构符号、基准符号、标准件等。如果把经常使用的图形组合制作为块，绘制它们时可以用插入块的方式实现。

（2）节省存储空间　AutoCAD 需要保存图中每一个对象的相关信息，如对象的类型、位置、图层、线型、颜色等，这些信息要占用存储空间。例如，一个表面结构符号是由直线和数字等多个对象构成，保存它要占用存储空间。如果一张图上有较多的表面结构符号，就会占据较大的磁盘空间。如果把表面结构符号定义为块，绘图时把它插入图中各个相应位置，这样既满足绘图要求，又可以节约磁盘空间。

（3）便于修改　如果图中用块绘制的图样有错误，可以按照正确的方法再次定义块，图中插入的所有块均会自动的修改。

（4）加入属性　像表面结构符号一样，每一个表面结构符号可能有不同参数值。如果对不同参数值的表面结构符号都单独制作为块是很不方便的，也是不必要的。AutoCAD 允许用户为块创建某些文字属性，这个属性是一个变量，用户可以根据需要输入内容，这就大大丰富了块的内涵，使块更加实用。

（5）交流方便　用户可以把常用的块保存好，与别的用户交流使用。

图 9-1 【块】面板

块和属性的操作都可使用工具面板完成，可以在图 9-1 所示的【默认】选项卡的【块】面板中选择合适工具。也可以单击【插入】选项卡，在其中的【块】面板和【块定义】面板选择相应工具，如图 9-2 所示。

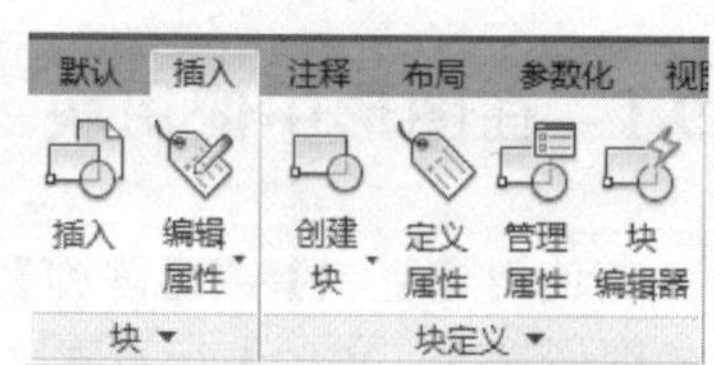

图 9-2 【插入】选项卡的部分面板

9.2 创建块

使用块之前，首先要创建块。AutoCAD 提供的块有两种类型：

- 内部块：使用 block 命令通过【块定义】对话框创建，这种方式将块存储在当前图形文件中，只能在本图形文件调用或使用设计中心共享。
- 外部块：使用 wblock 命令通过【写块】对话框创建，这种操作将块保存为一个图形文件，在所有的 AutoCAD 图形文件中均可调用。

9.2.1 创建内部块

创建内部块需要打开【块定义】对话框，在其中完成设置。打开【块定义】对话框进行块定义的方法有以下几种：

- 下拉菜单：单击【绘图】/【块】/【创建】命令。
- 工具面板：单击【默认】选项卡的【块】面板中的【创建】工具，或单击【插入】选项卡的【块定义】面板中的【创建】按钮。
- 命令行：在命令行“命令：”提示状态下输入 block 或 b，按空格键或〈Enter〉键确认。

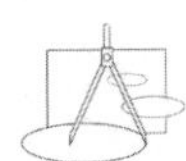

进行上述操作后，弹出图 9-3 所示的【块定义】对话框。通过该对话框可以定义块的名称、块的基点、块包含的对象等。

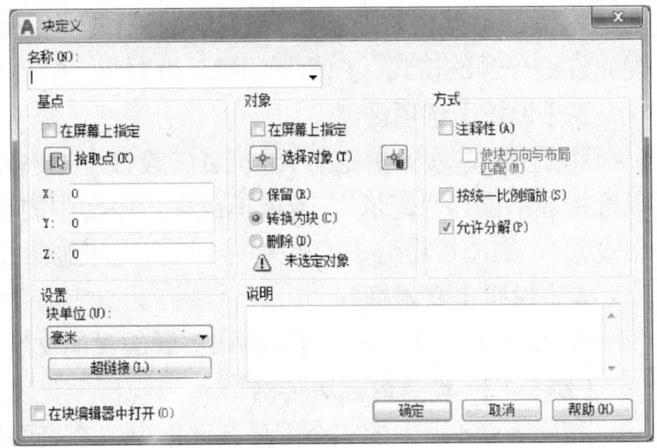

图 9-3 【块定义】对话框

对话框中各选项的含义如下：

1.【名称】文本框

在【名称】文本框中输入欲创建的块名称，或在列表中选择已创建的块名称对其进行重定义。

2.【基点】选项区

【基点】选项区用来指定基点的位置。基点是指插入块时，在图块中光标附着的位置。AutoCAD 提供了以下三种指定基点的方法：

单击【拾取点】按钮，对话框临时消失，用光标在图形区拾取要定义为块基点的点，此方法为最常用的指定块基点的方式。

在【X】【Y】和【Z】文本框中分别输入坐标值确定插入基点，其中 Z 坐标通常设为 0。

如果选中【基点】选项区的【在屏幕上指定】复选框，则其下指定基点的两种方式变为不可用，可在单击 确定 按钮后根据命令行的提示在图形区指定块基点。

> **提示**　原则上，块基点可以定义在任何位置，但该点是插入图块时的定位点，所以在拾取基点时，应选择一个在插入图块时能把图块的位置准确定位的特殊点。

3.【对象】选项区

【对象】选项区用来选择组成块的图形对象并定义对象的属性。AutoCAD 提供了以下三种选择对象的方法：

单击【选择对象】按钮，对话框临时消失，在图形区选择要定义为块的图形对象即可，选择完后，按空格或〈Enter〉键返回【块定义】对话框，此方法是最常使用的选择对象的方法。

- 单击【快速选择】按钮，弹出【快速选择】对话框，可根据条件选择对象。
- 如果选中【对象】选项区的【在屏幕上指定】复选框，则其下的【选择对象】按钮变为不可用，可在单击 确定 按钮后根据命令行的提示在图形区选择对象。
- 选项区下方的三个单选按钮的含义为：
- 【保留】：创建块以后，所选对象依然保留在图形中。
- 【转换为块】：创建块以后，所选对象转换成块参照，同时保留在图形中。一般选择此项。
- 【删除】：创建块以后，所选对象从图形中删除。

4.【方式】选项区

【方式】选项区用于设置块的属性。选中【注释性】复选框，将块设为注释性对象（参见 14.7 节），可以自动根据注释比例调整插入的块参照的大小；选中【按统一比例缩放】复选框，可以设置块对象按统一的比例进行缩放；选中【允许分解】复选框，将块对象设置为允许被分解的模式。一般按照默认选择。

5.【设置】选项区

【设置】选项区指定从 AutoCAD 设计中心拖动块时，用于缩放块的单位。例如，这里设置拖放单位为“毫米”，若被拖放到该图形中的图形单位为“米”（在【图形单位】对话框中设置），则图块将缩小为原来的 1/1000 被拖放到该图形中。通常选择“毫米”选项。

6.【说明】文本框

可以在该文本框中填写与块相关联的说明文字。

【例 9-1】 创建内部块实例

按照图 9-4 所示的三个图形尺寸创建三个表面结构要求符号图块，名称分别为“基本符号”“去除材料符号”和“不去除材料符号”。

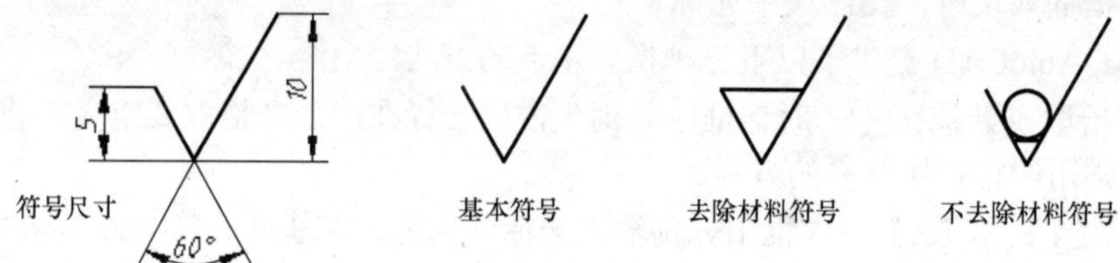

图 9-4　表面结构符号

1）按照图 9-4 的尺寸绘制图 9-5 所示的图形。

2）选择【修改】面板中的【复制】工具，将图形复制出两份，如图 9-6 所示。

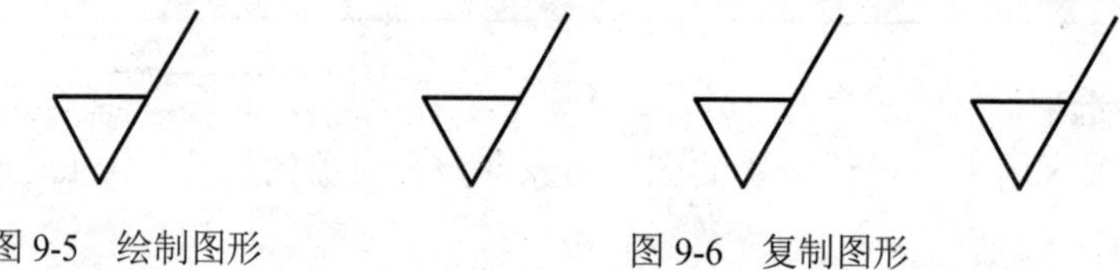

图 9-5　绘制图形　　图 9-6　复制图形

3）选择【绘图】面板中的【相切，相切，相切】工具，在第三个图形中绘制内切圆，如图 9-7 所示。

4）选择【修改】面板中的【删除】工具，删除第一个和第三个图形中的多余图线，如图 9-8 所示。

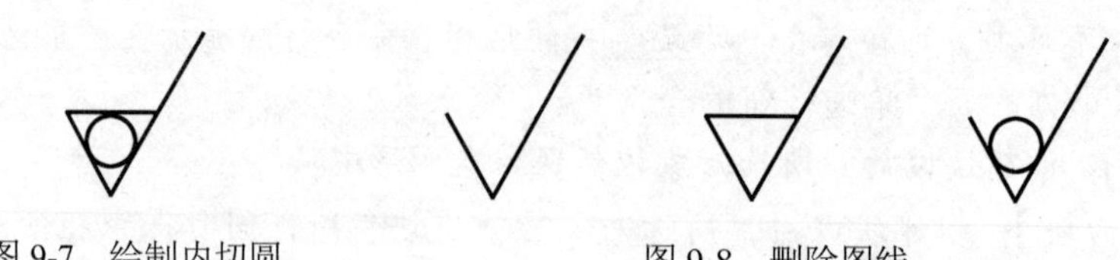

图 9-7　绘制内切圆　　图 9-8　删除图线

5）选择【块】面板中的【创建】工具，弹出【块定义】对话框，在【名称】文本框中输入“基本符号”，设置对话框如图 9-9 所示。

6）单击【拾取点】按钮，对话框临时消失，用光标在图形区拾取 1 点作为块的基点，如图 9-10 所示，此时回到【块定义】对话框。

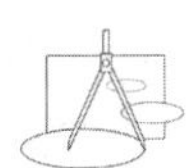

7）单击【选择对象】按钮，对话框临时消失，用光标在图形区拾取第一个图形作为图块对象，按〈Enter〉键确定选择。

8）单击 确定 按钮，完成第一个图块并关闭【块定义】对话框。

9）按照步骤 5）～ 8）的方法，创建其他两个图块，基点分别选择 2 点和 3 点，如图 9-11 所示。

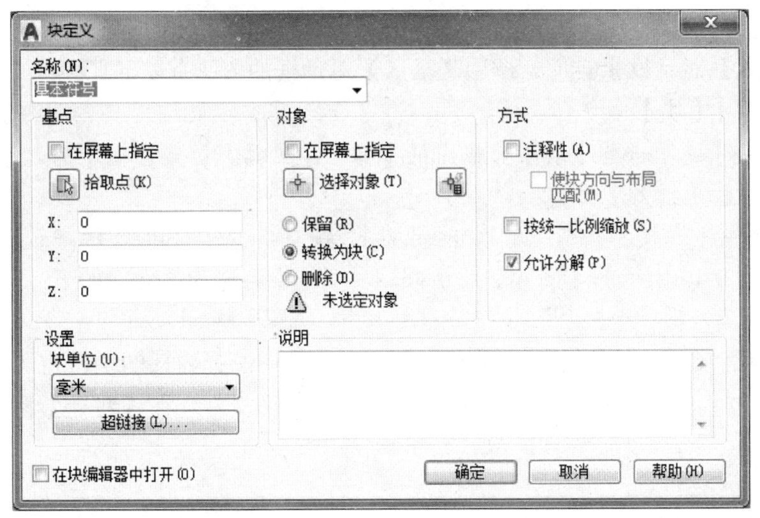

图 9-9　设置【块定义】对话框

图 9-10　指定基点

图 9-11　另外图块的基点

9.2.2　创建外部块

使用 wblock 命令可以创建外部块，其实质是建立了一个单独的图形文件，保存在磁盘中，任何 AutoCAD 图形文件都可以调用。

在命令行“命令：”状态下输入 wblock 或 w，按空格键或〈Enter〉键可以打开图 9-12 所示的【写块】对话框，在其中定义块的各个参数。

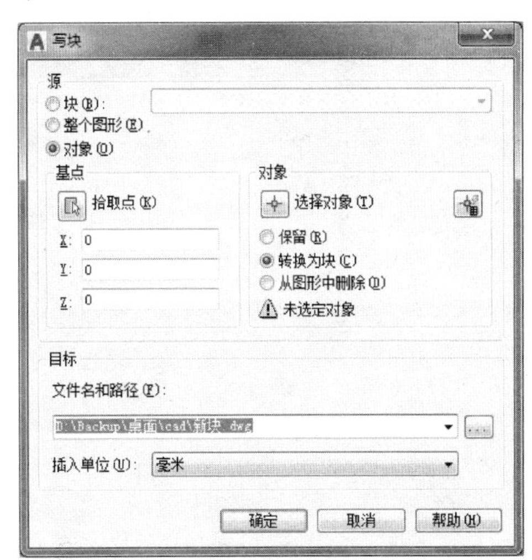

图 9-12　【写块】对话框

【写块】对话框中常用功能选项的用法如下：

1.【源】选项区

【源】选项区用来指定需要保存到磁盘中的块或块的组成对象。该选项区三个单选按钮的含义如下：

- 【块】：如果将已定义过的块保存为图形文件，选中该单选按钮后，【块】下拉列表可用，从中可选择已定义的块。
- 【整个图形】：绘图区域的所有图形都将作为块保存起来。
- 【对象】：用户可以选择对象来定义成外部块。

2.【目标】选项区

使用【文件名和路径】文本框可以指定外部块的保存路径和名称。可以使用系统自动给出保存路径和文件名，也可以单击显示框后面的 按钮，在弹出的【浏览图形文件】对话框中指定文件名和保存路径。

【基点】选项区和【对象】选项区各选项的含义和【块定义】对话框中的完全相同。

9.2.3 插入块

插入块的操作利用【插入】对话框来实现。调用【插入】对话框的方法有以下几种：

- 下拉菜单：单击【插入】/【块】命令。
- 工具面板：选择【默认】选项卡的【块】面板中的【插入】工具，或选择【插入】选项卡的【块】面板中的【插入】工具。
- 命令行：在命令行“命令：”提示状态下输入 insert 或 i，按空格键或〈Enter〉键确认。

进行上述操作后，弹出图 9-13 所示的【插入】对话框。对话框中各选项的含义如下：

1.【名称】文本框

【名称】文本框用来指定需要插入的块。可在【名称】下拉列表中选择内部的块；也可以单击其后的 浏览(B)... 按钮通过指定路径选择图形文件。如果选择图形文件，在【路径】标签后将显示其路径。

> **提示** 利用【插入】对话框可以插入外部文件，插入的基点是原点（如果没有指定基点），用户可以在外部文件中利用 base 命令设置基点，然后保存文件。这样可以改变插入外部文件的基点。

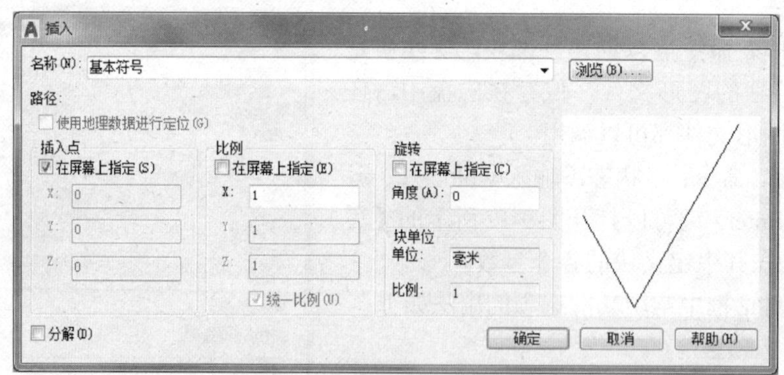

图 9-13 【插入】对话框

2.【插入点】选项区

【插入点】选项区用于指定块参照在图形中的插入位置。它有以下两种方式可供使用：

- 选中【在屏幕上指定】复选框，单击 确定 按钮后根据提示在图形区使用鼠标拾取插入点。这是最常用的指定插入点的方法。
- 不选中【在屏幕上指定】复选框，此时【X】【Y】【Z】文本框可用，在编辑框中直接输入插入点的坐标即可。

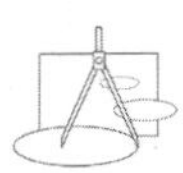

3.【比例】选项区

【比例】选项区用于指定块参照在图形中的缩放比例。它有以下两种方式可供使用：

- 选中【在屏幕上指定】复选框，单击 确定 按钮后根据提示用鼠标在屏幕上指定比例因子，或者在命令行输入比例因子。
- 不选中【在屏幕上指定】复选框，此时【X】【Y】【Z】文本框可用。在相应的文本框中输入三个方向的比例因子用于定义缩放比例。当三个方向的缩放比例相同时，选中【统一比例】复选框，此时仅【X】文本框可用，可在其中定义缩放比例。这是常用的定义方式，一般情况下，缩放比例为 1。

4.【旋转】选项区

【旋转】选项区指定插入块时生成的块参照的旋转角度，它有以下两种方法可供使用：

- 选中【在屏幕上指定】复选框，单击 确定 按钮后用鼠标在屏幕上指定旋转角度，或通过命令行输入旋转角度。这是最常用的方法。
- 不选中【在屏幕上指定】复选框，在【角度】文本框中直接输入旋转角度值。

如果选中【分解】复选框，插入的图块分解为若干图元，不再是一个整体。

【例 9-2】 插入内部块实例。

- 标注给定图形的表面结构符号，如图 9-14 所示。

插入内部块实例的步骤如下：

1）绘制如图 9-15 所示的图形。

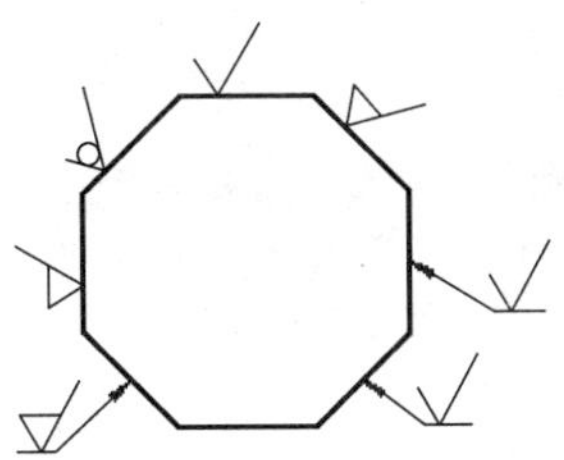

图 9-14　表面结构符号

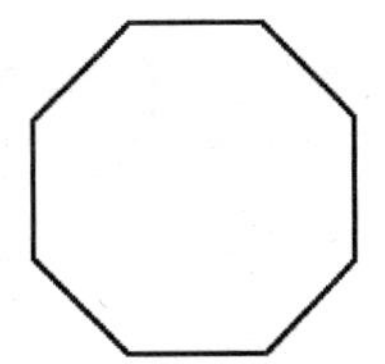

图 9-15　源图形

2）标注倾斜符号，选择【块】面板中的【插入】工具，弹出【插入】对话框，设置其中各选项，如图 9-16 所示。

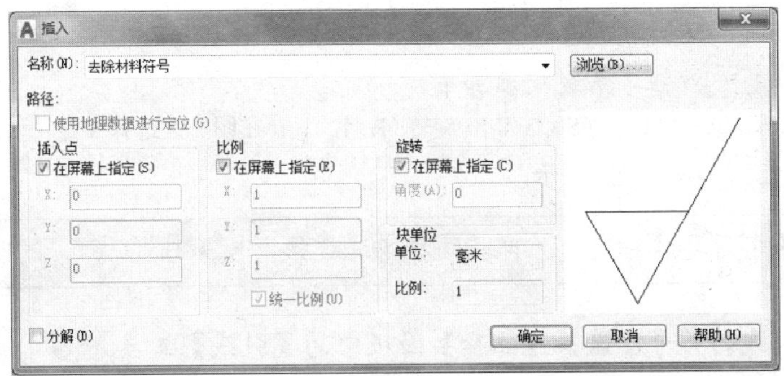

图 9-16 【插入】对话框

3）单击 确定 按钮，按提示操作如下：

指定插入点或[基点（B）/ 比例（S）/ 旋转（R）]：// 指定 1 点作为插入点，如图 9-17 所示

指定旋转角度〈0〉：// 指定 2 点确定旋转角度，如图 9-17 所示，完成图形如图 9-18 所示

4）选择【块】面板中的【插入】工具，弹出【插入】对话框，在【名称】文本框中选择“不去除材料符号”，其余选项不变。

5）单击 确定 按钮，按提示操作如下：

指定插入点或[基点（B）/ 比例（S）/ 旋转（R）]：// 指定 3 点作为插入点，如图 9-18 所示

指定旋转角度〈0〉：// 指定 4 点确定旋转角度如图 9-18 所示，完成图形如图 9-19 所示

6）完成其余倾斜符号的标注，如图 9-19 所示。

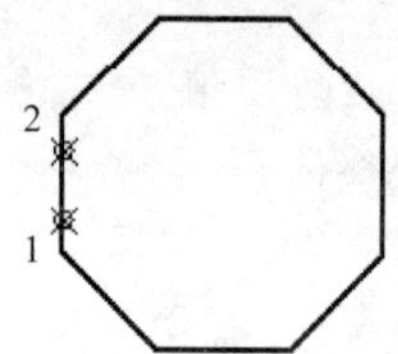

图 9-17　指定点

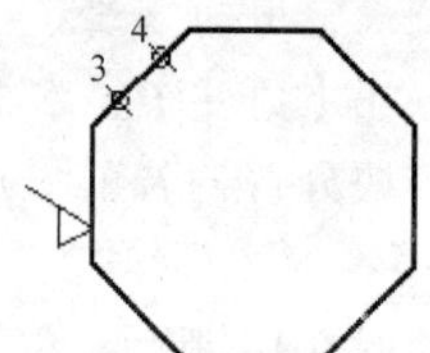

图 9-18　完成标注（一）

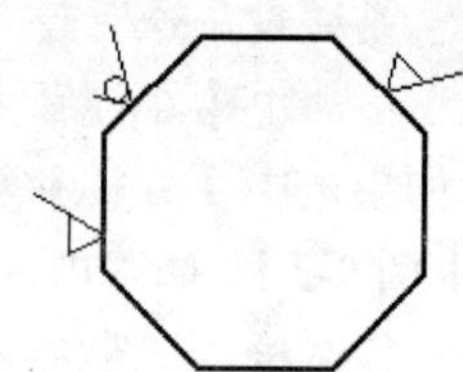

图 9-19　完成标注（二）

7）标注水平符号，选择【块】面板中的【插入】工具，弹出【插入】对话框，设置其中各选项，如图 9-20 所示。

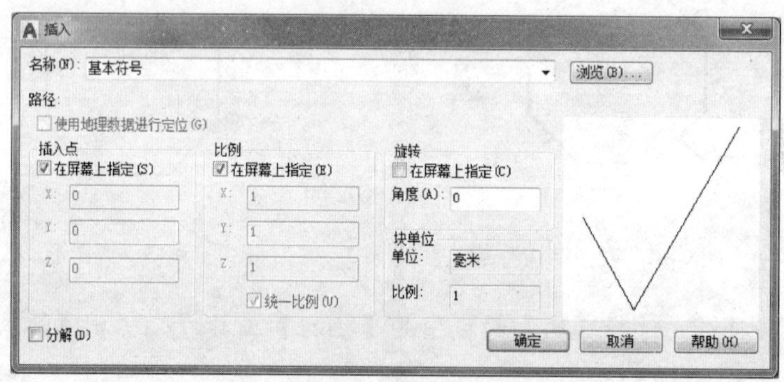

图 9-20　设置【插入】对话框

8）单击 确定 按钮，系统提示如下：

指定插入点或[基点（B）/ 比例（S）/X/Y/Z/ 旋转（R）]：　// 在图形区选择 5 点，如图 9-21 所示

最终完成的标注如图 9-22 所示。

提示　对于不需要旋转的块，可直接指定其旋转角度为 0。

9）标注带引线的符号，选择【注释】面板中的【引线】工具，绘制引线，如图 9-23 所示。

10）绘制其他引线，如图 9-24 所示。

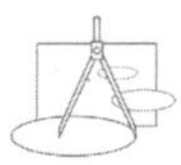

11）标注其他表面结构符号，如图 9-25 所示。

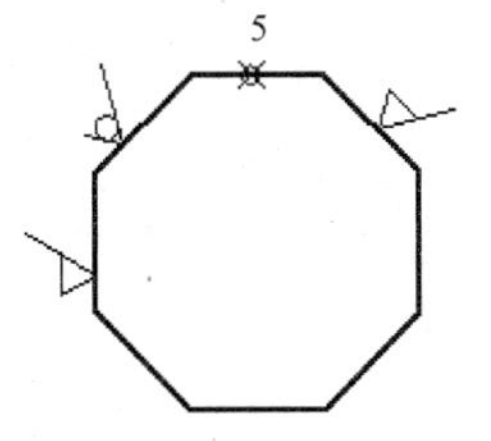

图 9-21　指定点

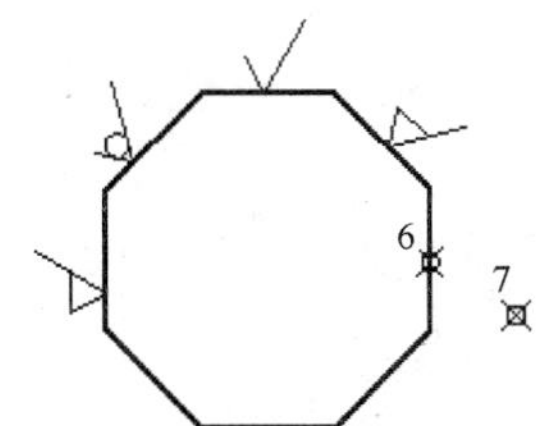

图 9-22　指定引线点

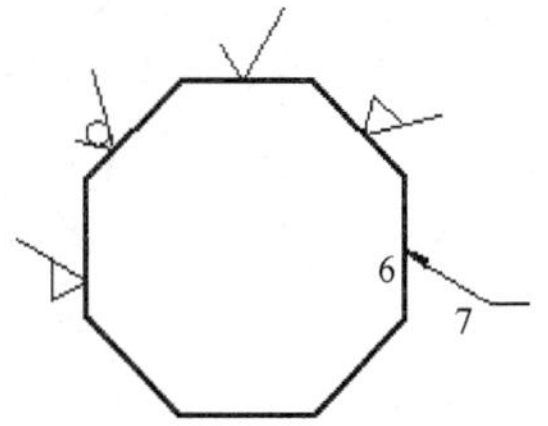

图 9-23　完成引线

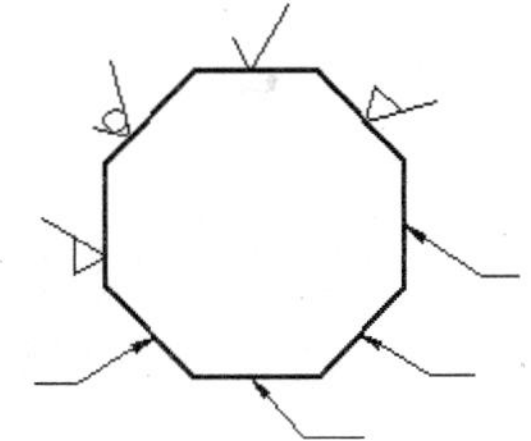

图 9-24　绘制引线

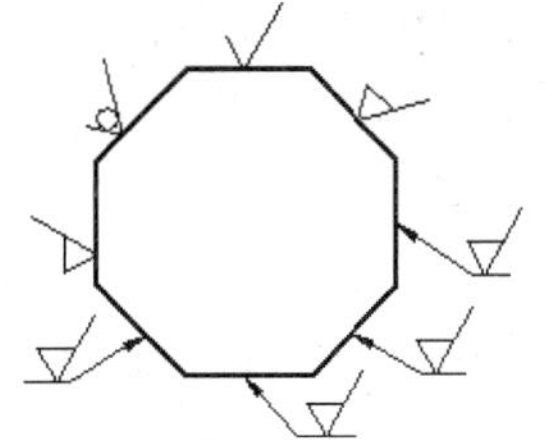

图 9-25　绘制符号

9.3　带属性的块

工程图中有许多带有不同文字的相同图形，文字相对于图形的位置固定。这些在图块中可以变化的文字称为属性。创建图块前，首先创建属性，然后包含属性创建块。插入有属性的图块时，用户可以根据具体情况，通过属性来为图块设置不同的文本信息。对那些经常用到的带可变文字的图形而言，利用属性尤为重要，如表面结构、基准等。

9.3.1　定义属性

属性是与块相关联的文字信息。属性定义包括属性文字的特性及插入块时系统的提示信息。属性的定义通过【属性定义】对话框实现，打开该对话框的方法有以下几种：

- 下拉菜单：单击【绘图】/【块】/【定义属性】命令。
- 工具面板：在【默认】选项卡中展开的【块】面板中选择【定义属性】工具，或在【插入】选项卡的【属性】面板中选择【定义属性】工具。
- 命令行：在命令行“命令：”提示状态下输入 attdef 或 att，按空格键或〈Enter〉键确认。

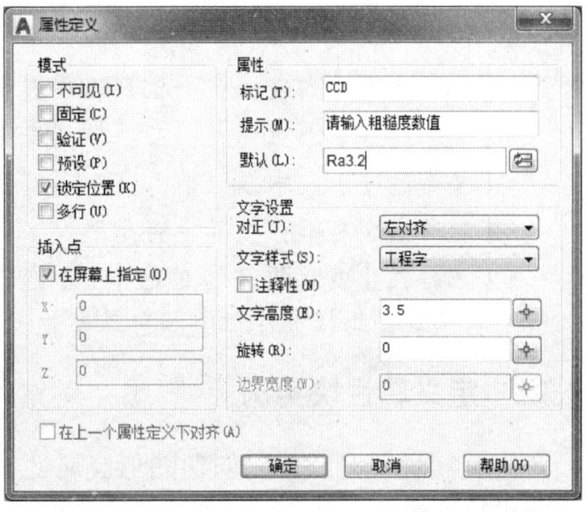

图 9-26 【属性定义】对话框

进行上述操作后，打开图 9-26 所示的【属性定义】对话框。【属性定义】对话框中，各选项的含义如下：

1.【模式】选项区

【模式】选项区用来设置与块相关联的属性值选项，有六个复选框，各选项的含义如下：

- 【不可见】复选框：插入块时不显示、不打印属性值。
- 【固定】复选框：插入块时属性值是一个固定值，将无法修改其值。
- 【验证】复选框：插入块时提示验证属性值的正确与否。
- 【预设】复选框：插入块时，将属性设置为其默认值而不显示提示。
- 【锁定位置】复选框：用于固定插入块的坐标位置。
- 【多行】复选框：使用多段文字作为块的属性值。
- 通常不选中这些复选框。

2.【属性】选项区

【属性】选项区用来设置属性的标记、提示及默认值，有三个文本框和一个按钮。

- 【标记】文本框：输入汉字、字母或数字，用于标识属性，在未创建块之前显示该标记。此项必填，不能空缺，否则会出现错误提示。
- 【提示】文本框：输入汉字、字母或数字，用来作为插入块时命令行的提示信息。
- 【默认】文本框：输入汉字、字母或数字，用来作为插入块时属性的默认值。
- 按钮：单击按钮，显示【字段】对话框，使用该对话框插入一个字段作为属性的全部或部分值。

3.【插入点】选项区

【插入点】选项区用来指定插入的位置。使用下面两种方法可以指定插入点：

- 选中【在屏幕上指定】复选框，单击 确定 按钮时根据提示在图形区指定插入点，确定插入的位置，通常选中该复选框。
- 不选中【在屏幕上指定】复选框，此时【X】【Y】【Z】文本框可用，在对应文本框中输入插入点的坐标确定插入点。

4.【文字设置】选项区

【文字设置】选项区用来设置文字的对正方式、文字样式、高度和旋转角度等，各项的含义如下：

- 【对正】下拉列表：在下拉列表中选择对正方式，是指属性文字相对插入点的对正。
- 【文字样式】下拉列表：在下拉列表中选择已经设置的文字样式。
- 【文字高度】文本框：输入文字高度。
- 【旋转】文本框：输入旋转角度。
- 【注释性】复选框：通过选中 / 不选中该选项，控制是否将属性作为注释性对象，以控制其是否根据注释比例自动调整大小。

9.3.2 定义属性块实例

定义属性块时，首先创建图形及属性文字，然后包含图形和文字创建图块。通过以下实例进行讲解。

【例 9-3】 创建属性块实例。

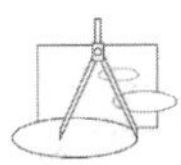

创建图 9-27 所示的块参照尺寸，定义名为“基准”“去除材料表面结构”和“不去除材料表面结构”的属性块。

1. 创建“基准”块

1）使用绘图工具，按照图 9-27 的尺寸绘制图形，如图 9-28 所示。

2）在【默认】选项卡中的【块】面板中选择【定义属性】工具，弹出【属性定义】对话框，修改各选项如图 9-29 所示。

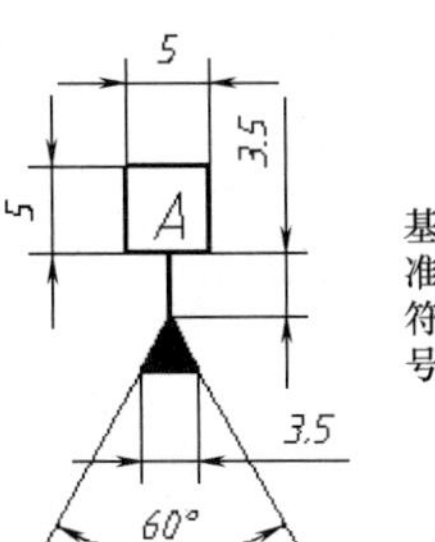

基准符号

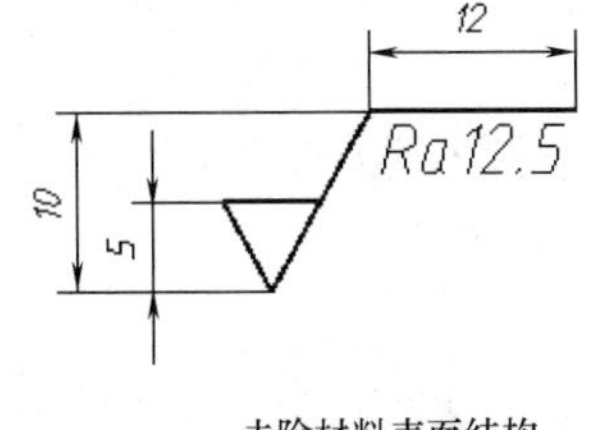

去除材料表面结构

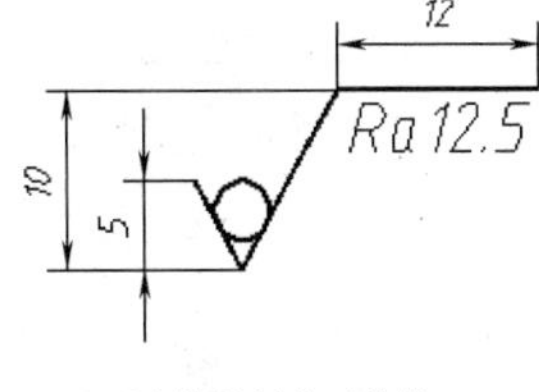

不去除材料表面结构

图 9-27　各符号尺寸

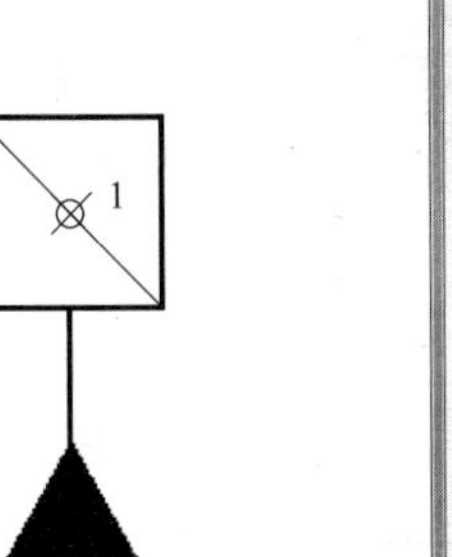

图 9-28　绘制基准图形

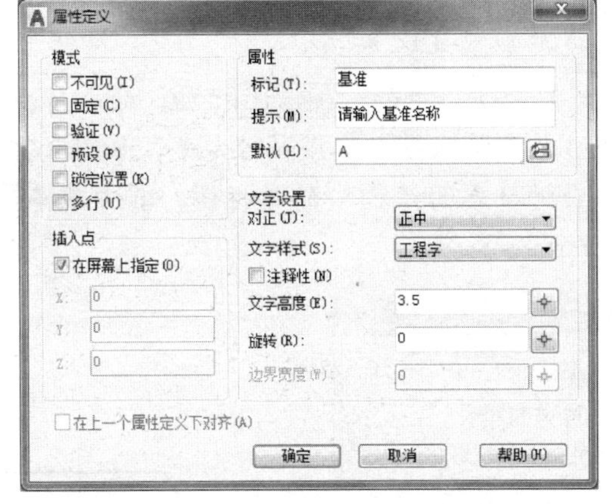

图 9-29 【属性定义】对话框

图 9-30　属性定义

3）单击【属性定义】对话框中的确定按钮，命令行提示：“指定起点：”，在图形区选择正方形对角线的中点 1 作为插入点，完成属性定义，删除作为辅助线的正方形对角线，如图 9-30 所示。

4）选择【块】面板中的【创建】工具，弹出【块定义】对话框，设置对话框如图 9-31 所示。

5）单击【拾取点】按钮，对话框临时消失，用光标在图形区拾取黑色三角形底边中点 2 作为块

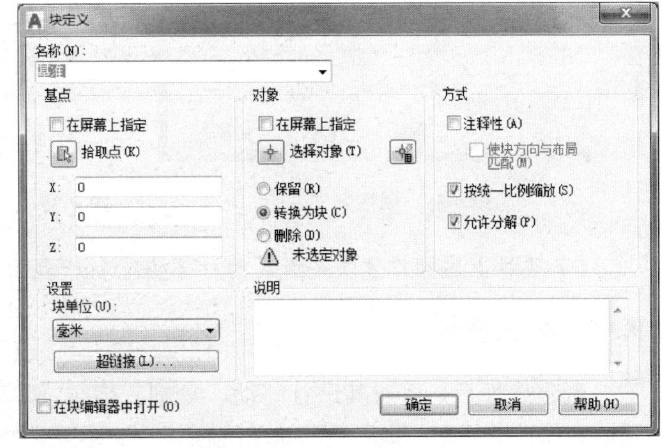

图 9-31　设置【块定义】对话框

基点，如图 9-32 所示，此时回到【块定义】对话框。

6）单击【选择对象】按钮，对话框临时消失，用光标在图形区拾取包含属性文字的图形作为块包含的对象，结束选择自动回到【块定义】对话框。

7）单击 确定 按钮，完成“基准”图块并关闭【块定义】对话框，弹出【编辑属性】对话框，直接单击 确定 按钮，图块如图 9-33 所示。

2. 创建“去除材料表面结构”块

1）使用绘图工具，按照图 9-27 的尺寸绘制图形，如图 9-34 所示。

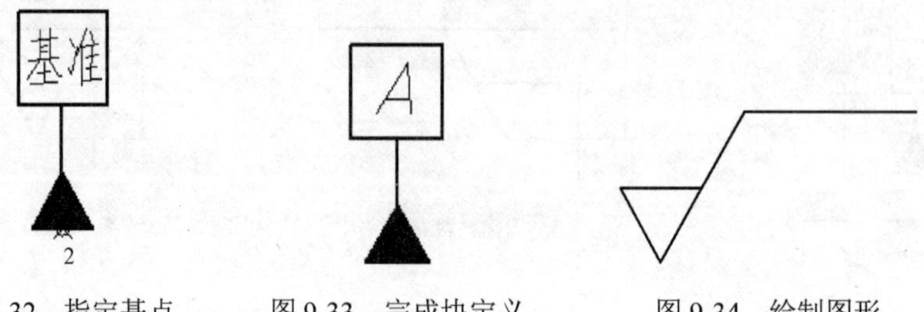

图 9-32　指定基点　　图 9-33　完成块定义　　图 9-34　绘制图形

2）在【默认】选项卡中展开的【块】面板中选择【定义属性】工具，弹出【属性定义】对话框，修改各选项如图 9-35 所示。

3）单击【属性定义】对话框中的 确定 按钮，命令行提示：“指定起点：”，在图形区选择水平长尾巴中点 3 作为插入点，完成属性定义，如图 9-36 所示。

4）创建名为“去除材料表面结构”的属性块，其中基点选择如图 9-36 所示的 4 点，完成后的块如图 9-37 所示。

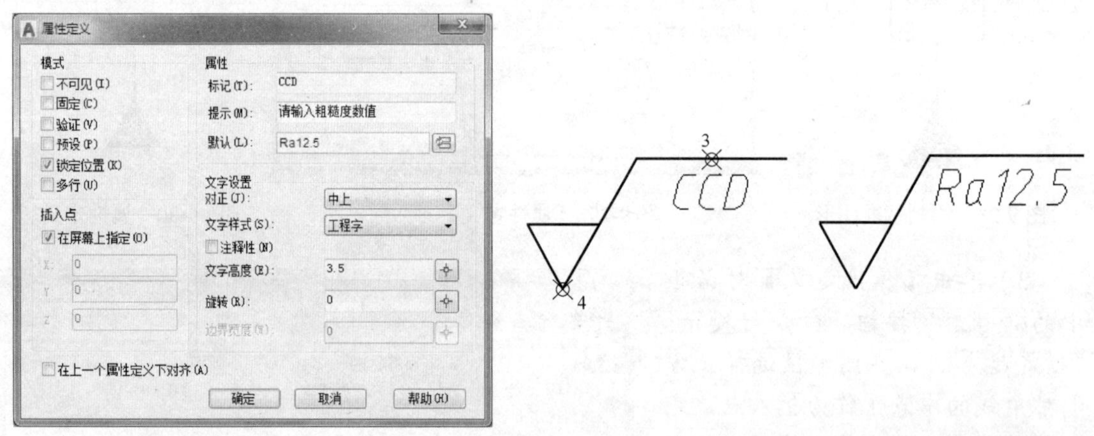

图 9-35　属性定义　　图 9-36　完成属性定义　　图 9-37　完成属性块

5）按照上述操作方法完成名为“不去除材料表面结构”的属性块创建。

9.3.3　编辑属性

创建属性后，可对其进行移动、复制、旋转、阵列等操作，也可以对使用这些操作创建的新属性的标记、提示及默认值进行修改，还可对不满意的属性进行编辑使其满足设计要求。

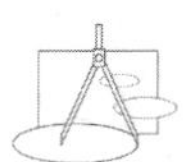

在将属性定义成块之前，可以使用【编辑属性定义】对话框对属性进行重新编辑。使用下列方法可以打开【编辑属性定义】对话框，如图 9-38 所示。

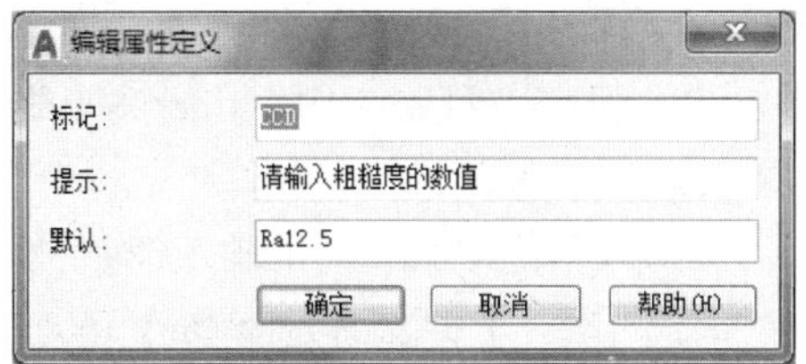

图 9-38 【编辑属性定义】对话框

- 下拉菜单：单击【修改】/【对象】/【文字】/【编辑】命令。
- 命令行：在命令行“命令：”提示状态下输入 txetedet，按空格键或〈Enter〉键确认。
- 快捷方式：在命令行“命令：”提示状态双击属性文字。

进行上述操作后，命令行的提示如下：

命令：_txetedet　　//执行编辑命令

选择注释对象或[放弃(U)]：　　//用拾取框选择需要编辑的属性，弹出如图 9-38 所示的【编辑属性定义】对话框，在对话框中可以修改属性的标记、提示文字和默认值。完成编辑后单击【确定】按钮退出对话框

选择注释对象或[放弃(U)]：　　//继续选择需要编辑的属性，也可以按空格键或〈Enter〉键结束命令

9.3.4　插入带属性的块

【例 9-4】 完成如图 9-39 所示的基准标注和表面结构标注。

1）绘制图 9-40 所示的五边形。

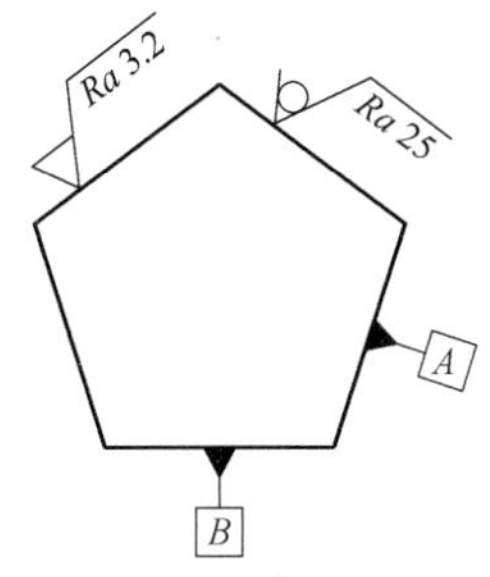

图 9-39　标注后的图形

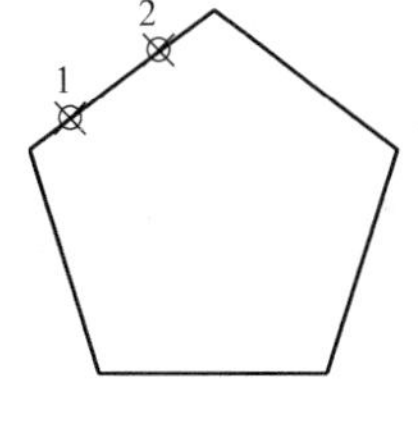

图 9-40　源图形

2）单击【块】面板中的【插入】按钮，弹出【插入】对话框，设置其中各选项如图 9-41 所示。

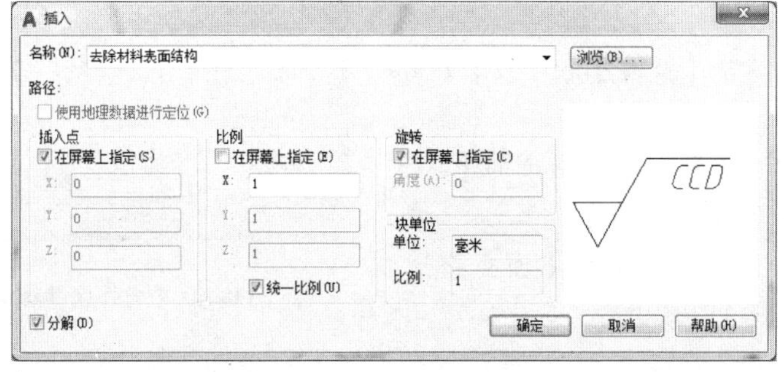

图 9-41 【插入】对话框

3）单击 确定 按钮，根据系统的提示操作如下：

指定插入点或[基点（B）/比例（S）/旋转（R）]：　//指定 1 点作为插入点，如图 9-40 所示

指定旋转角度〈0〉：　//指定 2 点确定旋转角度，如图 9-40 所示

出现【编辑属性】对话框输入属性值输入 Ra3.2，完成图形如图 9-42 所示。

4）选择【块】面板中的【插入】工具，按照步骤 2）、步骤 3）的操作方法插入其余属性块，结果如图 9-43 所示。

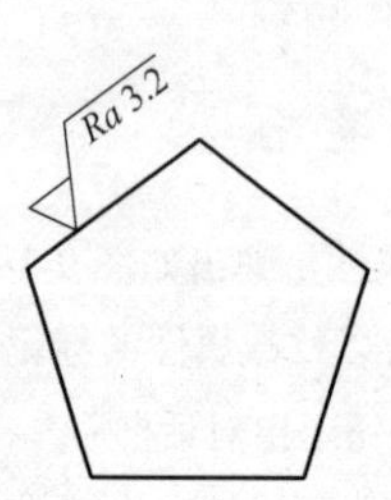

图 9-42　完成块插入

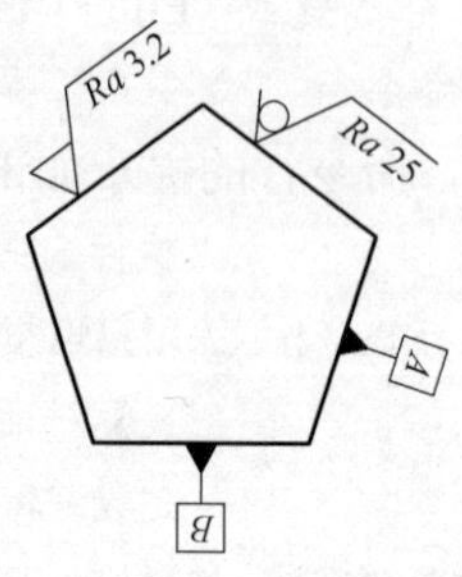

图 9-43　完成所有图块插入

5）双击图形区块参照“基准 A”，弹出【增强属性编辑器】对话框，选择【文字选项】选项卡，修改角度为 0。

6）单击 确定 按钮完成属性文字角度修改，文字 A 变为字头朝上竖直放置。

7）按照步骤 5）、步骤 6）的方法修改块参照“基准 B”，使其文字 B 变为字头朝上竖直放置，最后结果如图 9-39 所示。

9.3.5　块的属性编辑

属性定义可以在创建块之前修改，也可以在创建块之后修改。

1. 块创建前的属性定义修改

属性定义的修改可以在块定义前进行，可以修改属性项的名称、提示信息和默认值，在 9.3.3 节中已经讲述。

2. 使用【增强属性编辑器】编辑属性（块创建后）

使用【增强属性编辑器】对话框可以更改属性文字的特性和数值，如图 9-44 所示。打开【增强属性编辑器】对话框的方法有以下几种：

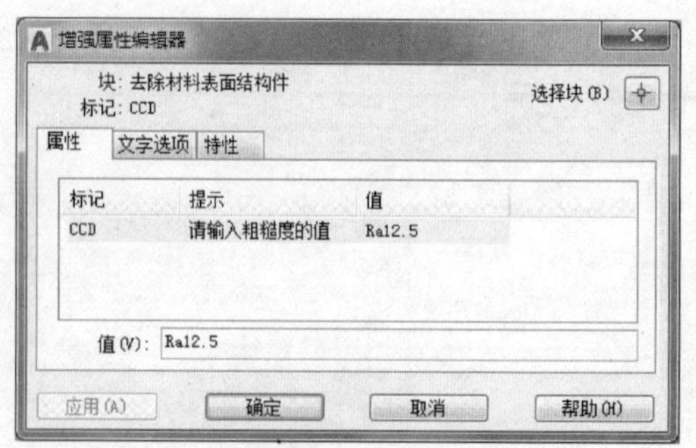

图 9-44　【增强属性编辑器】对话框

- 下拉菜单：单击【修改】/【对象】/【属性】/【单个】命令。
- 工具面板：在【默认】选项卡的【块】面板中选择【编辑属性】工具，或在【插入】选项卡的【块】面板中选择【编辑属性】工具。
- 命令行：在命令行“命令：”提示状态下输入 eattedit，按空格键或〈Enter〉键确认。
- 快捷方式：在命令行“命令：”提示状态双击带属性的块参照。

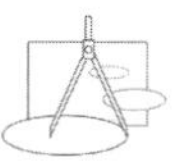

通过【增强属性编辑器】（见图 9-44）可以对属性的值、文字格式、特性等进行编辑，但是不能对其模式、标记、提示进行修改（而使用【块属性管理器】可以修改模式、标记、提示）。

【应用】按钮：修改属性后【应用】按钮 应用(A) 有效，单击该按钮用户所做的修改就会反映到被修改的块中。

【选择块】按钮：单击【选择块】按钮，可以在不退出对话框的状态下选取并编辑其他块属性。

3. 块属性管理器（块定义后）

块属性管理器是一个功能非常强的工具，它可以对整个图形中任意一个块中的属性标记、提示、值、模式（除“固定”之外）、文字选项、特性进行编辑，还可以调整插入块时提示属性的顺序。为了说明块属性管理器的用法，再建立一个带多个属性的块，如图 9-45 所示，该块的名称为“带多个属性的表面结构”。

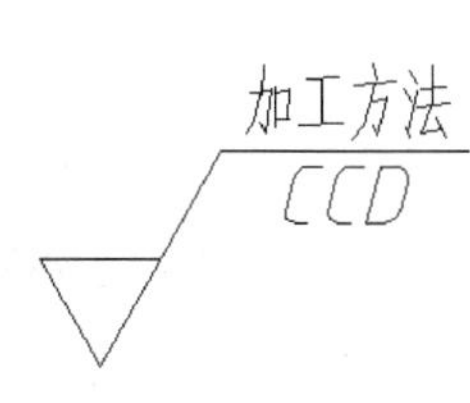

图 9-45　带多个属性的块

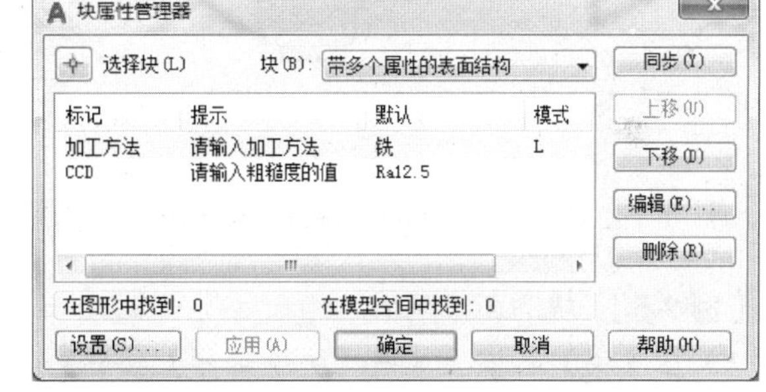

图 9-46　【块属性管理器】对话框

单击【块】面板上的【块属性管理器】按钮，或单击【修改】/【对象】/【属性】/【块属性管理器】命令可以打开【块属性管理器】对话框，如图 9-46 所示。

（1）显示属性　【块】下拉列表中显示图中所有带属性的图块名称，在下拉列表中选取某个图块名称，或单击【选择块】按钮，在屏幕上选取某个图块，该图块的所有属性的参数显示在中部的列表中。

（2）改变提示顺序　选中某个属性，单击 上移(U) 或 下移(D) 按钮可以调整属性的位置，从而调整在插入该块时属性提示顺序。

（3）编辑属性　选中需要编辑的属性，然后单击 编辑(E)... 按钮，弹出【编辑属性】对话框，可以在【属性】选项卡中修改属性的模式、名称、提示信息和默认值等，在【文字选项】选项卡中修改属性文字的格式，在【特性】选项卡中修改图层特性。

（4）删除属性　选中某个属性，然后单击 删除(R) 按钮，就可以删除该属性项。

（5）应用　在【块属性管理器】对话框中对属性定义进行修改以后，单击 应用(A) 按钮使所做的属性更改应用到要修改的块定义中，同时【块属性管理器】对话框保持为打开状态。

9.3.6　修改块参照

修改块参照有三种方法：分解块修改、重定义块参照和在位编辑块参照。分解块修改适用于修改部分块参照（即有的同样块参照不修改），使用分解命令分解块，然后根据需要修改即可，这里不再讲述。下面讲述其他两种方法的使用。

1. 重定义块参照

图 9-47 中有 7 个块参照（块名为"圆工作台"，插入点为圆心），如果要改为图 9-48 所示的工位，可以使用重定义块参照的方法实现。

定义图 9-48 所示的图形为块，块的名称也为"圆工作台"，与图 9-47 中的块重名，插入点为小圆的圆心。这样图 9-47 就会变为图 9-49。

2. 在位编辑块参照

如果仅对块参照做简单的修改，可以使用在位编辑块参照，如要在图 9-47 中的圆工作台上加一个小圆盘，如图 9-50 所示。

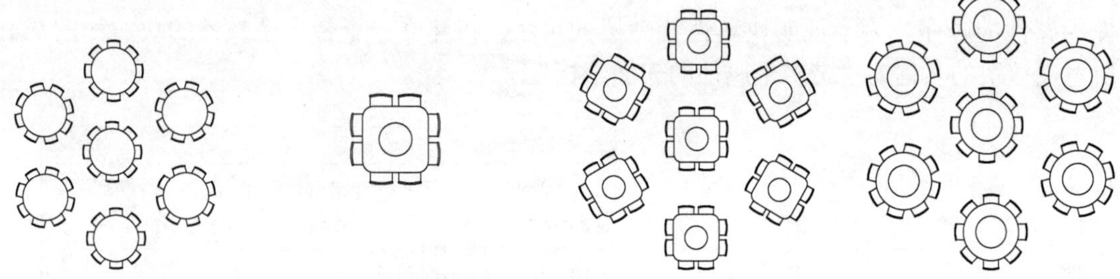

图 9-47　7 个块参照　　图 9-48　要重定义的块　　图 9-49　重定义块参照　　图 9-50　加小圆盘

【例 9-5】 块的在位编辑。

1）在【块】面板上单击【块编辑器】按钮，弹出【编辑块定义】对话框，在【参照名】列表中选择要编辑的参照名（本例中为"圆工作台"），然后单击 确定 按钮。

2）这时块编辑器窗口打开，块处于可编辑状态，修改块如图 9-51 所示。

3）单击【关闭块编辑器】按钮出现确认对话框，选择【将更改保存到】选项完成块更改，图 9-47 变为图 9-50。

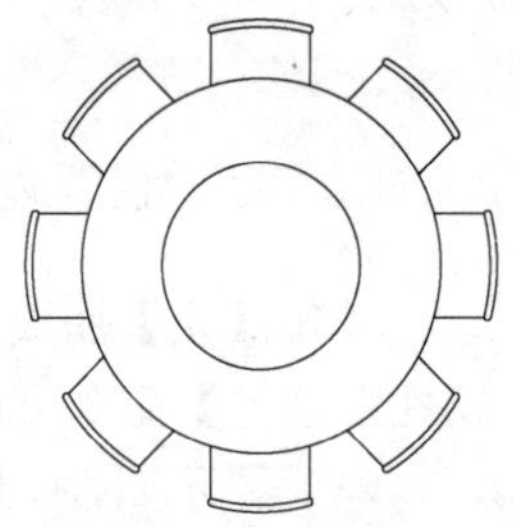

图 9-51　在位编辑

9.3.7　清理块

要减小图形文件，可以删除掉未使用的块定义。通过删除命令可从图形中删除块参照。但是，块定义仍保留在图形的块定义表中。要删除未使用的块定义并减小图形文件，请在绘图过程中的任何时候使用 purge 命令。

在命令行中输入"purge"，弹出【清理】对话框，如图 9-52 所示。利用这个对话框可以清理没有使用的标注样式、打印样式、多线样式、块、图层、文字样式、线型等定义。

【查看能清理的项目】：选中该单选按钮，将在列表中显示可以清理的对象项目。如果项目前面没有符号⊞，表明该单选按钮项没有可删除对象定义。单击符号⊞，出现该项包含的所有可删除对象定义。选择某个要删除的对象定义，然后单击 清理(P) 按钮，该对象定义就会被删除。单击 全部清理(A) 按钮，将删除所有可以清理的对象定义。

【查看不能清理的项目】：选中该单选按钮，将在列表中显示不能清理的对象定义。

【确认要清理的每个项目】：选中该复选框，AutoCAD 将在清理每一个对象定义时给出

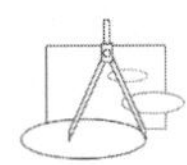

确认信息，如图 9-53 所示，要求用户确认是否删除，以防误删。

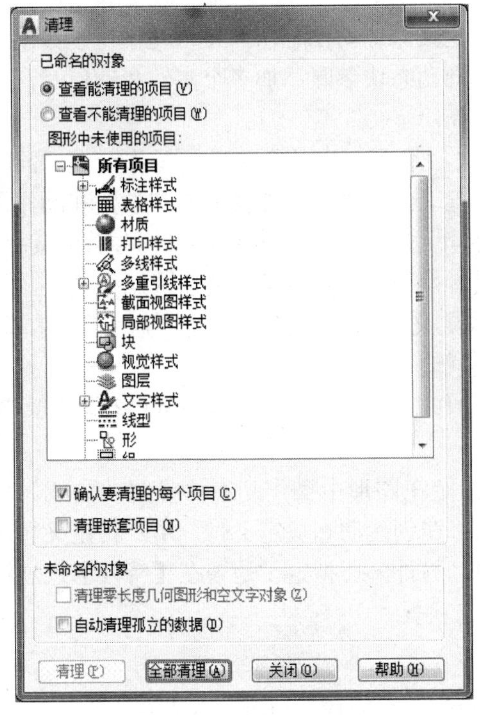

图 9-52 【清理】对话框

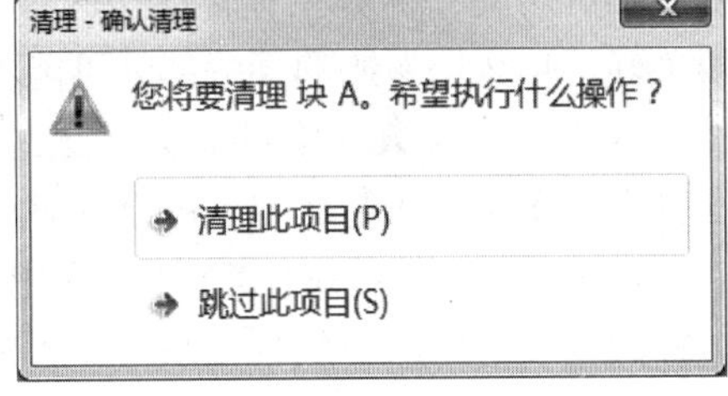

图 9-53 【清理 - 确认清理】对话框

【清理嵌套项目】：选中该复选框，从图形中删除所有未使用的对象定义，即使这些对象定义包含在或被参照于其他未使用的对象定义中。显示【确认清理】对话框，可以取消或确认要清理的项目。

> **提示**　使用 purge 命令只能删除未使用的块定义。

9.3.8　动态块

动态块是 AutoCAD 2006 后版本的功能，它具有灵活性和智能性。用户在操作时可以轻松地更改图形中的动态块参照。可以通过自定义夹点或自定义特性来操作动态块参照中的几何图形。这使得用户可以根据需要在位调整块。

1. 创建动态块的过程

为了创建高质量的动态块，以便达到用户的预期效果，建议按照下列步骤进行操作。该过程有助于用户高效编写动态块。

（1）在创建动态块之前规划动态块的内容　在创建动态块之前，应当了解其外观以及在图形中的使用方式。确定当操作动态块参照时，块中的哪些对象会更改或移动。另外，还要确定这些对象将如何更改。例如，用户可以创建一个可调整大小的动态块。这些因素决定了添加到块定义中的参数和动作的类型，以及如何使参数、动作和几何图形共同作用。

（2）绘制几何图形　可以在块编辑器中绘制动态块中的几何图形。也可以使用图形中的现有几何图形或现有的块定义。

（3）了解块元素如何共同作用　在向块定义中添加参数和动作之前，应了解它们相互之间以及它们与块中的几何图形的相关性。在向块定义添加动作时，需要将动作与参数以及几何图形的选择集相关联。该操作将创建相关性。向动态块参照添加多个参数和动作时，需要设置正确的相关性，以便块参照在图形中正常工作。

例如，用户要创建一个包含若干对象的动态块，其中一些对象关联了拉伸动作，同时用户还希望所有对象围绕同一基点旋转。在这种情况下，应当在添加其他所有参数和动作之后添加旋转动作。如果旋转动作没有与块定义中的其他所有对象（几何图形、参数和动作）相关联，那么块参照的某些部分可能不会旋转，或者操作块参照时可能会造成意外结果。

（4）添加参数　按照命令行上的提示向动态块定义中添加适当的参数。使用【块编写】选项板的【参数集】选项卡可以同时添加参数和关联动作。

（5）添加动作　向动态块定义中添加适当的动作。按照命令行上的提示进行操作，确保将动作与正确的参数和几何图形相关联。

（6）定义动态块参照的操作方式　用户可以指定在图形中操作动态块参照的方式。可以通过自定义夹点和自定义特性来操作动态块参照。在创建动态块定义时，用户将定义显示哪些夹点以及如何通过这些夹点来编辑动态块参照。另外，还指定了是否在【特性】选项板中显示出块的自定义特性，以及是否可以通过该选项板或自定义夹点来更改这些特性。

（7）保存块后在图形中进行测试　保存动态块定义并退出块编辑器。然后将动态块参照插入一个图形中，并测试该块的功能。

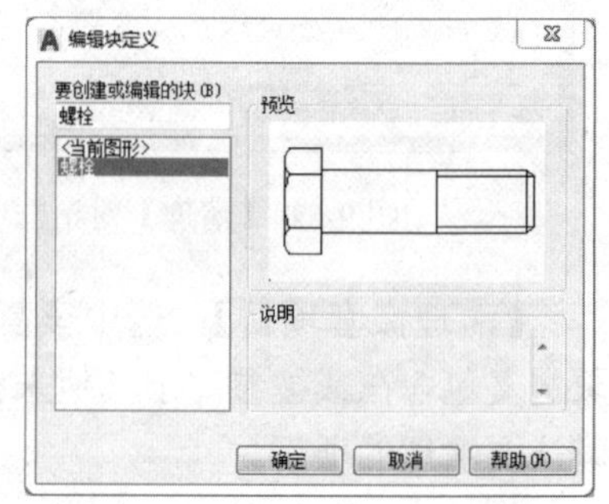

图 9-54 【编辑块定义】对话框

2. 创建可以拉伸的动态块

1）在文件中创建一个螺栓块，在【块】面板上单击【块编辑器】按钮（或单击【工具】/【块编辑器】菜单命令），弹出【编辑块定义】对话框，如图 9-54 所示，在【要创建或编辑的块】列表中选择“螺栓”。

2）单击 确定 按钮，进入块编辑器。在【块编写选项板】的【参数】选项卡中，单击【线性】工具，根据提示标注螺栓的长度，如图 9-55 所示。

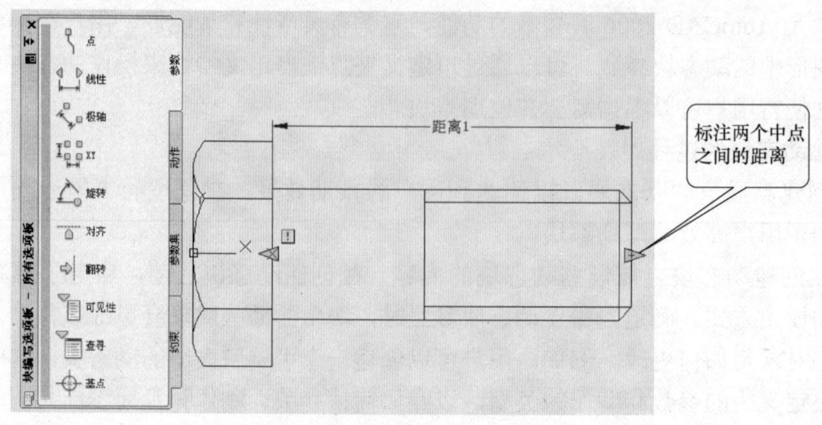

图 9-55　标注参数

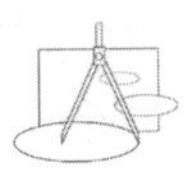

3）在参数上使用快捷菜单中的【特性】选项打开【特性】对话框，如图 9-56 所示。用户可以修改参数名称、值集和夹点显示的数目，由于我们设计的动态块只有向右拉伸的动作，这里选择夹点数目为“1”。设置完毕，参数显示如图 9-57 所示。

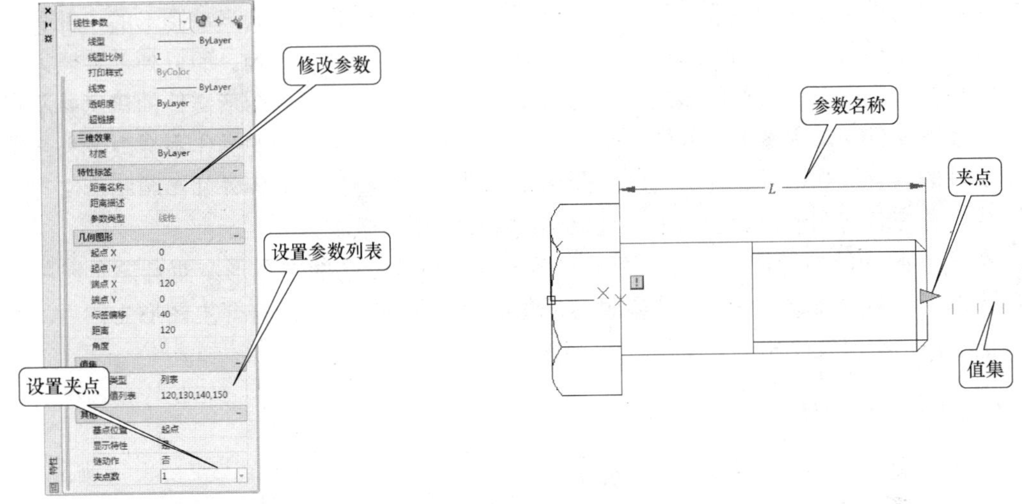

图 9-56 【特性】对话框　　图 9-57　参数显示

4）在【块编写选项板】的【动作】选项卡中单击【拉伸动作】工具，首先选择参数“*L*”，捕捉螺栓的右边中点作为与动作关联的参数点。然后指定拉伸框架，用鼠标自右向左拖出一个框，如图 9-58 所示。指定要拉伸的对象，如图 9-59 所示。

> **提示**　如果选择对象完全包含在拉伸框架中，它将执行移动动作。

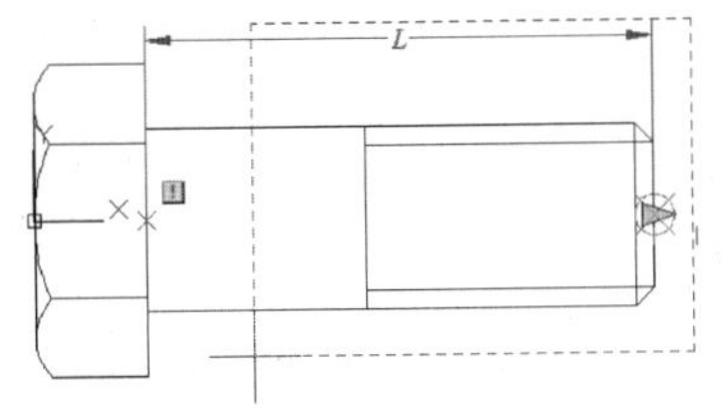

图 9-58　拉伸框架

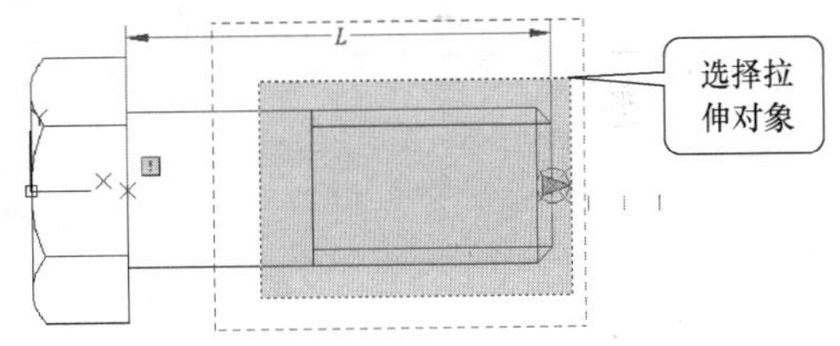

图 9-59　选择对象

5）结束对象选择，在合适位置单击，放置动作标签，如图 9-60 所示。

6）关闭块编辑器，保存块定义。

7）在图形文件中插入刚建立的动态块进行测试，单击鼠标左键选择插入的块会出现拉伸夹点，如图 9-61 所示。在图上单击鼠标左键，然后移动鼠标会发现螺栓的长短随着设置的刻度改变。

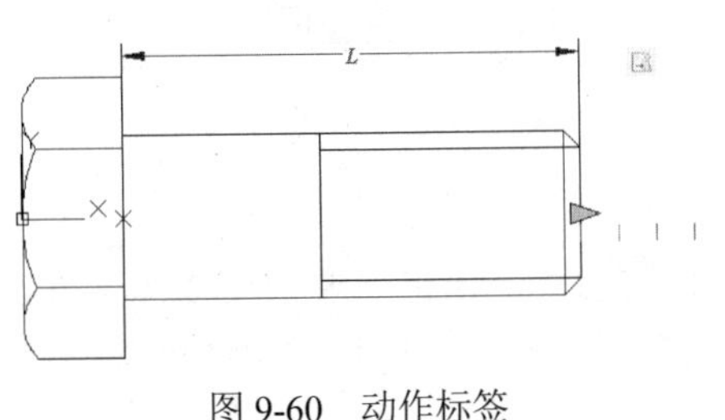

图 9-60　动作标签

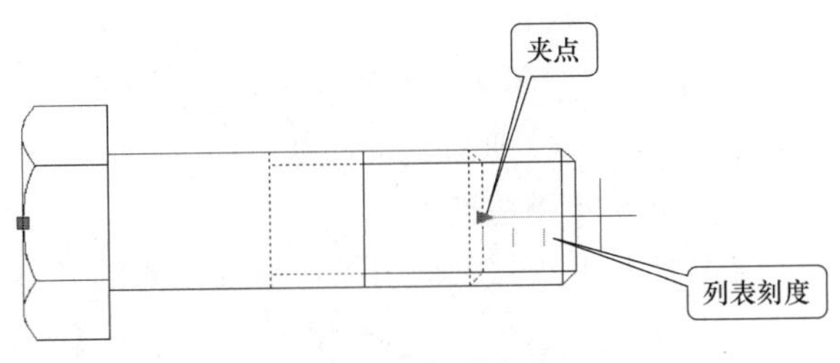

图 9-61　拉伸夹点

9.4 外部参照技术

外部参照就是把已有的图形文件插入当前图形中，但外部参照不同于块，也不同于插入文件。块与外部参照的主要区别是：一旦插入了某块，此块就成为当前图形的一部分，可在当前图形中进行编辑，而且将源块修改后对当前图形不会产生影响。而以外部参照方式将图形文件插入某一图形文件（该文件称为主图形文件）后，被插入图形文件的信息并不直接加入主图形文件中，主图形文件中只是记录参照的关系，对主图形的操作不会改变外部参照图形文件的内容。当打开有外部参照的图形文件时，系统会自动把各外部参照图形文件重新调入内存并在当前图形中显示出来，且该文件保持最新的版本。

外部参照功能不但使用户可以利用一组子图形构造复杂的主图形，而且还允许单独对这些子图形做各种修改。作为外部参照的子图形发生变化时，重新打开主图形文件后，主图形内的子图形也会发生相应的变化。

9.4.1 插入外部参照

关于外部参照的操作面板如图 9-62 所示。

插入外部参照操作是将外部图形文件以外部参照的形式插入当前图形中。单击【参照】面板上的【附着】按钮，弹出图 9-63 所示的【选择参照文件】对话框。

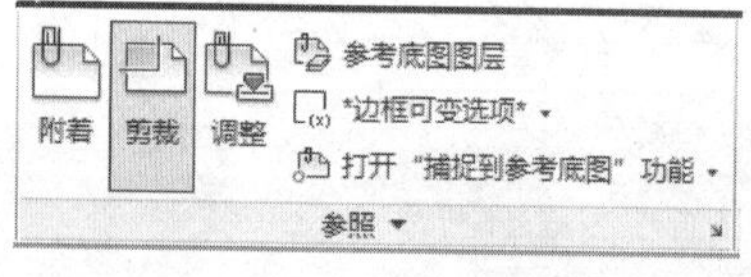

图 9-62 【参照】面板

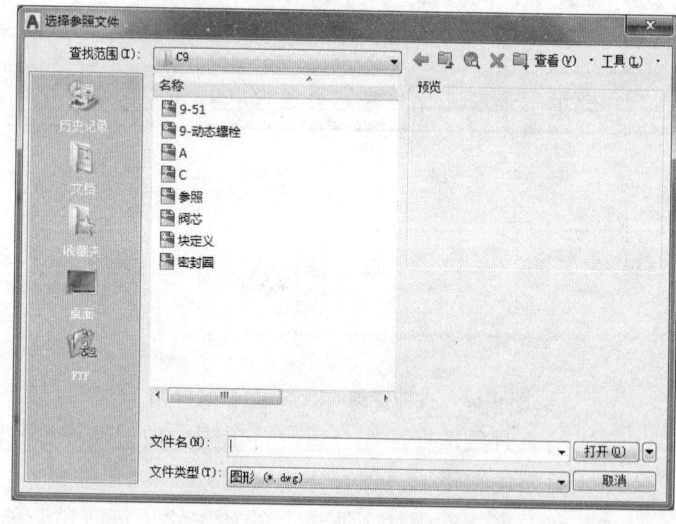

图 9-63 【选择参照文件】对话框

在该对话框中定位并选择需要插入的外部参照文件，然后单击打开(O)按钮，AutoCAD 弹出图 9-64 所示的【附着外部参照】对话框。

对话框中各主要项的功能如下：

1.【名称】下拉列表

【名称】下拉列表框中显示需要插入的外部参照文件的名称。如果需要改变参照文件，可以单击右边的浏览(B)...按钮，重新打开【选择参照文件】对话框并选择需要的外部参照

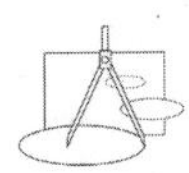

文件。

2.【路径类型】下拉列表

【路径类型】下拉列表指定外部参照的保存路径是完整路径、相对路径，还是无路径。默认路径类型设置为【相对路径】。

3.【参照类型】选项区

外部参照支持嵌套，即如果 B 文件参照了 C 文件，然后 A 文件参照了 B 文件，如此层层嵌套。外部参照有两种类型：【附着型】和【覆盖型】。选哪种类型将影响当前文件被引用时，对其嵌套的外部参照是否可见。

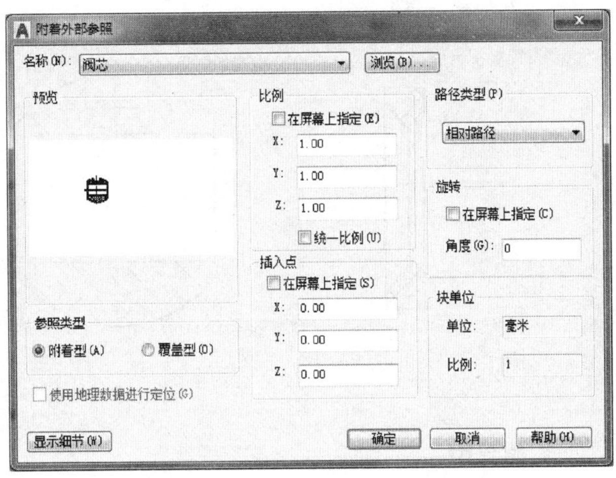

图 9-64　【附着外部参照】对话框

4.【插入点】选项区

确定参照图形的插入点。用户可以直接在【X】【Y】【Z】文本框中输入插入点的坐标，也可以选中【在屏幕上指定】复选框，这样可以在屏幕上利用鼠标直接指定插入点。

5.【比例】选项区

确定参照图形的插入比例。用户可以直接在【X】【Y】【Z】文本框中输入参照图形三个方向的比例，也可以选中【在屏幕上指定】复选框，这样可以在屏幕上直接指定参照图形三个方向的比例。

6.【旋转】选项区

确定参照图形插入时的旋转角度。用户可以直接在【角度】文本框中输入参照图形需要旋转的角度，也可以选中【在屏幕上指定】复选框，这样可以在屏幕上直接指定参照图形的旋转角度。

设置完毕后单击 确定 按钮，就可以按照插入块的方法插入外部参照。

> **提示**　插入外部参照可以通过单击【插入】/【DWG 参照】来执行。

【例 9-6】 插入外部参照。

1）打开主图形文件。

2）单击【参照】面板上的【附着】按钮，弹出【选择参照文件】对话框。选择参照文件，弹出【附着外部参照】对话框。

3）单击 确定 按钮，这时参照文件图形会跟随鼠标移动（注意默认的鼠标跟随点是源文件的坐标原点，要改变该点，可以在源文件中使用“base”命令调整）。

4）按照插入块的方法插入外部参照，如图 9-65 所示。

9.4.2　参照类型

外部参照有两种类型：【附着型】和【覆盖型】。选哪种类型将影响当前文件被引用时，对其嵌套的外部参照是否可见。

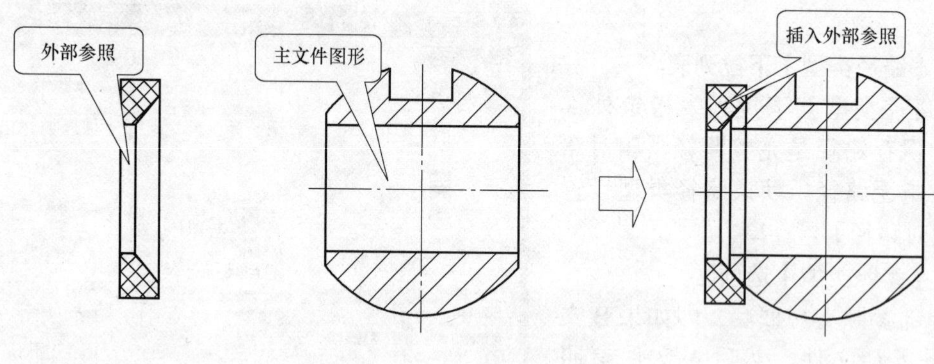

图 9-65　外部参照插入

1. 附着型

采用附着型的外部参照嵌套，可以看到多层嵌套附着。首先 B 文件参照了 C 文件（参照类型选择【附着型】），然后 A 文件再参照 B 文件，这时的结果如图 9-66 所示，用户可以看到嵌套内容。需要注意的是，在 A 文件中看到 C 文件，与 A 参照 B 的参照类型无关。

2. 覆盖型

采用覆盖型的外部参照嵌套，不能看到多层嵌套附着。首先 B 文件参照了 C 文件（参照类型选择【覆盖型】），然后 A 文件再参照 B 文件，这时的结果如图 9-67 所示，用户不能看到 C 文件内容。

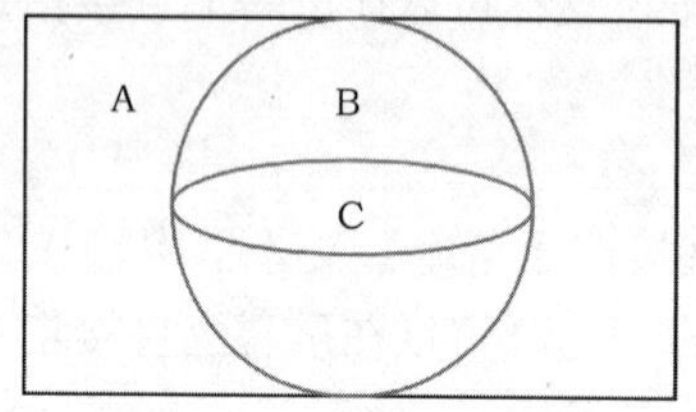

图 9-66　附着型参照

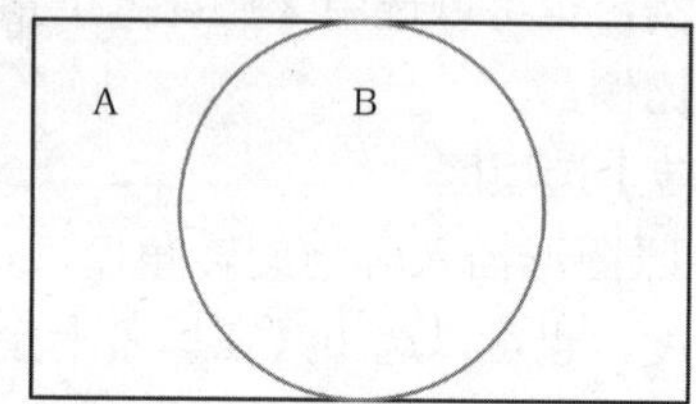

图 9-67　覆盖型参照

提示　用户可以在 B 文件中使用【外部参照】选项板的详细信息区修改参照类型。

9.4.3　外部参照管理

假设一张图中使用了外部参照，用户要知道外部参照的一些信息，如参照名、状态、大小、类型、日期、保存路径等，或要对外部参照进行一些操作，如附着、拆离、卸载、重载、绑定等，这就需要使用外部参照管理器。它的作用就是在图形文件中管理外部参照，下面来具体看一下外部参照管理器的用法。

假设在当前图形中使用了外部参照，单击【参照】面板上的【外部参照】按钮↘，打开【外部参照】选项板，如图 9-68 所示。如果看不全各项的内容，可以移动鼠标到项目中间的竖线上，当鼠标指针变为✛形状时，按住鼠标左键左右拖动就可以看到各项的内容。

1. 状态栏各选项的含义

•【参照名】：显示当前图形外部参照图形文件的名字。

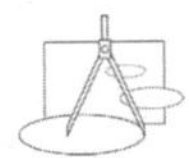

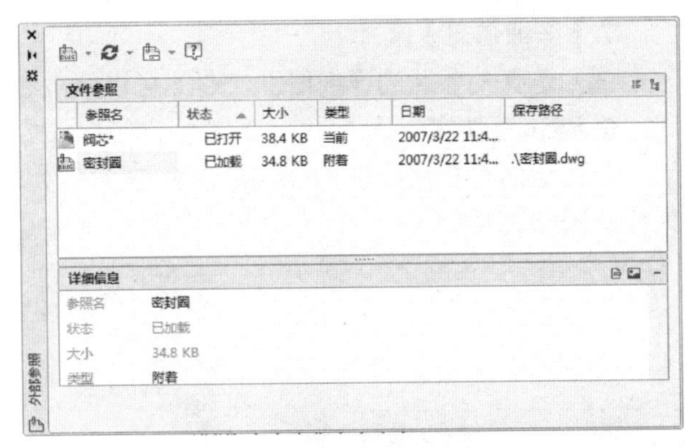

图 9-68 【外部参照管理器】对话框

- 【状态】：显示外部参照的状态，可能的状态有已加载、卸载、未参照、未找到、未融入或已孤立，或者标记为卸载或重载。
- 【大小】：显示各参照文件的大小。如果外部参照被卸载、未找到或未融入，则不显示其大小。
- 【类型】：显示各参照文件的参照类型。参照类型有两种：附着型和覆盖型。
- 【日期】：显示关联的图形的最后修改日期。如果外部参照被卸载、未找到或未融入，则不显示此日期。
- 【保存路径】：显示参照文件的存储路径。

2. 按钮

如果在参照列表中没有选择外部参照，单击该按钮会弹出【选择参照文件】对话框，从中选择要参照的文件，单击打开(O)按钮，AutoCAD 弹出【外部参照】对话框，按照上节讲述的方法可以插入一个新的外部参照。

如果在参照列表中选中某个外部参照，在其上单击鼠标右键，在弹出的快捷菜单中选择【附着】选项将直接显示【附着外部参照】对话框，用户可以插入此参照。

3. 拆离

在外部参照列表中，选择一个外部参照后，在其上单击鼠标右键，在弹出的快捷菜单中选择【拆离】选项。该选项的作用是从当前图形中移去不再需要的外部参照。使用该选项删除外部参照，与用删除命令在屏幕上删除一个参照对象不同。用删除命令在屏幕上删除的仅仅是外部参照的一个引用实例，但图形数据库中的外部参照关系并没有删除。而【拆离】选项不仅删除了屏幕上的所有外部参照实例，而且彻底删除了图形数据库中的外部引用关系。

4. 卸载

从当前图形中卸载不需要的外部参照（在其上单击鼠标右键，在弹出的快捷菜单中选择【卸载】选项），但卸载后仍保留外部参照文件的路径。这时【状态】显示所参照文件的状态是“已卸载”。当希望再参照该外部文件时（在其上单击鼠标右键，在弹出的快捷菜单中选择【重载】选项），即可重新装载。

5. 绑定

在参照上单击鼠标右键，在弹出的快捷菜单中选择【绑定】选项，打开【绑定外部参照】对话框，如图 9-69 所示。

若选择绑定类型为【绑定】，则选定的外部参照及其依赖符号（如块、标注样式、文字样式、图层和线型等）成为当前图形的一部分。

6. 打开

在参照上单击鼠标右键，在弹出的快捷菜单中选择【打开】选项，在新建窗口中打开选定的外部参照进行编辑。

7.【详细信息】区

显示选择的参照的详细信息，在此可以修改参照的附着类型。

8. ☷和☷按钮

单击这两个按钮或按〈F3〉和〈F4〉键实现列表图或树状图形式的切换。如图 9-70 所示为树状图形式显示。

图 9-69 【绑定外部参照】对话框

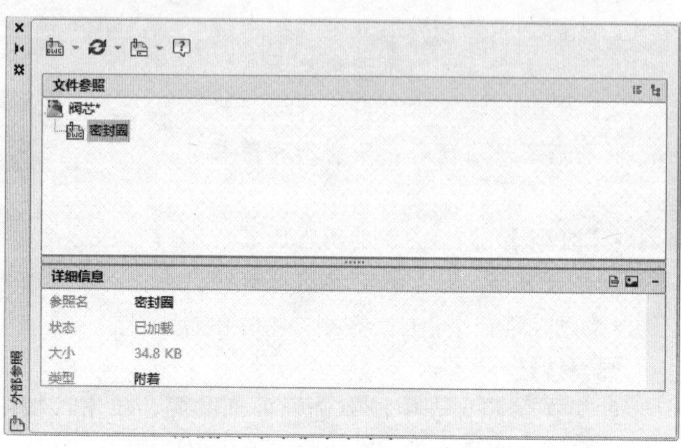

图 9-70 树状图

提示 单击【工具】/【选项板】/【外部参照】命令可以打开【外部参照】选项板。

9.4.4 修改外部参照

已经创建好的外部参照对象有两种修改方法，第一种方法是打开外部参照的源文件，修改并保存，目标文件中的外部参照对象就会自动更新。第二种方法可以在目标文件中直接修改外部参照。本节主要讲述怎样在目标文件中修改外部参照。

图 9-71 所示为一个参照嵌套的例子，文件 B（圆）参照 C（椭圆），文件 A（矩形）参照文件 B。

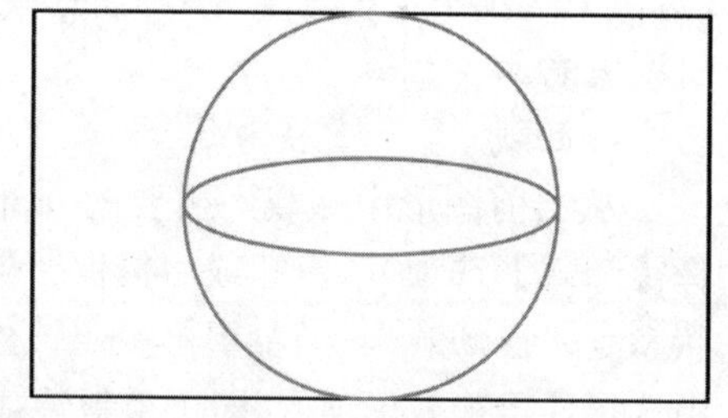

图 9-71 参照嵌套

单击【插入】选项卡上的【参照】面板上的 编辑参照 按钮，在系统提示下选择要进行编辑的参照对象（或直接在参照对象上双击），弹出【参照编辑】对话框，如图 9-72 所示。

1.【标识参照】选项卡

- 【参照名】下拉列表中显示需要编辑的外部参照的名称，在【预览】窗口中显示外部参照文件图形的预览效果。
- 【路径】：显示选定参照的文件位置。如果选定参照是一个块，则不显示路径。

还有两个单选按钮可供选择。

- 【自动选择所有嵌套的对象】：控制嵌套对象是否自动包含在参照编辑任务中。如果选中该单选按钮，选定参照中的所有对象将自动包括在参照编辑任务中。

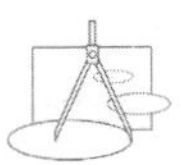

- 【提示选择嵌套的对象】：控制是否逐个选择包含在参照编辑任务中的嵌套对象。如果选中该单选按钮，关闭【参照编辑】对话框并进入参照编辑状态后，AutoCAD 将提示用户在要编辑的参照中选择特定的对象。

2.【设置】选项卡

【设置】选项卡有三个选项，如图 9-73 所示。

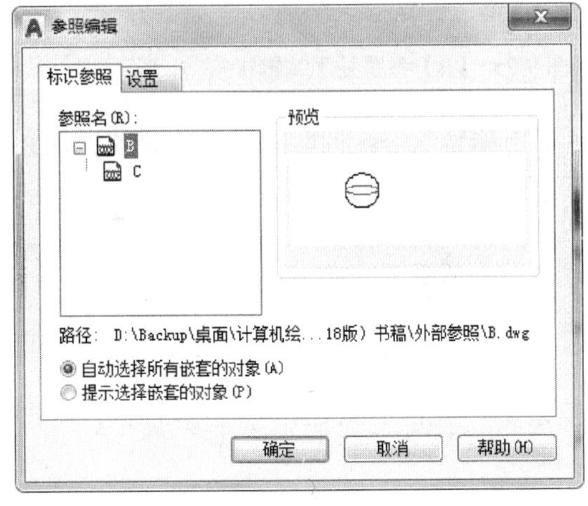

图 9-72 【参照编辑】对话框

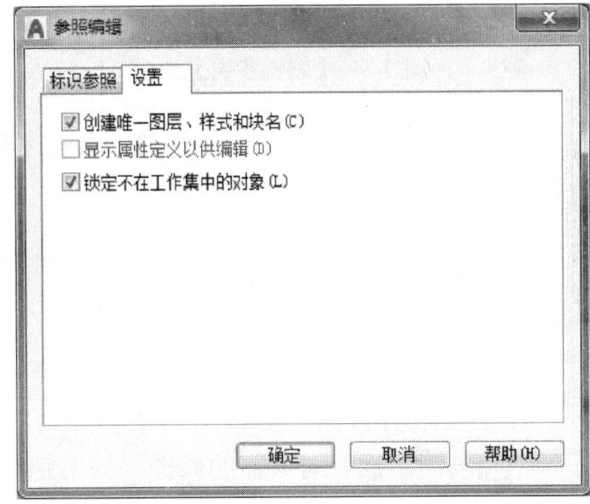

图 9-73 【设置】选项卡

- 【创建唯一图层、样式和块名】：控制从参照中提取的对象的图层和符号名称是唯一的还是可修改的。如果选中该复选框，则图层和符号名被改变（在名称前添加 $#$ 前缀），与绑定外部参照时修改它们的方法类似。如果不选中该复选框，则图层和符号名与参照图形中的一致。
- 【显示属性定义以供编辑】：控制编辑参照期间是否提取和显示块参照中所有可变的属性定义。该选项对外部参照和没有属性定义的块参照不起作用。
- 【锁定不在工作集中的对象】：锁定所有不在工作集中的对象，从而避免用户在参照编辑状态时意外地选择和编辑宿主图形中的对象。锁定对象的行为与锁定图层上的对象类似。如果试图编辑锁定的对象，它们将从选择集中过滤。

> **提示**　一次只能在位编辑一个参照。

这里在【参照名】列表中选择【B】，其他不做修改，单击 确定 按钮，对话框消失，弹出【编辑参照】面板，如图 9-74 所示。这时可以发现，除了选中的图形对象，其他图形显示为灰色，并且不可编辑。所有选中的图形对象形成一个工作集，只能对工作集中的图形进行编辑，如图 9-75 所示。用户可以单击【添加到工作集】按钮，选择灰色的图形对象，将它加入工作集。也可以单击【从工作集中删除】按钮，选择当前工作集中的图形对象，从工作集中删除。

确定工作集之后用户就可以进行编辑了，可以用修改命令对所选择的图形对象进行修改，也可以使用绘图命令绘制新的对象，它们会自动添加到工作集，也可以选择原有的非参照对象添加到选择集。

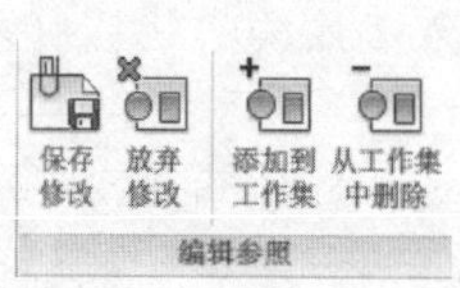

图 9-74 【编辑参照】面板

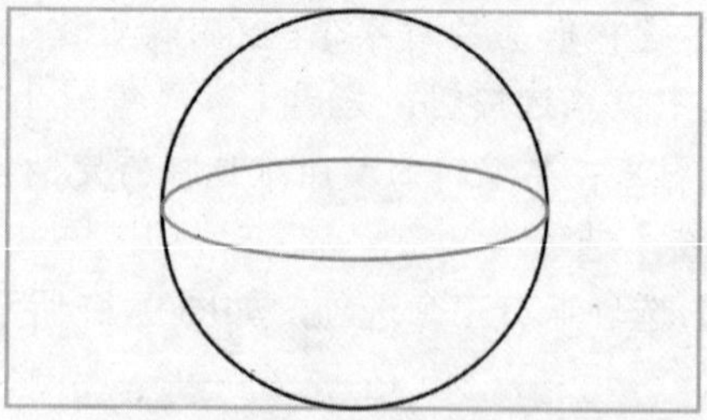

图 9-75 【B】参照处于编辑状态

修改完成之后，单击【保存修改】按钮，退出编辑状态，同时将所有的修改保存到外部参照的源文件。

提示 在保存修改时，从工作集中删除的对象将从参照中删除，并添加到主图形中，而添加到工作集中的对象将从主图形中删除，并添加到参照中。

如果要放弃修改，可以单击【放弃修改】按钮，弹出 AutoCAD 警告提示框，单击按钮，放弃对参照的修改，同时退出编辑状态。

提示 如果打算对参照进行较大修改，可以打开参照图形直接修改。如果使用在位参照编辑进行较大修改，会使在位参照编辑任务期间当前图形文件的大小明显增加。

9.4.5 融入外部参照中的名称冲突

典型外部参照定义包括对象（如直线或圆弧），还包括块、标注样式、图层、线型和文字样式等依赖外部参照的定义。附着外部参照时，AutoCAD 通过以下方法区分依赖外部参照的命名图形的名称和当前图形中的名称：在名称前添加外部参照图形名和竖线符号（|）。例如，如果某个依赖外部参照的命名对象是名为 stair.dwg 的外部参照图形中名为 STEEL 的图层，则它在图层特性管理器中将以名称 STAIR|STEEL 列出。

如果参照的图形文件已被修改，则依赖外部参照的命名对象的定义也将更改。例如，如果参照图形已被修改，来自该参照图形的图层名也将更改。如果该图层名从参照图形中被清除，它甚至会消失。这就是 AutoCAD 不允许用户直接使用依赖外部参照的图层或其他命名对象的原因。例如，不能插入依赖外部参照的块，或将依赖外部参照的图层设置为当前图层并在其中创建新对象。

要避免这种对依赖外部参照的命名对象的限制，可以将其绑定到当前图形。绑定可以使选定的依赖外部参照的命名对象成为当前图形的永久部分。

可以用下列方式对外部参照对象定义进行绑定：

- 命令方式：直接输入命令 XBIND 或缩写 XB。
- 菜单方式：单击【修改】/【对象】/【外部参照】/【绑定】命令。

【例 9-7】 绑定外部参照定义。

1）启动绑定命令后，弹出【外部参照绑定】对话框，如图 9-76 所示。

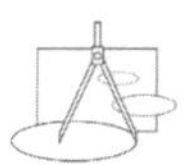

2）该对话框左边显示了当前图形中已创建的所有外部参照的列表。

3）单击某外部参照对象前面的[+]符号，或直接双击该参照对象名称，可以展开该外部参照对象文件包含的图块、文本样式、标注样式、图层、线型等的树状图，如图 9-77 所示。

4）选择需要绑定的属性（如 C| 轮廓线），单击[添加(A) ->]按钮，将该属性添加到右边的【绑定定义】列表框中，该属性的信息就被绑定到当前图形内部。如果需要删除某个已经绑定的属性，首先选中该属性，然后单击[<- 删除(R)]按钮，将该属性从【绑定定义】列表框中删除。

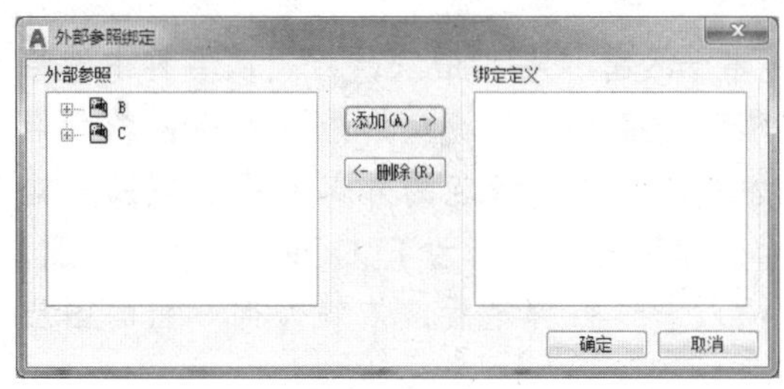

图 9-76 【外部参照绑定】对话框

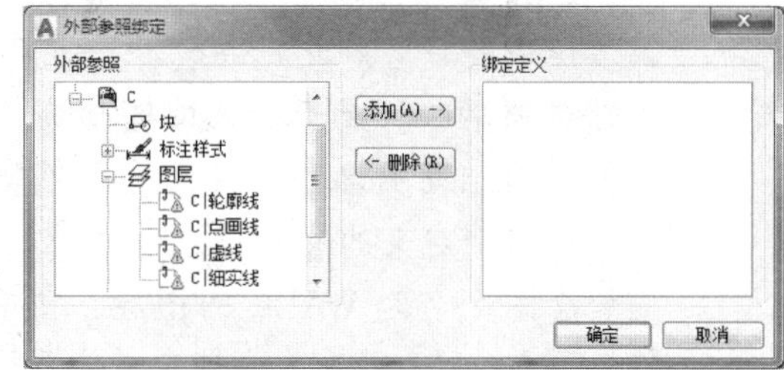

图 9-77 【外部参照绑定】对话框的树状图

5）完成上述设置后，单击[确定]按钮，完成绑定操作。

通过绑定将依赖外部参照的命名对象合并到图形中后，可以像使用图形自身的命名对象一样对其进行使用。绑定依赖外部参照的命名对象后，AutoCAD 从每个对象名称中删除竖线符号（ | ）并使用由数字（通常为零）分隔的两个美元符号（$$）替换它。例如，参照图层“C| 轮廓线”将变为“C0 轮廓线”。这时可以将“C0 轮廓线”改为其他名字。

9.4.6　外部参照绑定

插入外部参照的操作和插入块很相似，插入后都表现为一个整体。其实两者有明显的区别，参照仅仅是插入了一个链接，而没有真正将图形插入当前图形。参照依赖于源文件的存在而存在，如果找不到源文件，参照就无法显示。所以将包含外部参照的最终图形归档时，有以下两种选择：

- 将外部参照图形与最终图形一起存储：将外部参照源文件与最终图形文件一起交付，参照图形的任何修改将继续反映在最终图形中。
- 将外部参照图形绑定至最终图形：要防止修改参照图形时更新归档图形，请将外部参照绑定到最终图形。

将一个外部参照对象转变为一个外部块文件的过程，称为绑定。绑定以后，外部参照变成了一个外部块对象，图形信息将永久性地写入当前文件内部，形成当前文件的一部分（与源文件不再关联）。

【**例 9-8**】 将外部参照绑定到当前图形。

1）在【外部参照】选项板的参照列表中选择一个外部参照，在其上单击鼠标右键，在弹出的快捷菜单中选择【绑定】选项，弹出【绑定外部参照】对话框。

2）在【绑定外部参照】对话框中，选择下列选项之一：

- 【绑定】：将外部参照中的对象转换为块参照，绑定方式改变外部参照的定义表名称。外部参照依赖命名对象的命名语法从【块名 | 定义名】变为【块名 n 定义

名】。在这种情况下，将为绑定到当前图形中的所有外部参照相关定义表创建唯一的命名对象。例如，如果有一个名为 FLOOR1 的外部参照，它包含一个名为 WALL 的图层，那么在绑定了外部参照后，依赖外部参照的图层 FLOOR1|WALL 将变为名为 FLOOR1$0$WALL 的本地定义图层。如果已经存在同名的本地命名对象，n 中的数字将自动增加。例如，如果图形中已经存在 FLOOR1$0$WALL，依赖外部参照的图层 FLOOR1|WALL 将重命名为 FLOOR1$1$WALL。

- 【插入】：将外部参照中的对象转换为块参照，插入方式则不改变定义表名称。外部参照依赖命名对象的命名不是使用"块名 n 符号名"语法，而是从名称中消除外部参照名称。对于插入的图形，如果内部命名对象与绑定的外部参照依赖命名对象具有相同的名称，符号表中不会增加新的名称，绑定的外部参照依赖命名对象采用本地定义的命名对象的特性。例如，如果有一个名为 FLOOR1 的外部参照，它包含一个名为 WALL 的图层，在用【插入】选项绑定后，依赖外部参照的图层 FLOOR1|WALL 将变为内部定义的图层 WALL。

3）单击[确定]按钮关闭【绑定外部参照】对话框。

提示　外部参照已经绑定，将从【外部参照】选项板的参照列表中消失。

9.4.7 更新外部参照

可以随时使用【外部参照】选项板中的按钮对所有参照进行重载，以确保使用最新版本。另外，打开图形时，AutoCAD 自动重载每个外部参照，使其反映参照图形的最新版本。

默认情况下，如果参照的文件已经更改，应用程序窗口的右下角（状态栏托盘）的外部参照图标旁将显示一个气泡信息，如图 9-78 所示。气泡信息最多列出三个已更改的参照图形的名称，并且在信息可用时，还将列出使用外部参照的每个用户的姓名。

单击气泡信息中的参照名就可以更新，或单击带叹号的外部参照图标，打开【外部参照】选项板，注意改变的参照会处在"需要重载"状态，如图 9-79 所示。

选择该参照，在其上单击鼠标右键，在弹出的快捷菜单中选择【重载】选项，这样

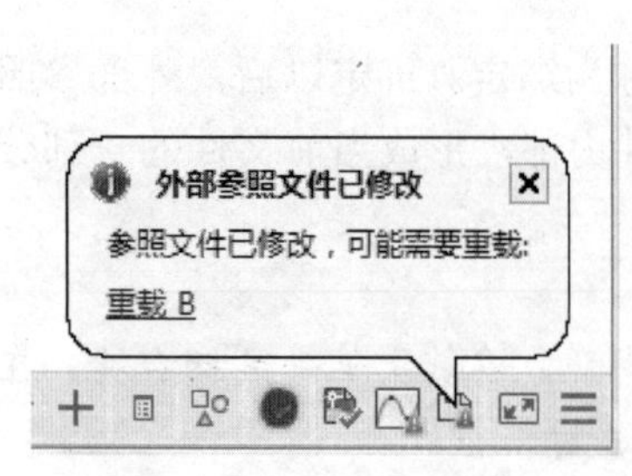

图 9-78　气泡信息

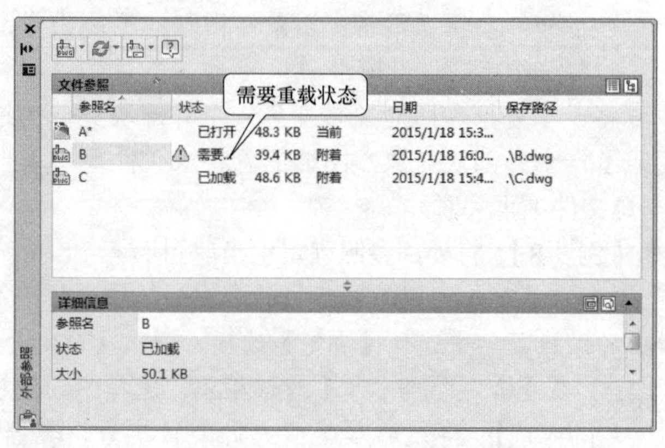

图 9-79　外部参照管理器

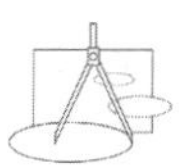

参照就得以更新，这时状态栏托盘中的外部参照图标上的叹号消失。

9.4.8　外部参照剪裁

外部参照创建好后，外部参照源文件的全部图形将插入当前文件中。有时可能不希望显示全部外部参照图形，而只希望显示其中的一部分。AutoCAD 提供的外部参照剪裁命令 XCLIP 可以为外部参照对象建立一个封闭的边界，位于边界以内的参照对象将显示出来，而边界之外的参照对象则不会被显示。看上去外部参照对象如同沿着边界被剪裁过一样。

在实际应用中，外部参照的剪裁功能可以用于一张图样上同时绘制总体布局图和局部详图。绘制局部详图时，只需将源总体布局图以外部参照的形式插入当前图形，而且选用较大的显示比例，然后为该参照设置剪裁边界即可。

启动剪裁命令的方式有以下三种：

- 命令方式：直接输入命令 XCLIP 或缩写 XC。
- 菜单方式：单击【修改】/【剪裁】/【外部参照】命令。
- 按钮方式：使用【参照】面板上的【剪裁】按钮。

9.4.9　融入丢失的外部参照文件

AutoCAD 存储了用于创建外部参照的图形的路径。打开文件时，AutoCAD 将检查该路径以确定参照图形文件的名称和位置。如果图形文件的名称或位置有所更改，则 AutoCAD 无法重载外部参照。

如把 B 文件改变了位置，打开 A 文件时，AutoCAD 加载图形时不能加载外部参照，将显示一条错误信息，如图 9-80 所示。

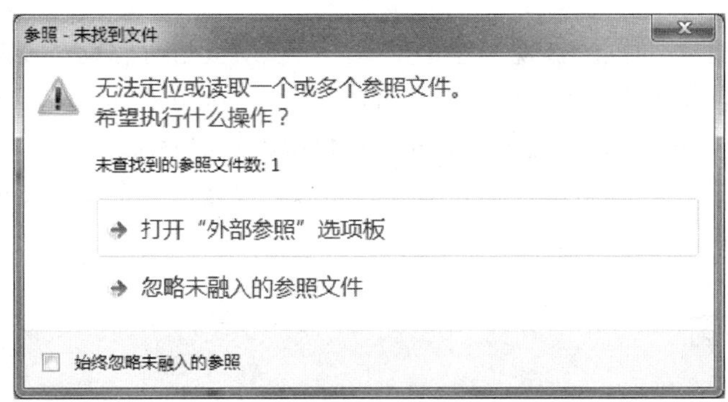

图 9-80　警示框

这时用户可以单击【打开“外部参照”选项板】选项，弹出图 9-81 所示的【外部参照】选项板，发现现在参照“B”处于未找到状态。

用户可以在参照名上单击鼠标右键，在弹出的快捷菜单中选择【选择新路径】选项，重新定位文件。

> **提示**　避免这些错误的一种方法是，确保将附着外部参照的文件和所有的参照文件一并交付使用。

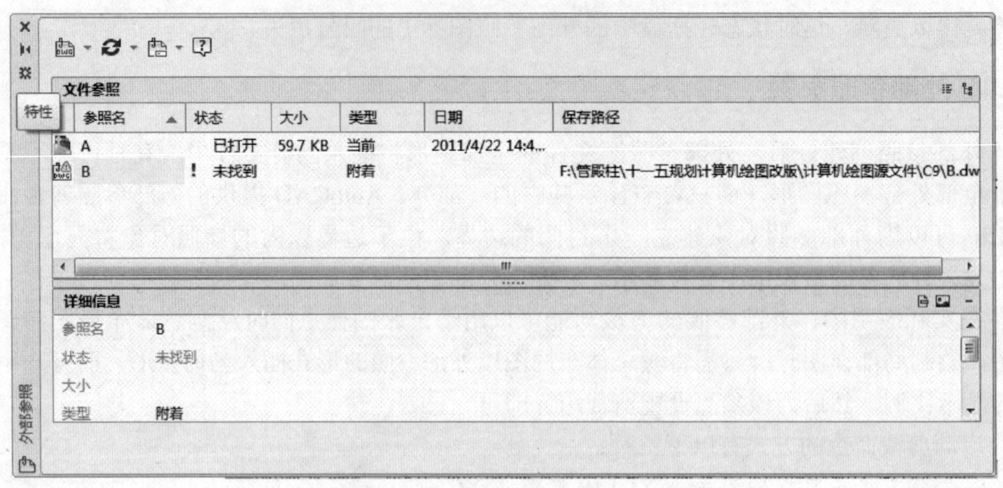

图 9-81 【外部参照】选项板

9.4.10 外部参照技术小结

外部参照技术可以用一组子图构造复杂的主图。由于外部参照的子图与主图之间保持一种“链接”关系，子图的数据还保留在各自的图形文件中。因此，使用外部参照的主图并不显著增加图形文件的大小，从而节省了存储空间。

当每次打开带有外部参照的图形文件时，附着的参照图形反映出参照文件的最新版本。对参照图形文件的任何修改一旦被保存，当前图形就可以立刻从状态行得到更新的气泡通知，而且重载后马上反映出参照图形的变化。因此，可以实时地了解到项目组其他成员的最新进展。

对于附着的外部参照图形被视为一个整体，可以对其进行移动、复制、旋转等编辑操作。对于附着到当前图形文件的参照图形，可以直接（不必回到源图形）对其进行编辑，保存修改后，源图形文件也会自动更新，这就是在位编辑外部参照。

在一个图形文件中可以引用多个外部参照图形。反之，一个图形文件也可以同时被多处作为外部参照引用。

9.5 思考与练习

1. 概念题

（1）利用什么命令可以把块分解为独立的对象？

（2）合理定义块的插入点有什么好处？

（3）怎样建立有属性的块？

（4）怎样编辑块的属性？

（5）怎样建立一个外部块？当插入一个文件时，它的插入点是怎样配置的，利用什么命令来定义一个文件的插入点？

（6）怎样理解图层与块的关系？

（7）外部参照与块有什么区别？

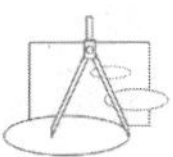

（8）怎样控制外部参照？

2. 操作题

绘制图 9-82 所示的零件图。

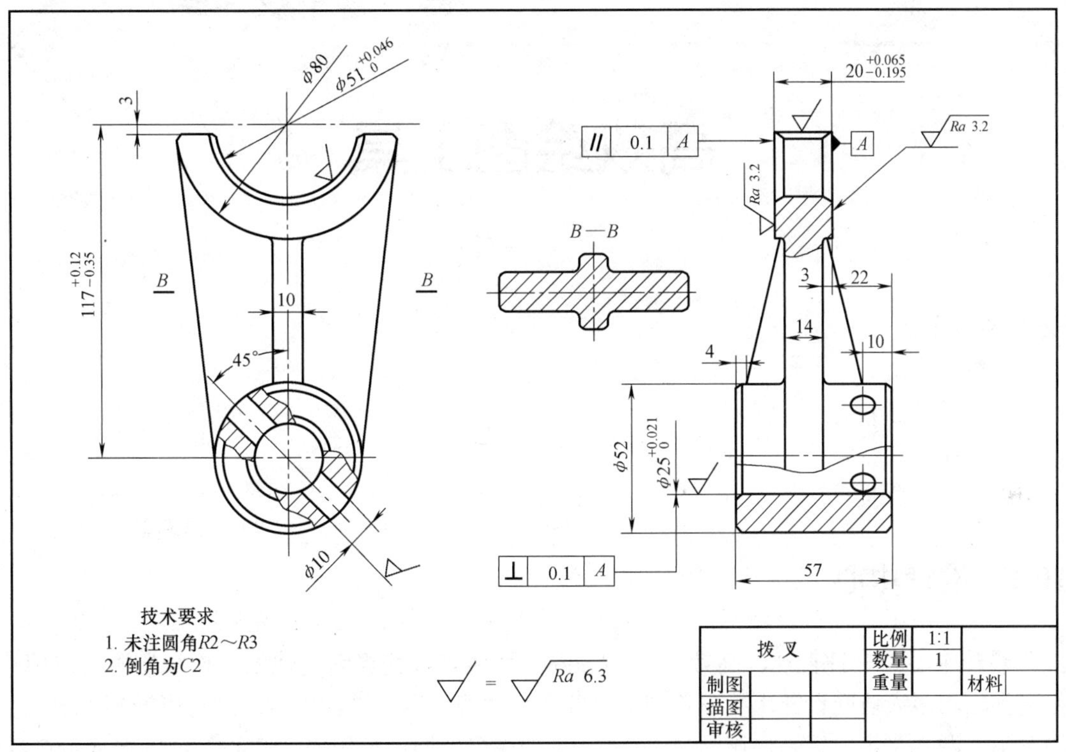

图 9-82　习题图

第10章

高效绘图工具

【本章重点】

- 设计中心。
- 工具选项板。
- CAD 标准。
- 使用样板文件。

10.1 设计中心

设计中心是一种直观、高效，与 Windows 资源管理器界面类似的工作控制中心，用于在多文档和多人协同设计环境下管理众多的图形资源。通过设计中心，既可以管理本地机上的图形资源，又可以管理局域网或 Internet 上的图形资源。使用设计中心，可以将 AutoCAD 文件中图块、图层、外部参照、标注样式、文字样式、线型和布局等内容直接插入当前图形中，从而实现资源共享，简化绘图过程。

单击【视图】选项卡上的【选项板】面板上的【设计中心】按钮，或单击【工具】/【选项板】/【设计中心】命令，可以打开【设计中心】窗口，如图 10-1 所示。

10.1.1 设计中心的功能

一般使用设计中心做如下工作：

- 浏览用户计算机、网络驱动器和 Web 页上的图形内容（如图形或符号库）。
- 在定义表中查看图形文件中命名对象（如块和图层）的定义，然后将定义插入、附着、复制和粘贴到当前图形中。
- 更新（重定义）块定义。
- 创建指向常用图形、文件夹和 Internet 网址的快捷方式。
- 向图形中添加内容（如外部参照、块和填充）。
- 在新窗口中打开图形文件。
- 将图形、块和填充拖动到工具选项板上以便于访问。

【设计中心】窗口分为两部分，左边为树状图，右边为内容区域。可以在树状图中浏览内容的源，而在内容区域显示内容。可以在内容区域中将项目添加到图形或工具选项板中。

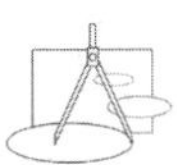

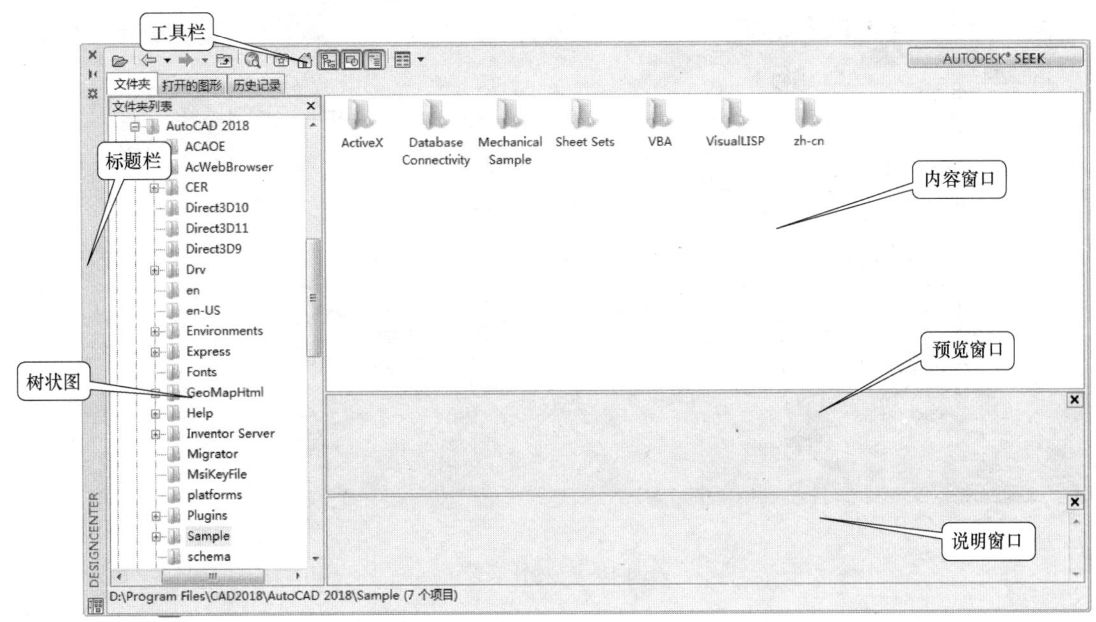

图 10-1 【设计中心】窗口

在内容区域的下面，也可以显示选定图形、块、填充图案或外部参照的预览或说明。窗口顶部的工具栏提供若干选项和操作。

用户可以控制设计中心的大小、位置和外观。

- 要调整设计中心的大小，可以拖动内容区域和树状图之间的双线，或像拖动其他窗口那样拖动它的一边。
- 要固定设计中心，可以将其拖动到 AutoCAD 窗口的右侧或左侧的固定区域上，直到捕捉到固定位置。也可以通过双击【设计中心】窗口标题栏将其固定。
- 要浮动设计中心，可以移动鼠标指针到标题栏拖动鼠标，使设计中心远离固定区域。拖动时按住〈Ctrl〉键可以防止窗口固定。
- 单击【设计中心】窗口标题栏上的自动隐藏按钮可使设计中心自动隐藏。

如果打开了设计中心的自动隐藏功能，那么当鼠标指针移出【设计中心】窗口时，设计中心树状图和内容区域将消失，只留下标题栏。将鼠标指针移动到标题栏上时，【设计中心】窗口将恢复。

在【设计中心】标题栏上单击鼠标右键将弹出一个快捷菜单，其中有几个选项可供选择，如图 10-2 所示。

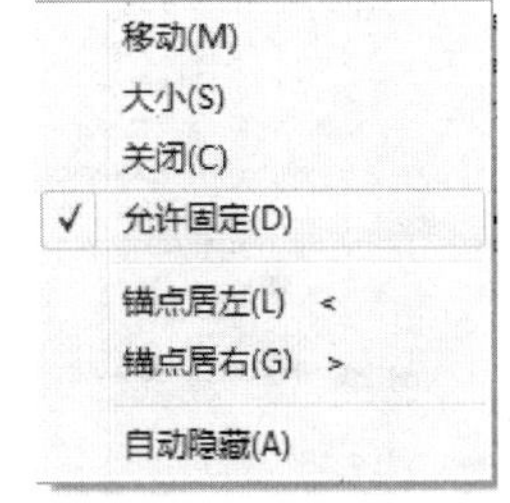

图 10-2　快捷菜单

10.1.2　使用设计中心访问内容

单击【设计中心】窗口的【文件夹】选项卡，在左边的树状视图窗口中将显示设计中心的树状资源管理器。单击某个文件夹，则该文件夹中的文件将显示在右边的内容窗口中。在内容窗口中单击选择某个文件，在预览窗口中显示文件的缩略图，如图 10-3 所示。

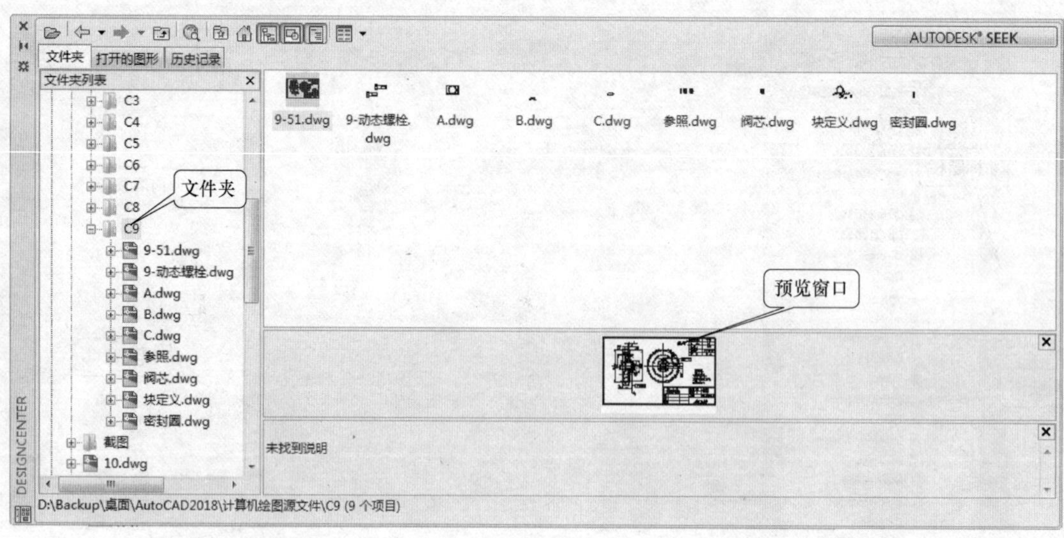

图 10-3　选择文件

在内容区双击某个文件，在内容窗口中显示该文件的标注样式、表格样式、布局、块、图层、外部参照、文字样式和线型等组成部分，如图 10-4 所示。要看各部分包含的具体对象定义，再次在组成部分符号上双击鼠标（如在“块”上），在内容窗口中将显示该组成部分包含的具体对象定义，如图 10-5 所示。

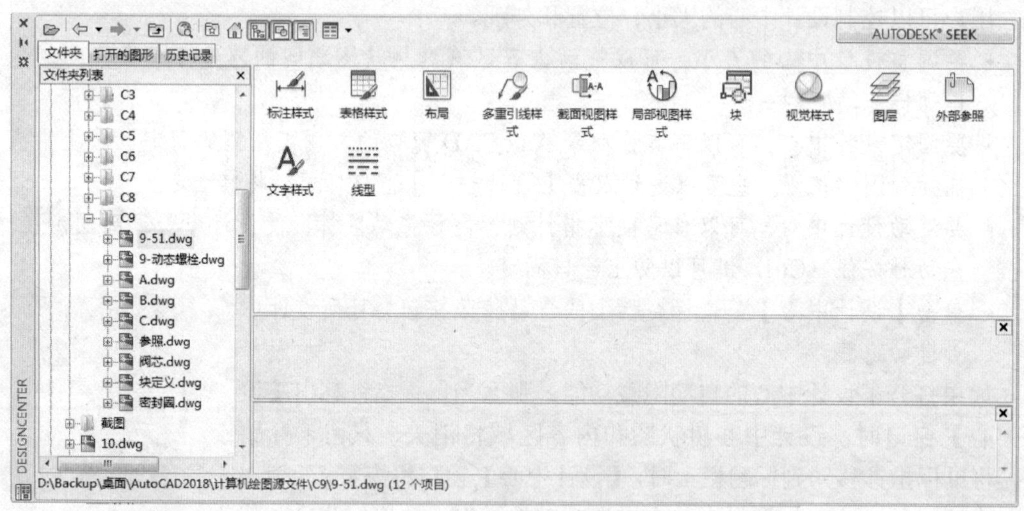

图 10-4　文件的组成部分

另外，【打开的图形】【历史记录】选项卡为查找内容提供了另外的方法：

- 【打开的图形】选项卡显示当前已打开图形的列表。单击某个图形文件，然后单击列表中的一个定义表可以将图形文件的内容加载到内容区域中。
- 【历史记录】选项卡显示设计中心中以前打开的文件列表。双击列表中的某个图形文件，可以在【文件夹】选项卡中的树状视图中定位此图形文件，并将其内容加载到内容区域中。

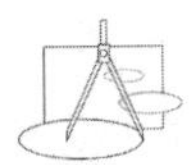

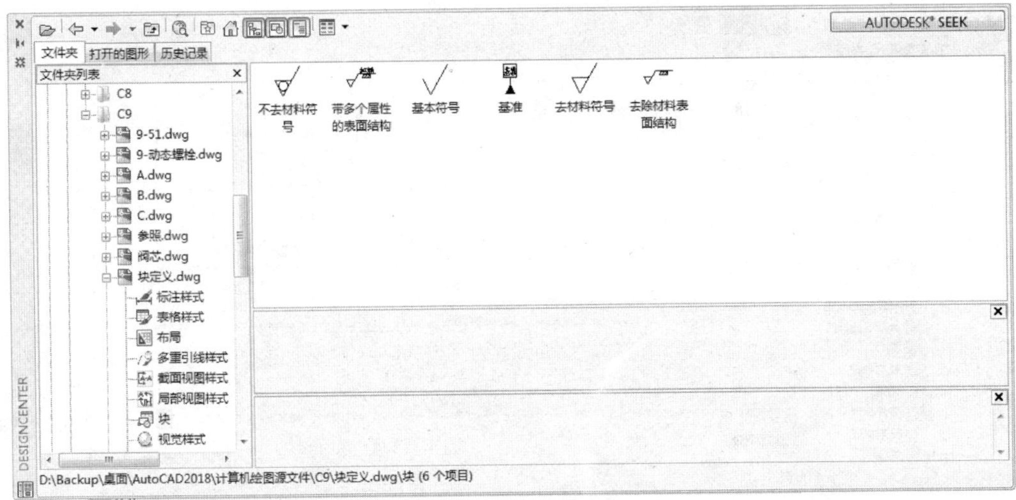

图 10-5 具体对象定义

10.1.3 打开图形文件

要在设计中心中直接打开某个文件，在内容窗口中的文件名上单击鼠标右键，在弹出的快捷菜单中选择【在应用程序窗口中打开】选项即可，如图 10-6 所示。

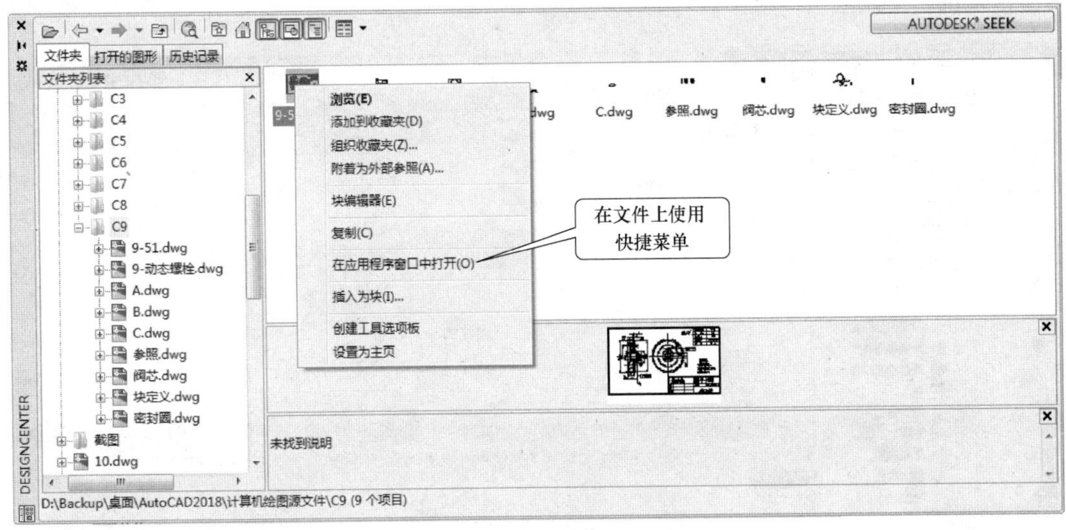

图 10-6 打开图形文件

10.1.4 共享图形资源

1. 向图形添加内容

使用设计中心可以把在别的文件中定义的块或外部参照等直接插入当前文件中，在内容窗口中的具体块名字上单击鼠标右键，在弹出的快捷菜单中选择【插入块】选项，然后按照插入块的操作方法，就可以把该块插入当前图形（同时这个块定义也存在该文件中），如图 10-7 所示。

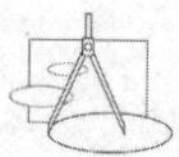

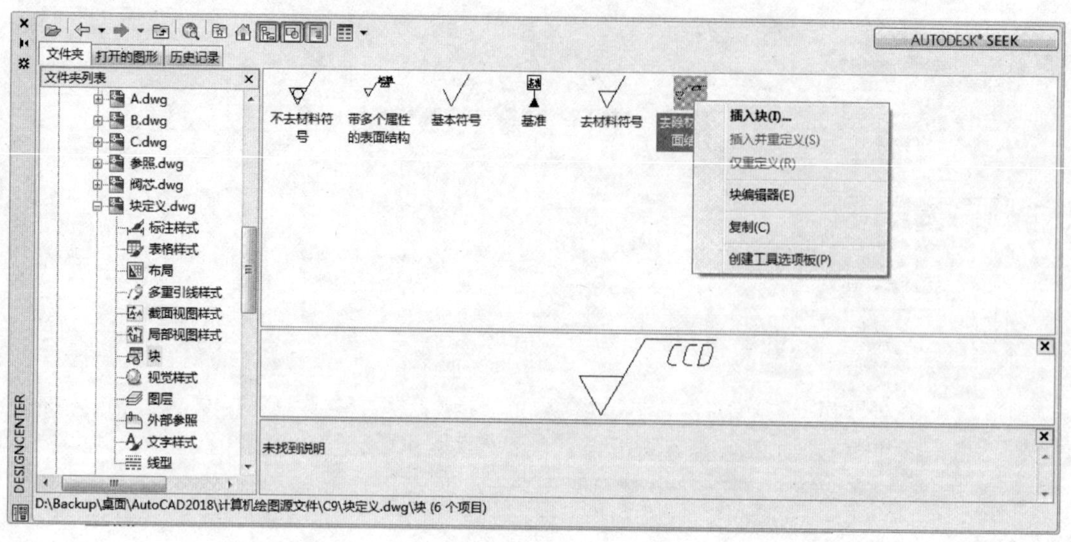

图 10-7　插入块

同样，使用设计中心可以把别的文件中的标注样式、文本样式、图层等定义添加到当前文件中，如图 10-8 所示。在内容窗口中的具体标注样式名字上单击鼠标右键，在弹出的快捷菜单中选择【添加标注样式】选项，就可以把该标注样式添加到当前文件中，而不需要用户再去自己定义。

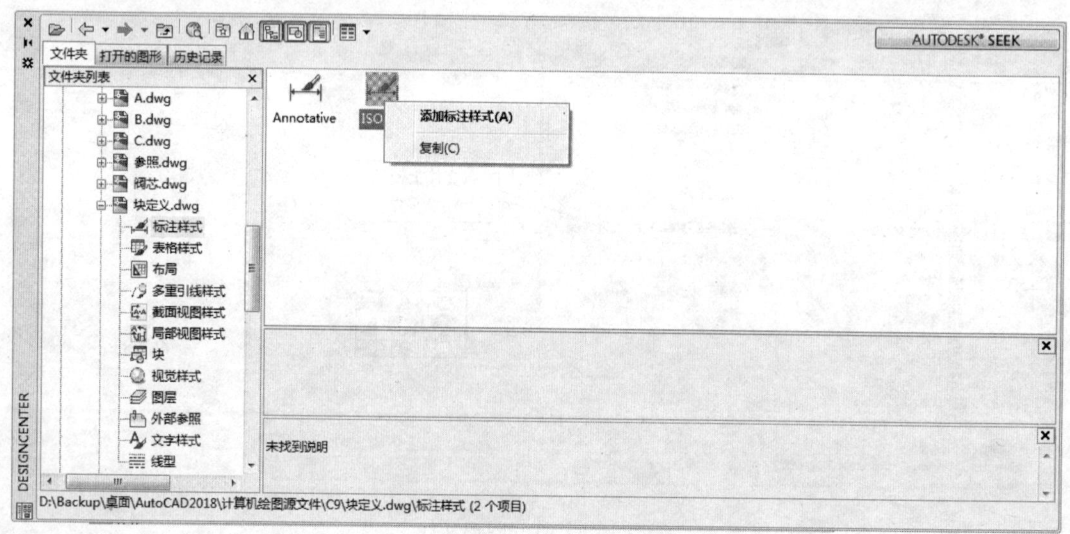

图 10-8　添加标注样式

另外，可以使用以下方法在内容区中向当前图形添加内容：

- 将某个项目拖动到某个图形的图形区，按照默认设置将其插入。
- 双击项目自动添加或出现相应的对话框（或列表）。

2. 通过设计中心更新块定义

与外部参照不同，当更改块定义的源文件时，包含此块的图形的块定义并不会自动更

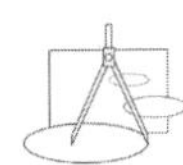

新。通过设计中心，可以决定是否更新当前图形中的块定义。块定义的源文件可以是图形文件或符号库图形文件中的嵌套块。

在内容区域中的块或图形文件上单击鼠标右键，在弹出的快捷菜单中选择【仅重定义】或【插入并重定义】选项，可以更新选定的块定义，如图 10-9 所示。

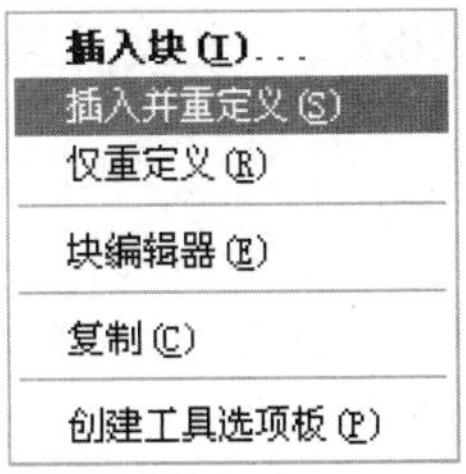

插入块(I)...
插入并重定义(S)
仅重定义(R)
块编辑器(E)
复制(C)
创建工具选项板(P)

图 10-9　快捷菜单

3. 将设计中心中的项目添加到工具选项板中

可以将设计中心中的图形、块和图案填充添加到当前的工具选项板中。

- 将设计中心内容区中附加的图形、块或填充图案拖动到工具选项板中。
- 在设计中心树状图中的文件夹、图形文件或块上单击鼠标右键，然后在弹出的快捷菜单中单击【创建工具选项板】选项，创建包含预定义内容的【工具选项板】选项卡。

10.2　工具选项板

工具选项板是【工具选项板】窗口中选项卡形式的区域，提供组织、共享和放置块及填充图案等的有效方法。工具选项板还可以包含由第三方开发人员提供的自定义工具。

单击【工具】/【选项板】/【工具选项板】命令，或单击【视图】选项卡的【选项板】面板上的【工具选项板】按钮，就会打开【工具选项板】窗口，如图 10-10 所示。

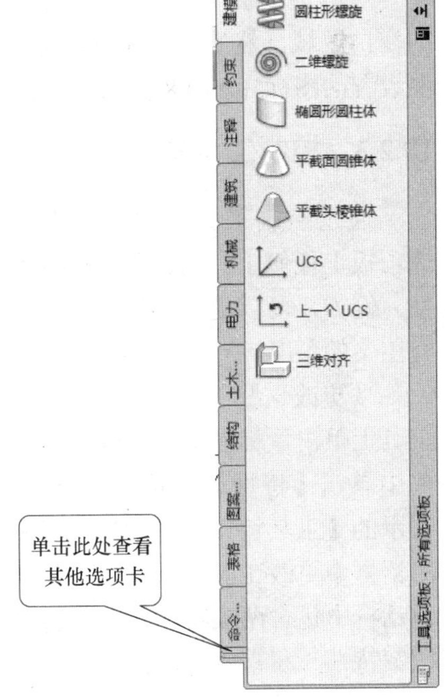

图 10-10　【工具选项板】窗口

10.2.1　使用工具选项板插入块和图案填充

工具选项板是【工具选项板】窗口中选项卡形式的区域，可以将常用的块和图案填充放置在工具选项板上。需要向图形中添加块或图案填充时，只需将其从工具选项板拖动至图形中即可（或在其上单击鼠标左键）。

位于工具选项板上的块和图案填充称为工具，可以为每个工具单独设置若干个工具特性，其中包括比例、旋转和图层等（在其上使用快捷菜单的【特性】选项）。

将块从工具选项板拖动到图形中时，可以根据块中定义的单位比率和当前图形中定义的单位比率自动对块进行缩放。例如，如果当前图形的单位为米（m），而所定义的块的单位为厘米（cm），单位比率即为 1 m/100 cm。将块拖动到图形中时，则会以 1/100 的比例插入（即 100 个块单位变为一个图形单位）。

提示　如果源块或目标图形中的【拖放比例】设置为“无单位”，则使用【选项】对话框的【用户系统配置】选项卡中的【源内容单位】和【目标图形单位】设置。

10.2.2 更改工具选项板设置

工具选项板的选项和设置可以被用户定义。这些设置包括以下三种：

1. 自动隐藏

当光标移动到【工具选项板】窗口上的标题栏时，【工具选项板】窗口会自动滚动打开或滚动关闭。单击【工具选项板】窗口标题栏上的自动隐藏按钮可以改变窗口的滚动行为。当自动隐藏按钮状态为▮时，窗口不滚动。当自动隐藏按钮状态为▮时，自动滚动打开，当鼠标移出窗口时，窗口自动收缩到标题栏，当鼠标移动到标题栏时，窗口又会自动张开。

2. 透明度

可以将【工具选项板】窗口设置为透明，从而不会挡住下面的对象（Microsoft Windows NT 用户无法使用透明度）。用右键单击【工具选项板】窗口标题栏，然后在弹出的快捷菜单中单击【透明度】选项，出现【透明度】对话框。在该对话框中，使用滑标调整【工具选项板】窗口的透明度级别。

3. 视图

工具选项板上图标的显示样式和大小可以更改。用鼠标右键单击【工具选项板】窗口的空白区域，然后在弹出的快捷菜单中单击【视图选项】，出现【视图选项】对话框，单击要设置的图标显示选项，可以更改图标的大小。

10.2.3 控制工具特性

通过控制工具特性可以更改工具选项板上任何工具的插入特性或图案特性。例如，可以更改块的插入比例或填充图案的角度。

要更改这些工具特性，可以在某个工具上单击鼠标右键，在弹出的快捷菜单中单击【特性】选项，出现图 10-11 所示的【工具特性】对话框，然后在该对话框中更改工具的特性。【工具特性】对话框中包含两类特性：插入特性（或图案特性）和常规特性。

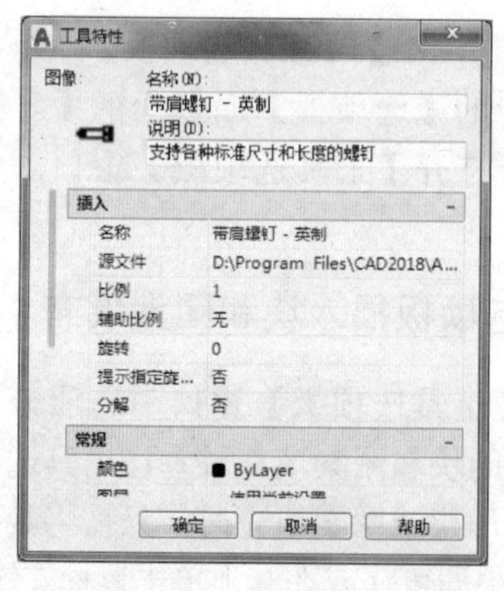

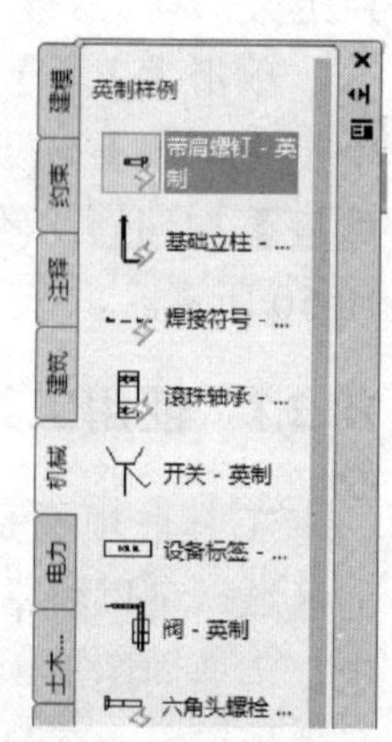

图 10-11 【工具特性】对话框

- 插入特性（或图案特性）。控制指定对象的特性，如比例、旋转。
- 常规特性。替代当前图形特性设置，如图层、颜色和线型。

在工具选项板上更改工具特性的步骤如下：

1）在工具选项板上，用鼠标右键单击某个工具，然后在弹出的快捷菜单中单击【特性】选项，出现【工具特性】对话框。

2）在【工具特性】对话框中，使用滚动条查看所有工具特性。单击任何特性字段并指定新的值或设置。

- 【插入】或【图案】类别下面列出的特性可以控制指定对象的特性，如缩放比例、旋转和角度。

- 【常规】类别下面列出的特性可以替代当前图形特性设置，如图层、颜色和线型。

3）设置完毕后单击 确定 按钮。

10.2.4　自定义工具选项板

在【工具选项板】窗口中的标题栏上单击鼠标右键，在弹出的快捷菜单中选择【新建选项板】选项可以创建新的工具选项板。使用以下方法可以在工具选项板中添加工具。

- 将以下任意一项拖至工具选项板：几何对象（如直线、圆和多段线）、标注、图案填充、渐变填充、块、外部参照或光栅图像。
- 将图形、块和图案填充从设计中心拖至工具选项板。将已添加到工具选项板中的图形拖动到另一个图形中时，图形将作为块插入。
- 使用【剪切】【复制】和【粘贴】（在工具上使用快捷菜单），可以将一个工具选项板中的工具移动或复制到另一个工具选项板中。
- 在设计中心树状图中的文件夹、图形文件或块上单击鼠标右键，然后在弹出的快捷菜单中单击【创建工具选项板】，创建包含预定义内容的【工具选项板】选项卡。

创建空的工具选项板的步骤如下：

1）在【工具选项板】窗口中的标题栏上单击鼠标右键，在弹出的快捷菜单上选择【新建选项板】选项，出现一个文本输入框，输入新建工具选项板的名称，如“我的工具”。

2）然后按〈Enter〉键，这样就会在【工具选项板】窗口中添加一个自定义的选项板，用户可以利用上面的方法添加组织自己的工具，如图 10-12 所示。

图 10-12　自定义的工具选项板

从文件夹或图形创建工具选项板的步骤如下：

1）打开设计中心。

2）在设计中心树状图或内容区域中，用鼠标右键单击文件夹、图形文件或块，如在 Mechanical Sample 目录上单击鼠标右键，弹出的快捷菜单，如图 10-13 所示。

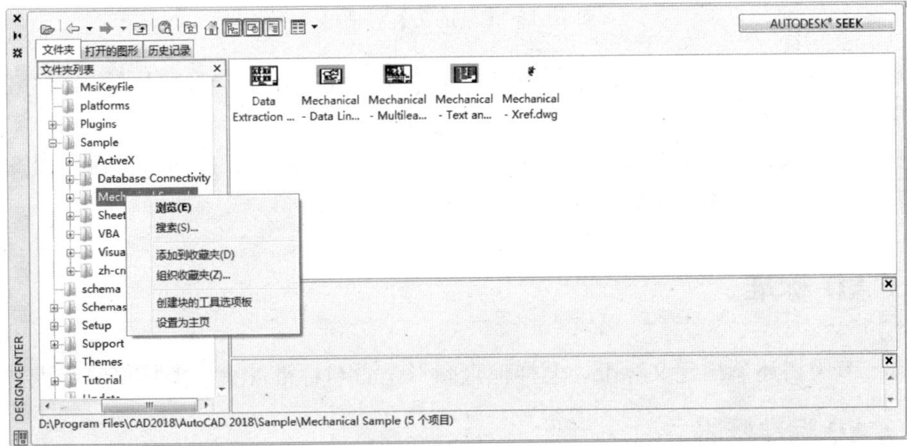

图 10-13　设计中心

3）在快捷菜单上，单击【创建块的工具选项板】选项。

4）将创建一个新的工具选项板，包含所选文件夹或图形中的所有块。图 10-14 所示为创建了一个名称为 Mechanical Sample 的工具选项板。

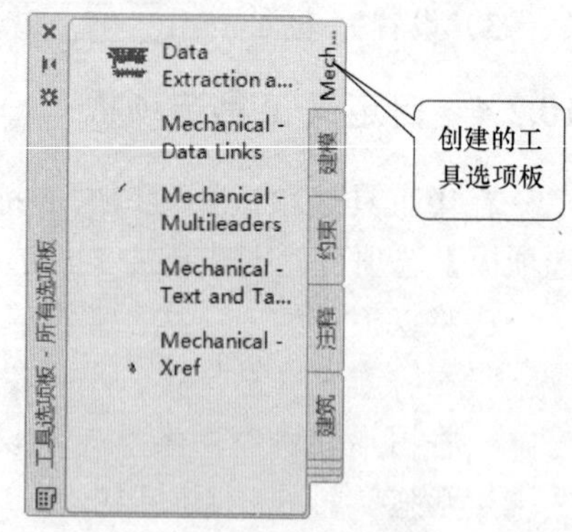

图 10-14　Mechanical Sample 工具选项板

10.2.5　保存和共享工具选项板

可以通过将工具选项板输出或输入为工具选项板文件来保存和共享工具选项板。工具选项板文件的扩展名为 .xtp，工具选项板组文件的扩展名为 . xpg。

打开【工具选项板】窗口，在标题栏上单击鼠标右键，在弹出的快捷菜单上单击【自定义选项板】选项，弹出【自定义】对话框，如图 10-15 所示。从中可以看出左边显示的是所有选项板，右边显示的是选项板组（把相关的选项板组织在一起构成一组）。用户可以通过快捷菜单创建新的选项板组，然后通过鼠标拖动的方法组织选项板组的内容。

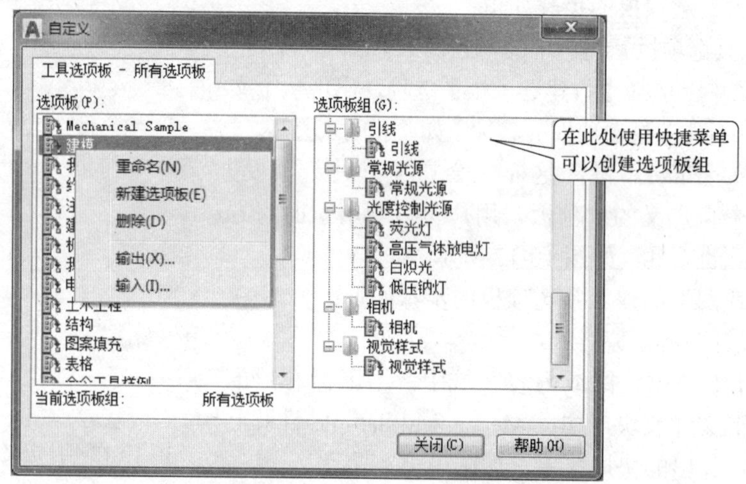

图 10-15　【自定义】对话框

选择一个选项板（左边窗口），利用快捷菜单中的【输出】选项可以输出保存选项板。使用快捷菜单中的【输入】选项可以共享外部选项板。

选择一个选项板组（右边窗口），利用快捷菜单中的【输出】选项可以输出保存选项板组。使用快捷菜单中的【输入】选项可以共享外部选项板组。

10.3　CAD 标准

在这一节中讲述怎样定义标准、怎样检查图形是否与标准冲突、怎样修复标准冲突。

10.3.1　CAD 标准概述

为维护图形文件的一致性，可以创建标准文件以定义常用属性。标准为命名对象（如

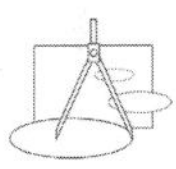

图层和文字样式）定义一组常用特性。为了增强一致性，用户或用户的 CAD 管理员可以创建、应用和核查 AutoCAD 图形中的标准。因为标准可以帮助其他人理解图形，所以在多人创建同一个图形的协作环境下尤其有用。

1. 标准检查的命名对象

可以为下列命名对象创建标准：

- 图层。
- 文字样式。
- 线型。
- 标注样式。

2. 标准文件

定义标准后，将它们保存为标准文件。然后，可以将标准文件同一个或更多图形文件关联起来。将标准文件与图形相关联后，应该定期检查该图形，以确保它遵循标准。

10.3.2　定义标准

要设置标准，可以创建定义图层特性、标注样式、线型和文字样式的文件，然后将其保存为带有 .dws 文件扩展名的标准文件。

根据工程的组织方式，可以决定是否创建多个工程特定标准文件并将其与单个图形关联起来。核查图形文件时，标准文件中各设置之间可能会发生冲突。例如，某个标准文件指定图层 WALL 为黄色，而另一个标准文件指定图层为红色。发生冲突时，第一个与图形关联的标准文件具有优先权。如有必要，可以改变标准文件的顺序以改变优先级。

如果希望只使用指定的插入模块核查图形，可以在定义标准文件时指定插入模块。例如，如果最近只对图形进行了文字更改，那么用户可能希望只使用图层和文字样式插入模块核查图形，以节省时间。在默认情况下，核查图形是否与标准冲突时将使用所有插入模块。

1. 创建标准文件的步骤

1）新建一个图形文件。

2）在新图形中，创建将要作为标准文件一部分的图层、标注样式、线型和文字样式等。

3）单击【文件】/【另存为】命令。

4）在【文件名】输入框中，输入标准文件的名称。

5）在【文件类型】列表中，选择“AutoCAD 图形标准（*.dws）”。

6）单击 保存(S) 按钮。

2. 使标准文件与当前图形相关联的步骤

1）打开一个要与标准文件关联的图形文件，然后单击【工具】/【CAD 标准】/【配置】命令（或单击【管理】选项卡上的【CAD 标准】配置标准按钮 配置），弹出图 10-16 所示的【配置标准】对话框。

2）在【配置标准】对话框的【标准】选项卡中，单击【添加标准文件】按钮，弹出【选择标准文件】对话框。

3）在【选择标准文件】对话框中，找到并选择标准文件。单击 打开(O) 按钮，如图 10-17 所示。

4）（可选）如果要使其他标准文件与当前图形相关联，请重复执行步骤 2）和步骤 3）。

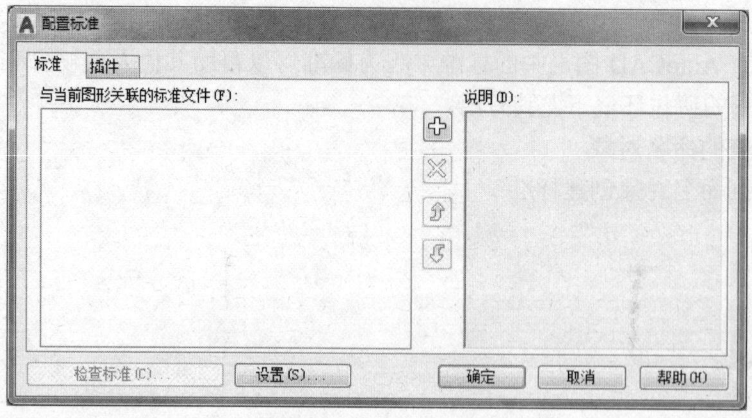

图 10-16 【配置标准】对话框

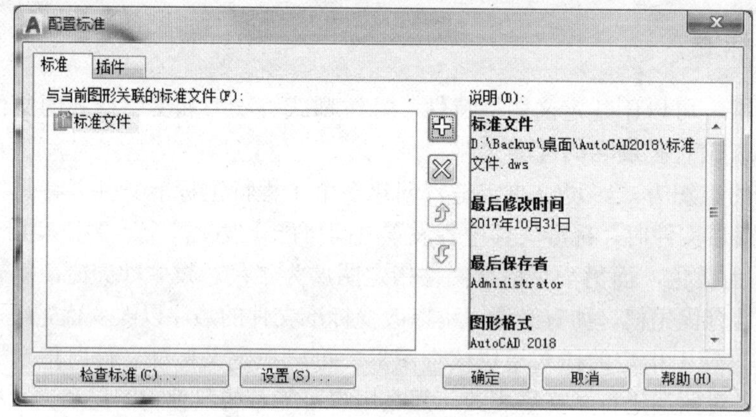

图 10-17 配置标准

5）单击 确定 按钮完成标准关联。

3. 从当前图形中删除标准文件的步骤

1）单击【工具】/【CAD标准】/【配置】命令（或单击【管理】选项卡上的【CAD标准】配置标准按钮 配置），弹出【配置标准】对话框。

2）在【与当前图形关联的标准文件】中选择一个标准文件。

3）单击【删除标准文件】按钮☒。

4）（可选）如果要删除其他标准文件，请重复执行步骤 2）和步骤 3）。

5）单击 确定 按钮完成标准删除。

4. 更改与当前图形相关联的标准文件的次序的步骤

1）单击【工具】/【CAD标准】/【配置】命令（或单击【管理】选项卡上的【CAD标准】配置标准按钮 配置），弹出【配置标准】对话框。

2）在【配置标准】对话框的【标准】选项卡的【与当前图形关联的标准文件】中选择要更改其位置的标准文件。

3）执行下列操作之一：

• 单击【上箭头】按钮（上移），将标准文件向上移动到列表的某个位置。

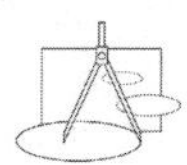

• 单击【下箭头】按钮（下移），将标准文件向下移动到列表的某个位置。

4)（可选）如果要更改列表中其他标准文件的位置，请重复执行步骤 2）和步骤 3)。

5）单击 确定 按钮完成。

5. 指定核查图形时使用的标准插入模块的步骤

1）单击【工具】/【CAD 标准】/【配置】命令（或单击【管理】选项卡上的【CAD 标准】配置标准按钮 配置），弹出【配置标准】对话框。

2）在图 10-18 所示的【配置标准】对话框的【插件】选项卡中，执行下列操作之一：

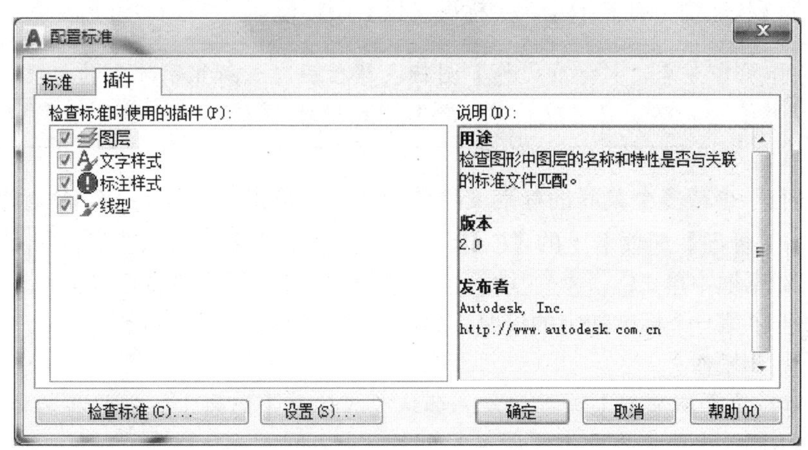

图 10-18 【插件】选项卡

• 至少选中一个插入模块的复选框，以核查图形是否与标准冲突。

• 要选择所有插入模块，请在【检查标准时使用的插入】列表中单击鼠标右键，然后在弹出快捷菜单中单击【全部选择】选项（在【检查标准时使用的插入】列表中单击鼠标右键，然后在弹出的快捷菜单中选择【全部清除】可以清除所有插入模块）。

3）单击 确定 按钮，完成操作。

10.3.3 检查和修复标准冲突

将标准文件与 AutoCAD 图形相关联后，应该定期检查该图形，以确保它遵循其标准。这在许多人同时更新一个图形文件时尤为重要。例如，在一个具有多个次承包人的项目中，某个次承包人可能创建了新的但不符合所定义的标准的图层。在这种情况下，需要能够识别出非标准的图层，然后对其进行修复。

可以使用通知功能警告用户在操作图形文件时发生标准冲突。该功能允许用户在发生标准冲突后立即进行修改，从而使创建和维护遵从标准的图形更加容易。

在检查图形是否符合标准时，将对照与图形相关联的标准文件，检查每个特定类型的命名对象。例如，对照标准文件中的图层，图形中的每个图层都受到了检查。

标准核查可以找出以下两种问题：

• 在检查的图形中出现带有非标准名称的对象。例如，名为 WALL 的图层出现在图形中，但并未出现在任何相关标准文件中。

• 图形中的命名对象可以与标准文件中的某一名称相匹配，但它们的特性并不相同。

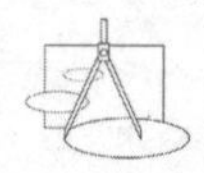

例如，图形中 WALL 图层为黄色，而标准文件将 WALL 图层指定为红色。

用非标准名称固定对象时，非标准对象将从图形中被清理掉。与非标准对象关联的任何图形对象都将传送给指定的替换标准对象。例如，可以固定非标准图层 WALL，并使用标准 ARCH-WALL 图层替换它。可以将所有对象从图层 WALL 传送至图层 ARCH-WALL，然后从图形中清理掉图层 WALL。

1）打开具有一个或多个关联标准文件的图形（“以关联标准文件 .dwg” 为例，本文件关联了同目录下的 “标准文件 .dws”）。状态栏中显示【关联标准文件】图标。如果缺少关联标准文件，状态栏中将显示【缺少标准文件】图标。

> **提示**　如果单击【缺少标准文件】图标，然后解决或断开了缺少的标准文件，那么【缺少标准文件】图标将被【关联标准文件】图标代替。

2）在具有一个或多个关联的标准文件的图形中，单击【工具】/【CAD 标准】/【检查】命令（或单击【管理】选项卡上的【CAD 标准】面板上的【检查标准】按钮 检查，或在【配置标准】对话框中单击 检查标准(C)... 按钮），将显示【检查标准】对话框，其中在【问题】下报告了第一个标准冲突的情况，如图 10-19 所示。

3）执行下列操作之一：

- 如果要应用【替换为】列表中所选的项目以修复【问题】下所报告的冲突，可以单击 修复(F) 按钮。如果在【替换为】列表中存在一个建议的修复方法，则复选框前会显示一个复选标记。如果不存在建议如何修复当前标准冲突的修复方法，则 修复(F) 按钮将不可用（用户可以在【替换为】列表中选择一个标准）。
- 在 AutoCAD 中手动修复一个标准冲突后，系统会自动显示下一个标准冲突，如果不修复，可以单击 下一个(N) 按钮显示下一个标准冲突。
- 选中【将此问题标记为忽略】复选框将标记该标准冲突，下次使用标准检查命令时将不显示该冲突。然后单击 下一个(N) 按钮，显示下一个标准冲突。

4）重复执行步骤 3)，直至查看了所有标准冲突，最后弹出【检查标准 - 检查完成】对话框，如图 10-20 所示。

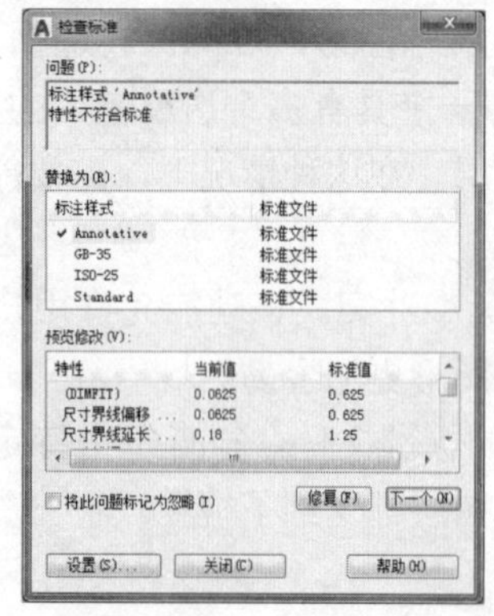

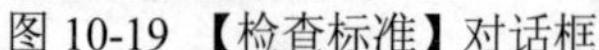

图 10-19 【检查标准】对话框

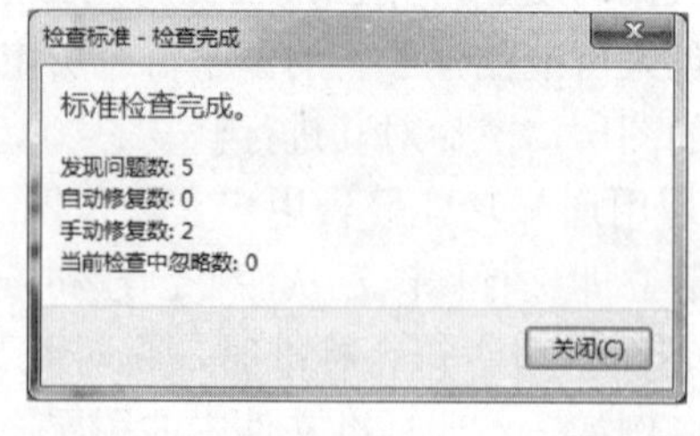

图 10-20 【检查标准 - 检查完成】对话框

5）单击 关闭(C) 按钮，完成标准检查和修复。

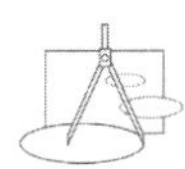

10.4　建立样板图

AutoCAD 中提供了很多样板图，但因为与实际要求有出入，往往需要自定义样板。现在来建立一张 A3 幅面的样板图，操作步骤如下：

- 设置绘图单位和幅面。
- 设置层、粗糙度图块、文本样式和标注样式。
- 建立标题栏、边框。
- 保存样板图文件。

10.4.1　设置绘图单位和幅面

启动 AutoCAD 后，单击【新建】按钮，弹出【选择样板】对话框，acadiso.dwt 是默认设置的公制基础样板文件，单击打开(O)按钮开始一个新文件，用户可以在此基础上完善自己的样板文件。

1. 修改绘图单位

在命令行输入“units”，或单击【格式】/【单位】命令，可以打开【图形单位】对话框，如图 10-21 所示。

在【长度】选项区指定测量的当前单位及当前单位的精度。在【角度】选项区指定当前角度的格式和当前角度显示的精度。选中【顺时针】复选框，以顺时针方向计算正的角度值。正角度的默认方向是逆时针方向。

在【插入时的缩放单位】选项区的【用于缩放插入内容的单位】下拉列表用于控制使用工具选项板（如设计中心或 i-drop）拖入当前图形的块的测量单位。如果块或图形创建时使用的单位与该选项指定的单位不同，则在插入这些块或图形时，将对其按比例缩放。插入比例是源块或图形使用的单位与目标图形使用的单位之比。如果插入块时不按指定单位缩放，则选择【无单位】选项。

单击方向(D)...按钮，弹出图 10-22 所示的【方向控制】对话框，设置基准角度的方向。

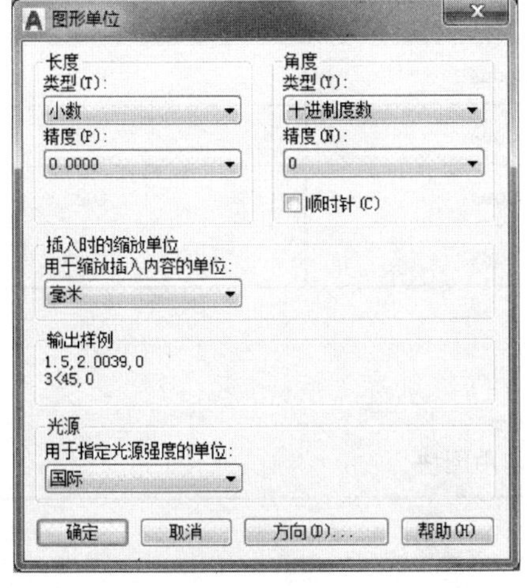

图 10-21 【图形单位】对话框

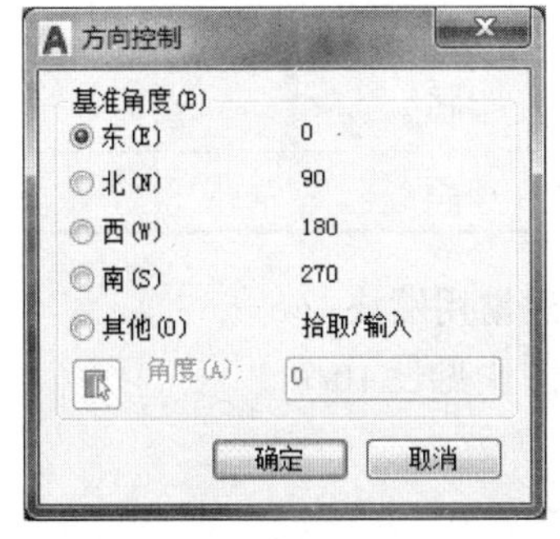

图 10-22 【方向控制】对话框

2. 修改绘图边界

在命令行输入“limits”，或单击【格式】/【图形界限】命令，命令行的提示如下：

命令：_limits

重新设置模型空间界限：

指定左下角点或[开（ON）/ 关（OFF）]〈0.0000,0.0000〉：　// 直接按〈Enter〉键确定绘图界限的左下角点的位置

指定右上角点〈420.0000,297.0000〉：　// 确定绘图界限的右上角点的位置

利用 limits 命令的开关选项，可以打开或关闭边界检验功能。如果选择【开】选项，AutoCAD 打开边界检验功能，这时用户只能在图形界限范围内绘图。如超出范围，AutoCAD 将拒绝执行。如果选择【关】选项，AutoCAD 关闭边界检验功能，用户绘图不受图形界限的限制。

提示　用户可以打开栅格显示，然后单击【zoom】/【all】命令观察设置的绘图界限，这时整个绘图界限会完全显示在绘图窗口中。

10.4.2　设置层、文本样式、标注样式

用户可以把图层、文本样式和标注样式等保存在样板文件中，这样就不用重复设置。

1. 设置图层

利用前面所讲层的设置方法，建立图层图层设置见表 10-1。

表 10-1　图层设置

图层名称	图层线型	线　宽
轮廓线	Continuous	0.5
虚线	Hidden	0.25
点画线	Center	0.25
双点画线	Phantom	0.25
标注	Continuous	0.25
文本	Continuous	0.25
剖面线	Continuous	0.25
细实线	Continuous	0.25

2. 创建常用图块

常用图块见表 10-2。

表 10-2　常用图块

序号	符　号	说　明
1	√	基本图形符合仅用于简化代号标注

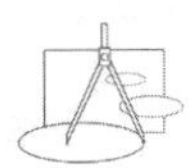

续表

序号	符　号	说　明
2		在基本图形代号上加一短横，表示指定表面是用去除材料的方法获得的，如通过机械加工获得的表面
3		在基本图形代号上加一个圆圈，表示指定表面是用不去除材料的方法获得的
4	CCD	带一个参数的表面结构符号
5	加工方法 CCD	带两个参数的表面结构符号
6	A	基准符号

3. 设置文本样式

按照第 7 章中讲的方法，需要设置文本样式，见表 10-3。

4. 设置标注样式

按照第 8 章中讲的方法，需要设置的标注样式，见表 10-4。

表 10-3　文本样式

名　称	作　用
工程字（gbenor.shx）	用于文字输入或尺寸标注
工程字（gbeitc.shx）	用于文字输入或尺寸标注

表 10-4　标注样式

名　称	作　用
基本样式（GB-35）	用于标注一般的尺寸
角度样式（子样式）	用于标注角度式样
非圆尺寸样式	用于标注非圆视图的带直径符号的尺寸
抑制样式	用于标注有抑制的尺寸
公差样式	用于标注带公差的尺寸

10.4.3　绘制边框、标题栏

绘制图 10-23 所示的 A3 图框。

绘制标题栏，如图 10-24 所示。

为了绘图方便，不管机件尺寸多大，都习惯用 1 ∶ 1 的比例来进行绘制。要打印出图（在布局中）时，再用比例缩放命令，将图形放大或缩小，适应图纸幅面大小。但是，标题栏和边框是不缩放的，所以要把标题栏和边框定义成块，直接在图纸空间插入。

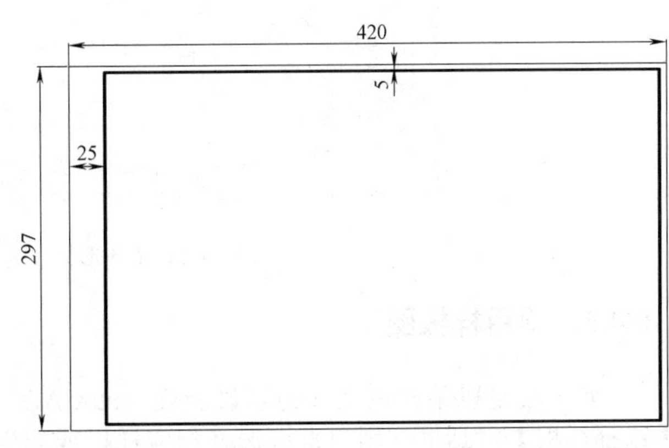

图 10-23　绘制边框

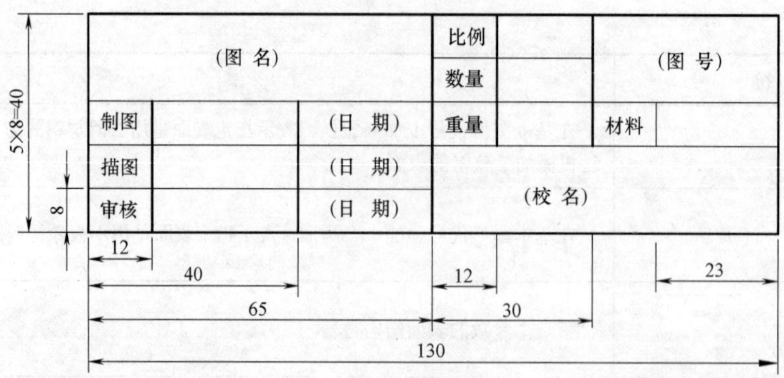

图 10-24　标题栏

10.4.4　建立样板文件

建立样板文件就是将样板图存放到磁盘，变成一个可以调用的文件。保存方法与一般图形文件的保存方法一样，只是文件的扩展名不同。一般的 AutoCAD 图形文件的扩展名是【*.dwg,】，而样板图的扩展名为【*.dwt】。

单击【文件】/【另存为】命令，弹出【图形另存为】对话框，如图 10-25 所示。在【文件类型】下拉列表中选择【AutoCAD 图形样板文件（*.dwt)】选项，在【文件名】文本框中输入样板文件的名称“A3 模板”，单击 保存(S) 按钮，弹出【样板选项】对话框，用户可以在【说明】文本框中输入对样板文件的描述，单击 确定 按钮，样板文件就会保存到“安装目录 \Template”这个目录中。

图 10-25　【图形另存为】对话框

10.4.5　调用样板图

如果希望以某样板文件为基础新建 AutoCAD 文档，单击【新建】按钮，自动打开【选择样板】对话框，用户直接选择相应样板或无样板，如图 10-26 所示。单击需要的样本文件就可以进入绘图状态。在这个新建文档中就包含了样板文件定义的环境设置、图层、文

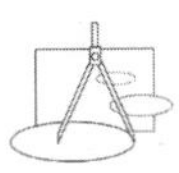

本样式和标注样式等，不需用户再设置，大大提高了工作效率。

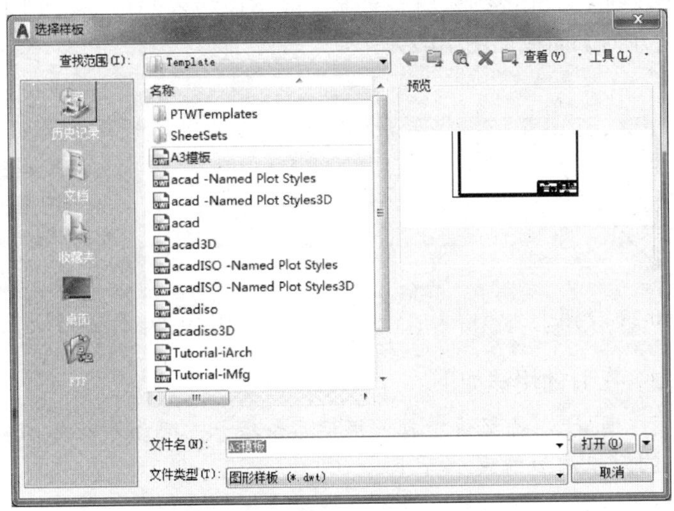

图 10-26 【选择样板】对话框

10.5　参数化绘图

绘制形状相似而尺寸不同的图形，可以使用参数化绘图方法提高绘图效率，而对于各部分尺寸都由某一个参数或几个参数决定的图形，使用参数化绘图方法进行绘制更有必要。

10.5.1　参数化的概念

参数就是对图形的每条图线都使用约束决定其和相邻图线的位置关系，使用尺寸标注定义其大小。需要修改图形各部分大小时，只需更改相应尺寸，即可驱动图形大小发生变化。

参数化绘图的步骤如下：

1）利用绘图工具绘制图形，只关心其形状，不必在意其尺寸大小。

2）使用约束工具定义各图元的位置关系。

3）标注动态尺寸。

4）修改尺寸驱动图形，使图形满足要求。

参数化过程使用【参数化】选项卡完成，它由【几何】面板、【标注】面板和【管理】面板组成，如图 10-27 所示。

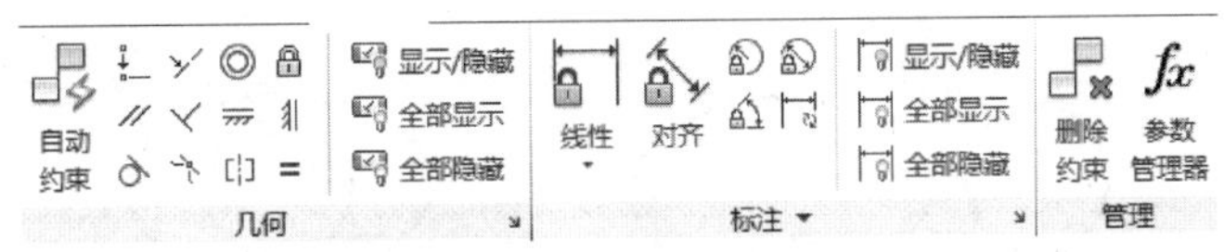

图 10-27 【参数化】选项卡

10.5.2　约束

约束是指两个对象之间的位置及度量关系，包括点和点的关系、点和线的关系、线和

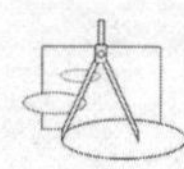

线的关系，共 12 种。在【几何】面板中选择合适的约束工具，根据提示选择两个对象即可对这两个对象实施该约束。完成约束后，对象上显示该约束的符号，不同约束的符号不同，如图 10-28 所示。【几何】面板如图 10-29 所示。

图 10-28　约束符号　　　　图 10-29 【几何】面板

【几何】面板中各工具的用法如下：

- 【自动约束】工具：选择该工具，根据系统提示，系统根据绘图时使用的辅助工具自动为选中的对象添加约束。
- 【重合】约束工具：选择该工具，根据系统提示选取两个点，此时两点重合；或者选取一个点和一个对象，此时点约束在对象上或对象的延长线上，在图形中显示的符号是蓝色的方点，当鼠标指向该小点时，显示为。它的使用方法如图 10-30 所示。

图 10-30　重合约束的使用方法

- 【共线】约束工具：选择该工具，根据系统提示选择两条直线，两条直线位于过第一条直线的无限长直线上，其约束符号为，使用方法如图 10-31 所示。

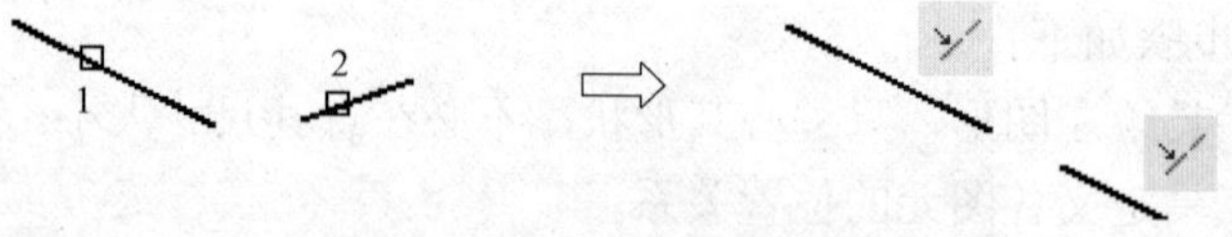

图 10-31　共线约束的使用方法

- 【同心】约束工具：选择该工具，根据系统提示选择两个对象，可以是圆、圆弧或椭圆，两个对象共用选择的第一个对象的圆心，其约束符号为，使用方法如图 10-32 所示。

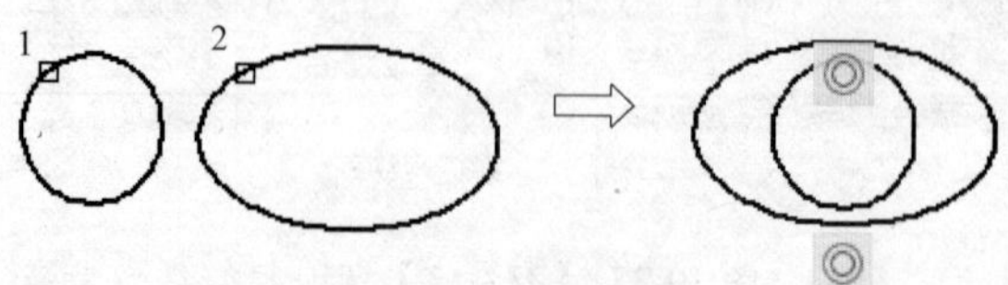

图 10-32　同心约束的使用方法

- 【固定】约束工具：选择该工具，根据系统提示选择点或对象，将点或对象固定

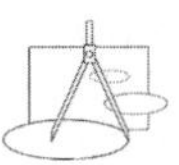

在相对世界坐标系的特定位置和方向上。固定点时，其约束符号为[icon]，固定对象时，其约束符号为[icon]，使用方法如图 10-33 所示。

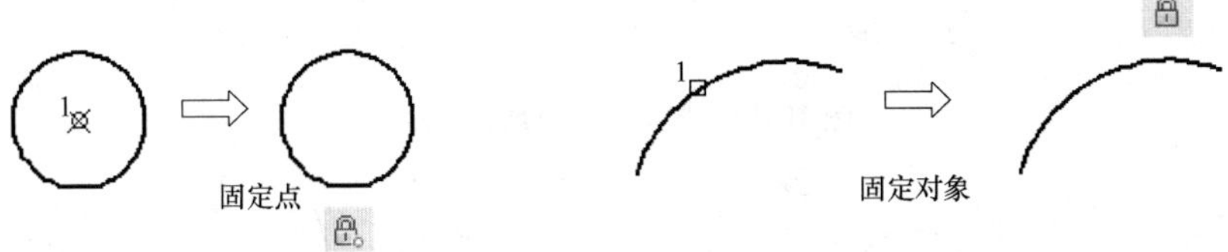

图 10-33 固定约束的使用方法

- 【平行】约束工具[icon]：选择该工具，根据系统提示选择两条直线，将选择的第二条直线约束为和选定的第一条直线平行，其约束符号为[icon]，使用方法如图 10-34 所示。

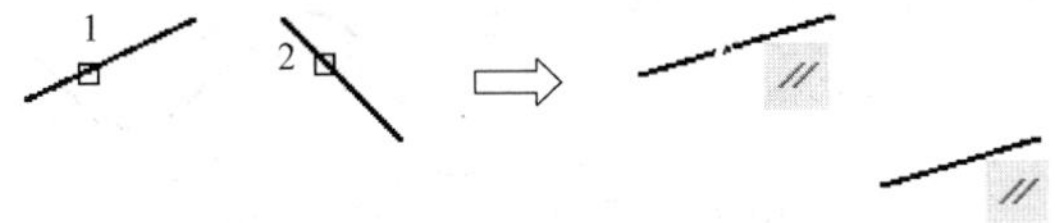

图 10-34 平行约束的使用方法

- 【垂直】约束工具[icon]：选择该工具，根据系统提示选择两条直线，则选中的第二条直线变为与第一条直线垂直，其约束符号为[icon]，使用方法如图 10-35 所示。

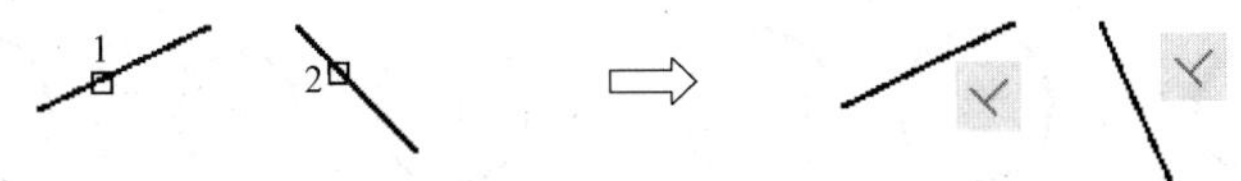

图 10-35 垂直约束的使用方法

- 【水平】约束工具[icon]：选择该工具，根据系统提示选择两点或直线，选择点时，两点水平对齐，其约束符号为[icon]；选择直线时，直线变为水平直线，其约束符号为[icon]。使用方法如图 10-36 所示。

图 10-36 水平约束的使用方法

- 【竖直】约束工具[icon]：选择该工具，根据系统提示选择两点或直线，选择点时，两点竖直对齐，其约束符号为[icon]；选择直线时，直线变为竖直直线，其约束符号为[icon]。使用方法如图 10-37 所示。
- 【相切】约束工具[icon]：选择该工具，根据系统提示选择两个对象，所选的两个对象变为相切，第一个对象位置不动，其约束符号为[icon]，使用方法如图 10-38 所示。
- 【平滑】约束工具[icon]：选择该工具，根据系统提示选择两样条曲线，两样条曲线光滑连接，其约束符号为[icon]，使用方法如图 10-39 所示。

图 10-37　竖直约束的使用方法

图 10-38　相切约束的使用方法

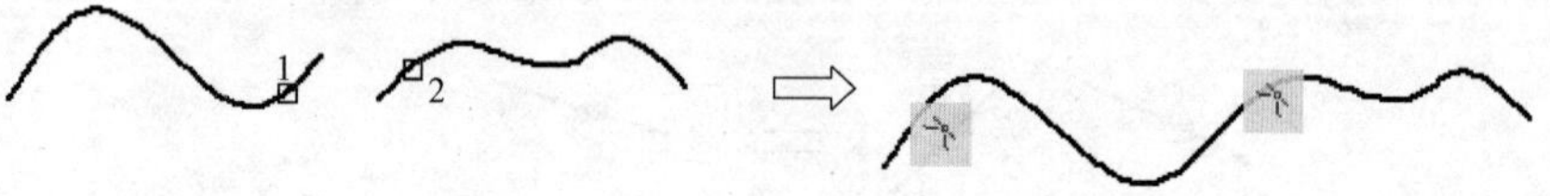

图 10-39　平滑约束的使用方法

- 【对称】约束工具：选择该工具，根据系统提示选择两个点及对称直线，两点相对于对称直线对称，其约束符号为；选择两对象，此两对象相对于对称直线对称，其约束符号为；对称线上显示的符号为。使用方法如图 10-40 所示。

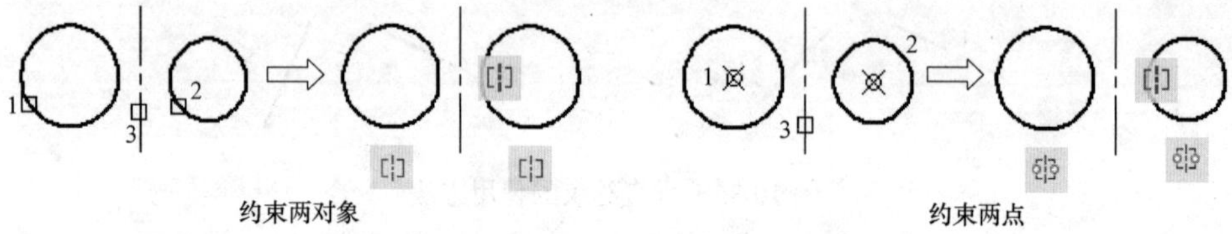

图 10-40　对称约束的使用方法

- 【相等】约束工具：选择该工具，根据系统提示选择两对象，两对象相等，其约束符号为，使用方法如图 10-41 所示。

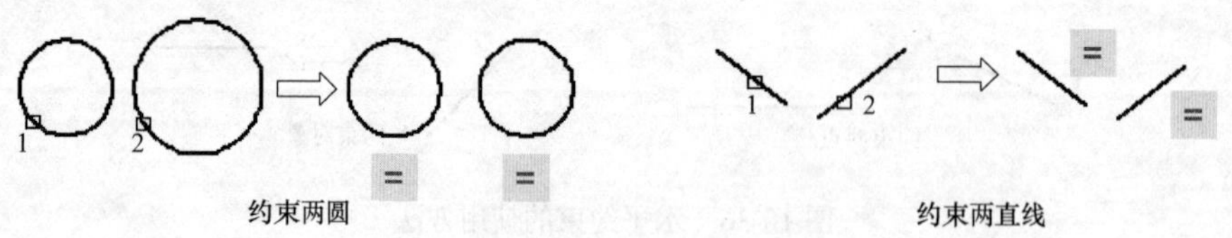

图 10-41　相等约束的使用方法

- 【显示 / 隐藏】工具 显示/隐藏：选择该工具，根据系统提示操作可显示或隐藏所选对象的约束符号。

命令：_ConstraintBar	// 调用命令
选择对象：找到 1 个	// 选择使用了约束的对象
选择对象：	// 继续选择对象，或按空格键或〈Enter〉键退出选择

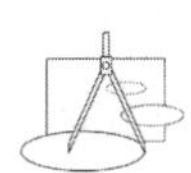

输入选项[显示（S）/ 隐藏（H）/ 重置（R）]〈显示〉：　// 设置约束符号的显示状态，输入 S，按空格键或〈Enter〉键确认，可显示所选对象的约束符号，输入 H，按空格键或〈Enter〉键确认，可隐藏所选对象的约束符号

- 【全部显示】工具 全部显示：选择该工具，所有对象的约束符号将全部显示，如图 10-42 所示。
- 【全部隐藏】工具 全部隐藏：选择该工具，所有对象的约束符号将全部隐藏，如图 10-43 所示。

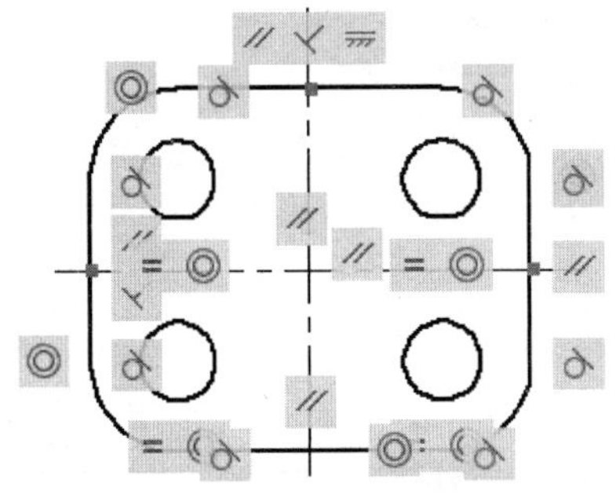

图 10-42　全部显示约束

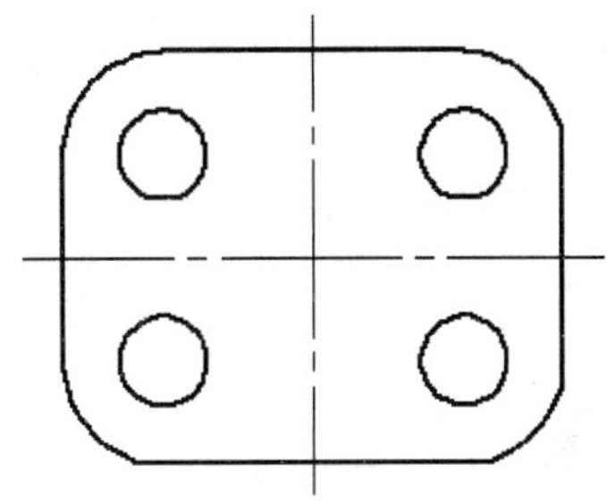

图 10-43　全部隐藏约束

> **提示**　将鼠标指向约束符号，此时在符号旁边会出现“×”，单击“×”号可以隐藏该约束符号。

- 【约束设置】工具：选择该工具，显示【约束设置】对话框，如图 10-44 所示。【约束设置】对话框各选项的含义如下：
- 【推断几何约束】复选框：选中该复选框，绘图时可自动推断约束并为其添加几何约束（与按下状态栏的【推断约束】按钮等效）。
- 【约束栏显示设置】选项区：该选项区有 13 个复选框和两个按钮，设置图形区中是否显示某种约束的符号。选中对应选项，将显示该种约束的符号。
- 【约束栏透明度】选项区：用于设置约束符号在图形区显示时的透明度，可以在其下的文本框输入数值，也可拖动其后的滑块调整。

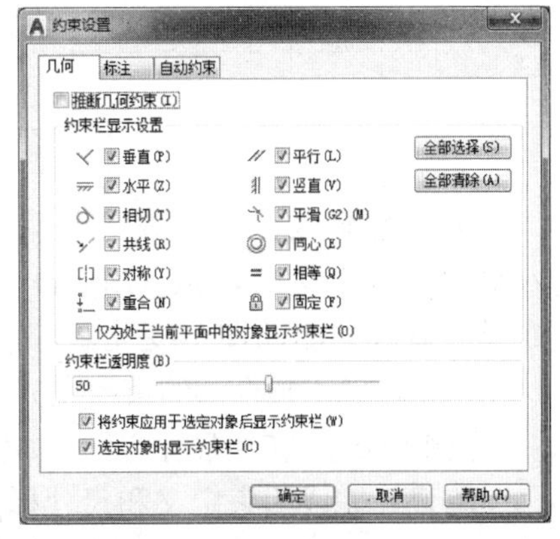

图 10-44 【约束设置】对话框

10.5.3　标注约束

标注约束和标注尺寸的方法相同，通过【参数化】选项卡中的【标注】面板实现，【标注】面板如图 10-45 所示。【标注】面板中各工具的用法和普通标注工具的用法相同，只不过在指定尺寸线位置时，在尺寸文字位置出现文本框，如图 10-46 所示。可在其中直接输入尺寸

值，按〈Enter〉键确认或在文本框外任意位置单击鼠标左键，尺寸将驱动图形发生变化。

标注约束前，首先选择【标注】面板中的【约束设置】工具，打开如图 10-47 所示的【约束设置】对话框，此时【标注】选项卡处于当前状态，可以设置约束尺寸的显示方式。在【标注名称格式】下拉列表中有名称和表达式、名称、值三种显示方式，各种显示模式如图 10-48 所示。当使用表达式计算各参数关系时，其前出现“fx”标志。

图 10-45 【标注】面板

图 10-46 尺寸编辑框

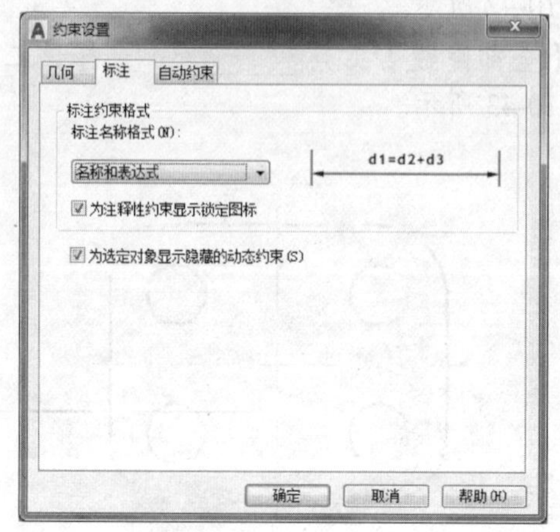

图 10-47 【标注】选项卡

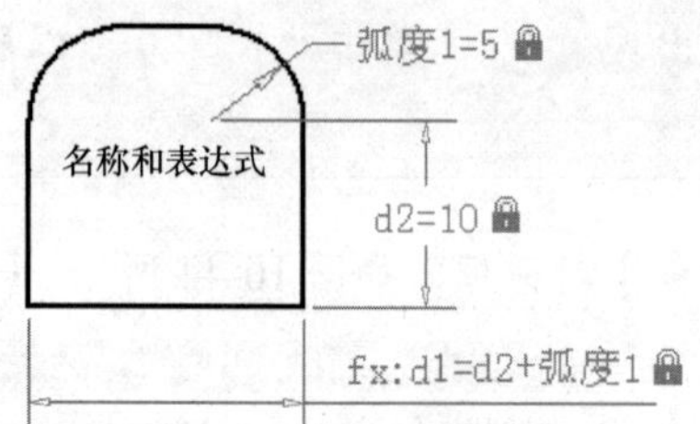

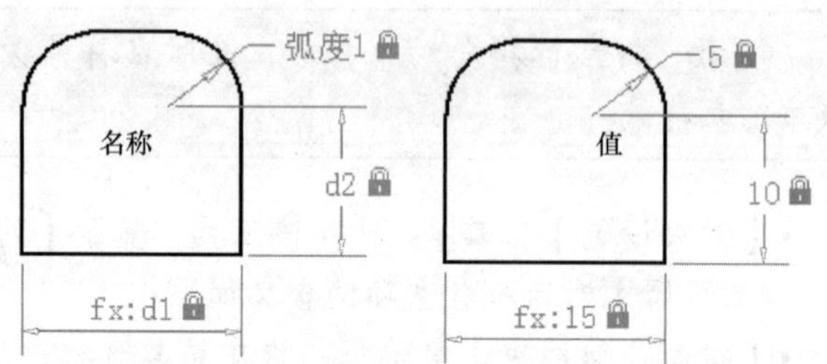

图 10-48 各种显示模式的对比

如果想修改已经完成的约束尺寸，双击尺寸即可出现尺寸文本框，在文本框中输入尺寸值或表达式，按〈Enter〉键确认或在文本框外任意位置单击鼠标左键，即可完成尺寸修改并驱动图形变化。

对于已经添加全部约束和完成尺寸标注的图形，可直接将普通尺寸转化为约束尺寸。

【例 10-1】 转换尺寸实例。

将已经完成约束定义和尺寸标注的图形（见图 10-49），进行尺寸转换，并定义表达式，使图形总长度等于总宽度的 2 倍，并将宽度尺寸修改为 12，如图 10-50 所示。

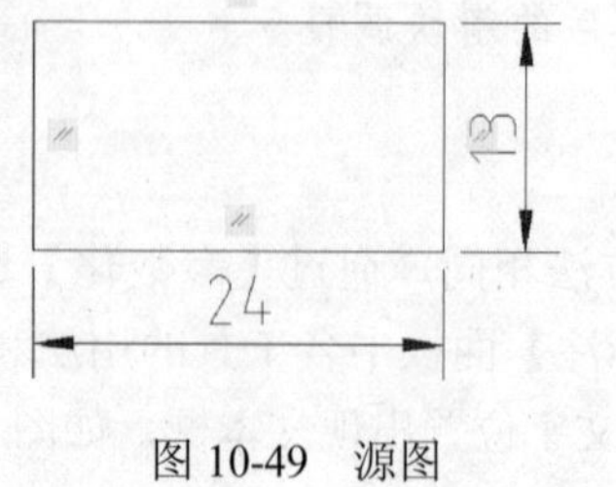

图 10-49 源图

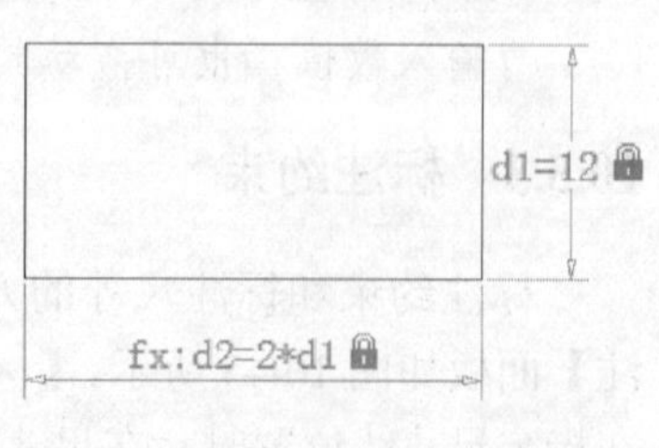

图 10-50 转换后

1）选择【标注】面板中的【约束设置】工具，打开【约束设置】对话框，在【标注名称格

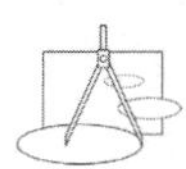

式】列表中选择【名称和表达式】方式。

2）选择【几何】面板中的【全部隐藏】工具，隐藏全部的约束符号，如图 10-51 所示。

3）选择【标注】面板中的【转换】工具，系统提示“选择要转换的关联标注：”，在图形区选择两个尺寸，如图 10-51 中蓝色亮显所示。

4）按空格键或〈Enter〉键，完成尺寸转换，将普通尺寸转换为约束尺寸，如图 10-52 所示。

5）双击尺寸“d2=24”，在出现的文本框中输入“2*d1”，样式如 d2=2*d1，按〈Enter〉键确认。

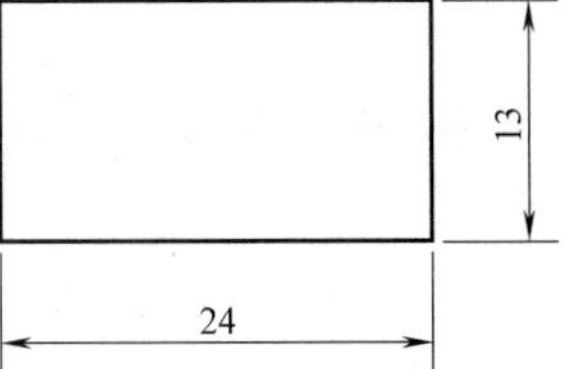

图 10-51　选择要转换的尺寸

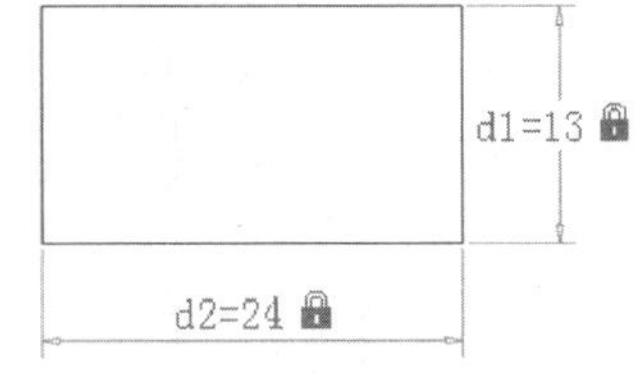

图 10-52　完成尺寸转换

6）双击尺寸“d1=13”，在出现的文本框中输入“12”，按〈Enter〉键确认，完成的图形如图 10-50 所示。

10.5.4　管理约束及标注

使用【管理】面板，可以删除约束，可以管理图形中标注的尺寸参数，以及定义表达式。【管理】面板如图 10-53 所示。

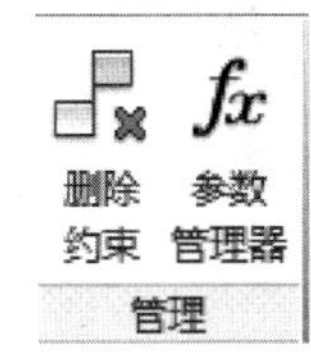

图 10-53 【管理】面板

选择【管理】面板中的【删除约束】工具，系统提示“选择对象”，在图形区选择要删除约束的对象，按空格键或〈Enter〉键确认后，所选对象的全部约束将被删除。

选择【管理】面板中的【参数管理器】工具，出现【参数管理器】面板，如图 10-54 所示。在【名称】列的对应行双击参数名，出现文本框后可修改参数名称，在【表达式】列的对应行双击表达式内容或数值，出现文本框后可修改表达式或数值，此时在【值】列的相应行出现参数的具体数值，图形中尺寸也发生变化。

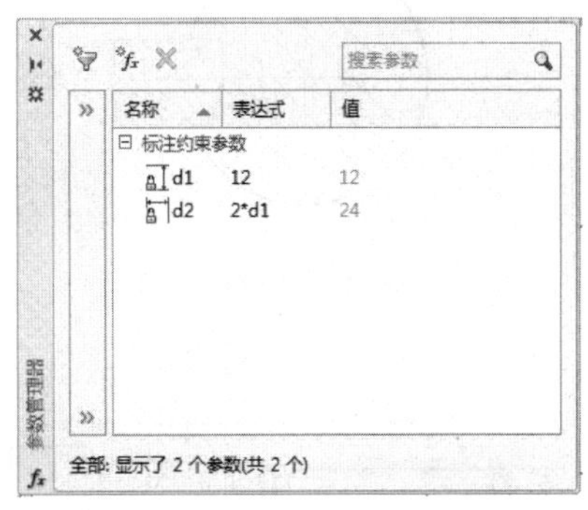

图 10-54 【参数管理器】面板

10.6　思考与练习

1. 概念题

（1）怎样使用 AutoCAD 设计中心调用已有文件中的文本样式、标注样式、层的设置、块等信息？

（2）怎样使用工具选项板？怎样定义自己的工具选项板？

（3）简述建立样板图的意义。怎样建立样板图？怎样调用样板图？

2. 操作题

绘制下列图样（图 10-55、图 10-56），并进行标注。

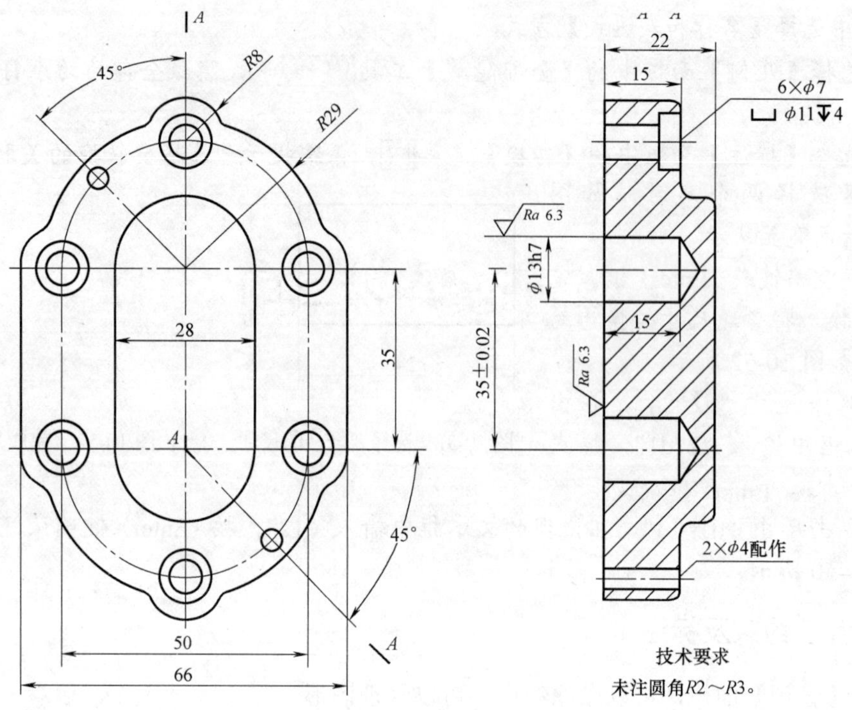

图 10-55　习题图（一）

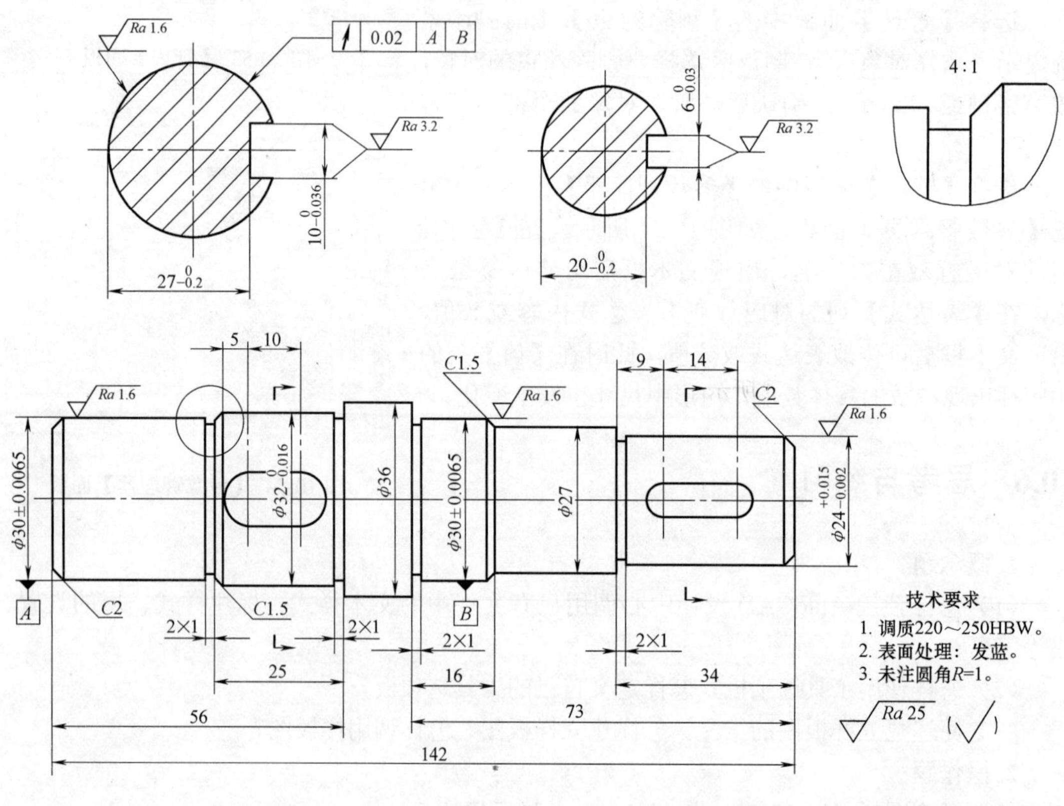

图 10-56　习题图（二）

第11章

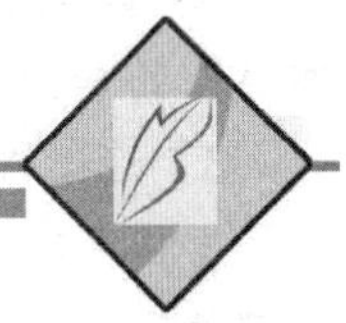

平面图形绘制

【本章重点】

- 斜度和锥度。
- 圆弧连接。
- 平面图形尺寸分析。
- 平面图形作图。

11.1 斜度和锥度

1. 斜度

斜度是指一直线（或平面）相对另一直线（或平面）的倾斜程度。其大小用该两直线（或平面）间夹角的正切来表示，如图 11-1 所示，即斜度 =tanα=H/L。在工程图样中，通常将斜度值以 1 ∶ n 的形式标注，如斜度 1 ∶ 5 的作图方法和标注。绘制水平线 AB 为 5 个单位长度，过 B 作 AB 的垂线 BC，取 BC 为 1 个单位长度，连接 A 和 C，即得斜度为 1 ∶ 5 的直线，如图 11-2 所示。

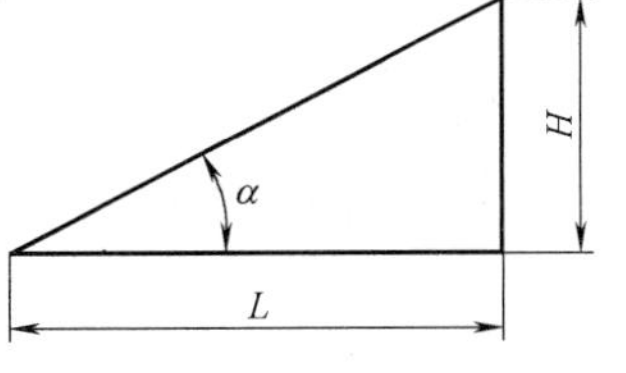

图 11-1　斜度的定义

图 11-2　斜度的画法及标注

【例 11-1】 绘制图 11-3 所示的图形。

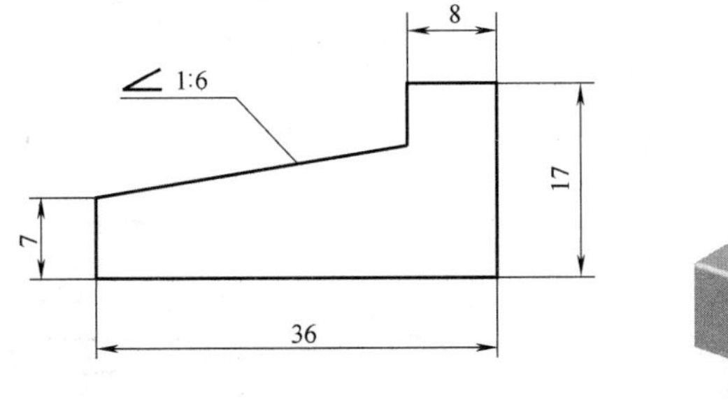

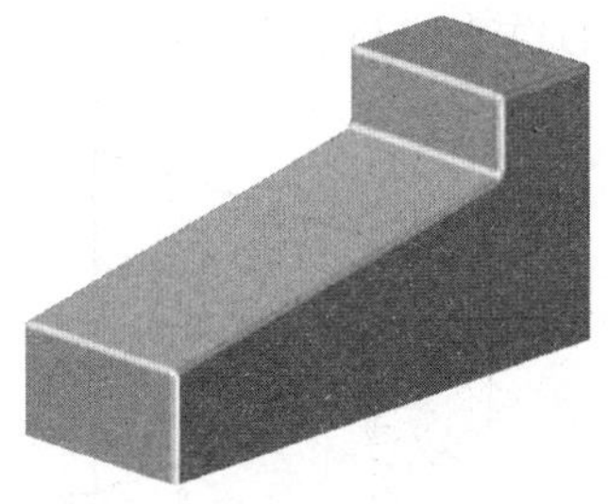

图 11-3　例题图

作图步骤如下：

1）根据图 11-3 所示的图形和尺寸，绘制除倾斜线以外的其他部分轮廓线，如图 11-4 所示。

2）过 A 点作水平线 AB，长度为 6 个单位，过 B 点作 AB 的垂线 BC，长度为 1 个单位，如图 11-5 所示。

3）连接 AC，并延长，然后完成其他细节，如图 11-6 所示。

4）擦去作图线，标注尺寸和斜度，完成图形，如图 11-7 所示。

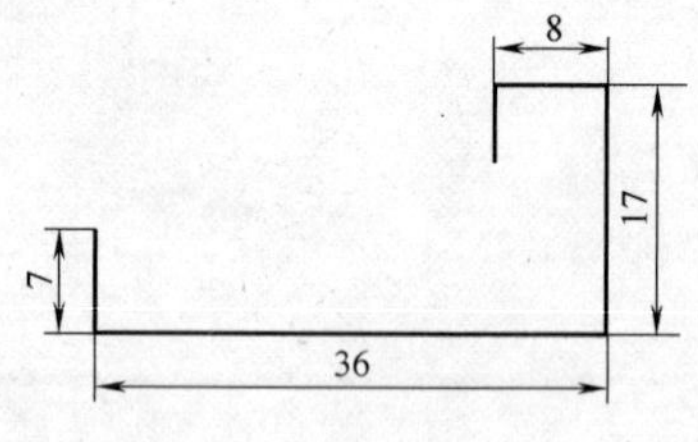

图 11-4　作图步骤（一）

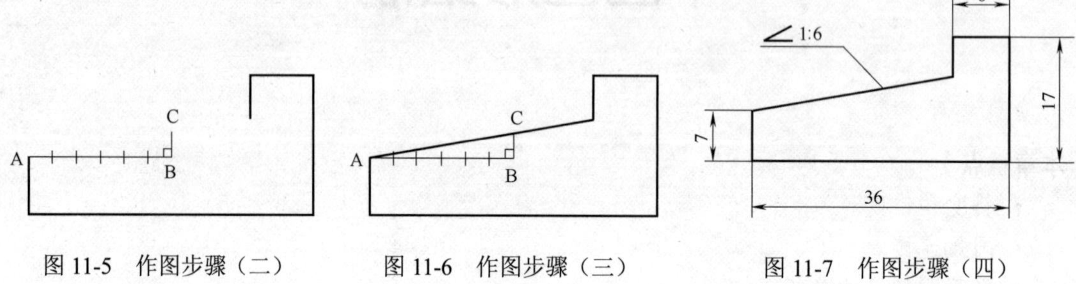

图 11-5　作图步骤（二）　　图 11-6　作图步骤（三）　　图 11-7　作图步骤（四）

标注斜度符号时，斜度符号的倾斜方向应与所标注图形的倾斜方向一致，其标注方法如图 11-8 所示。

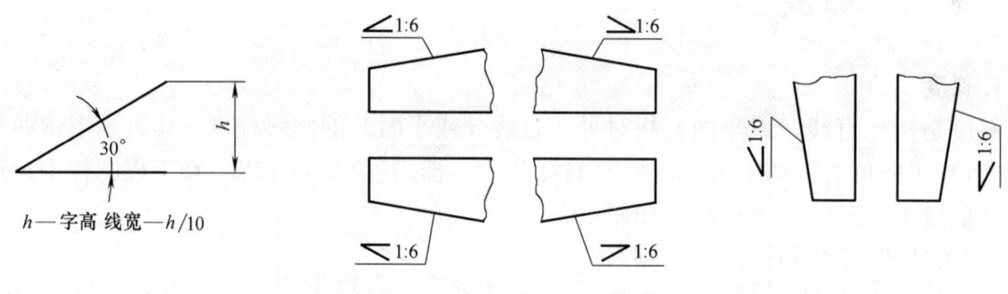

图 11-8　斜度符号与标注方法

2. 锥度

锥度是指正圆锥的底圆直径与锥高之比，如图 11-9 所示，即锥度 =2tanα=D/L。在工程图样中，通常将锥度值以 1 ∶ n 的形式标注，如锥度 1 ∶ 5 的作图方法和标注。绘制水平线 AB，长度为 5 个单位，过 B 作 AB 的垂线，分别向上和向下量取半个单位长度，得 C 和 D。分别过 C 和 D 作直线与 A 相连，即锥度为 1 ∶ 5，如图 11-10 所示。

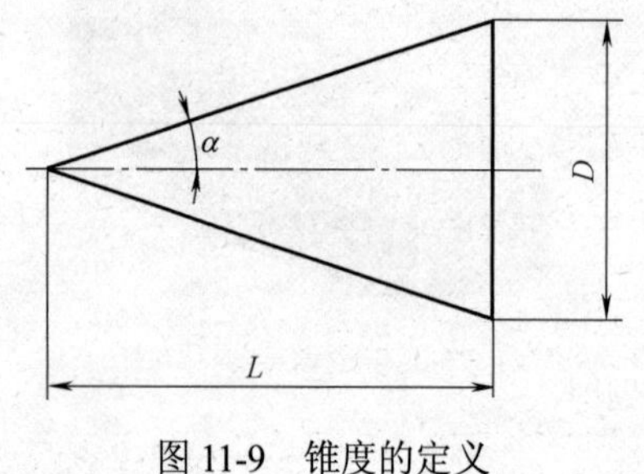

图 11-9　锥度的定义

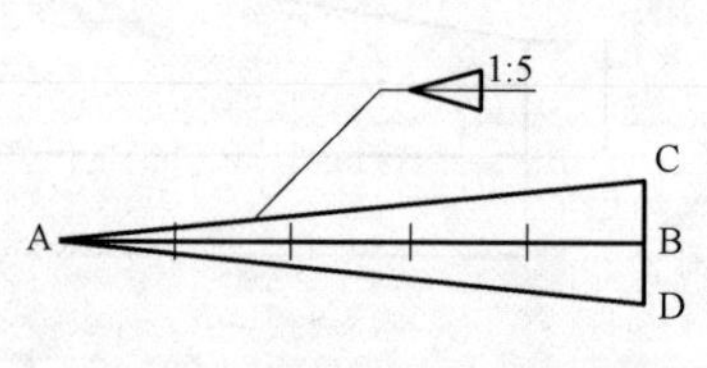

图 11-10　锥度的画法和标注

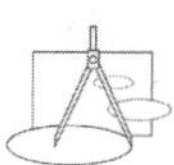

【例 11-2】 绘制图 11-11 所示的图形。

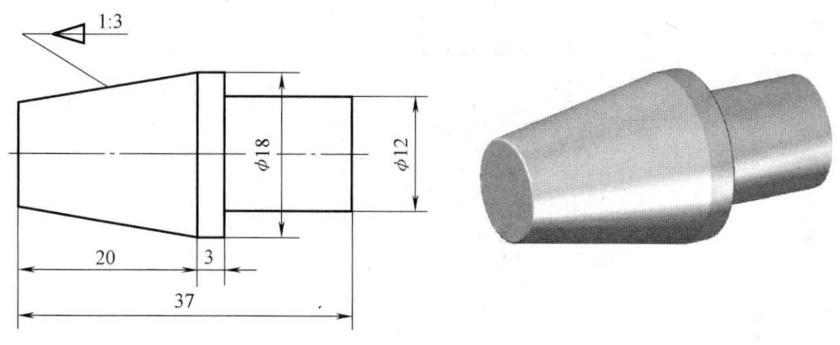

图 11-11　例题图

作图步骤如下：

1）根据图 11-11 所示的图形和尺寸，绘制除倾斜线以外的其他部分轮廓线，如图 11-12 所示。

2）过 A 点作水平线 AB，并将 AB 三等分，过 B 点作 AB 的垂线，分别向上和向下各量取半个单位长度，得 C 和 D。分别过 C 和 D 作直线与 A 相连，得到锥度为 1 ∶ 3 的直线 AC 和 AD，如图 11-13 所示。

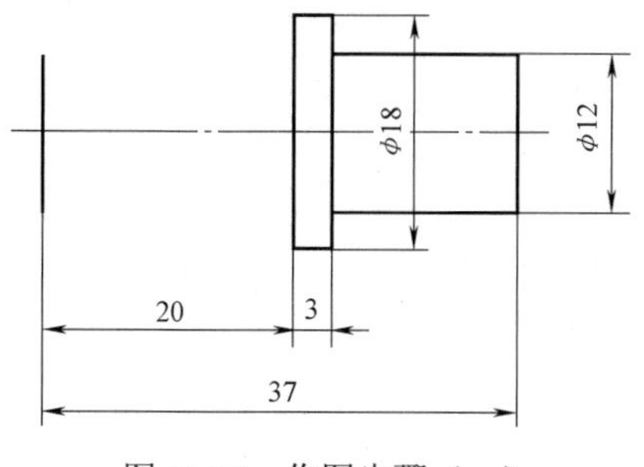

图 11-12　作图步骤（一）

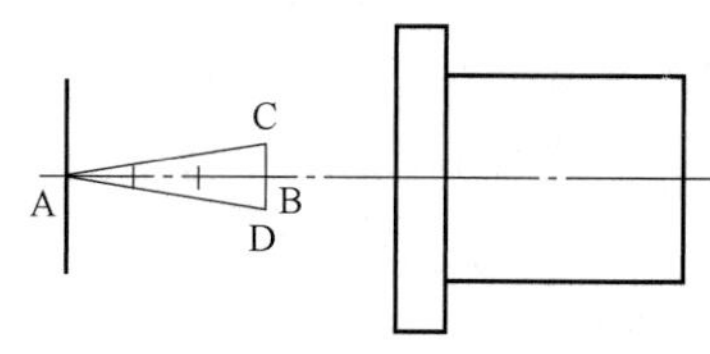

图 11-13　作图步骤（二）

3）分别过 E 和 G 点作直线 EF//AC，GH//AD，完成锥度线绘制，如图 11-14 所示。

4）擦去作图线，标注尺寸和锥度，完成图形，如图 11-15 所示。

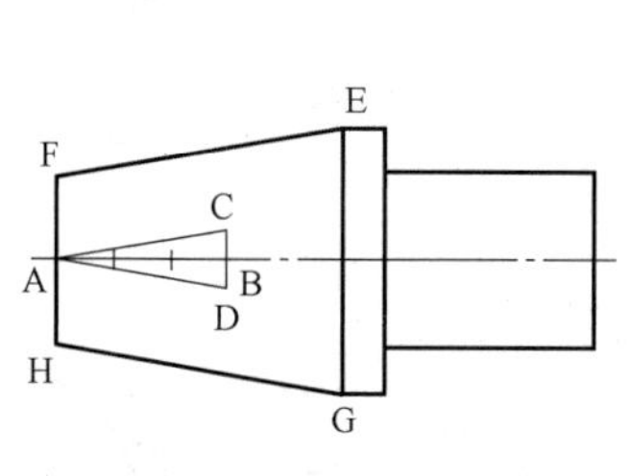

图 11-14　作图步骤（三）

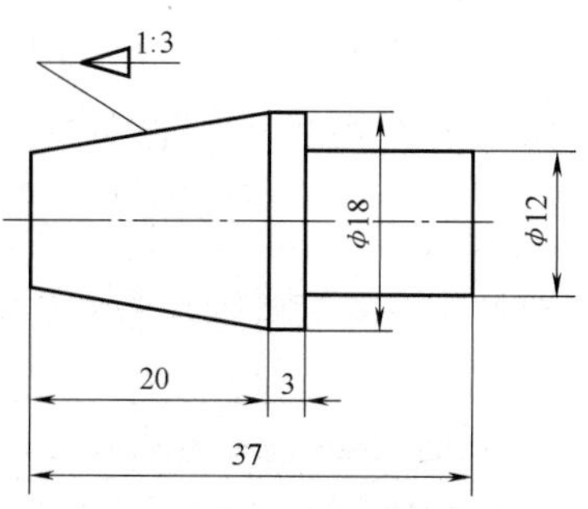

图 11-15　作图步骤（四）

标注锥度符号时，锥度符号的倾斜方向应与所标注图形的倾斜方向一致，其标注方法如图 11-16 所示。

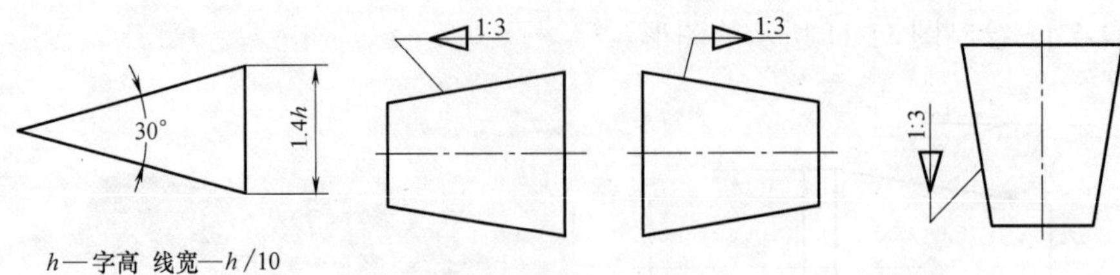

图 11-16　锥度符号和标注方法

11.2　圆弧连接

在绘图时，经常遇到用圆弧来光滑连接已知直线或圆弧，光滑连接也就是相切连接。为了保证相切，必须准确地作出连接圆弧的圆心和切点。

圆弧连接有三种情况：用已知半径为 R 的圆弧连接两条已知直线；用已知半径为 R 的圆弧连接两已知圆弧，其中有外连接和内连接之分；用已知半径为 R 的圆弧连接一已知直线和一已知圆弧。

下面就各种情况做简要介绍。

11.2.1　圆弧与两已知直线连接的画法

已知两直线Ⅰ、Ⅱ以及连接圆弧的半径 R，求作两直线的连接弧，手工作图过程如图 11-17 所示。

1）求连接弧的圆心：作与已知两直线分别相距为 R 的平行线，交点 O 即为连接弧圆心。

2）求连接弧的切点：从圆心 O 分别向两直线作垂线，垂足 N、M 即为切点。

3）画连接圆弧：以 O 为圆心，R 为半径在两切点 N、M 之间作圆弧，即为所求连接弧。

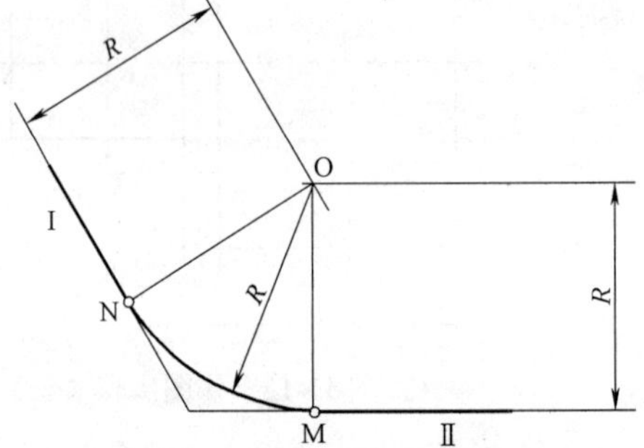

图 11-17　圆弧连接两直线的画法

AutoCAD 作图方法有以下两种：

1）使用倒圆命令直接圆弧连接。

2）单击【绘图】/【圆】/【相切、相切、半径】命令先绘制圆，然后修剪不需要的图线。

11.2.2　圆弧与两圆弧外连接的画法

已知两圆圆心 O_1、O_2 及其半径 R_1、R_2，用半径为 R 的圆弧外连接两圆弧。手工作图过程如图 11-18 所示。

1）求连接弧的圆心：以 O_1 为圆心，R_1+R 为半径画弧；以 O_2 为圆心，R_2+R 为半径画弧，两圆弧的交点 O 即为连接弧的圆心。

2）求连接弧的切点：连接 O、O_1 得点 N，连接 O、O_2 得点 M。点 N、M 即为切点。

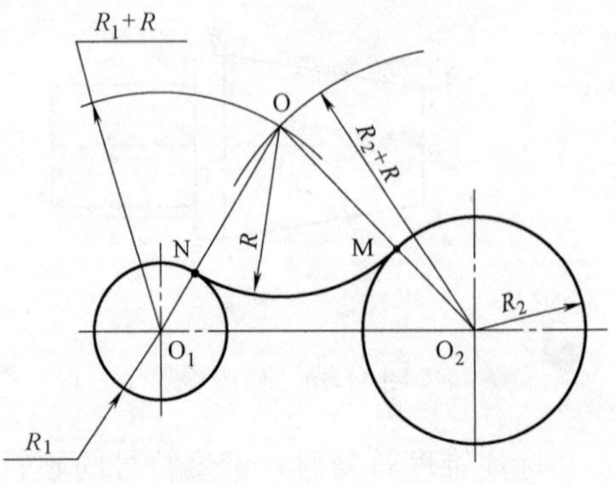

图 11-18　圆弧与两圆弧外连接的画法

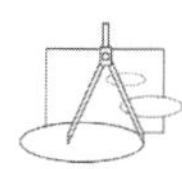

3）画连接圆弧：以 O 为圆心，R 为半径，画圆弧 MN，MN 即为所求连接弧。

AutoCAD 作图方法有以下两种：

1）使用倒圆命令直接圆弧连接。

2）单击【绘图】/【圆】/【相切、相切、半径】命令先绘制圆，然后修剪不需要的图线，如图 11-19 所示。

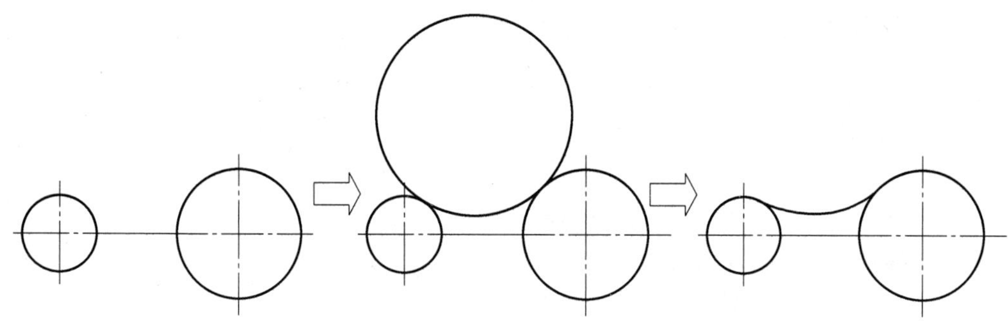

图 11-19　绘图过程

11.2.3　圆弧与两圆弧内连接的画法

已知两圆圆心 O_1、O_2 及其半径 R_1、R_2，用半径为 R 的圆弧内连接两圆弧。手工作图过程如图 11-20 所示。

1）求连接弧的圆心：以 O_1 为圆心，$|R-R_1|$ 为半径画弧；以 O_2 为圆心，$|R-R_2|$ 为半径画弧，两圆弧的交点即为连接弧的圆心。

2）求连接弧的切点：连接 O、O_1 得点 N，连接 O、O_2 得点 M，点 N、M 即为切点。

3）画连接圆弧：以 O 为圆心，R 为半径画圆弧 MN，MN 即为所求的连接弧。

AutoCAD 作图方法：单击【绘图】/【圆】/【相切、相切、半径】命令先绘制圆，然后修剪不需要的图线，如图 11-21 所示。

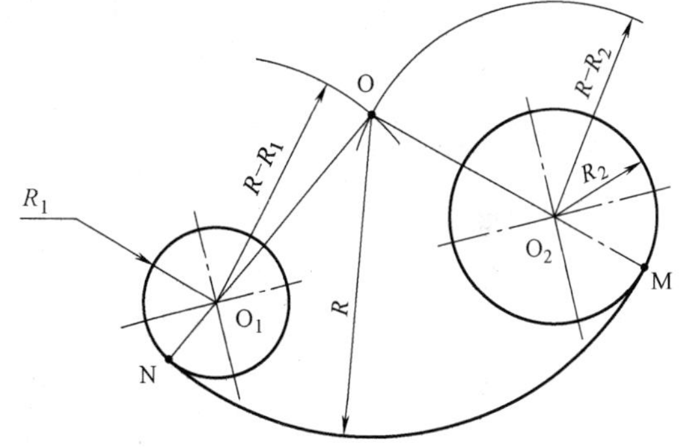

图 11-20　圆弧与两圆弧内连接的画法

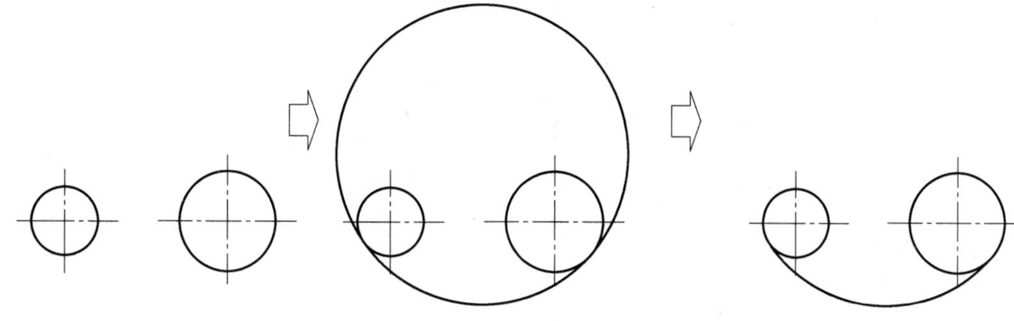

图 11-21　作图过程

11.3 平面图形的尺寸分析

一个平面图形常由若干线段（直线或圆弧）连接而成。而每条线段都有各自的尺寸和位置关系，因此，通过分析尺寸和线段间的位置关系可确定图形中哪些线段能够先画，哪些线段必须后画。

11.3.1 平面图形的尺寸分析

平面图形的尺寸按其作用不同，可分为定形尺寸和定位尺寸两类。

1. 定形尺寸

定形尺寸又称为大小尺寸。它是确定平面图形中各线段或线框形状大小的尺寸，如矩形的长度和宽度、圆及圆弧的直径或半径、角度的大小等。例如，图 11-22 所示的矩形块尺寸 40 和 5，同心圆的直径 $\phi 12$ 和 $\phi 20$，两个连接圆弧的半径 $R10$ 和 $R8$，斜线的倾斜角度 60°等，均属于这类尺寸。

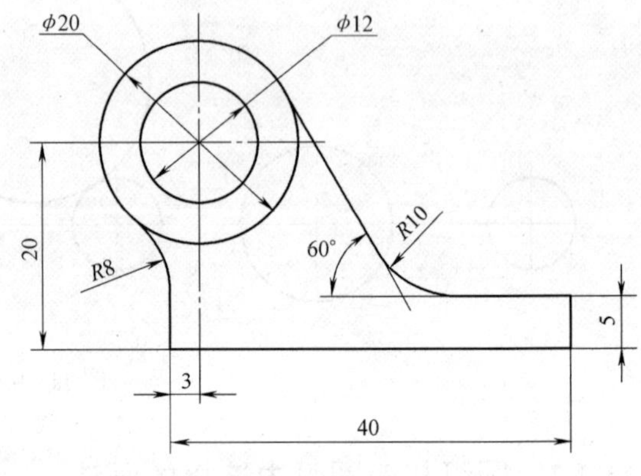

图 11-22　平面图形的尺寸分析

2. 定位尺寸

定位尺寸是确定平面图形上各线段或线框间相对位置的尺寸。例如，图 11-22 中确定左上方同心圆与图形底部上下方向的定位尺寸 20 和左右方向的定位尺寸 3。

11.3.2 平面图形的线段分析

根据图形中所给的尺寸和线段间的连接关系，线段可以分为以下三种：

- 已知线段：定形尺寸和定位尺寸齐全，作图时可以直接按尺寸画的线段，称为已知线段。
- 中间线段：具有定形尺寸，但定位尺寸不全，作图时需要根据与其相邻的一个线段的连接关系才能画出的线段，称为中间线段。
- 连接线段：只给出定形尺寸，而无定位尺寸，需要根据与其相邻的两个线段的连接关系才能画出的线段，称为连接线段。

例如，图 11-23 中，根据尺寸 $\phi 19$、$\phi 11$、14 和 6 可画出其左边的两个矩形，根据尺寸 80 和 $R5.5$ 可画出右边的小圆弧，以上为已知线段；$R52$ 为中间线段；$R30$ 为连接线段。

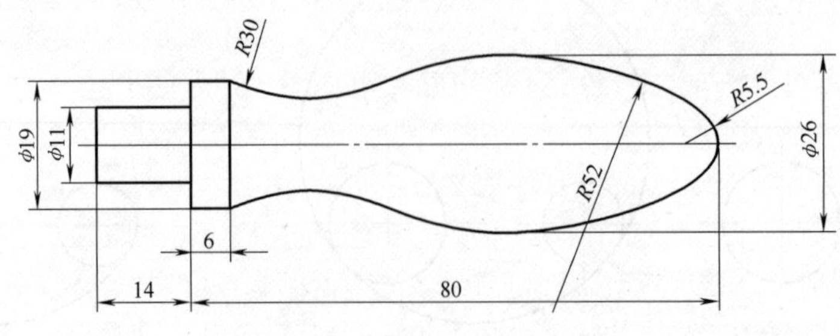

图 11-23　手柄

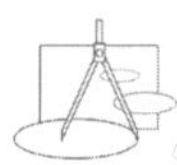

11.4　平面图形的作图步骤

通过平面图形的线段和尺寸分析，显然可以得出如下结论：绘制平面图形时，必须先画出各已知线段，再依次画出各中间线段，最后画出各连接线段。

现以图 11-23 所示手柄为例，在对其线段分析的基础上进行绘图，具体作图步骤如图 11-24 所示。

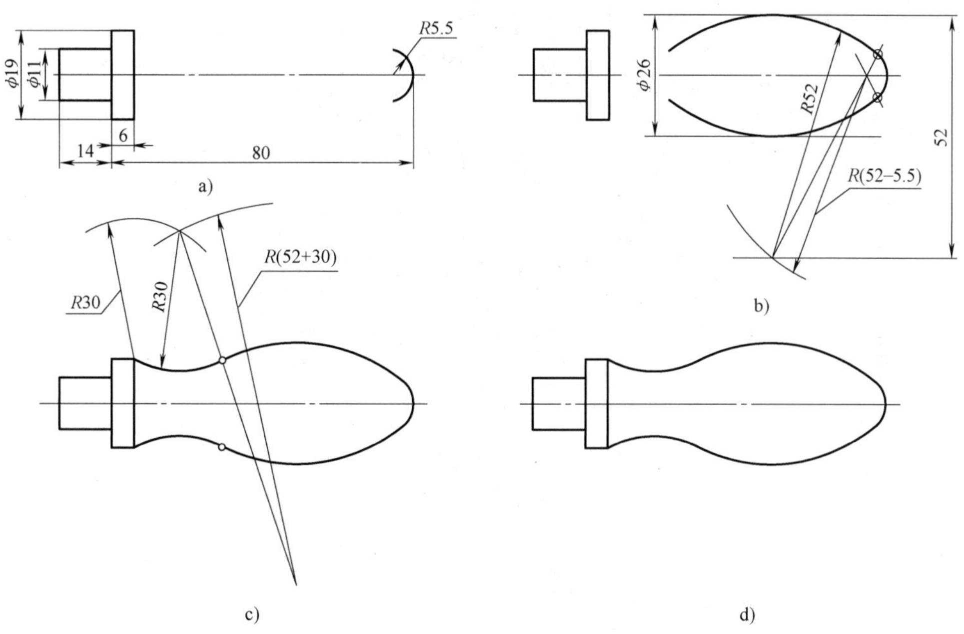

图 11-24　手柄的画图步骤

1）定出图形的基准线，画已知线段，如图 11-24a 所示。

2）画中间线段 $R52$，如图 11-24b 所示。

3）画连接线段 $R30$，如图 11-24c 所示。

4）擦去多余作图线，完成全图，如图 11-24d 所示。

11.5　平面图形绘制实例——挂轮架

1. 设计要求

设计挂轮架，将挂轮架的平面图形绘制在适当的模板中，并标注尺寸，如图 11-25 所示。

2. 分析问题

对于这个图案，可以通过如下几个步骤来绘制：

1）根据挂轮架的尺寸，将挂轮架平面图形横向画在 A3 模板中。

2）因为挂轮架平面图形中圆和圆弧连接比较多，所以首先必须确定圆和圆弧的圆心。

3）先画出已知线段，再画出中间线段，最后画出连接线段。

4）以绘图基准作为尺寸基准，标注尺寸。

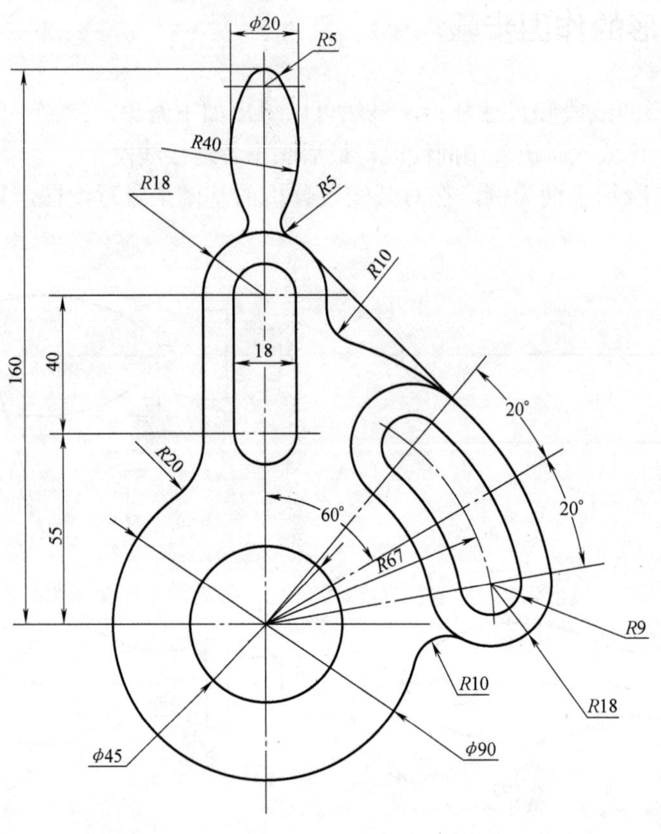

图 11-25 挂轮架

下面就按照上面的思路来制作图形。

3. 实例制作

1）打开 A3 模板，选择点画线层，使用【直线】命令绘制水平点画线长为 90，及垂直点画线长为 210，确定圆心 O_1，如图 11-26 所示。

2）使用【偏移】命令分别将水平点画线向上偏移 55、95、155，确定圆心 O_2、O_3、O_4，如图 11-27 所示。

3）使用【直线】命令绘制点画线 O_1A、O_1B、O_1C，使用【圆弧】命令，绘制半径为 67 的圆弧 O_5O_6，确定圆心 O_5、O_6，如图 11-28 所示。

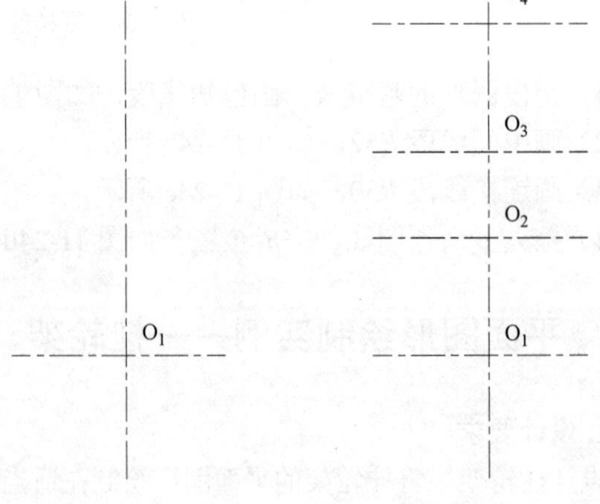

图 11-26 确定圆心 O_1 图 11-27 确定圆心 O_2、O_3、O_4

4）选择粗实线层，使用【圆】命令绘制以 O_1 为圆心直径分别为 45、90 的圆；以 O_2 为圆心，绘制直径为 18 的圆；以 O_3 为圆心，分别绘制直径为 18、36 的圆；以 O_4 为圆心，绘制直径为 10 的圆；以 O_5 和 O_6 为圆心，分别绘制为直径为 18、36 的图，如图 11-29 所示。

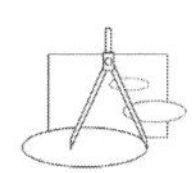

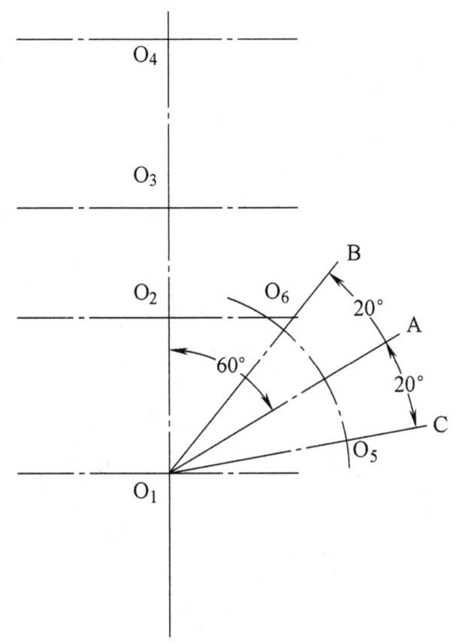

图 11-28　确定圆心 O_5、O_6

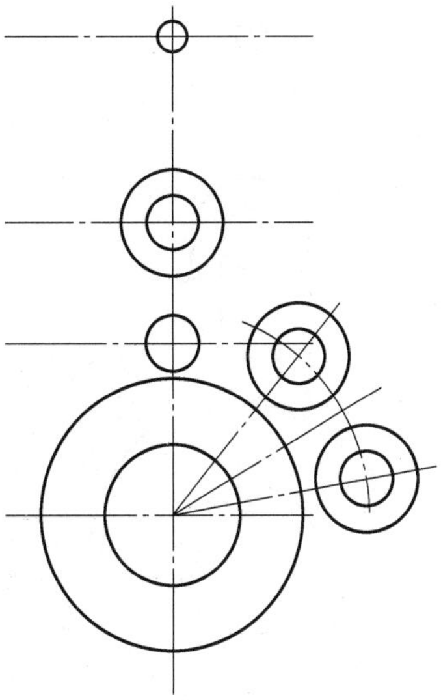

图 11-29　绘制圆

5）绘制圆弧，如图 11-30 所示。

6）使用【修剪】命令将图 11-30 所示的图形修剪为如图 11-31 所示的图形。

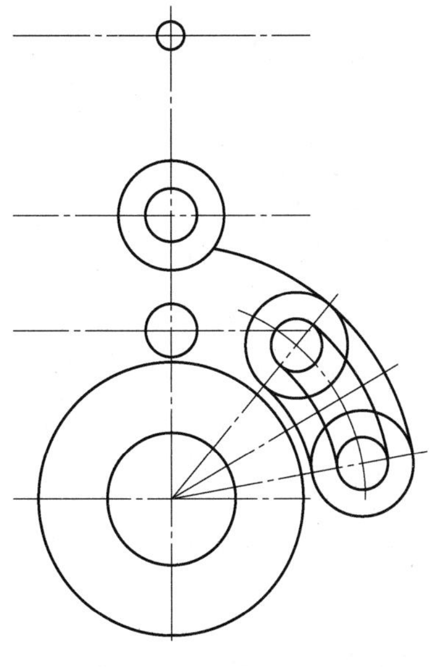

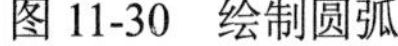

图 11-30　绘制圆弧

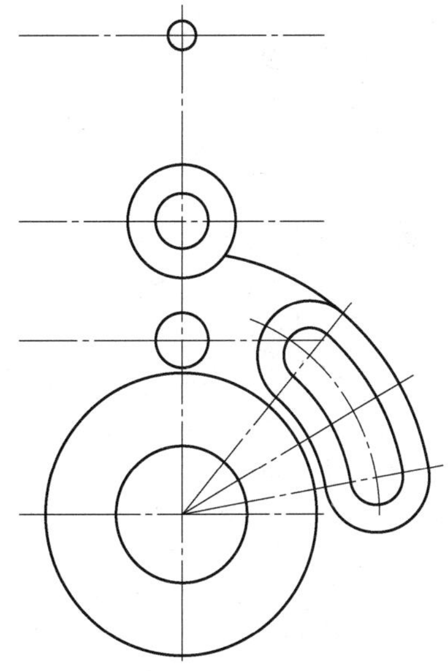

图 11-31　修剪圆弧连接

7）绘制 4 条竖线，如图 11-32 所示。

8）使用【修剪】命令将图 11-32 所示的图形修剪为如图 11-33 所示的图形。

9）选择点画线层，执行【圆】命令，绘制以 O_4 为圆心、直径为 70 的圆。使用【偏移】命令将竖直的点画线向左偏移 30，确定圆心 O_7，如图 11-34 所示。

10）选择粗实线层，执行【圆】命令，绘制以 O_7 为圆心、直径为 80 的圆，如图 11-35 所示。

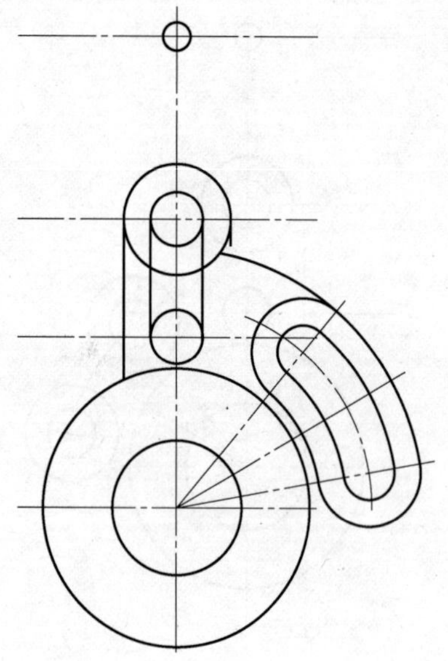
图 11-32　绘直线

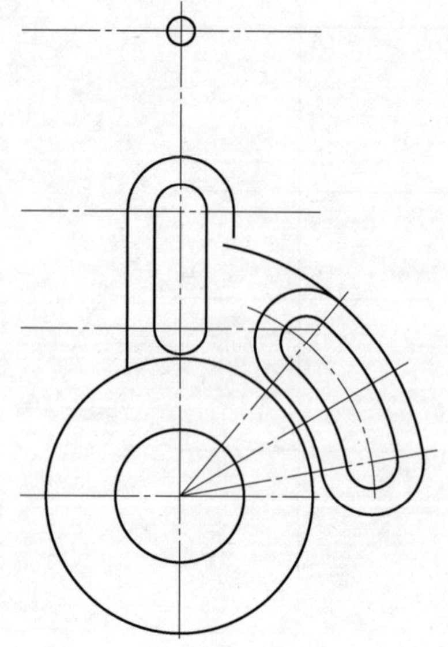
图 11-33　修剪直线圆弧连接

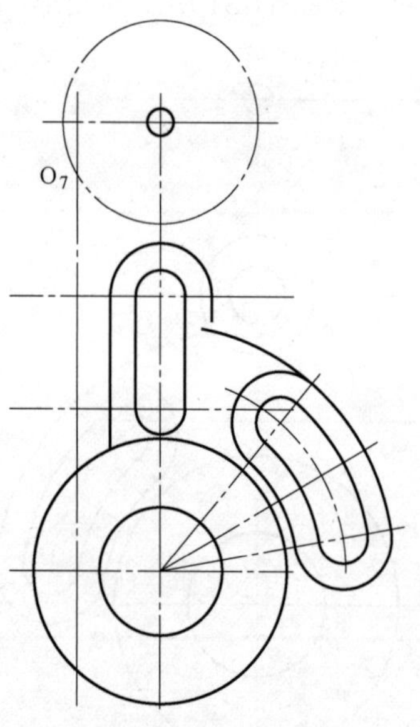

图 11-34　确定圆心 O_7

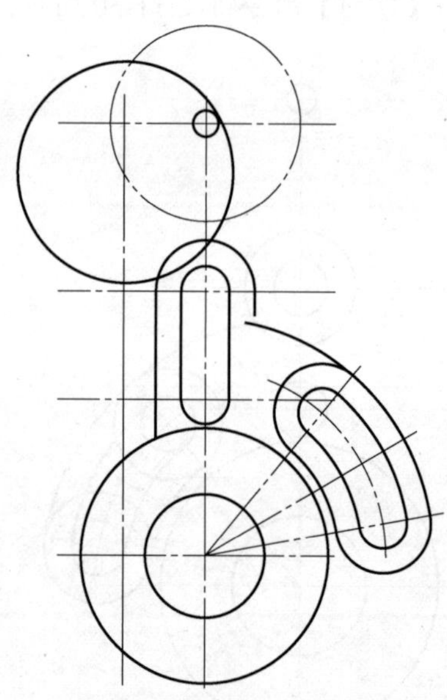
图 11-35　绘制直径为 80 的圆

11）执行【修剪】命令，对以 O_4 和 O_7 为圆心的圆进行修剪，并且删除确定圆心 O_7 的点画线圆和直线，如图 11-36 所示。

12）执行【圆角】命令（不修剪模式），倒图形中的圆角 *R*10、*R*20、*R*5，然后修剪去多余对象，如图 11-37 所示。

13）执行【镜像】命令，将上部的半个手柄镜像，如图 11-38 所示。

14）调整点画线长度。执行【直线】命令，绘制切线，如图 11-39 所示。

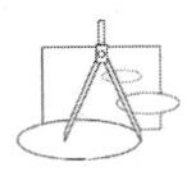

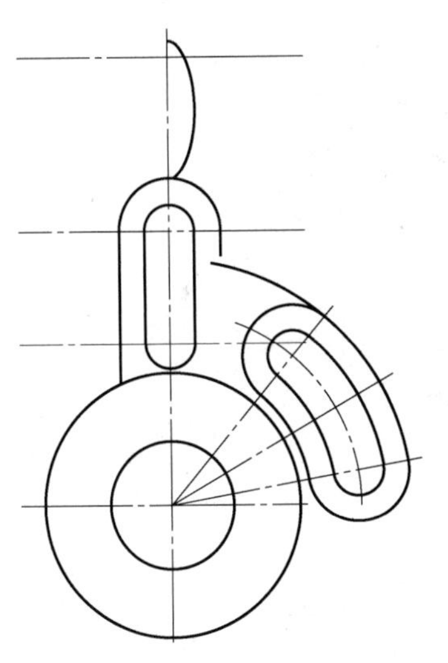

图 11-36 修剪圆弧连接

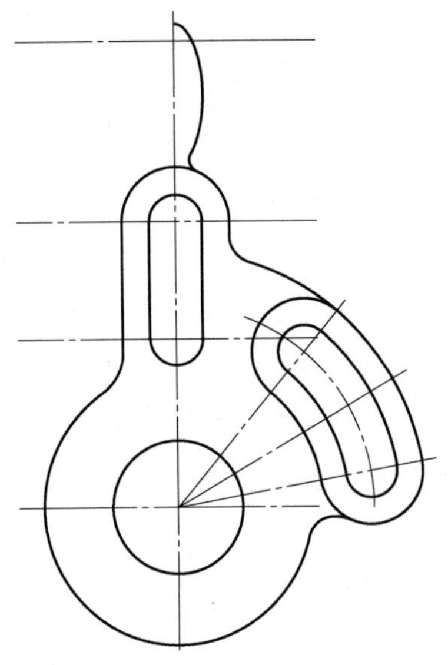

图 11-37 倒圆角

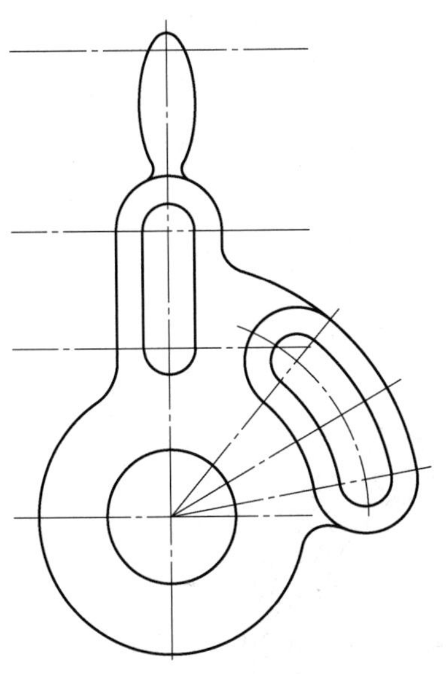

图 11-38 镜像手柄

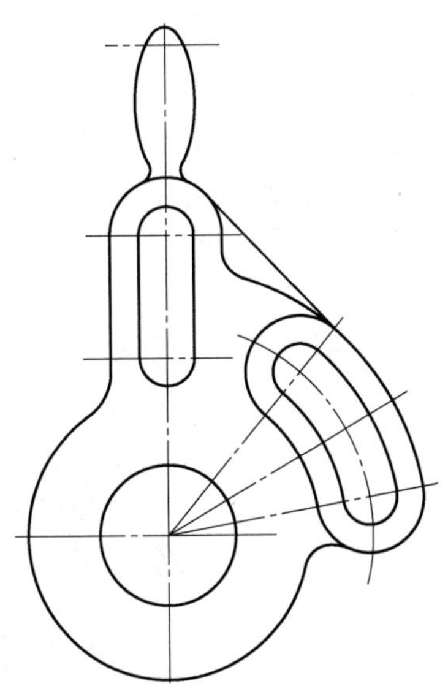

图 11-39 绘制切线

15）执行【旋转】命令，将挂轮架平面图形旋转 90°，并对图形做适当调整。选择尺寸线层，选用适当的标注样式标注尺寸，尺寸标注不再详述。将挂轮架平面图形和标注的尺寸进行适当调整后，完成最终设计，如图 11-40 所示。

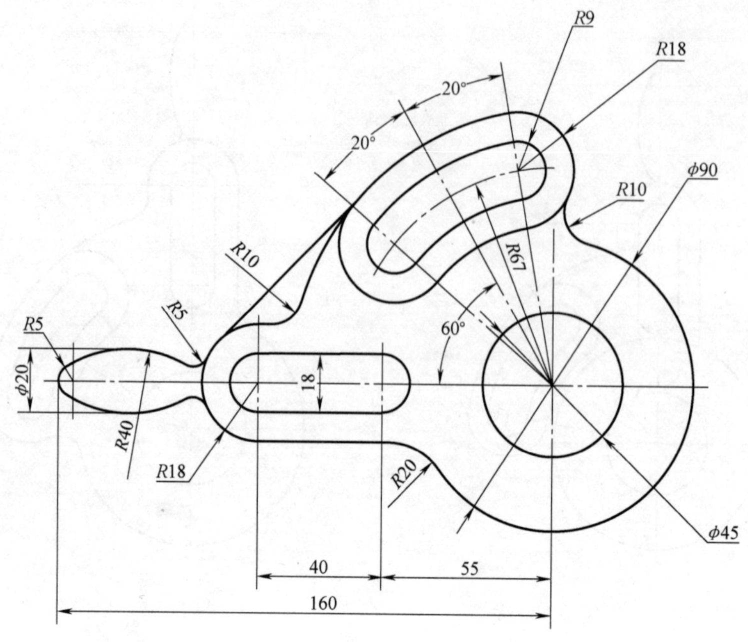

图 11-40　挂轮架设计图

11.6　思考与练习

1. 概念题

（1）简述斜度和锥度的定义。怎样利用已知斜度和锥度进行作图？

（2）怎样利用 CAD 进行圆弧连接？

（3）怎样对平面图形进行尺寸分析并作图？

2. 操作题

绘制如图 11-41 ～图 11-43 所示的图样。

图 11-41　习题图（一）

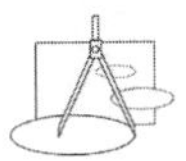

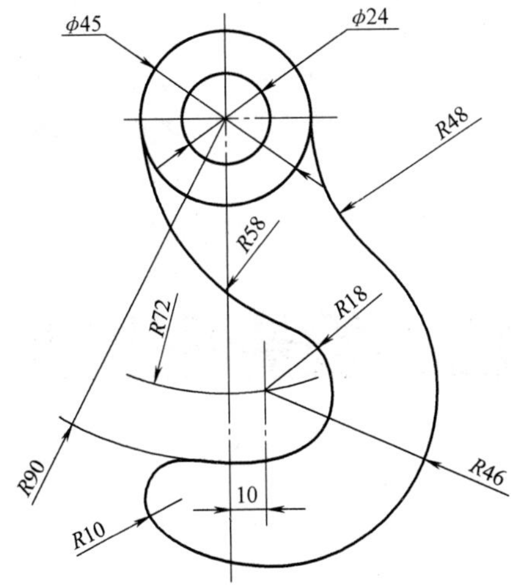

图 11-42　习题图（二）

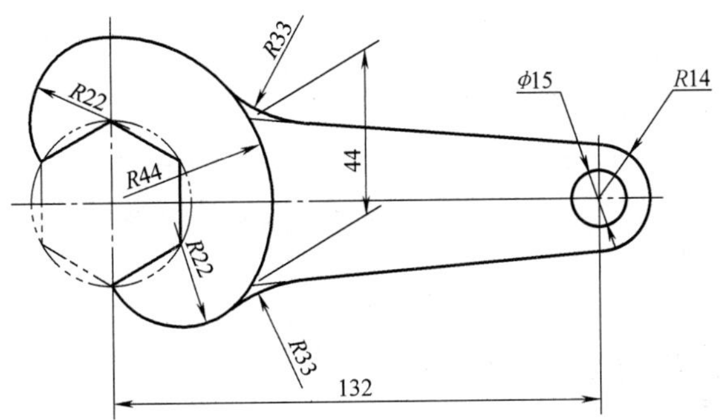

图 11-43　习题图（三）

第12章

轴测投影图绘制

【本章重点】

- 轴测图的基本知识。
- 使用等轴测捕捉。
- 正等轴测图的画法。
- 斜二等轴测投影图的画法。
- 使用等轴测捕捉绘制正等轴测图。

轴测投影图是在工程绘图中广泛采用的一种三维图形绘制方法，简称轴测图。由于轴测图在二维环境下，可以同时反映长、宽、高三个方向的投影，因此具有直观性好、立体感强，可以直接度量等优点。

12.1 轴测图的基本知识

轴测图是用平行投影法将立体连同确定其空间位置的直角坐标系沿不平行于任一坐标面的方向投射在单一投影面上所得到的具有立体感的投影图。根据投射方向和轴向伸缩系数的不同，主要介绍下列两种常用轴测图的表达方法。

- 正等轴测投影图。
- 斜二等轴测投影图。

12.2 正等轴测投影图的画法

正等轴测图的空间直角坐标系的三个坐标轴与轴测投影面的倾角都为35° 16′，坐标轴的投影称为轴测轴，三个坐标轴的投影分别称为X1、Y1、Z1轴，轴测轴之间的夹角称为轴间角。正等轴测图的轴间角同为120°；三个轴测轴的轴向伸缩系数为$p=q=r=1$，如图12-1所示。

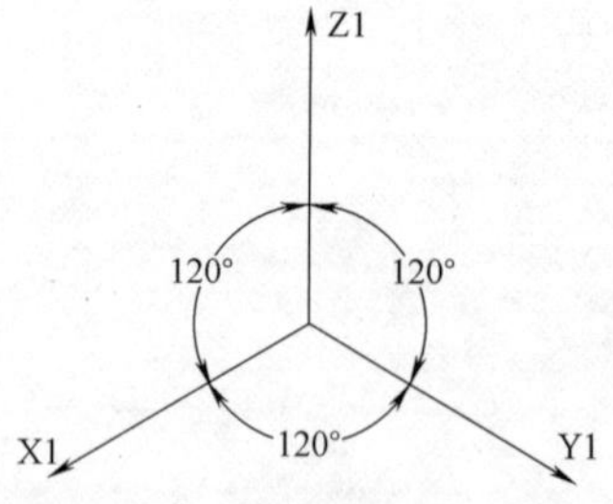

图12-1　正等轴测图的轴间角和轴向伸缩系数

> **提示**　X1轴的轴向伸缩系数为p,Y1轴的轴向伸缩系数为q，Z1轴的轴向伸缩系数为r。

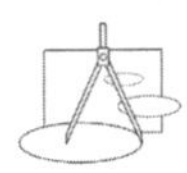

【例 12-1】 根据图 12-2 所示的三视图及尺寸，画出正等轴测图。

绘图步骤如下：

1）单击【绘图】面板上的【直线】按钮，执行绘制直线命令，命令行的提示如下：

命令：_line 指定第一点：　　　　　　　　　// 光标放置在适当位置，单击鼠标左键，确定第一点

指定下一点或［放弃（U）］：@0,−30

指定下一点或［放弃（U）］：@100＜30

指定下一点或［闭合（C）/ 放弃（U）］：@0,60

指定下一点或［闭合（C）/ 放弃（U）］：@60＜210

指定下一点或［闭合（C）/ 放弃（U）］：C　　　　// 闭合结束，如图 12-3 所示

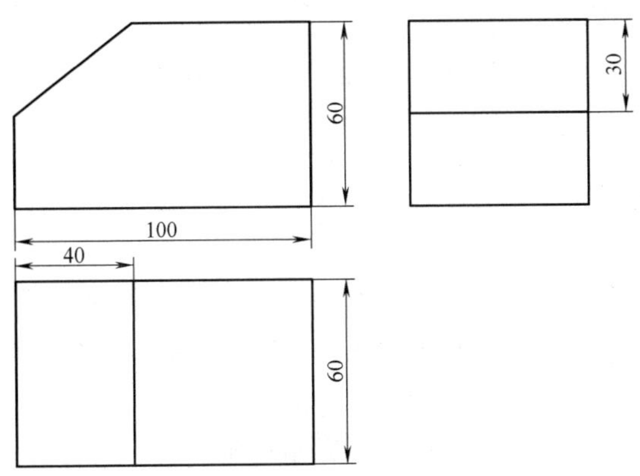

图 12-2　三视图图例

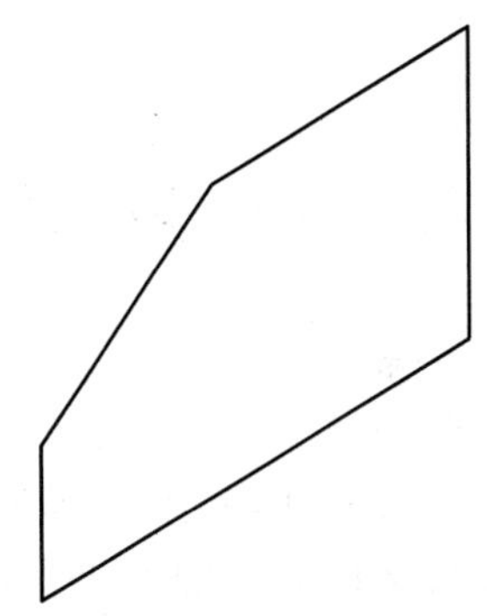

图 12-3　绘制立体前表面

2）按〈Enter〉键重复执行【直线】命令，命令行的提示如下：

命令：LINE 指定第一点：　　　　　　　　// 自动捕捉右上角点，然后单击鼠标左键，确定第一点，如图 12-4 所示

指定下一点或［放弃（U）］：@60＜150

指定下一点或［放弃（U）］：　　　　　　// 结束直线命令，如图 12-5 所示

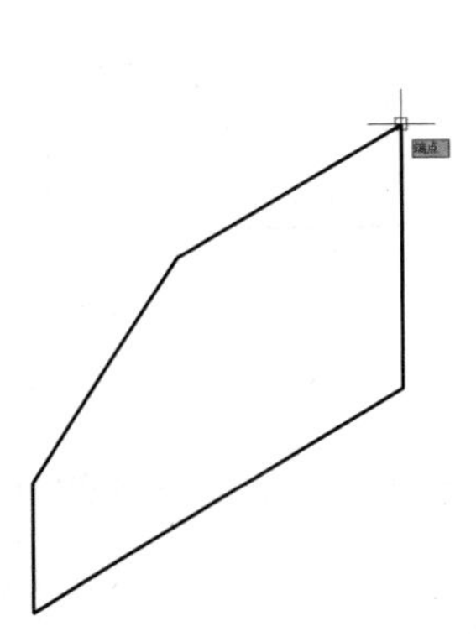

图 12-4　自动捕捉右上角点

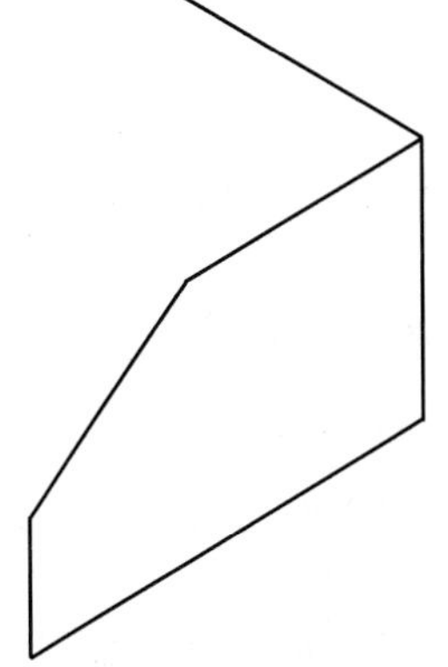

图 12-5　绘制 Y 方向直线

3）单击【修改】面板上的【复制】按钮，复制直线，如图 12-6 所示。

4）使用【直线】命令连接各端点，如图 12-7 所示。

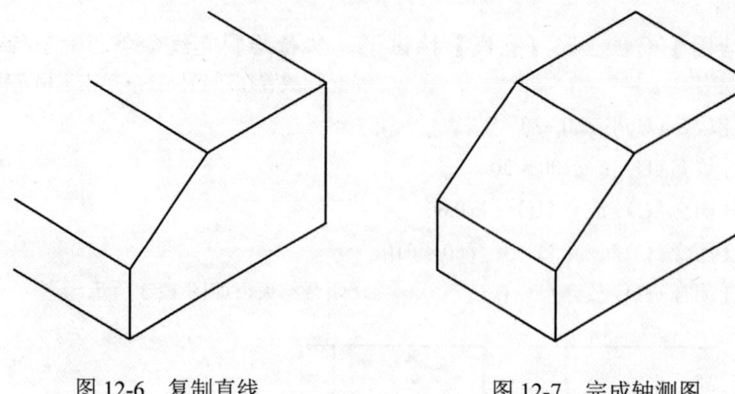

图 12-6　复制直线　　图 12-7　完成轴测图

12.3　斜二等轴测投影图的画法

斜二等轴测投影图的 X1 轴与 Z1 轴的轴间角为 90°，X1 轴与 Y1 轴的轴间角为 135°，Y1 轴与 Z1 轴的轴间角为 135°，X1 轴与 Z1 轴的轴向伸缩系数为 $p=r=1$，Y1 轴的轴向伸缩系数为 $q=0.5$，如图 12-8 所示。

【例 12-2】 根据图 12-9 所给的尺寸，绘出支架的斜二等轴测图。

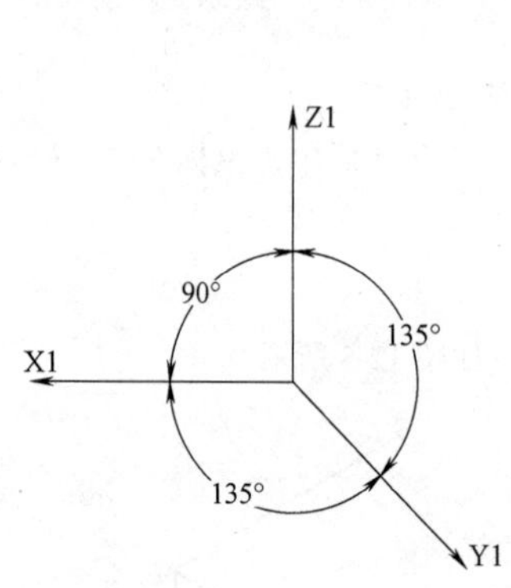

图 12-8　斜二等轴测图的轴间角

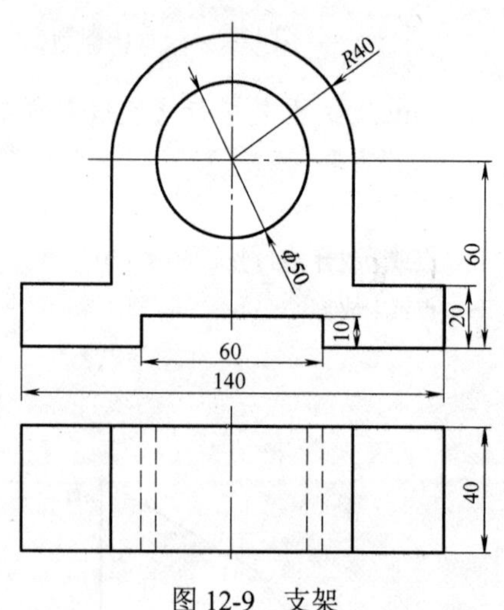

图 12-9　支架

1）绘制中心线，如图 12-10 所示。

2）单击【绘图】面板上的【圆】按钮，执行绘圆命令，绘出 ϕ50、*R*40 的两同心圆，如图 12-11 所示。

3）使用直线命令和修剪命令，可以得到图 12-12。

4）单击【修改】面板上的【复制】按钮，执行【复制】命令。命令行的提示如下：

命令：_copy

选择对象：指定对角点：找到 15 个　　　　　　// 框选全部图形

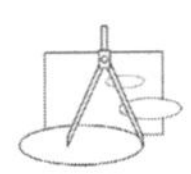

选择对象：

当前设置：复制模式 = 多个

指定基点或［位移（D）/ 模式（O）］〈位移〉：　　　　// 捕捉圆心作为基点

指定第二个点或〈使用第一个点作为位移〉：@20<135　　　　// 结束命令，如图 12-13 所示

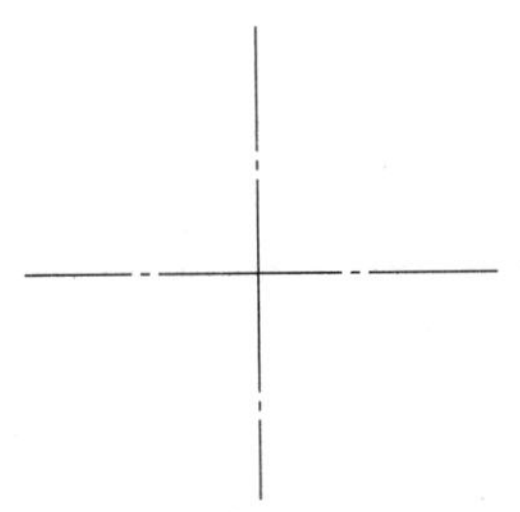

图 12-10　绘制中心线

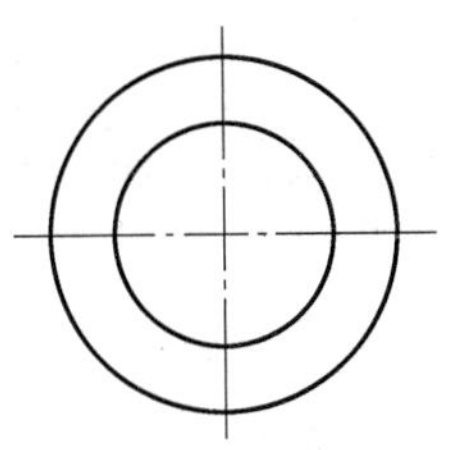

图 12-11　绘出 ϕ50、*R*40 的两同心圆

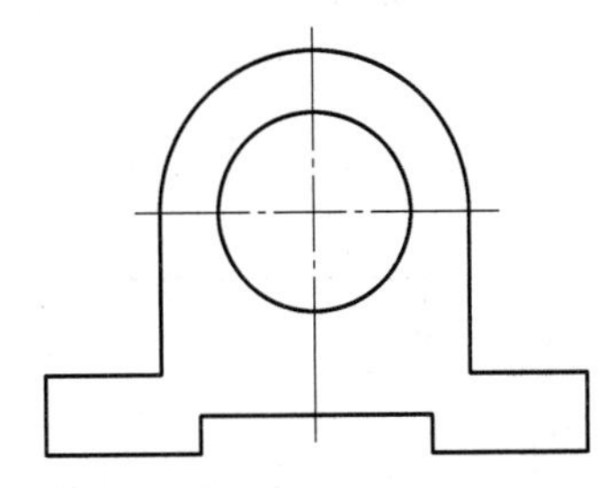

图 12-12　剪切图形

5）使用直线和修剪命令，完成轴测图，如图 12-14 所示。

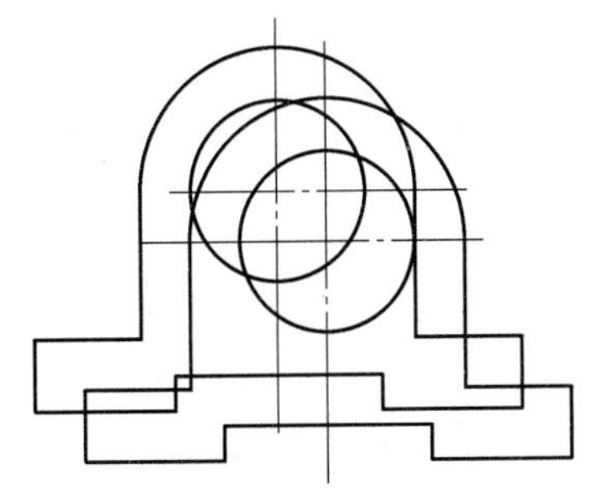

图 12-13　复制对象

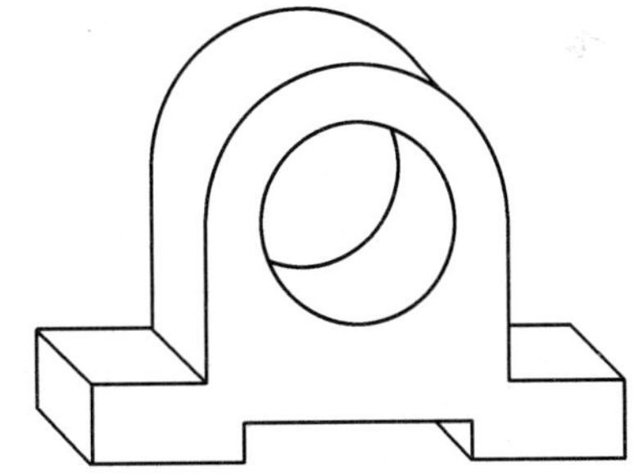

图 12-14　支架斜二等轴测图

12.4　使用等轴测捕捉绘制等轴测图

在【状态栏栅格】按钮上单击鼠标右键，在弹出的快捷菜单上选择【网格设置】选项，弹出【草图设置】对话框，在【捕捉类型】选项区中选中【等轴测捕捉】复选框。

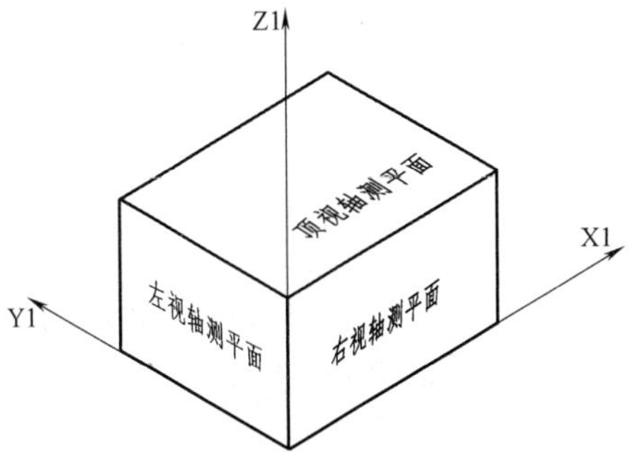

图 12-15　各轴测平面

12.4.1　轴测平面间的切换

在轴测投影图中，一般情况下正六面体仅有三个面是可见面，如图 12-15 所示。三个轴测平面如下：

- 左视轴测平面是由 Y1 轴测轴和 Z1 轴测轴所决定的平面及平行面。
- 右视轴测平面是由 X1 轴测轴和 Z1 轴测轴所决定的平面及平行面。
- 顶视轴测平面是由 X1 轴测轴和 Y1 轴测轴所决定的平面及平行面。

在绘制轴测图时，三个轴测平面可以通过按〈Ctrl+E〉组合键或按〈F5〉键，在等轴测平面之间循环，每切换一个轴测平面，十字光标将随切换的轴测平面变化方向，见表 12-1。

表 12-1　十字光标说明

十字光标	说　明
	选择左侧平面，由一对 90° 和 150° 的轴定义
	选择顶部平面，由一对 30° 和 150° 的轴定义
	选择右侧平面，由一对 90° 和 30° 的轴定义

12.4.2　实例

【例 12-3】 使用轴测投影模式，绘出图 12-16 所示的正等轴测图。

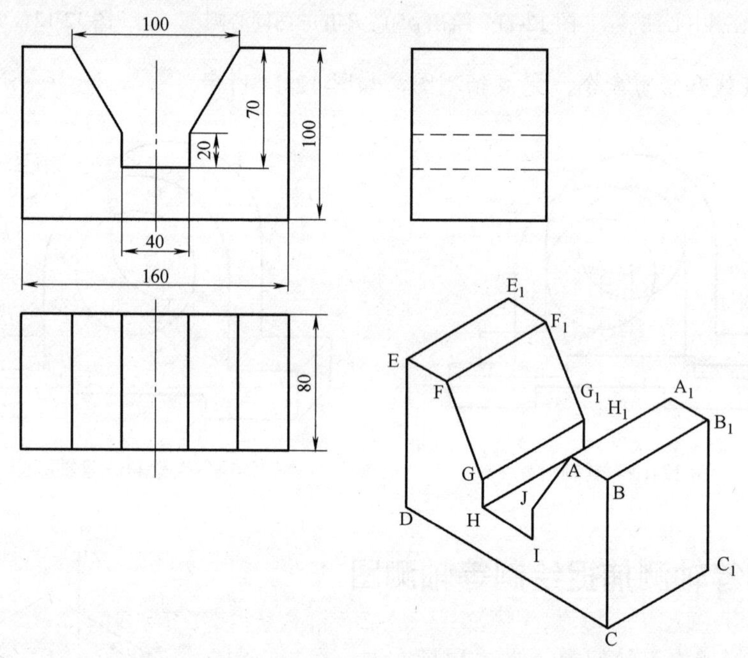

图 12-16　图例

1）打开正交、栅格和栅格捕捉（默认捕捉间距为 10），按〈F5〉键切换光标到左侧平面。

2）单击【直线】按钮，执行绘制直线命令，命令行的提示如下：

命令：_line 指定第一点：　　// 光标移至适当位置，单击鼠标左键，确定 A 点

指定下一点或[放弃（U）]：30　　// 光标移至 A 点右侧，确定直线 AB 的方向，输入直线 AB 的长度，确定 B 点

指定下一点或[放弃（U）]：100　　// 确定直线 BC 的方向，输入直线 BC 的长度，确定 C 点

指定下一点或[闭合（C）/ 放弃（U）]：160　　// 确定直线 CD 的方向，输入直线 CD 的长度，确定 D 点

指定下一点或[闭合（C）/ 放弃（U）]：100　　// 确定直线 DE 的方向，输入直线 DE 的长度，确定 E 点

指定下一点或[闭合（C）/ 放弃（U）]：30　　// 确定直线 EF 的方向，输入直线 EF 的长度，确定 F 点

指定下一点或[闭合（C）/ 放弃（U）]：　　// 结束命令，如图 12-17 所示

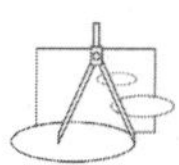

3）按〈Enter〉键重复执行绘制直线命令，命令行的提示如下：

命令：LINE 指定第一点：　　　　　　　　//确定 G 点

指定下一点或[放弃（U）]：　　　　　　　//沿 Z1 轴向下量取 2 格，单击鼠标左，确定 H 点

指定下一点或[放弃（U）]：　　　　　　　//沿 Y1 轴向右下量取 4 格，单击鼠标左键，确定 I 点

指定下一点或[闭合（C）/ 放弃（U）]：　　//沿 Z1 轴向上量取 2 格，单击鼠标左键，确定 J 点

指定下一点或[闭合（C）/ 放弃（U）]：　　//结束命令，如图 12-18 所示

4）连接 FG 和 AJ，如图 12-19 所示。

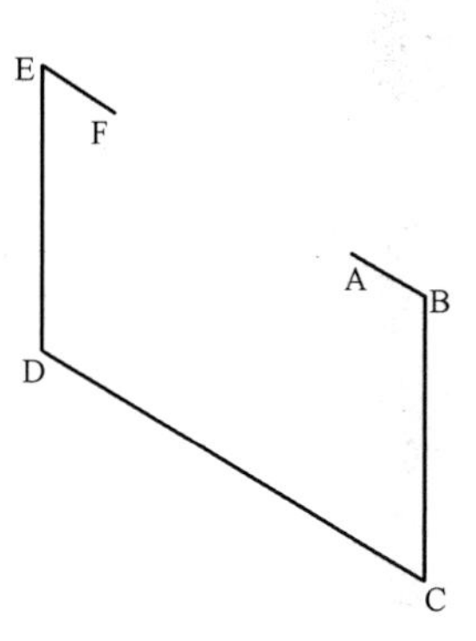

图 12-17　轮廓线 A ～ F

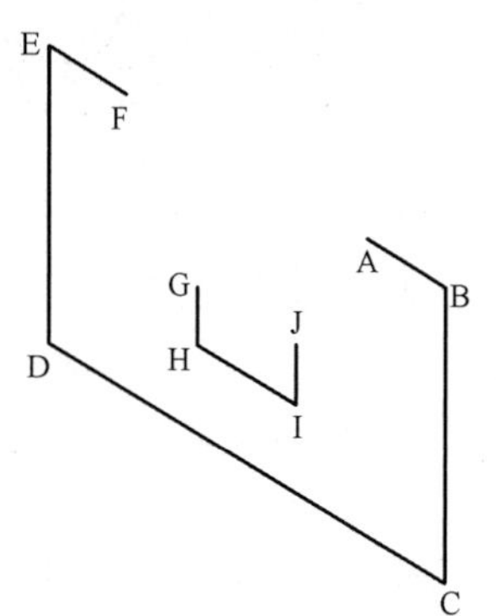

图 12-18　栅格捕捉绘图线

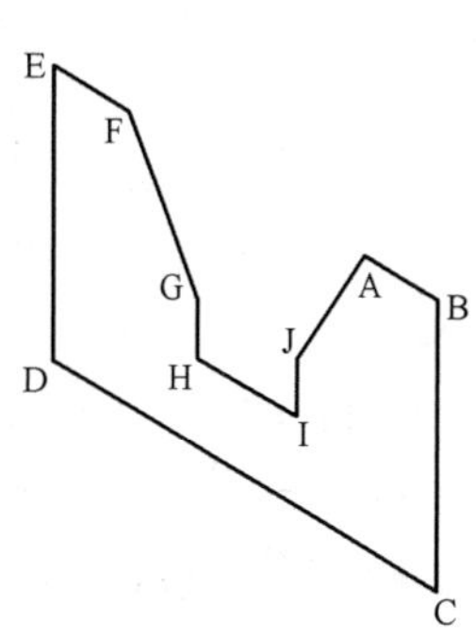

图 12-19　绘直线 FG 和直线 AJ

5）按〈F5〉键，切换到右视轴测平面。

6）使用直线命令绘制 CC_1，命令行的提示如下：

命令：_line

指定第一点：　　　　　　　　　　　　//捕捉 C 点，单击鼠标左键，确定 C 点

指定下一点或[放弃（U）]：80　　　　//光标移至 C 点右侧，确定直线 CC_1 的方向，输入直线 CC_1 的长度，绘出直线 CC_1，如图 12-20 所示。

7）单击【修改】面板上的【复制】按钮，执行复制对象命令，复制直线 CC_1，如图 12-21 所示。

8）使用直线和修剪命令完成轴测图，如图 12-22 所示。

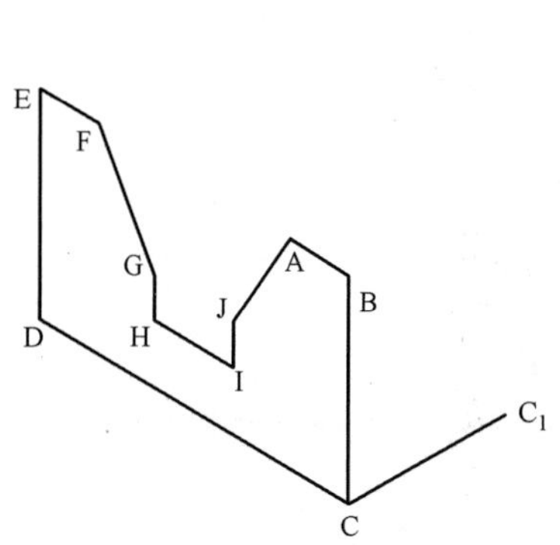

图 12-20　绘直线 CC_1

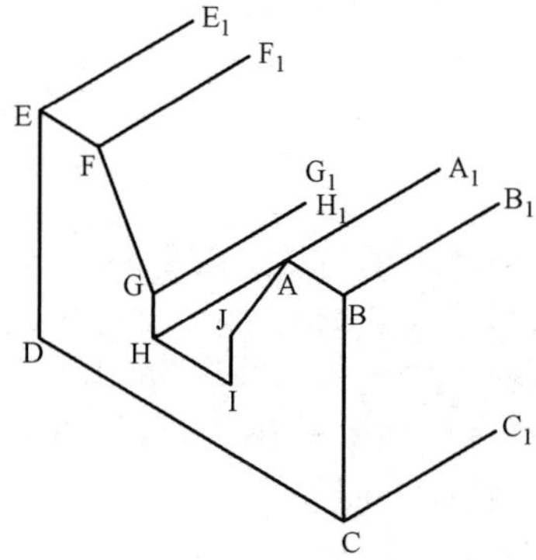

图 12-21　复制 X1 轴方向的直线

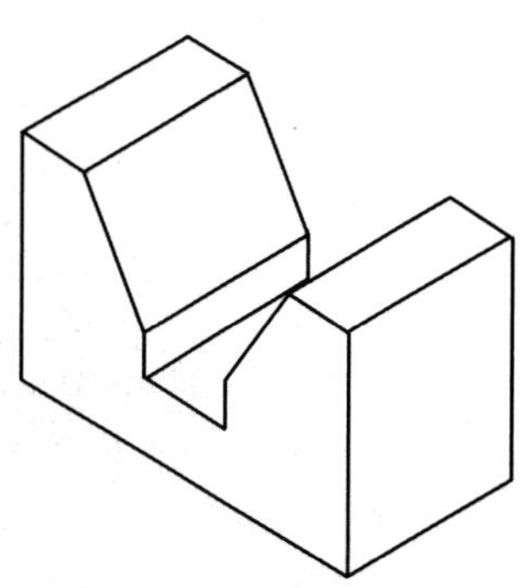

图 12-22　完成正等轴测图

12.5 正等轴测投影图中圆和圆角的绘制

在正等轴测图中，圆和圆角的投影分别是椭圆和椭圆弧，如图 12-23 所示。

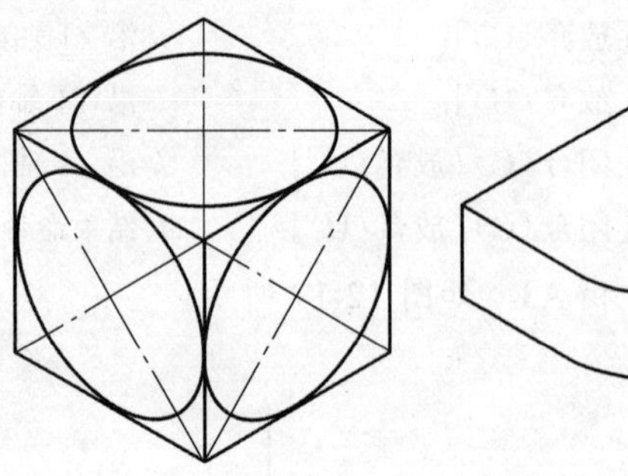

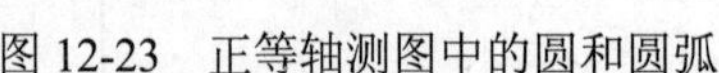
图 12-23 正等轴测图中的圆和圆弧

12.5.1 圆的正等轴测投影图

在正六面体的顶面、左侧面和右侧面上各有一个内切圆，向正等轴测投影面投射以后，三个可见面的轴测投影为三个形状相同的菱形，而三个面上的圆的正等轴测投影均为形状相同的椭圆，且内切于三个形状相同的菱形。其几何关系为：椭圆长轴的方向是菱形长对角线的方向，椭圆短轴的方向是菱形短对角线的方向。

【例 12-4】 绘出边长为 50mm 的正六面体和三个可见面上的正等轴测图。

1）打开等轴测模式。

2）使用【直线】命令绘制图 12-24 所示正六面体正等轴测图。

3）按〈F5〉键，切换俯视轴测面为当前绘图面。

4）单击【绘图】面板上的【椭圆】按钮，执行椭圆命令。命令行的提示如下：

命令：_ellipse

指定椭圆轴的端点或［圆弧（A）/ 中心点（C）/ 等轴测图（I）］：I

指定等轴测圆的圆心：　　//捕捉 A 点，单击鼠标左键，确定圆心

指定等轴测圆的半径或［直径（D）］：　　//捕捉 M 点，单击鼠标左键，完成顶面上圆的正等轴测图，如图 12-25 所示

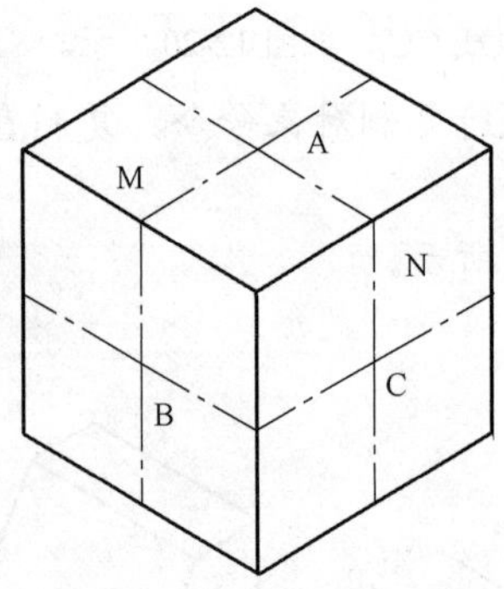

图 12-24 正六面体正等轴测图

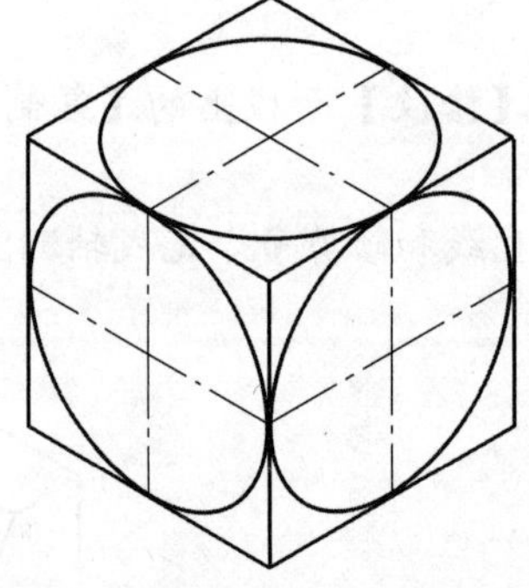

图 12-25 正六面体及表面上圆的正等轴测图

5）按〈F5〉键，切换左视轴测面为当前绘图面。

6）单击【绘图】面板上的【椭圆】按钮，执行椭圆命令。命令行的提示如下：

命令：_ellipse

指定椭圆轴的端点或［圆弧（A）/ 中心点（C）/ 等轴测图（I）］：I

指定等轴测圆的圆心：　　//捕捉 B 点，单击鼠标左键，确定圆心

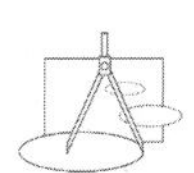

指定等轴测圆的半径或[直径(D)]：　　//捕捉 M 点，单击鼠标左键，完成左侧面上圆的正等轴测图，如图 12-25 所示

7）按〈F5〉键，切换右视轴测面为当前绘图面。

8）单击【绘图】面板上的【椭圆】按钮，执行椭圆命令。命令行的提示如下：

命令：_ellipse

指定椭圆轴的端点或[圆弧(A)/中心点(C)/等轴测图(I)]：I

指定等轴测圆的圆心：　　//捕捉 C 点，单击鼠标左键，确定圆心

指定等轴测圆的半径或[直径(D)]：　　//捕捉 N 点，单击鼠标左键，完成右侧面上圆的正等轴测图，完成绘图全过程，如图 12-25 所示

【例 12-5】 绘出图 12-26 所示圆台的正等轴测图。

1）打开等轴测模式。

2）按〈F5〉键，切换俯视轴测面为当前绘图面。

3）单击【绘图】面板上的【椭圆】按钮，执行椭圆命令。命令行的提示如下：

命令：_ellipse

指定椭圆轴的端点或[圆弧(A)/中心点(C)/等轴测图(I)]：I

指定等轴测圆的圆心：　　//光标移至适当位置，单击鼠标左键，确定圆台顶圆圆心

指定等轴测圆的半径或[直径(D)]：30

4）按〈Enter〉键重复执行【椭圆】命令。命令行的提示如下：

命令：_ellipse

指定椭圆轴的端点或[圆弧(A)/中心点(C)/等轴测图(I)]：I

指定等轴测圆的圆心：90　　//使用【对象追踪】功能，从顶圆圆心向下追踪 90 获得底圆圆心，如图 12-27 所示

指定等轴测圆的半径或[直径(D)]：50

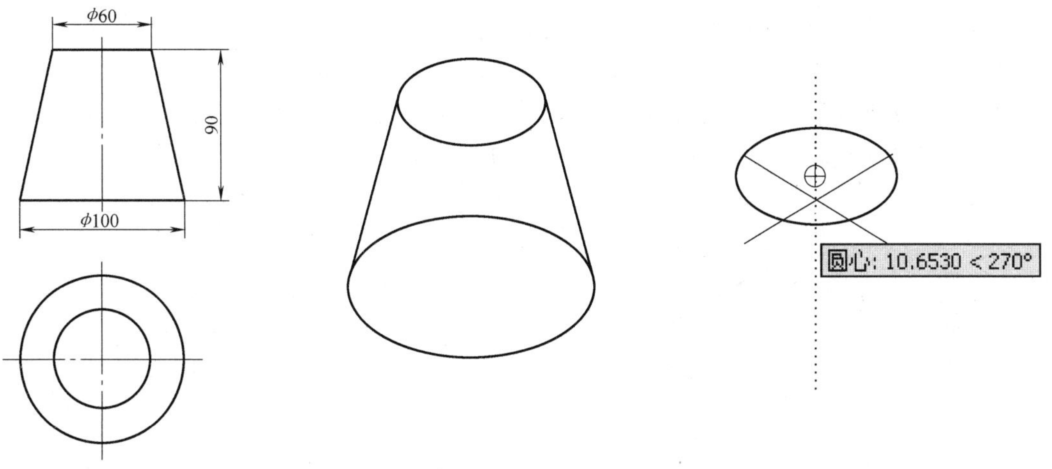

图 12-26　圆台图例　　图 12-27　圆台底圆圆心

5）使用【直线】命令作两椭圆的公切线，如图 12-28 所示。

6）执行修剪命令，修剪图形如图 12-29 所示。

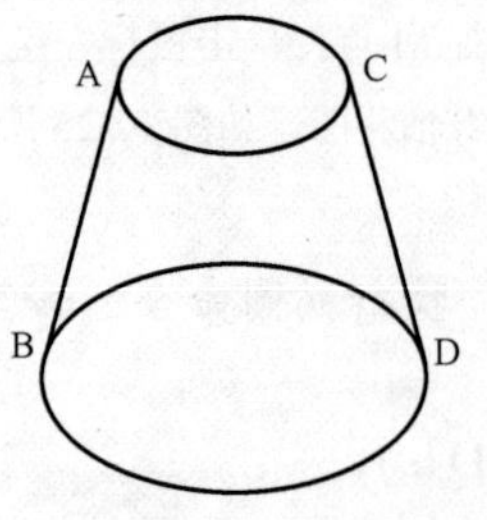

图 12-28　绘制转向轮廓线

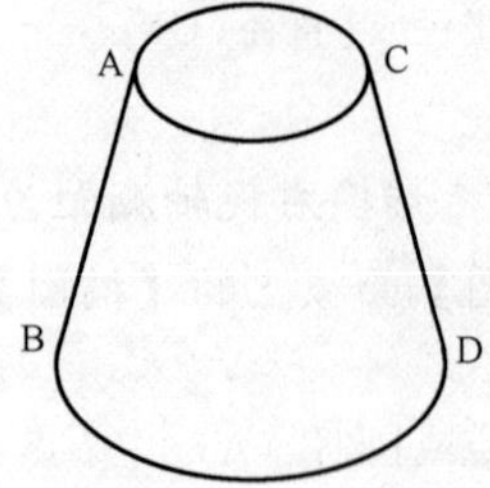

图 12-29　修剪底圆

12.5.2　圆角的正等轴测投影

在平板物体上，由 1/4 圆弧组成的圆角轮廓，其轴测投影图为 1/4 椭圆弧组成的轮廓，如图 12-30 所示。

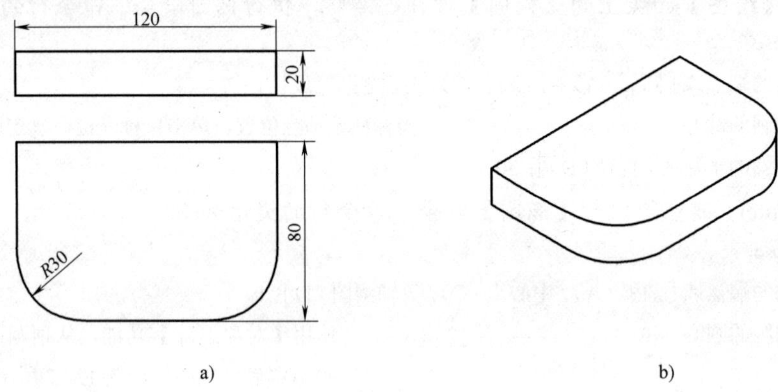

图 12-30　圆角的正等轴测图

【例 12-6】 作出如图 12-30 所示的正等轴测图。

1）打开正交功能，按〈F5〉键切换俯视轴测面为当前绘图面。

2）利用【直线】命令，绘出图 12-31 所示的平板顶面正等轴测图。

3）使用辅助线的方法确定椭圆圆心，如图 12-32 所示。

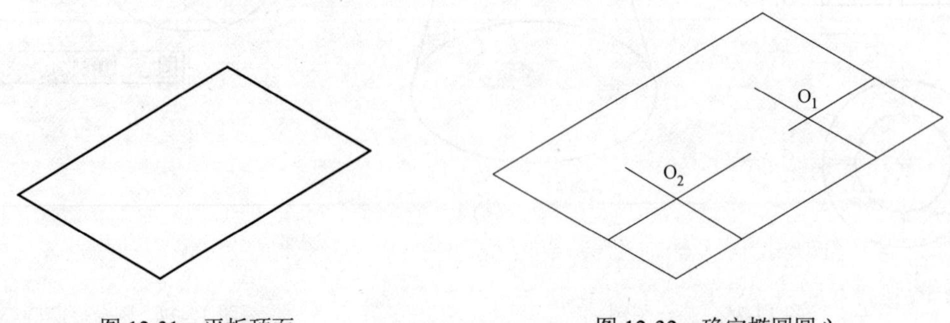

图 12-31　平板顶面　　图 12-32　确定椭圆圆心

4）分别以 O_1 和 O_2 为圆心，以 30 为半径绘制椭圆，单击【绘图】面板上的【椭圆】按钮 轴，端点，执行椭圆命令。命令行的提示如下：

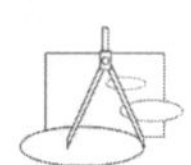

命令：_ellipse

指定椭圆轴的端点或［圆弧（A）/ 中心点（C）/ 等轴测圆（I）］：I

指定等轴测圆的圆心：　　　　　　　　　　　　　　// 捕捉圆心

指定等轴测圆的半径或［直径（D）］：30　　　　　　// 如图 12-33 所示

5）修剪结果如图 12-34 所示。

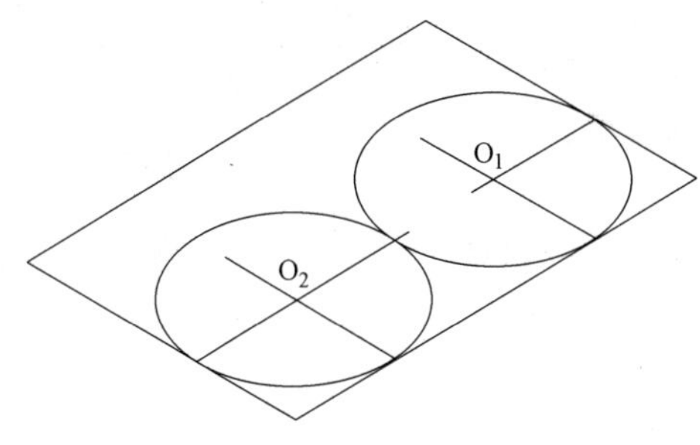

图 12-33　绘制椭圆

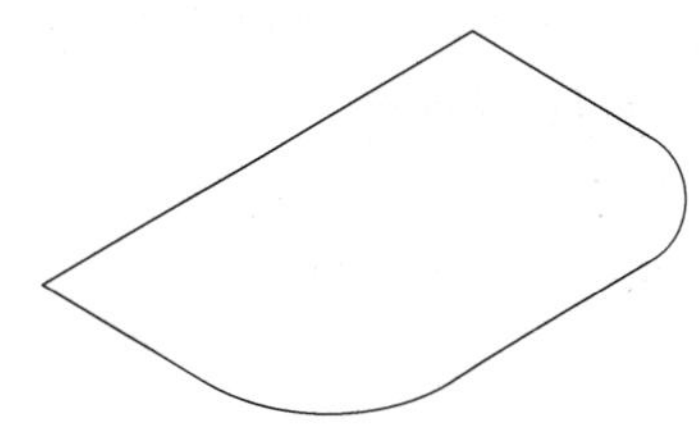

图 12-34　修剪结果

6）单击【修改】面板上的【复制】按钮，执行【复制】命令。命令行的提示如下：

命令：_copy

选择对象：指定对角点：找到 6 个　　　　　　　　// 框选全部图形

选择对象：

当前设置：复制模式 = 多个

指定基点或［位移（D）/ 模式（O）］〈位移〉：　　　　// 捕捉一点作为基点

指定第二个点或〈使用第一个点作为位移〉：@0,20　// 结束命令，如图 12-35 所示

7）使用直线命令和修剪命令完成轴测图，如图 12-36 所示。

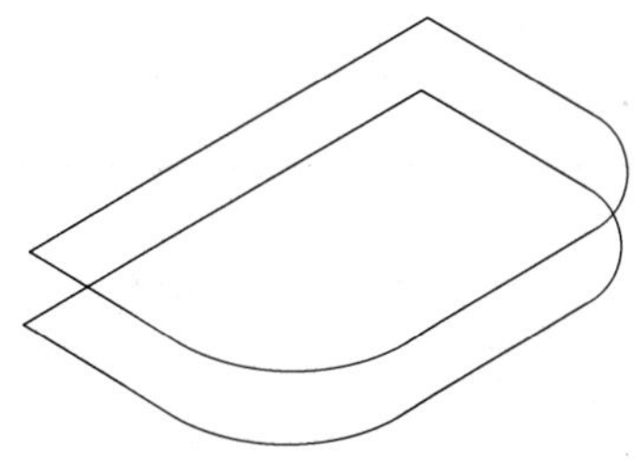

图 12-35　复制对象

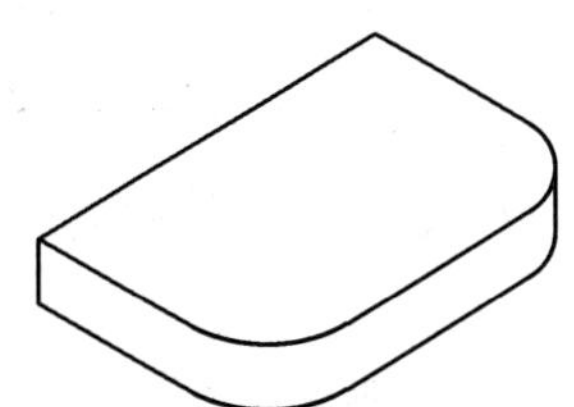

图 12-36　轴测图

12.6　轴测图的标注

如果需要在轴测图中标注文字和尺寸，需要注意文字（行）的方向和轴测轴方向一致，且文字的倾斜方向与另一轴测轴平行。

12.6.1　文字标注

在轴测图上书写文字时有两个角度：文字的旋转角度和文字的倾斜角度。

文字的倾斜角度由文字样式决定，故需要设置新的文字样式决定文字的倾斜角度。轴测图中文字的倾斜角度有两种：30°和 –30°。

文字的旋转角度在输入文本时确定。如果使用的是【单行文字】工具，在输入文字的时候会提示输入旋转角度，如果使用的是【多行文字】工具，则需要在指定矩形文字对齐边框的第二个角点时，根据提示输入 r，按空格键或〈Enter〉键确认，此时系统提示输入旋转角度，输入旋转角度值后确认即可。

图 12-37 所示为各轴测面平行面上使用的文字倾斜角度和旋转角度及最终效果。

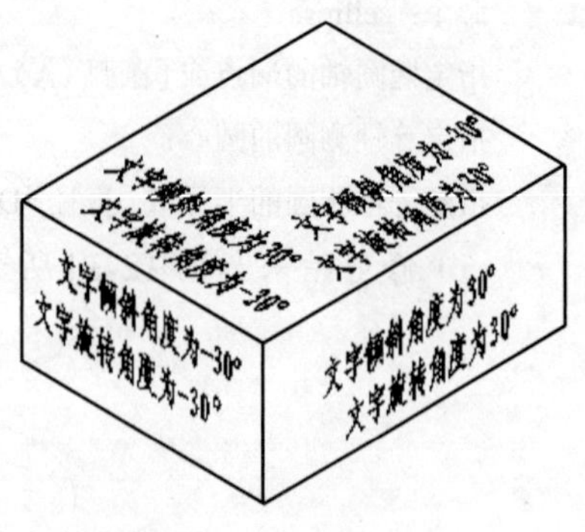

图 12-37　各轴测面上的文字

12.6.2　尺寸标注

在轴测图上标注尺寸时，要求尺寸界线平行于轴测轴。尺寸数字的方向和文字标注时要求的倾斜方向也要相同。使用尺寸标注工具标注尺寸时，尺寸界线总是垂直于尺寸线，文字方向垂直于尺寸线，所以在完成轴测图尺寸标注后，需要调整尺寸界线的倾斜角度和尺寸数字的倾斜角度。

轴测图上各种尺寸数字的倾斜角度，见表 12-2。

表 12-2　轴测图上尺寸数字的倾斜角度

尺寸所在的轴测面	尺寸线平行的轴测轴	尺寸数字倾斜角度	尺寸所在的轴测面	尺寸线平行的轴测轴	尺寸数字倾斜角度
左	Y	–30°	右	Z	–30°
左	Z	30°	顶	X	–30°
右	X	30°	顶	Y	30°

轴测图上各种尺寸界线的倾斜角度，见表 12-3。

表 12-3　轴测图上尺寸界线的倾斜角度

尺寸界线平行的轴测轴	尺寸界线倾斜角度
X	30°
Y	–30°
Z	90°

在一般情况下，通过定义文字样式设置其倾斜角度。在标注完尺寸后，再使用展开的【标注】面板中的【倾斜】工具修改尺寸界线的倾斜角度。下面通过一个实例介绍标注方法。

【例 12-7】 轴测图尺寸标注实例。

标注给定的轴测图尺寸，最终效果如图 12-38 所示。

1）以“工程字”文字样式为基础样式设置两种文字样式，分别命名为“30”和“–30”，设置两种倾斜角度分别为“30°”和“–30°”。

2）以“GB-35”为基础样式设置两种标注样式，分别命名为“30”和“–30”，设置两种标注样式的文字样式分别为“30”和“–30”。

3）将“30”标注样式设置为当前标注样式，选择【注释】面板中的【对齐】标注工具[对齐]，标注尺寸 25、28、58 三个尺寸，如图 12-39 所示。

4）将“-30”标注样式设置为当前标注样式，选择【注释】面板中的【对齐】标注工具[对齐]，标注尺寸 20、30、45 三个尺寸，如图 12-39 所示。

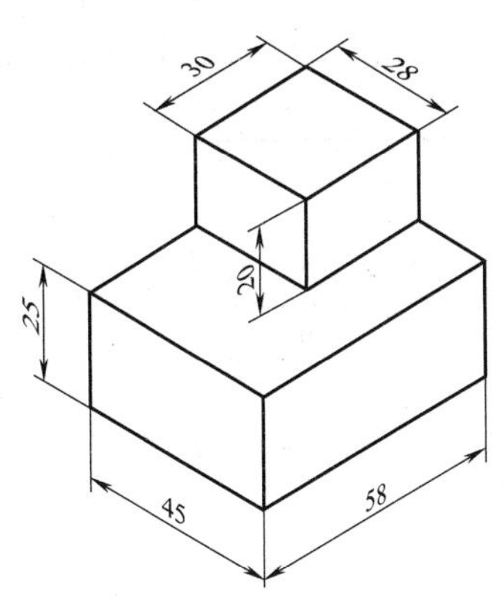

图 12-38　轴测图尺寸

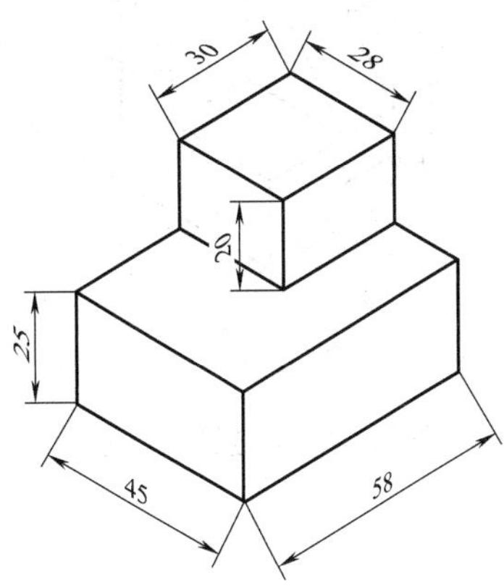

图 12-39　标注尺寸

5）选择功能区的【注释】选项卡，打开【注释】面板组，在展开的【标注】面板中选择【倾斜】工具，根据系统提示操作如下：

命令：_dimedit　　// 调用命令
输入标注编辑类型 [默认（H）/ 新建（N）/ 旋转（R）/ 倾斜（O）]〈默认〉：_o
　　// 自动执行的操作
选择对象：找到 1 个　　// 选择尺寸 45
选择对象：　　// 选择尺寸 58
选择对象：　　// 按空格键或〈Enter〉键退出选择状态
输入倾斜角度（按 ENTER 表示无）：90　　// 输入 90，按空格键或〈Enter〉键，定义尺寸界线倾斜角度为 90°，完成的结果如图 12-40 所示

6）使用步骤 5）的方法修改尺寸 25 和尺寸 30 的倾斜角度为 -30°，如图 12-40 所示。

7）使用步骤 5）的方法修改尺寸 28 和尺寸 20 的倾斜角度为 30°，如图 12-40 所示。

8）使用夹点编辑命令，移动尺寸或尺寸线的位置，使尺寸 45 和尺寸 58 对齐，移动尺寸 20 到合适的位置，如图 12-38 所示。

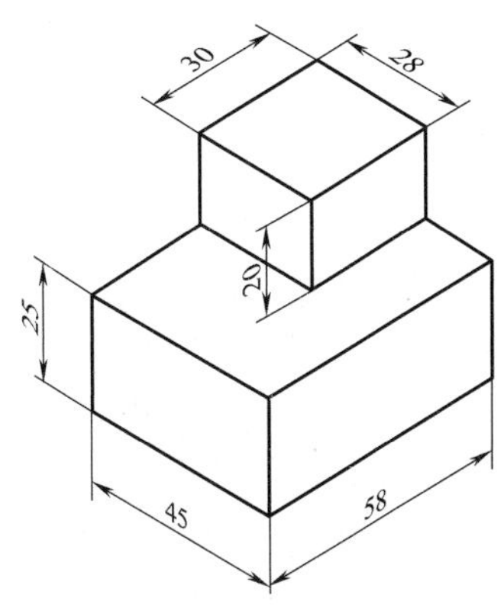

图 12-40　倾斜角度

12.7　思考与练习

（1）绘制正等轴测图（见图 12-41 和图 12-42）。

（2）使用工程制图方法绘制斜二等轴测图（见图 12-43）。

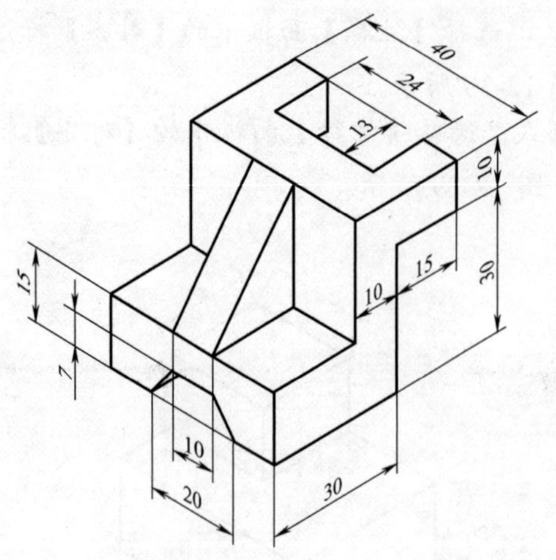

图 12-41　习题图（一）

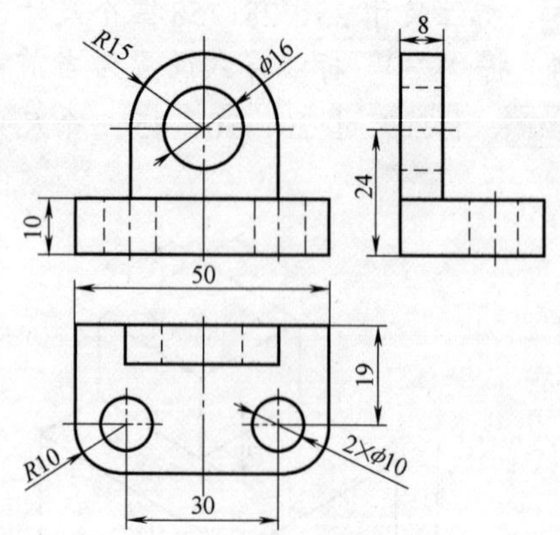

图 12-42　习题图（二）

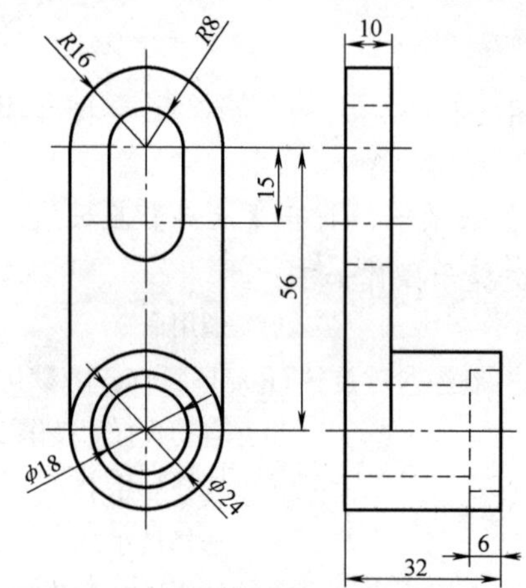

图 12-43　习题图（三）

第13章

三维实体造型

【本章重点】

- 设置三维环境。
- 创建三维实体模型。
- 三维实体模型转二维平面图形。

在前面的相关章节中我们学习了二维图形的绘制和编辑等知识，它基本上能满足用户绘制平面图形的需要。我们日常绘制的图形大多数是三维物体的二维投影图，这种图形广泛应用于机械制造、建筑工程等领域。但这种方式存在缺陷，用户不能观察产品的实际设计效果。为此，AutoCAD提供了三维图形功能。AutoCAD支持三种三维模型，它们是：线框模型、表面模型和实体模型。每种模型均有自己的创建和编辑方法。

线框模型描述的是三维对象的框架。它仅由描述对象的点、直线和曲线构成，不含描述表面的信息。我们可以将二维图形放置在三维空间的任意位置来生成线框模型，也可以使用 AutoCAD 提供的三维线框对象或三维坐标来创建三维模型。通常，我们都是利用直线绘制命令，输入三维坐标点来创建三维线框模型。

表面模型比线框模型复杂得多，它不仅定义了三维对象的边，而且定义了三维对象的表面。表面模型由表面组成，表面不透明，且能挡住视线。AutoCAD 的表面模型使用多边形网格定义对象的棱面模型。由于网格表面是平面的，因此使用多边形网格只能近似地模拟曲面。

实体模型描述了对象所包含的整个空间，是信息最完整且二义性最小的一种三维模型。实体模型在构造和编辑上较线框和表面模型复杂。用户可以分析实体的质量、体积、重心等物理特性，可以为一些应用分析（如数控加工、有限元等）提供数据。与表面模型类似，实体模型也以线框的形式显示，除非用户进行消隐、着色或渲染处理。

本章主要介绍创建和编辑三维实体模型。

13.1 设置三维环境

AutoCAD 2018 专门设置三维建模空间，需要使用时，只需要从工作空间的下拉列表中选择【三维建模】选项即可，如图 13-1 所示。

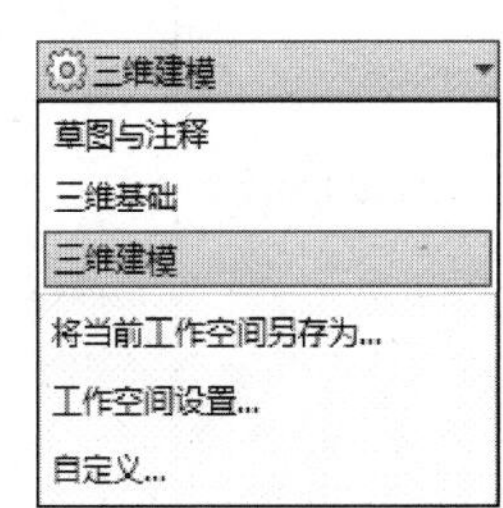

图 13-1　选择空间

新建图形使用“acadiso3D.dwt”样板，并且选择了【三维建模】

工作空间后，整个工作界面成为专门为三维建模设置的环境，如图 13-2 所示。

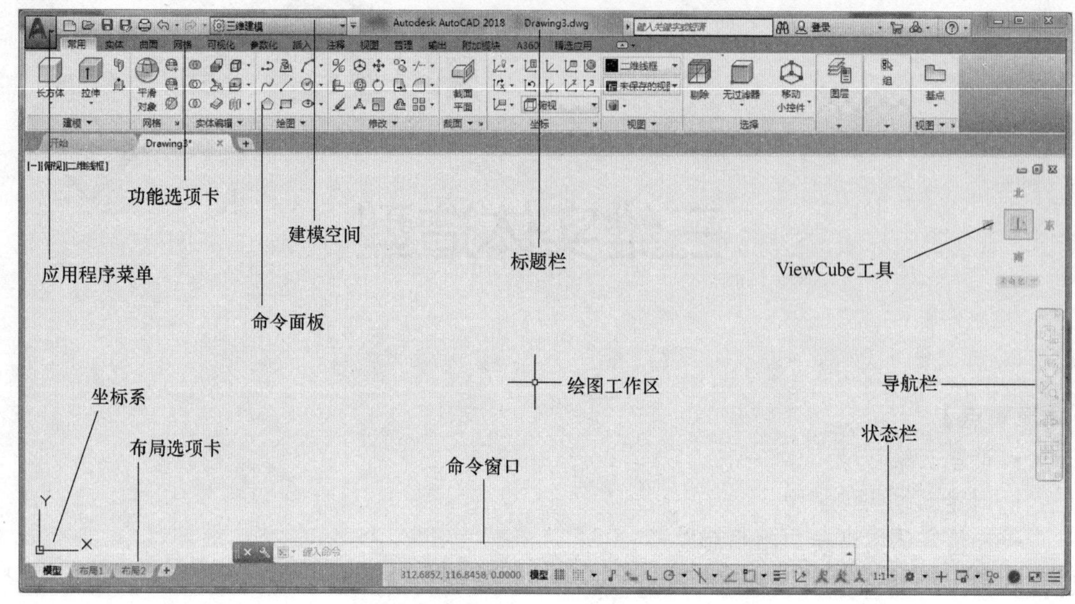

图 13-2 工作界面

13.2 坐标系统

在 AutoCAD 中有两个坐标系统：一个是称为世界坐标系（WCS）的固定坐标系，另一个是称为用户坐标系（UCS）的可移动坐标系。在三维环境中，UCS 对于输入坐标、建立绘图平面和设置视图非常有用。改变 UCS 并不改变视点，只会改变坐标系的方向和倾斜度。点的三维坐标可以使用笛卡儿坐标、圆柱坐标和球面坐标三种方法表示。表 13-1 列出了这三种方法的比较。

表 13-1 坐标输入格式比较

坐　标	三维输入格式	图示及示例
笛卡儿坐标	x,y,z	例如，@3,6,5 表示沿 X 轴距上一测量点 3 个单位，沿 Y 轴距上一测量点 6 个单位，沿 Z 轴距上一测量点 5 个单位
	#x,y,z	
	@x,y,z	+Z, 3, 6 ,5, 5, +Y, −X, 2, 6, 2, 3, 5, −Y, +X, −Z

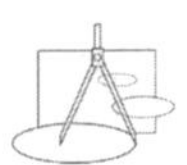

（续）

坐　　标	三维输入格式	图示及示例
圆柱坐标	x <与 X 轴之间的角度，z	例如，@5 < 30，6 表示沿 X 轴距上一个测量点 5 个单位，与 X 轴正方向成 30°角，在 Z 轴正方向移动 6 个单位的位置
	# x <与 X 轴之间的角度，z	
	@x <与 X 轴之间的角度，z	
球面坐标	x <与 X 轴所成的角度<与 XY 平面所成的角度	例如，坐标 8 < 30 < 30 表示距当前 UCS 的原点 8 个单位，与原点连线在 XY 平面中投影与 X 轴成 30°角，连线与 XY 平面夹角为 30°
	#x <与 X 轴所成的角度<与 XY 平面所成的角度	
	@x <与 X 轴之间的角度<与 XY 平面之间的角度	

提示　启用“动态输入”时，如果需要使用绝对坐标，请使用 # 符号前缀。相对坐标需要输入 @ 符号前缀。禁用“动态输入”时，应使用常规输入格式。

13.3　用户坐标系统

AutoCAD 通常是基于当前坐标系的 XOY 平面进行绘图的，这个 XOY 平面称为构造平面。在三维环境下绘图需要基于不同的平面，因此要把当前坐标系的 XOY 平面变换到需要绘图的平面上，也就是需要创建新的坐标系——UCS（用户坐标系）。

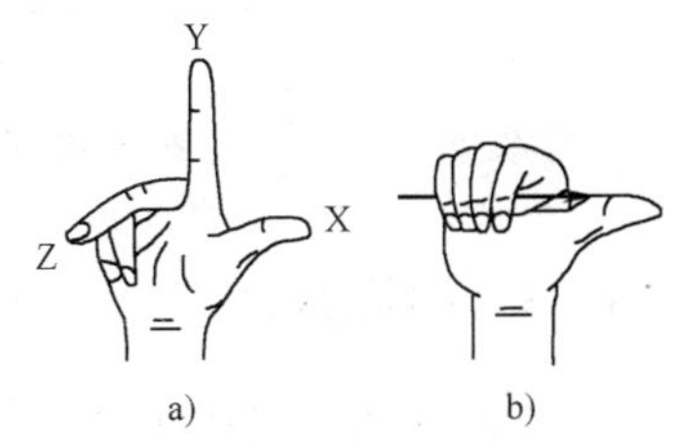

图 13-3　UCS 方向

在三维坐标系中，如果已知 X 轴和 Y 轴的方向，可以使用右手定则确定 Z 轴的正方向。将右手手背靠近屏幕放置，大拇指指向 X 轴的正方向，伸出食指和中指，食指指向 Y 轴的正方向，中指所指示的方向即 Z 轴的正方向，如图 13-3a

所示。通过旋转手，可以看到 X 轴、Y 轴和 Z 轴随着 UCS 的改变而旋转。

使用右手定则还可以确定三维空间中绕坐标轴旋转的默认正方向：将右手拇指指向轴的正方向，卷曲其余四指，右手四指所指示的方向即轴的正旋转方向，如图 13-3b 所示。

> **提示**　右手定则：在 WCS 下伸出右手，让手心面向自己，并靠近屏幕左下方，然后把拇指伸开与 X 轴平行，食指伸开与 Y 轴平行，中指伸开指向自己，其余的两个指头向内弯曲。

13.3.1　设置 UCS

创建用户坐标系可以理解为变换用户坐标系，用户可以根据需要，定义、保存和恢复任意多个用户坐标系。

创建用户坐标系的方式有以下三种：

- 功能区：单击【常用】选项卡中的【坐标】面板。
- 菜单：单击【工具】/【新建 UCS】/【子菜单】命令。
- 命令：ucs。

下面以面板为例讲述用户坐标系的建立。

- 、、：分别是绕 X、Y、Z 轴旋转的坐标系。
- ：恢复上一个坐标系。
- ：通过移动原点定义新的用户坐标系。
- ：将用户坐标系与指定的 Z 轴正向对齐。
- ：使用 3 个点定义新的用户坐标系。
- ：将用户坐标系的 XY 平面与屏幕对齐。
- ：将用户坐标系与选定平面对齐。
- ：将用户坐标系与三维实体上的面对齐。
- ：将当前坐标系设置为世界坐标系。
- ：列出、重命名或恢复先前定义的用户坐标系。

13.3.2　动态 UCS

使用动态 UCS（DUCS）功能（通过状态上的允许或禁止动态 UCS 按钮实现），可以在创建对象时使 UCS 的 XY 平面自动与实体模型上的平面临时对齐。实际操作时，先执行创建对象的命令，然后移动鼠标指针到要创建对象的平面，该平面会亮显，表示当前的 UCS 对齐到该平面上，接下来可以在该平面上继续创建对象。

> **提示**　动态 UCS 是临时的，当前的 UCS 并不真正切换到这个临时的 UCS 中，创建完对象后，UCS 还是回到创建对象前的状态。

13.3.3　平面视图

平面视图是指从 Z 轴上的一点指向原点（0，0，0）的视图。使用平面视图命令“plan”，可以将当前视点更改为当前 UCS 的平面视图、以前保存的 UCS 或 WCS，在三维绘图中快

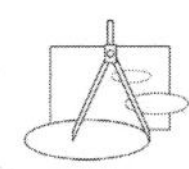

速将视图切换为二维平面视角，从而加速截面图形的绘制。

> **提示**　plan 会更改观察方向并关闭透视和剪裁，但不会更改当前的 UCS。在启动 plan 命令后，输入或显示的任何坐标仍然是相对于当前 UCS 的。

13.4　观察三维模型

创建三维模型要在三维空间中绘图，不但要变换用户坐标系，还要不断变换三维模型的显示方位，这样使三维建模更加方便。

13.4.1　标准方向观察三维模型

【可视化】选项卡的【视图】面板上的视图列表中列举了一些标准方向的观察视图，有工程图的六个标准视图方向，还有四个轴测方向及视图管理器，如图 13-4 所示。也可以使用 ViewCube，如图 13-5 所示。

13.4.2　动态观察三维模型

AutoCAD 的动态观察可以动态、交互、直观地观察三维模型，使用【视图】选项卡的【导航】面板上的【动态观察】选项，可以动态观察模型，如图 13-6 所示。

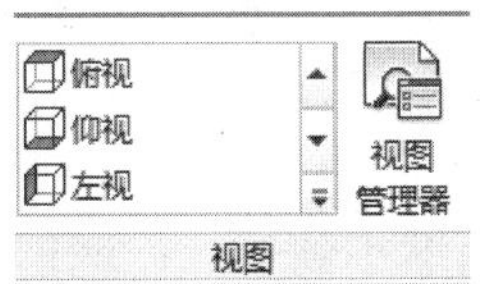

图 13-4 【视图】面板

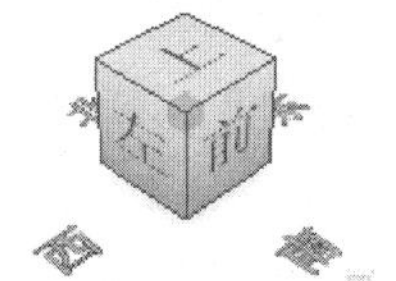

图 13-5　ViewCube

图 13-6 【导航】选项卡

13.5　三维建模

三维实体模型可以由基本实体命令创建，也可以由二维平面图形生成三维实体模型。

13.5.1　基本实体

基本实体包括长方体、球体、圆柱体、圆锥体、楔体、棱锥体、圆环体和多段体，如图 13-7 所示。

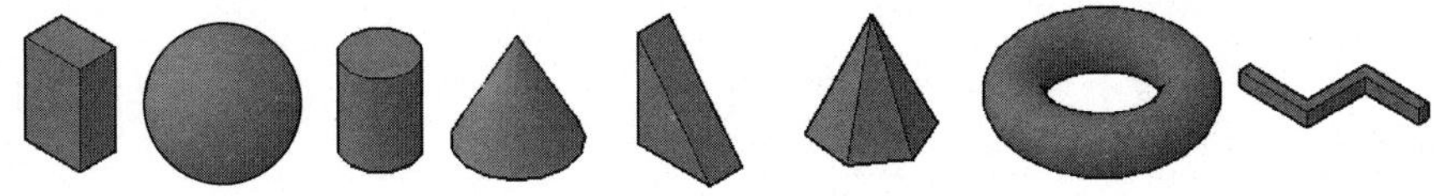

图 13-7　各种基本形体

1. 长方体

创建实体长方体，始终将长方体的底面绘制为与当前 UCS 的 XY 平面（工作平面）平行。如果在创建长方体时使用了【立方体】或【长度】选项，则还可以在指定长度时指定长方体在 XY 平面中的旋转角度。【中心点】选项可以创建使用指定中心点的长方体。

- 菜单：单击【绘图】/【建模】/【长方体】命令。
- 命令：box。
- 面板：单击【常用】选项卡的【建模】面板上的【长方体】按钮或单击【实体】选项卡的【图元】面板上的长方体按钮。

2. 球体

实体球体可以通过指定中心和半径或直径的方式来创建，也可以通过三点，两点、相切和相切与半径三种方式创建。

- 菜单：单击【绘图】/【建模】/【球体】命令。
- 命令：sphere。
- 面板：单击【常用】选项卡的【建模】面板上的【球体】按钮或单击【实体】选项卡的【图元】面板上的【球体】按钮。

3. 圆柱体

要创建以圆或椭圆为底面的实体圆柱体，首先可以通过多种方式来确定其底面形状，再确定圆柱体的高度和方向即可。

- 菜单：单击【绘图】/【建模】/【圆柱体】命令。
- 命令：cylinder。
- 面板：单击【常用】选项卡的【建模】面板上的【圆柱体】按钮或单击【实体】选项卡的【图元】面板上的【圆柱体】按钮。

4. 圆锥体

将圆或椭圆作为底面，如果底面随着高度增长最后顶面逐渐缩小到一点，就创建出了圆锥体，而如果底面随着高度增长最后顶面逐渐缩小到与底面平行的圆或椭圆平面，创建出来的就是圆台了。

- 菜单：单击【绘图】/【建模】/【圆锥体】命令。
- 命令：cone。
- 面板：单击【常用】选项卡的【建模】面板上的【圆锥体】按钮或单击【实体】选项卡的【图元】面板上的【圆锥体】按钮。

5. 楔体

楔体是一个五面体，楔形体的底面是绘制在与当前 UCS 的 XY 平面平行的平面上的四边形，而斜面正对其第一角点，楔体的高度与 Z 轴平行。

- 菜单：单击【绘图】/【建模】/【楔体】命令。
- 命令：wedge。
- 面板：单击【常用】选项卡的【建模】面板上的【楔体】按钮或单击【实体】选项卡的【图元】面板上的【楔体】按钮。

6. 棱锥体

棱锥体是一个由正多边形随着高度逐渐收缩到一点（即棱锥）或收缩到一个与底边相似的顶面（即棱台）而形成的。棱锥体的侧面数介于 3 ～ 32。

- 菜单：单击【绘图】/【建模】/【棱锥体】命令。

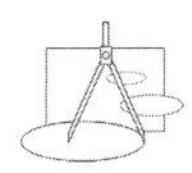

- 命令：pyramid。
- 面板：【常用】选项卡的【建模】面板上的【棱锥体】按钮或单击【实体】选项卡的【图元】面板上【棱锥体】按钮。

7. 圆环体

圆环体主要由两个半径值定义，一个是圆管的半径，另一个是从圆环体中心到圆管中心的距离。当圆管半径比圆环半径的绝对值大时，圆环就会自交，自交的圆环是没有中心孔的。

- 菜单：单击【绘图】/【建模】/【圆环体】命令。
- 命令：torus。
- 面板：单击【常用】选项卡的【建模】面板上的【圆环体】按钮或单击【实体】选项卡的【图元】面板上的【圆环体】按钮。

8. 多段体

多段体命令的功能是创建矩形轮廓的实体，也可以将现有直线、二维多段线、圆弧或圆转换为具有矩形轮廓的实体，类似建筑墙体。

- 菜单：单击【绘图】/【建模】/【多段体】命令。
- 命令：polysolid。
- 面板：单击【常用】选项卡的【建模】面板上的【多段体】按钮或单击【实体】选项卡的【图元】面板上的【多段体】按钮。

13.5.2　复杂实体构建

AutoCAD 提供了由平面封闭多段线（或面域）图形为截面，通过拉伸、旋转、扫掠、放样创建三维实体的方法。

1. 拉伸体

通过拉伸选定的对象可以创建实体。如果要使用直线或圆弧组成的轮廓来创建实体，可以使用【边界】命令将它们转换为一个多段线对象，也可以在使用前将对象转换为面域，如图 13-8 所示。

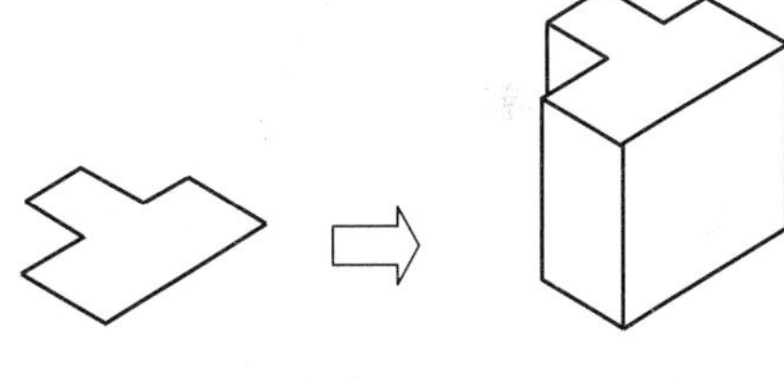

图 13-8　拉伸

> **提示**　①按住〈Ctrl〉键，通过选择一个或多个面同时拉伸。②无法拉伸以下对象：具有相交或自交线段的多段线；包含在块内的对象。③拉伸与扫掠不同。当沿路径拉伸轮廓时，如果路径未与轮廓相交，则将被移到轮廓上，然后，沿路径扫掠该轮廓。拉伸实体始于轮廓所在的平面，止于路径端点处。

- 菜单：单击【绘图】/【建模】/【拉伸】命令。
- 命令：extrude。
- 面板：单击【常用】选项卡的【建模】面板上的【拉伸】按钮或单击【实体】选项卡的【图元】面板上的【拉伸】按钮。

2. 旋转体

旋转体是通过绕轴旋转闭合对象来形成的，其轮廓由被旋转的对象定义，如图 13-9 所示。

- 菜单：单击【绘图】/【建模】/【旋转】命令。
- 命令：revolve。
- 面板：单击【常用】选项卡的【建模】面板上的【旋转】按钮或单击【实体】选项卡的【图元】面板上的【旋转】按钮。

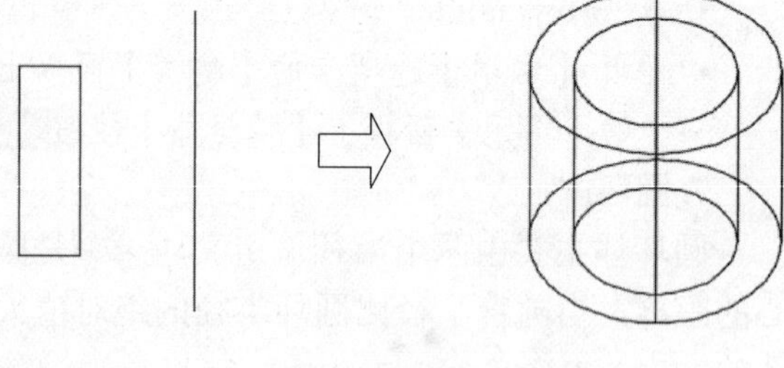
图 13-9　旋转

提示　旋转截面必须完全在旋转轴的一侧。

3. 扫掠

扫掠是开放或闭合的平面曲线（轮廓）沿开放或闭合的二维或三维路径生长所形成的实体或曲面，如图 13-10 所示。如果闭合的曲线沿一条路径扫掠，则生成实体。扫掠与拉伸不同，沿路径扫掠轮廓时，轮廓将被移动并与路径垂直对齐，而拉伸则不会。

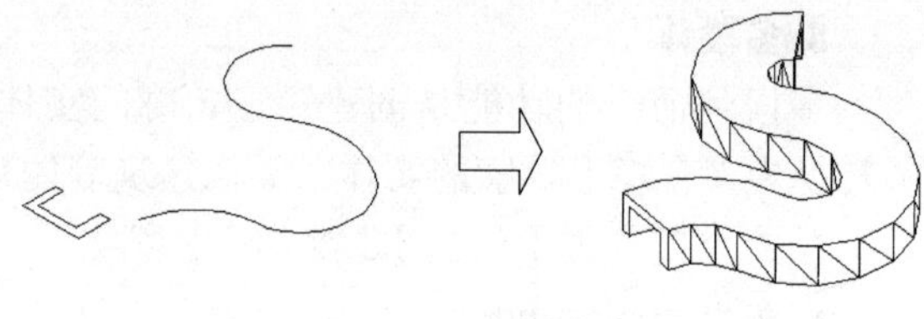
图 13-10　扫掠

- 菜单：单击【绘图】/【建模】/【扫掠】命令。
- 命令：sweep。
- 面板：单击【常用】选项卡的【建模】面板上的【扫掠】按钮或单击【实体】选项卡的【图元】面板上的【扫掠】按钮。

4. 放样

通过对包含两条或两条以上横截面曲线的一组曲线进行放样（绘制实体或曲面）来创建三维实体或曲面。横截面定义了结果实体或曲面的轮廓（形状）。横截面（通常为曲线或直线）可以是开放的（如圆弧），也可以是闭合的（如圆）。loft 命令用于在横截面之间的空间内绘制实体或曲面。使用 loft 命令时，至少指定两个横截面。如果对一组闭合的横截面曲线进行放样，则生成实体。如果对一组开放的横截面曲线进行放样，则生成曲面。天圆地方的放样如图 13-11 所示。

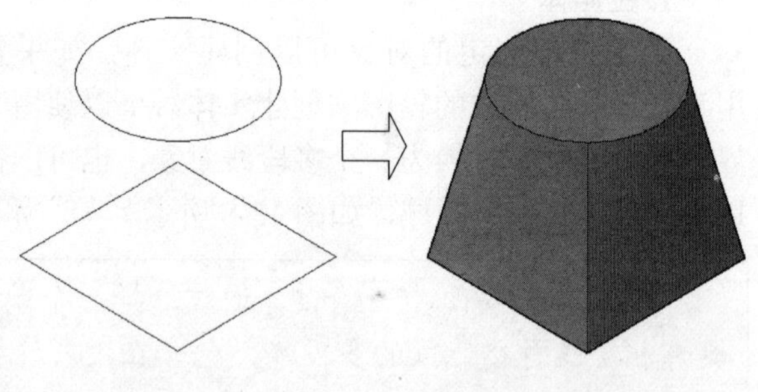
图 13-11　放样

提示　放样时使用的曲线必须全部开放或全部闭合。不能使用既包含开放曲线又包含闭合曲线的选择集。指定放样操作的路径使用户可以更好地控制放样实体或曲面的形状。建议路径曲线始于第一个横截面所在的平面，止于最后一个横截面所在的平面。

- 菜单：单击【绘图】/【建模】/【放样】命令。
- 命令：loft。
- 面板：单击【常用】选项卡的【建模】面板上的【放样】按钮或单击【实体】

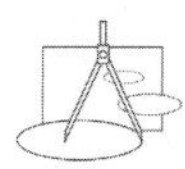

选项卡的【图元】面板上的【放样】按钮。

13.6　三维位置操作

在三维模型构建过程中，往往需要修改对象的大小、形状和位置。这就需要运用对象编辑功能，以便更好地实现设计者的设计意图。

1. 三维移动

在三维视图中，显示三维移动小控件以帮助在指定方向上按指定距离移动三维对象。

- 菜单：单击【修改】/【三维操作】/【三维移动】命令。
- 命令：3dmove。
- 面板：单击【常用】选项卡的【修改】面板上的【三维移动】按钮。

执行移动命令，选择要移动的三维对象后按〈Enter〉键，将显示小控件。可以通过单击小控件上的以下位置之一来约束移动。

- 沿轴移动：单击轴以将移动约束到该轴上，如图 13-12 所示。
- 沿平面移动：单击轴之间的区域以将移动约束到该平面上，如图 13-13 所示。

2. 三维旋转

在三维视图中，显示三维旋转小控件以协助绕基点旋转三维对象。

- 菜单：单击【修改】/【三维操作】/【三维旋转】命令。
- 命令：3drotate。
- 面板：单击【常用】选项卡的【修改】面板上的【三维旋转】按钮。

执行命令，选择对象后，在出现的三维缩放小控件上，指定旋转轴，如图 13-14 所示。移动鼠标直至要选择的轴轨迹变为黄色，然后单击以选择该轨迹。

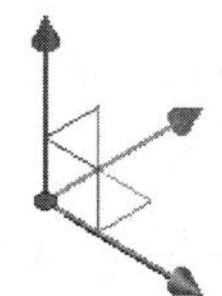

图 13-12　沿轴移动

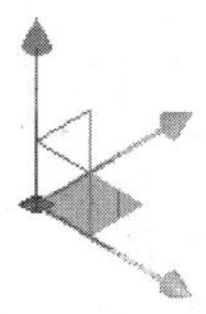

图 13-13　沿平面移动

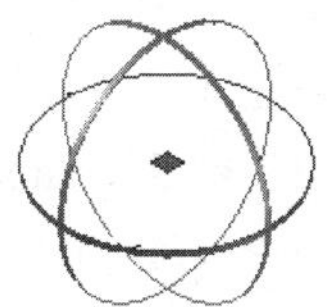

图 13-14　三维旋转控件

3. 三维对齐

实体对齐是指通过移动、旋转或倾斜对象可使该对象与另一个对象对齐。

- 菜单：单击【修改】/【三维操作】/【三维对齐】命令。
- 命令：3dalign。
- 面板：单击【常用】选项卡的【修改】面板上的【三维对齐】按钮。

在三维环境中，使用 3dalign 命令可以指定至多三个点以定义源平面，然后指定至多三个点以定义目标平面。3dalign 可以用于动态 UCS（DUCS）中，如果目标是现有实体对象上的平面，则可以通过打开动态 UCS 来使用单个点定义目标平面。

4. 三维阵列

使用 3darray 命令，可以在三维空间中创建对象的矩形阵列或环形阵列，如图 13-15 所示。除了指定列数（X 方向）和行数（Y 方向）以外，还要指定层数（Z 方向）。

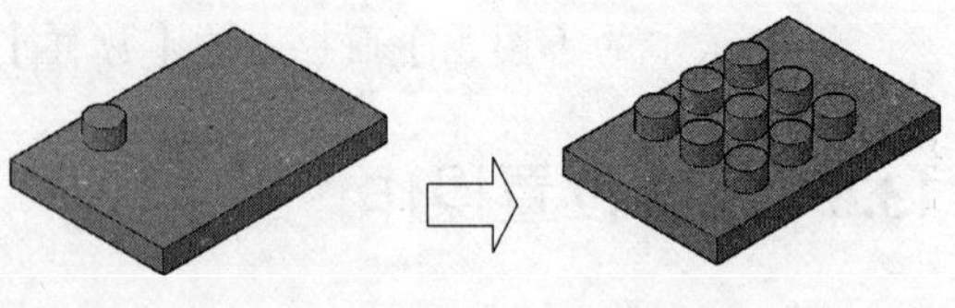
图 13-15　阵列

- 菜单：单击【修改】/【三维操作】/【三维阵列】命令。
- 命令：3darray。
- 面板：单击【常用】选项卡的【修改】面板上的【阵列】按钮。

5. 三维缩放

在三维视图中，显示三维缩放小控件以协助调整三维对象的大小。

- 菜单：单击【修改】/【三维操作】/【三维缩放】命令。
- 命令：3dscale。
- 面板：单击【常用】选项卡的【修改】面板上的【三维缩放】按钮。

6. 三维镜像

使用 mirror3d 命令，可以通过指定镜像平面来镜像对象，如图 13-16 所示。镜像平面可以是以下平面：

1）通过指定点且与当前 UCS 的 XY、YZ 或 XZ 平面平行的平面。

2）由三个指定点（1，2，3）定义的平面。

3）“Z 轴”：根据平面上的一个点和平面法线上的一个点定义镜像平面。

- 菜单：单击【修改】/【三维操作】/【三维镜像】命令。
- 命令：mirror3d。
- 面板：单击【常用】选项卡的【修改】面板上的【三维镜像】按钮。

7. 实体圆角

在二维图形中，圆角是使用与对象相切并且具有指定半径的圆弧连接两个对象。而在三维实体编辑中，圆角命令（fillet）同样可以为选定的三维实体圆角。用户通过指定圆角半径，然后选择要进行圆角的边，从而生成相切的边圆角，如图 13-17 所示。

- 菜单：单击【修改】/【圆角】或【修改】/【实体编辑】/【圆角边】命令。
- 命令：fillet 或 filletedge。
- 面板：单击【常用】选项卡的【修改】面板上的【圆角】按钮或单击【实体】选项卡的【实体编辑】面板上的【圆角边】按钮。

8. 实体倒角

在二维图形中，倒角就是使用成角的直线连接两个对象。与 fillet 命令类似，倒角命令（chamfer）也可以为选定的三维实体的相邻面加倒角，如图 13-18 所示。

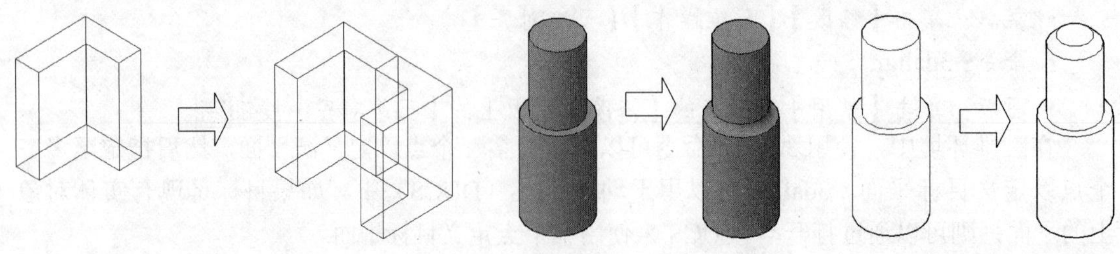
图 13-16　镜像　　图 13-17　圆角　　图 13-18　倒角

- 菜单：单击【修改】/【倒角】或【修改】/【实体编辑】/【倒角边】命令。

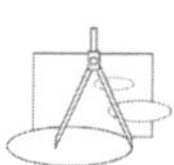

- 命令：chamfer 或 chamferedge。
- 面板：单击【常用】选项卡的【修改】面板上的【倒角】按钮或单击【实体】选项卡的【实体编辑】面板上的【倒角边】按钮。

13.7 布尔运算

利用布尔运算，用户可以对三维实体进行相应的并、差、交等几何运算，从而运用简单的三维实体构建出各种复杂的三维实体。

1. 合并

使用 union 命令，可以合并两个或两个以上实体（或面域），使之成为一个复合对象，如图 13-19 所示。在运算过程中，如果选择的实体之间不接触或重叠，仍然被合成一个整体。

- 菜单：单击【修改】/【实体编辑】/【并集】命令。
- 命令：union。
- 面板：单击【常用】选项卡的【实体编辑】面板上的【并集】按钮或单击【实体】选项卡的【布尔值】面板上的【并集】按钮。

2. 相减

使用 subtract 命令，可以从一组实体中删除该实体与另一组实体的公共区域，如图 13-20 所示。

- 菜单：单击【修改】/【实体编辑】/【差集】命令。
- 命令：subtract。
- 面板：单击【常用】选项卡的【实体编辑】面板上的【并集】按钮或单击【实体】选项卡的【布尔值】面板上的【差集】按钮。

3. 相交

使用 intersect 命令，可以从两个或两个以上重叠实体的公共部分创建复合实体，如图 13-21 所示。intersect 命令用于删除非重叠部分，并从公共部分创建复合实体。

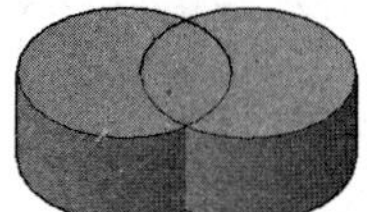
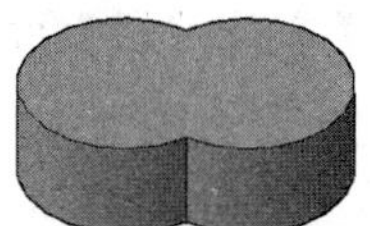

图 13-19　合并

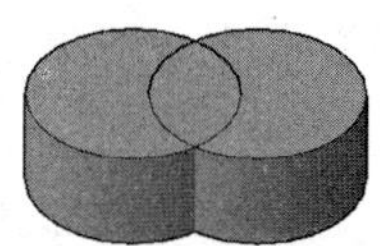
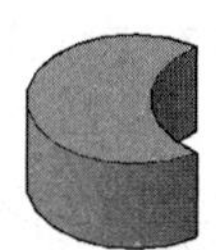

图 13-20　相减

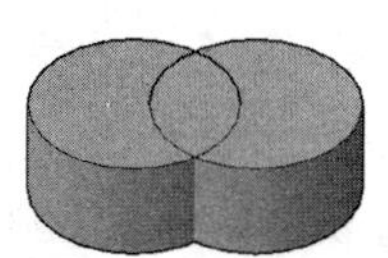

图 13-21　相交

- 菜单：单击【修改】/【实体编辑】/【交集】命令。
- 命令：intersect。
- 面板：单击【常用】选项卡的【实体编辑】面板上的【交集】按钮或单击【实体】选项卡的【布尔值】面板上的【交集】按钮。

13.8 编辑三维实体的面、边、体

在 AutoCAD 建模中，对实体面同样可进行三维编辑操作。单击【修改】/【实体编辑】中的命令，可以对实体面进行拉伸、移动、偏移、删除、旋转、倾斜、复制和抽壳等操作。

1. 拉伸面

单击【修改】/【实体编辑】/【拉伸面】命令（或单击【实体编辑】面板上的【拉伸面】按钮），可以按指定的长度或沿着指定的路径拉伸实体面。要对图 13-22 所示的 A 面和 B 面拉伸 100，可以单击【修改】/【实体编辑】/【拉伸面】命令，单击 A 面和 B 面，然后在命令行输入高度 100。

2. 移动面

单击【修改】/【实体编辑】/【移动面】命令（或单击【实体编辑】面板上的【移动面】按钮），可以按指定的距离移动实体的指定面。例如，将图 13-23 所示的 A 面沿 Z 轴移动 100。

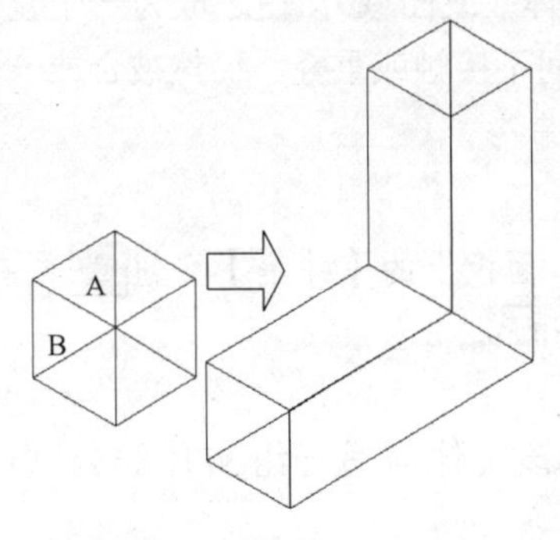

图 13-22　拉伸面

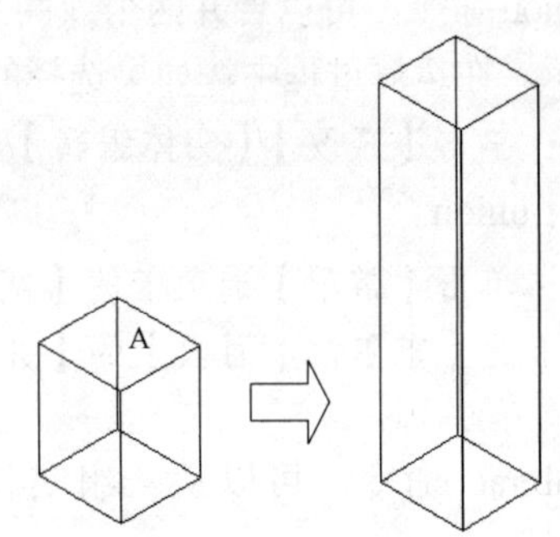

图 13-23　移动面

3. 偏移面

单击【修改】/【实体编辑】/【偏移面】命令（或单击【实体编辑】面板上的【偏移面】按钮），可以等距离偏移实体指定面。例如，要将图 13-23 所示的 A 面向外偏移 100，可以单击【修改】/【实体编辑】/【偏移面】命令，单击 A 所在的面，然后在命令行指定偏移的距离为 100，按〈Enter〉键即可。

4. 删除面

单击【修改】/【实体编辑】/【删除面】命令（或单击【实体编辑】面板上的【删除面】按钮），可以删除实体上指定的面。例如，要删除图 13-24 所示图形中的 A 面，则可以单击【修改】/【实体编辑】/【删除面】命令，单击 A 所在的面，然后按〈Enter〉键即可。

5. 旋转面

旋转面命令可以绕指定轴旋转实体的面。例如，要将图 13-25 所示图形的 A 面绕 Z 轴旋转 45°。

先将 UCS 调整到指定位置，然后单击【修改】/【实体编辑】/【旋转面】命令（或单击【实体编辑】面板上的【旋转面】按钮）。按照如下命令提示行的信息操作：

命令：_solidedit

实体编辑自动检查：SOLIDCHECK=1

输入实体编辑选项 [面（F）/ 边（E）/ 体（B）/ 放弃（U）/ 退出（X）]〈退出〉：_face

输入面编辑选项

[拉伸（E）/ 移动（M）/ 旋转（R）/ 偏移（O）/ 倾斜（T）/ 删除（D）/ 复制（C）/ 颜色（L）/ 材质（A）/ 放弃（U）/ 退出（X）]〈退出〉：_rotate

选择面或[放弃(U)/删除(R)]：找到一个面。　　//选择 A 面
选择面或[放弃(U)/删除(R)/全部(ALL)]：
指定轴点或[经过对象的轴(A)/视图(V)/X 轴(X)/Y 轴(Y)/Z 轴(Z)]〈两点〉：　　//捕捉 1 点
在旋转轴上指定第二个点：　　//捕捉 2 点
指定旋转角度或[参照(R)]：-45　　//输入旋转角度

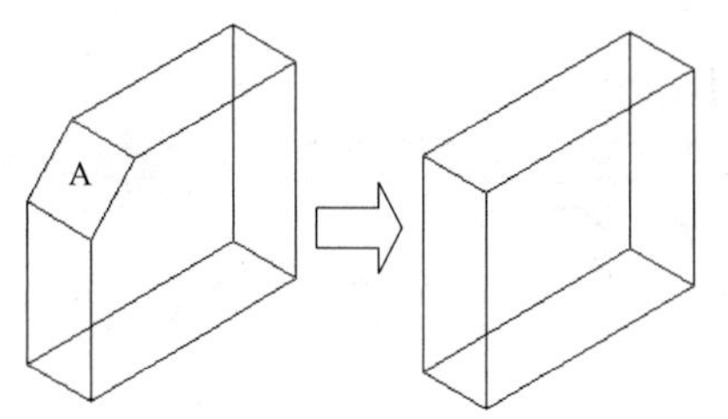

图 13-24　删除面

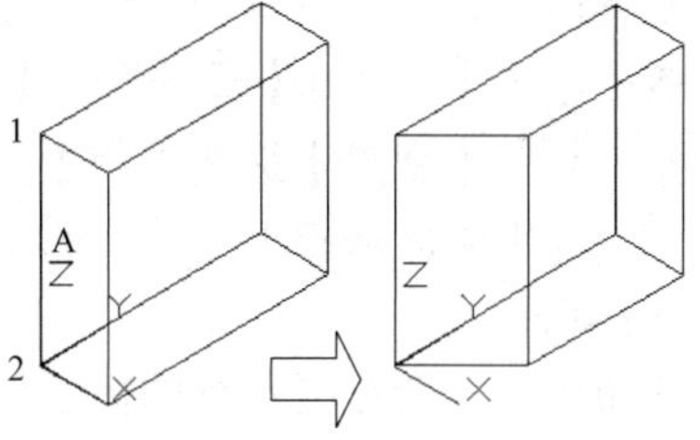

图 13-25　旋转面

6. 倾斜面

单击【修改】/【实体编辑】/【倾斜面】命令（或单击【实体编辑】面板上的【倾斜面】按钮），可以将实体面倾斜一个指定角度。它的作用和旋转面有点类似，这里就不再累述。

7. 复制面

单击【修改】/【实体编辑】/【复制面】命令（或单击【实体编辑】面板上的【复制面】按钮），可以复制指定的实体面。例如，要复制图 13-26 所示图形中的 A 面，可以单击【修改】/【实体编辑】/【复制面】命令，单击需要复制的面，指定位移的基点和位移的第二点，然后按〈Enter〉键即可。

8. 抽壳

抽壳是用指定的厚度创建一个空的薄层。可以为所有面指定一个固定的薄层厚度。通过选择面可以将这些面排除在壳外，如图 13-27 所示。

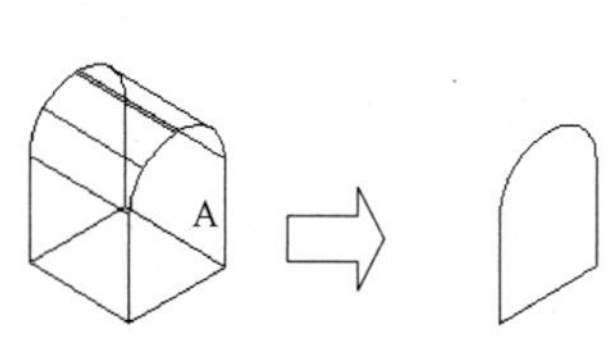

图 13-26　复制面

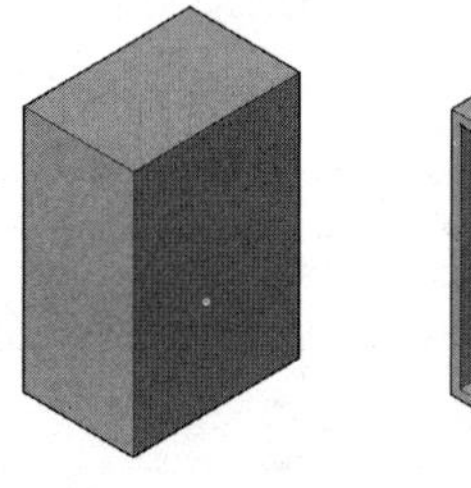
图 13-27　抽壳

单击【修改】/【实体编辑】/【抽壳】命令（或单击【实体编辑】面板上的【抽壳】按钮），主要提示如下：

选择三维实体：　　//选择三维实体
删除面或[放弃(U)/添加(A)/全部(ALL)]：　　//如果要开口，则选择开口面，如果仅中空，不需要选择
删除面或[放弃(U)/添加(A)/全部(ALL)]：
输入抽壳偏移距离：　　//输入偏移距离(即壳厚)

13.9 三维实体的剖切、截面与干涉

1. 实体剖切

实体剖切是指用平面把三维实体剖开成两部分。用户可以选择保留其中一部分或全部保留。

使用如下命令之一，可以调用剖切命令：

- 菜单：单击【修改】/【三维操作】/【剖切】命令。
- 面板：单击【常用】选项卡的【实体编辑】面板上的【剖切】按钮或单击【实体】选项卡的【实体编辑】面板上的【剖切】按钮。
- 命令：slice。

调用该命令后，命令提示行的提示如下：

命令：_slice。

选择对象：　　　　　　　　　　　　　　　　　　// 选择要剖切的三维实体

选择对象：

指定切面上的第一个点或依照［对象（O）/Z 轴（Z）/ 视图（V）/XY 平面（XY）/YZ 平面（YZ）/ZX 平面（ZX）/ 三点（3）］〈三点〉：

该命令选项说明如下：

- 三点（3）：以三点确定剖切平面。
- 对象（O）：以被选对象构成的平面作为剖切平面。
- Z 轴（Z）：指定两点确定剖切平面的位置与法线方向。即两点连线与剖切面垂直。
- 视图（V）：表示剖切平面与当前视图平面平行且通过某一指定点。为保证剖切平面能够剖到三维实体，通常指定点为实体上的一点。
- XY 平面（XY）/YZ 平面（YZ）/ZX 平面（ZX）：表示剖切平面通过一个指定点且平行于 XY 平面（或 YZ 平面、ZX 平面）。

将图 13-28 所示的实体沿前后对称平面剖切。

2. 截面

以一个截平面截切三维实体，截平面与实体表面产生的交线称为截交线。它是一个平面封闭线框。通过【截面】命令，可以产生截平面与三维实体的截交线并建立面域。

命令行输入 section，按〈Enter〉键，命令行的提示如下：

命令：_section

选择对象：　　　　　　　　　　　　　　　　　　// 选择欲作剖切的对象

选择对象：

指定剖切平面上的第一个点或依照［对象（O）/Z 轴（Z）/ 视图（V）/XY 平面（XY）/YZ 平面（YZ）/ZX 平面（ZX）/ 三点（3）］〈三点〉：

各选项的含义参见【剖切】命令中的选项说明。【截面】命令与【剖切】命令不同之处在于：前者只生成截平面截切三维实体后产生的断面，实体仍是完整的；后者则以截平面将三维实体截切成两部分，并不单独分离出断面。将图进行【剖切】，结果如图 13-29 所示。截面命令只对实体模型生效，对线框模型和表面模型无效。

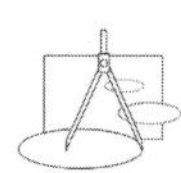

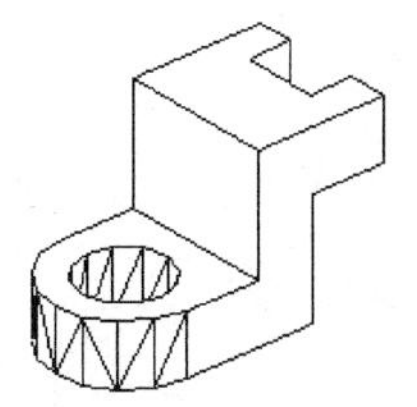

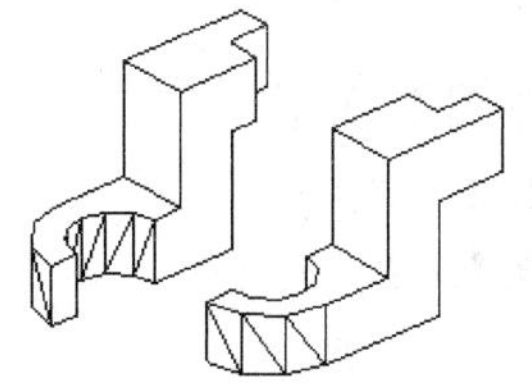

图 13-28　实体剖切

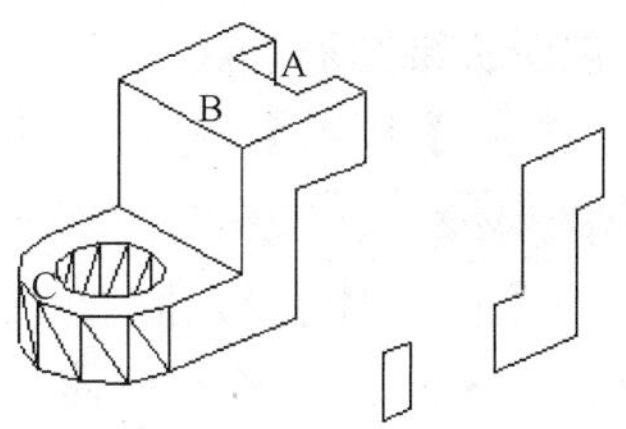

图 13-29　生成剖切面

3. 截面平面

【截面平面】命令可以创建截面对象，可以通过该对象查看使用三维对象创建的模型内部细节。

- 菜单：单击【绘图】/【建模】/【截面平面】命令。
- 面板：单击【常用】选项卡的【截面】面板上的【截面平面】按钮。
- 命令：sectionplane。

命令行输入 sectionplane，按〈Enter〉键，命令行的提示如下：

命令：sectionplane

选择面或任意点以定位截面线或［绘制截面（D）/ 正交（O）/ 类型（T）］：

// 此时可选择实体上的面或选择屏幕上不在面上的任意点创建截面对象。指定一个点后，命令行继续提示

指定通过点：　// 用指定的两个点定义截面对象，第一点可建立截面对象旋转所围绕的点，第二点可创建截面对象

1）绘制截面（D）：可以定义具有多个点的截面对象，以创建带有折弯的截面线。

2）正交（O）：可以将截面对象与相对于 UCS 的正交方向对齐。

3）类型（T）：可以在创建截面平面时，指定平面、切片、边界或体积作为参数。选择样式后，命令将恢复到第一个提示，且选定的类型将设置为默认。

通过指定两点定义一个截面对象，如图 13-30 所示。

4. 实体干涉

实体干涉用于查询两个实体之间是否产生干涉，即是否有共属于两个实体的部分。如果存在干涉，可根据用户需要确定是否要将公共部分生成新的实体。

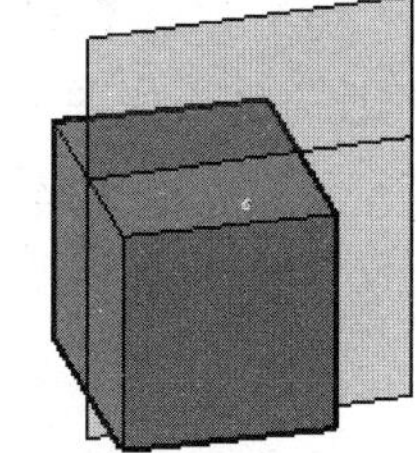

图 13-30　两点定义截面对象

使用如下命令之一，可以调用干涉命令：

- 菜单：单击【修改】/【三维操作】/【干涉检查】命令。
- 面板：单击【实体】选项卡的【实体编辑】面板上的【干涉】按钮 干涉。
- 命令：interfere。

13.10　三维建模实例

本节通过绘制一个实体零件，进一步熟悉实体创建和编辑方法，进一步掌握创建三维图形时的坐标变换和三维图形的尺寸标注方法，如图 13-31 所示。

1. 创建三维图形

1）选择【常用】选项卡的【视图】面板上的 东南等轴测 按钮，然后单击【常用】选项卡上的【长方体】按钮，创建角点分别为（0,0,0）和（8,62,30）的长方体，如图 13-32 所示。

2）使用【坐标】面板上的【原点】按钮，移动坐标系到边的中点，然后使用，将坐标系绕 Y 轴顺时针旋转 90°，如图 13-33 所示。

3）在当前坐标系下，以原点为圆心绘制半径为 10 和 15 的圆，以（22，−23）和（22,23）为圆心，分别绘制半径为 4.5 的圆，如图 13-34 所示。

4）使用【建模】面板上的【拉伸】按钮，拉伸上方的两个小圆，将其拉伸 −8，选中下方的两个大圆，将其拉伸 −32，如图 13-35 所示。

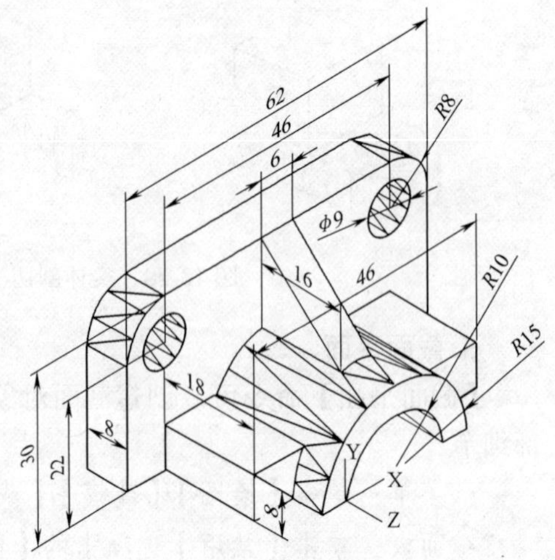

图 13-31　三维图形

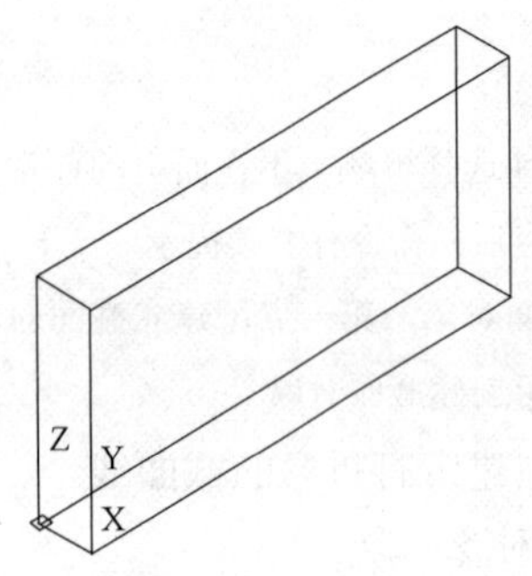

图 13-32　绘制长方体

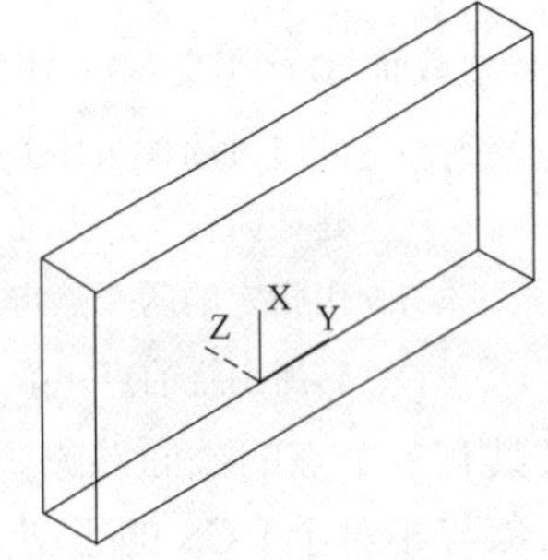

图 13-33　移动和旋转坐标系

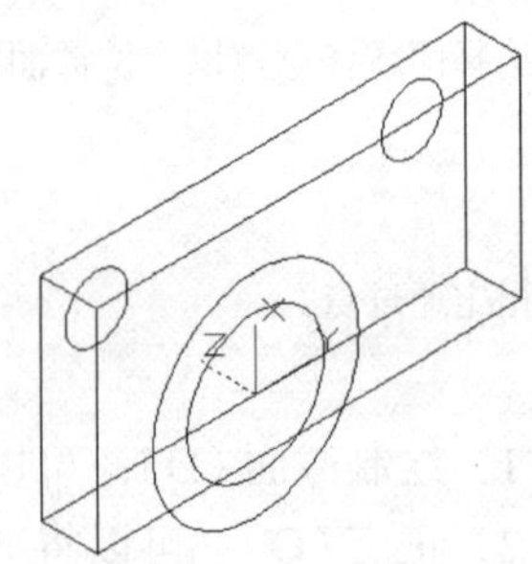

图 13-34　绘制圆

5）使用【常用】选项卡上的【长方体】按钮，创建角点分别为（0,−23,−8），(8,23,−26）的长方体，如图 13-36 所示。

6）使用【坐标】面板上的【原点】按钮，移动坐标系到前边的中点，如图 13-37 所示，以原点为圆心，绘制半径为 15 的辅助圆，如图 13-38 所示。

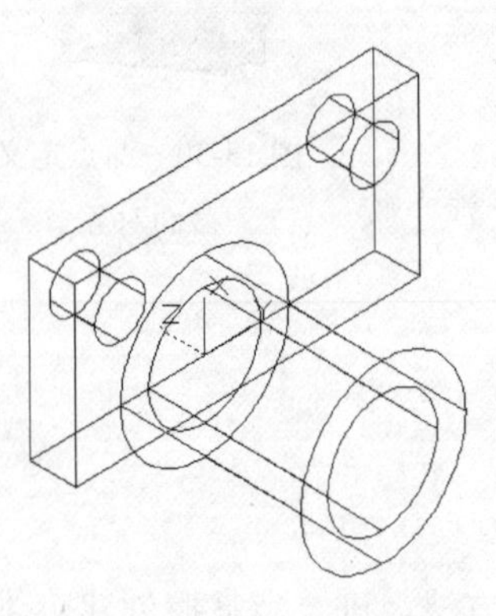

图 13-35　拉伸圆

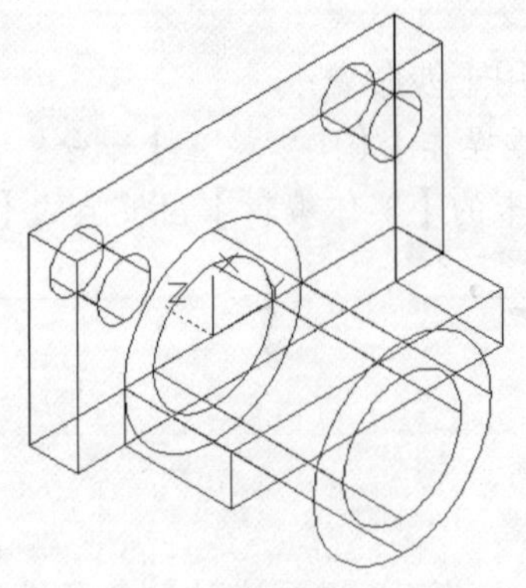

图 13-36　绘制长方体

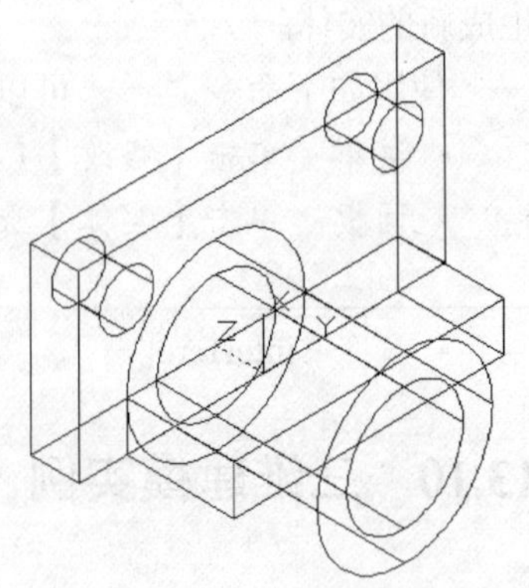

图 13-37　改变坐标系

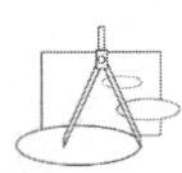

7）使用【绘图】面板上的【三维多段线】按钮，以（30，−3,0）为起点，向下移动鼠标，捕捉和辅助圆的交点单击（把捕捉和追踪启用），然后输入 @0,0，−16，按〈Enter〉键后再输入“C”封闭多段线，如图 13-39 所示。

8）单击按钮，将坐标系绕 X 轴逆时针旋转 90°，使用【建模】面板上的【拉伸】按钮，拉伸多段线，将其拉伸 −6，如图 13-40 所示。

9）单击【修改】面板上的【圆角】按钮，设置圆角半径为 8，对实体边进行圆角，如图 13-41 所示。

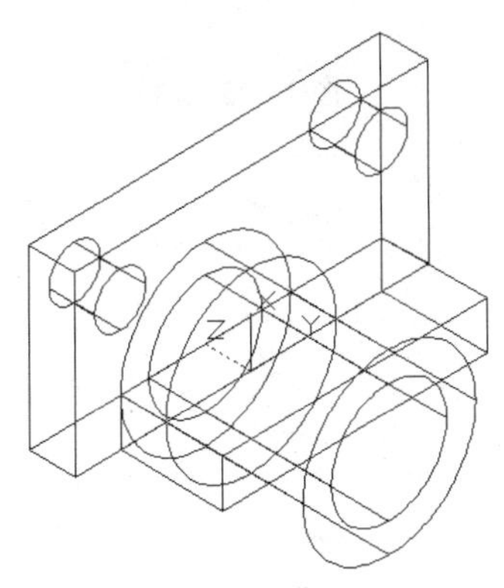

图 13-38　辅助圆

图 13-39　绘制多段线

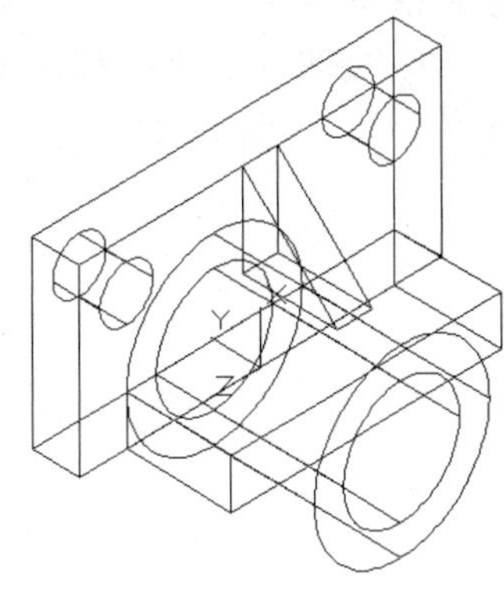

图 13-40　改变坐标系拉伸多段线

10）单击【实体编辑】面板上的【剖切】按钮，分别选中下方的两个圆柱体，按〈Enter〉键结束选择，使用三点法确定长方体的底面三点，把底面作为剖切面，然后选择保留上方，剖切后如图 13-42 所示。

11）单击【实体编辑】面板上的【并集】按钮，选中两个长方体、肋板、大半圆柱，将其合并为一个实体，如图 13-43 所示。

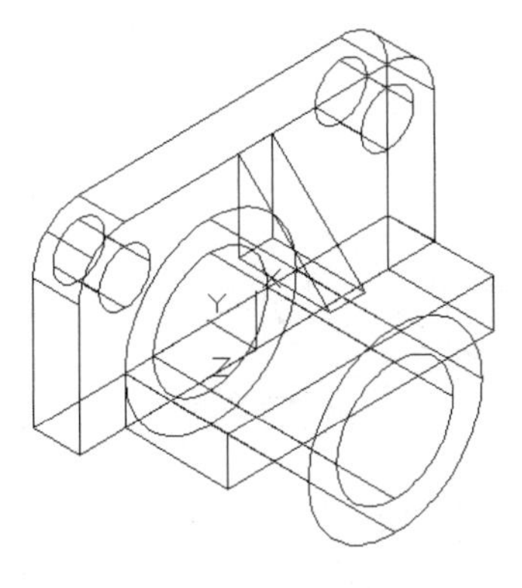

图 13-41　圆角

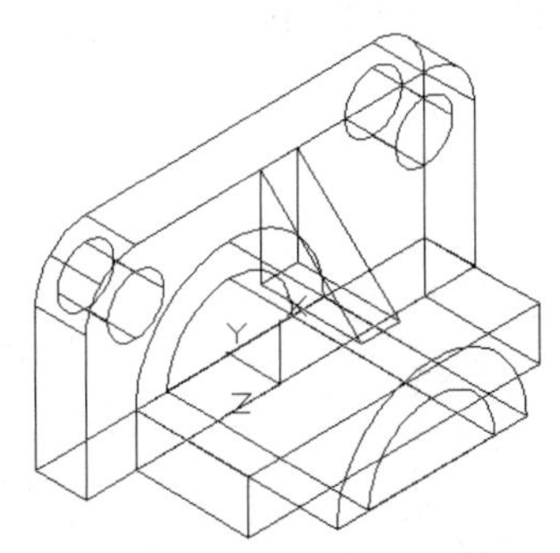

图 13-42　剖切

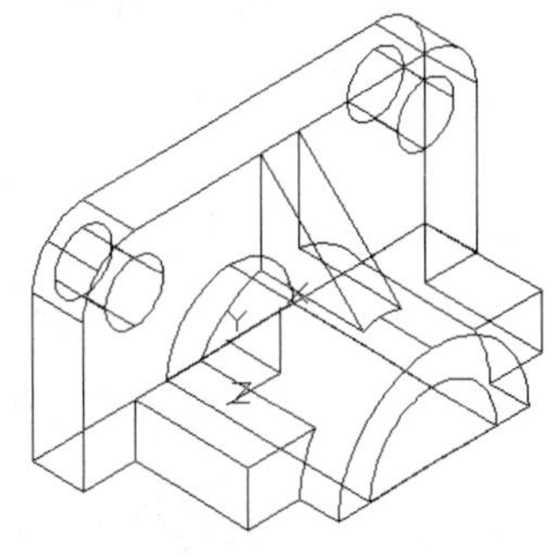

图 13-43　并集

12）单击【实体编辑】面板上的【差集】按钮，选中步骤 11）合并的实体，按〈Enter〉键，再选两个小圆柱和小半圆柱，按〈Enter〉键结果如图 13-44 所示。

13）单击【视图】/【消隐】命令，三维图形变为如图 13-45 所示。

2. 标注三维图形

在 AutoCAD 中，单击【注释】选项卡的【标注】面板上的标注工具，也可以标注三维图形，由于所有的尺寸标注是在当前坐标的 XY 平面上进行的，所以，在标注三维图形不同部分时，需要不断地变换坐标系。

下面以标注上面的图形为例，介绍三维图形的标注。

1）变换坐标系，标注尺寸，如图 13-46 所示。

2）变换坐标系，标注 8 和 18 两个尺寸，如图 13-47 所示。

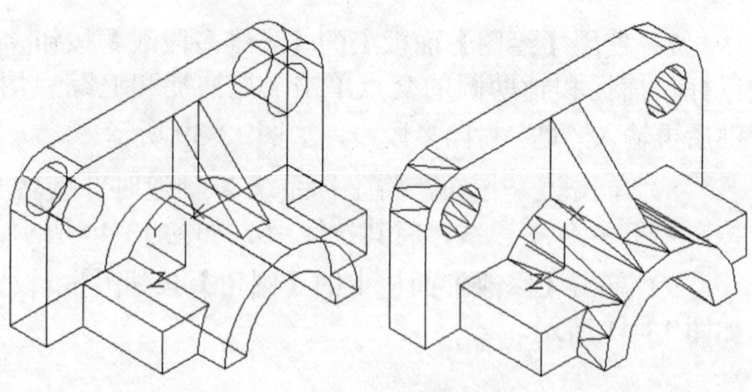

图 13-44 差集　　图 13-45 消隐

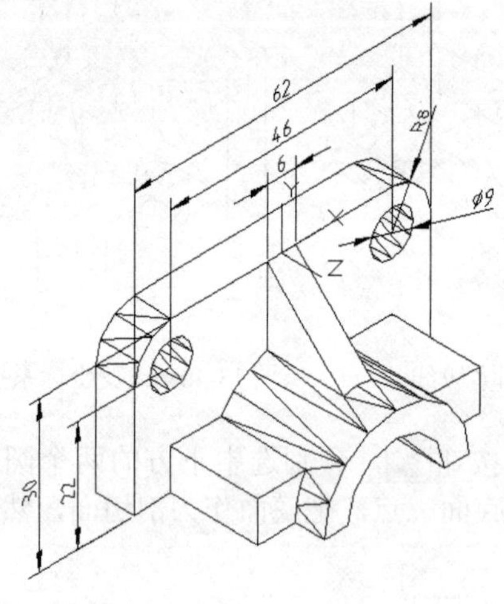

图 13-46 尺寸标注（一）

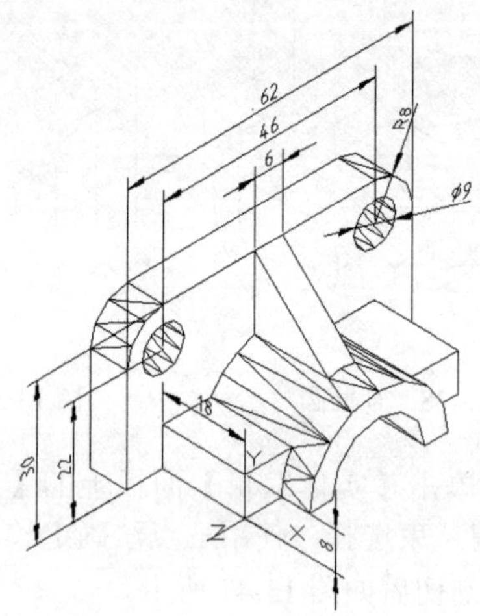

图 13-47 尺寸标注（二）

3）变换坐标系，标注尺寸 8，如图 13-48 所示。

4）变换坐标系，标注尺寸 16，如图 13-49 所示。

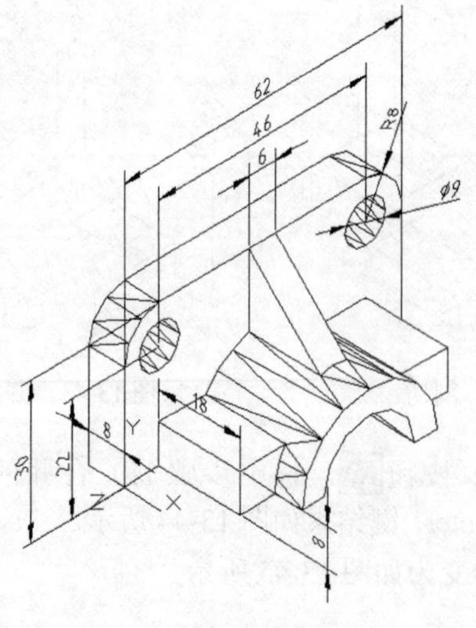

图 13-48 尺寸标注（三）

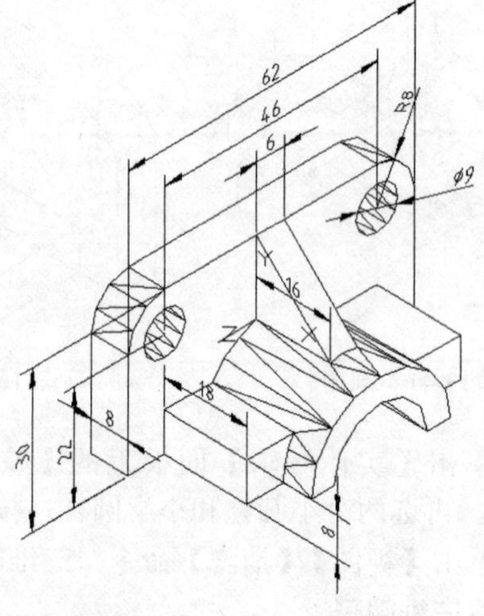

图 13-49 尺寸标注（四）

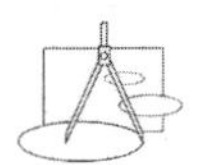

5）变换坐标系，标注尺寸 $R10$ 和 $R15$，如图 13-50 所示。

6）变换坐标系，标注尺寸 46，如图 13-51 所示。

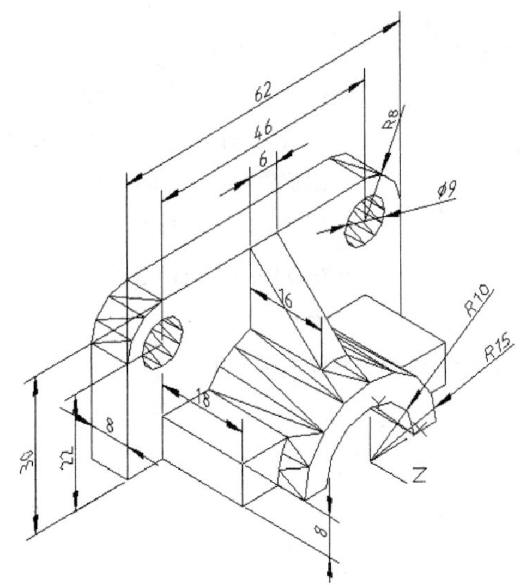

图 13-50　尺寸标注（五）

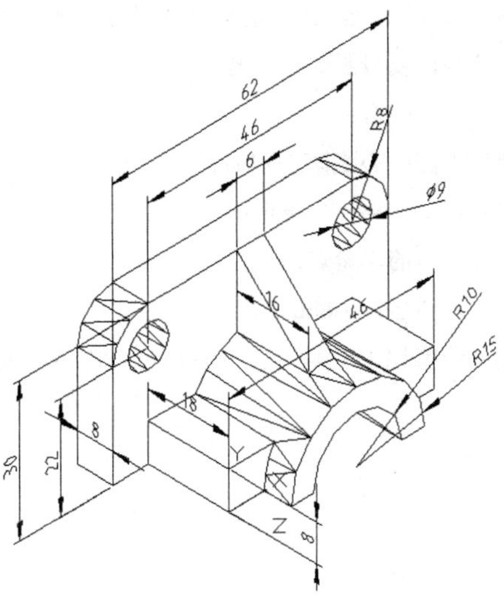

图 13-51　尺寸标注（六）

13.11　三维转二维

创建好三维实体模型后，可以在 AutoCAD 中将其转换成二维平面图形，【常用】选项卡的【建模】面板上的【实体视图】【实体图形】【实体轮廓】命令可实现这个功能。

- 【实体视图】按钮：用正投影法由三维实体创建多面视图和截面视图。
- 【实体图形】按钮：对截面视图生成二维轮廓并进行图案填充。
- 【实体轮廓】按钮：创建三维实体图像的轮廓。

下面以上面创建的三维实体为例讲述三维转二维操作。首先改变坐标系，如图 13-52 所示。

1）单击【布局 1】选项卡，切换到【布局 1】，单击选中视口的细实线边框，按〈Delete〉键删除。

2）单击【实体视图】按钮，命令行的提示如下：

命令：_solview

输入选项［UCS（U）/ 正交（O）/ 辅助（A）/ 截面（S）］：U　　// 按用户坐标系创建视口

输入选项［命名（N）/ 世界（W）/?/ 当前（C）］〈当前〉：　　// 按〈Enter〉键

输入视图比例〈1〉：　　// 确定视图比例

指定视图中心：　　// 在适当的位置指定视图中心位置

指定视图中心〈指定视口〉：　　// 调整位置按〈Enter〉键

指定视口的第一个角点：　　// 在视图左上角拾取一点

指定视口的对角点：　　// 在视图右下角拾取一点

输入视图名：zhushitu　　// 输入视图名称

输入选项［UCS（U）/ 正交（O）/ 辅助（A）/ 截面（S）］：* 取消 *　　// 按〈Esc〉键取消

3）操作结果如图 13-53 所示。再次单击【实体视图】按钮，命令行的提示如下：

命令：_solview

输入选项［UCS（U）/ 正交（O）/ 辅助（A）/ 截面（S）］：O　　// 指定正交视图

指定视口要投影的那一侧：　　// 在主视图边框的上边线单击鼠标左键

指定视图中心：　　// 在适当的位置指定视图中心位置

指定视图中心〈指定视口〉：　　// 调整位置按〈Enter〉键

指定视口的第一个角点：　　// 在视图左上角拾取一点

指定视口的对角点：　　// 在视图右下角拾取一点

输入视图名：fushitu　　// 输入视图名称

输入选项［UCS（U）/ 正交（O）/ 辅助（A）/ 截面（S）］：* 取消 *　// 按〈Esc〉键取消

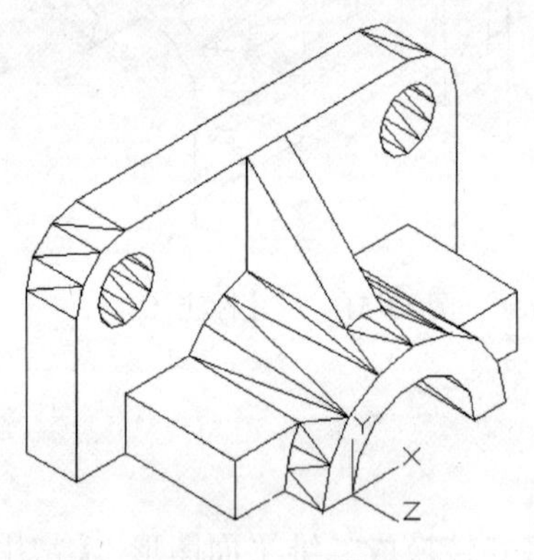

图 13-52　三维模型

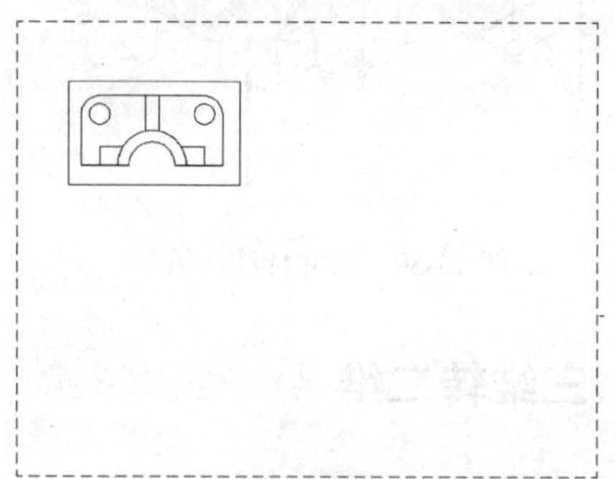

图 13-53　主视图

4）操作结果如图 13-54 所示，双击主视图，激活模型空间，单击【实体视图】按钮，命令行的提示如下：

命令：_solview

输入选项［UCS（U）/ 正交（O）/ 辅助（A）/ 截面（S）］：S　　// 创建截面图

指定剪切平面的第一个点：　　// 拾取 1 点

指定剪切平面的第二个点：　　// 拾取 2 点

指定要从哪侧查看：　　// 拾取 3 点

输入视图比例〈1〉：

指定视图中心：

指定视图中心〈指定视口〉：

指定视口的第一个角点：

指定视口的对角点：

输入视图名：zuoshitu

输入选项［UCS（U）/ 正交（O）/ 辅助（A）/ 截面（S）］：* 取消 *　　// 按〈Esc〉键取消

5）操作结果如图 13-55 所示，单击【实体视图】按钮，选择三个视图，操作结果如图 13-56 所示。

6）生成的剖面线不符合要求，双击激活剖视图所在的视口，双击剖面区域，打开图案

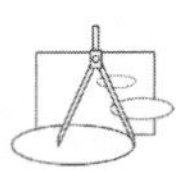

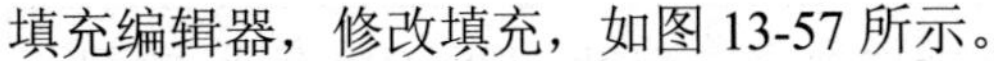

填充编辑器，修改填充，如图 13-57 所示。

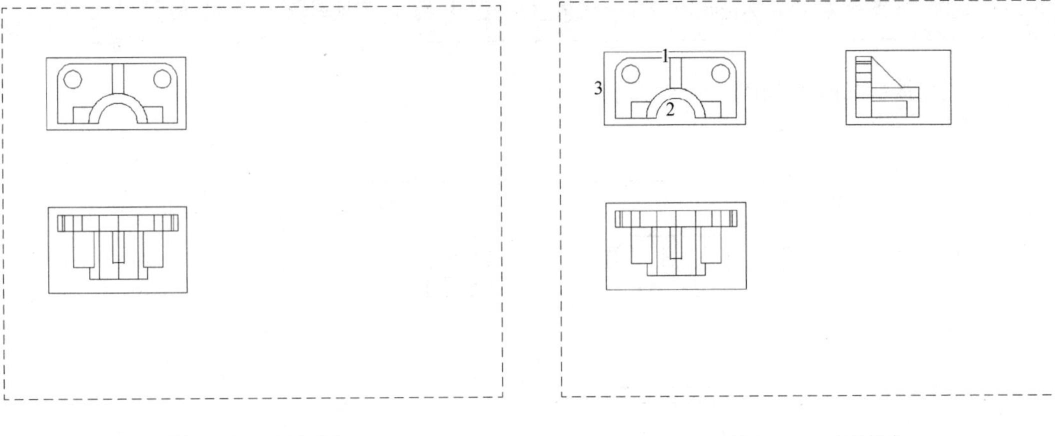

图 13-54　俯视图　　　　图 13-55　左视图

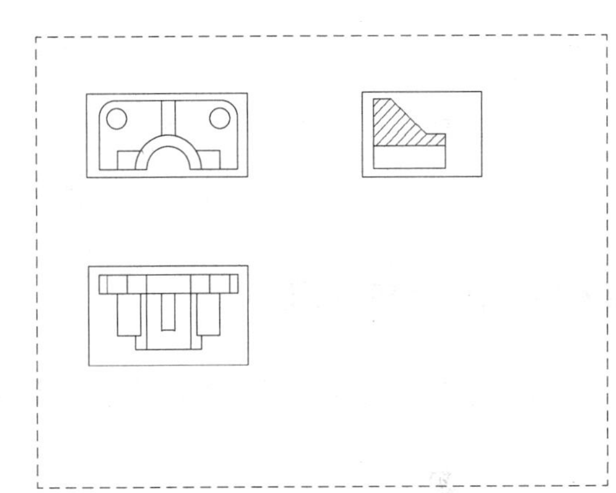

图 13-56　实体图形　　　　图 13-57　改变剖面线

7）打开图层特性管理器，冻结 0 层和 VPORTS 层，修改 fushitu-HID 层的线型为 HIDDEN，修改 fushitu-VIS、zuoshitu-VIS 和 zhushitu-VIS 三层的线宽为 0.5，结果如图 13-58 所示。

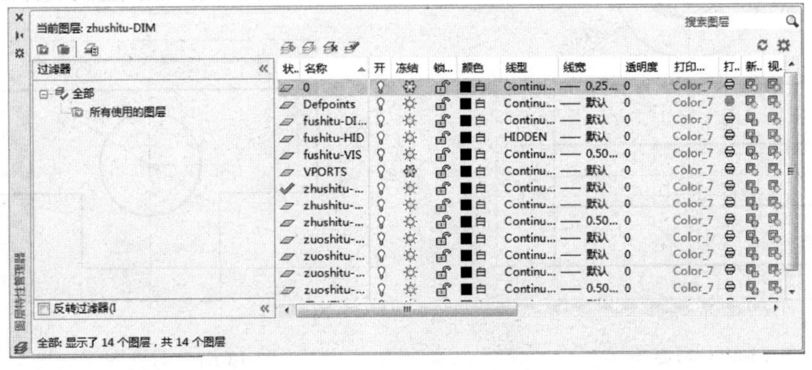

图 13-58　图层管理器

提示 注意，图层特性管理器中自动形成了一些图层，如 zhushitu-VIS 代表主视图中的可见轮廓线所在层，zhushitu-HID 代表主视图中的不可见轮廓线所在层。

8）视图显示修改为如图 13-59 所示。

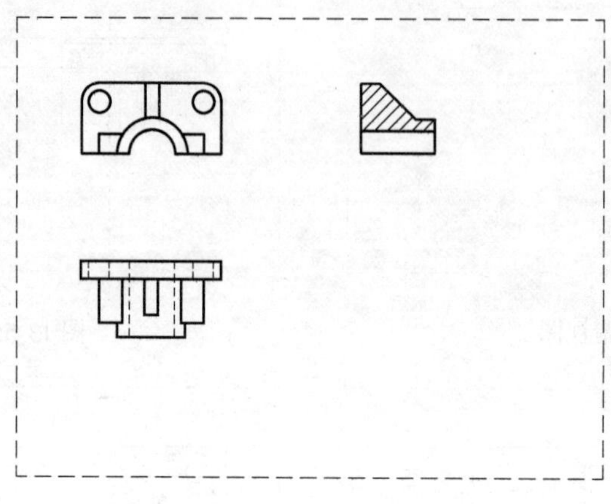

图 13-59 平面视图

13.12 思考与练习

根据视图绘制三维模型（标注尺寸），并生成三视图，如图 13-60 ～图 13-63 所示。

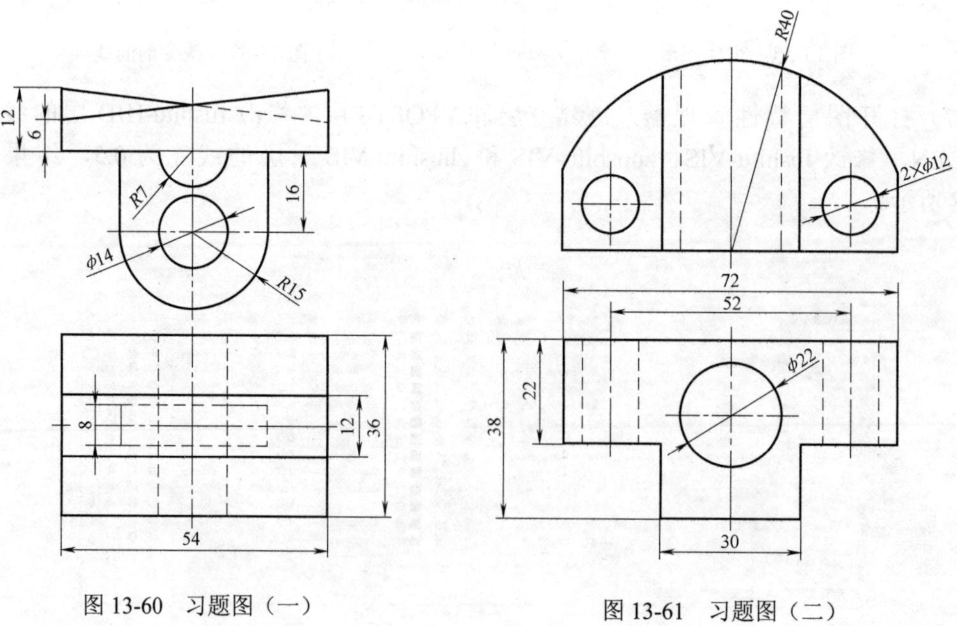

图 13-60 习题图（一） 图 13-61 习题图（二）

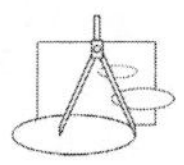

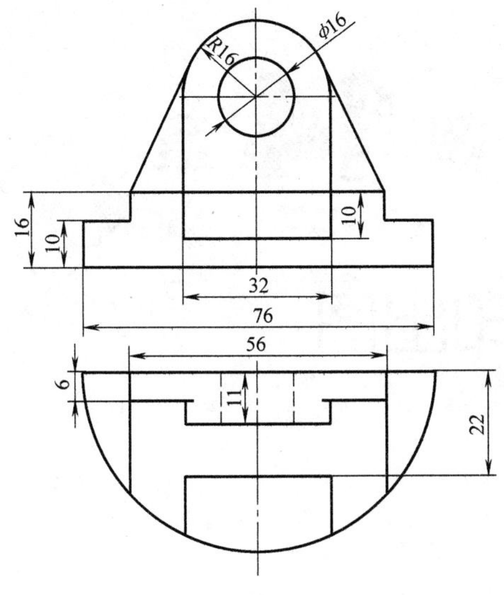

图 13-62　习题图（三）

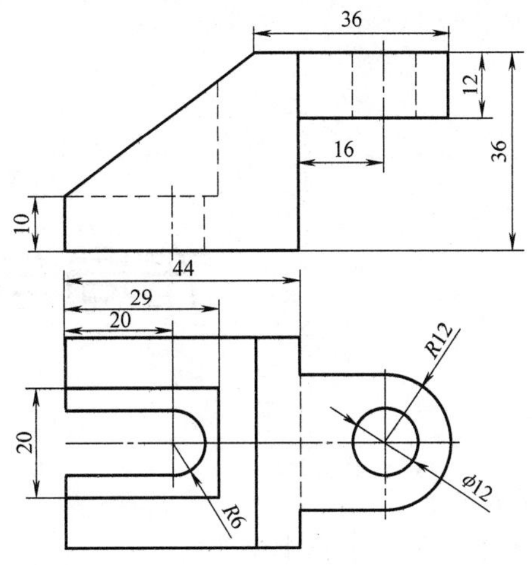

图 13-63　习题图（四）

第14章

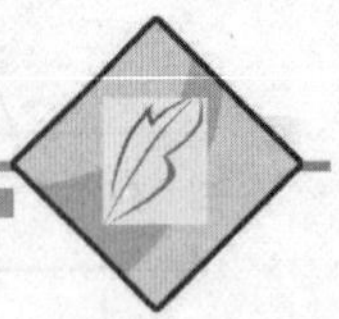

布局与打印出图

【本章重点】

- 模型空间与图纸空间。
- 布局。
- 注释性。
- 打印。

前面的绘制工作都是在模型空间中完成的，用户可以直接在模型空间中打印草图，但是在打印正式图样时，利用模型空间打印会非常不方便。所以 AutoCAD 提供了图纸空间，用户可以在一张图纸上输出图形的多个视图，添加文字说明、标题栏和图纸边框等。图纸空间完全模拟了图纸页面，用于安排图形的输出布局。在这一章中主要讲述怎样设置布局、利用布局进行打印等。

14.1　模型空间和图纸空间的理解

模型空间主要用于建模，前面章节讲述的绘图、修改、标注等操作都是在模型空间完成的。模型空间是一个没有界限的三维空间，用户在这个空间中进行绘图一般应贯彻一个原则，那就是按照 1 ：1 的比例，以实际尺寸绘制实体。

而图纸空间是为了打印出图而设置的。一般在模型空间绘制完图形后，需要输出到图纸上。为了让用户方便地为一种图纸输出方式设置打印设备、纸张、比例、图纸视图布置等，AutoCAD 提供了一个用于进行图纸设置的图纸空间。利用图纸空间还可以预览到真实的图样输出效果。由于图纸空间是纸张的模拟，所以是二维的。同时图纸空间由于受选择幅面的限制，所以是有界限的。在图纸空间还可以设置比例，实现图形从模型空间到图纸空间的转化。

14.2　布局

默认情况下 AutoCAD 显示的窗口是模型窗口，并且还自带两个布局窗口，如图 14-1 所示。

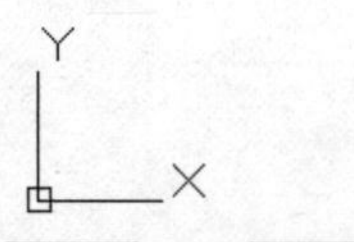

图 14-1　选项卡按钮

在模型窗口中显示的是用户绘制的图形，如图 14-2 所示。要进入布局窗口。如进入【布局 1】，单击【布局 1】选项卡按钮 布局1，如图 14-3 所示。

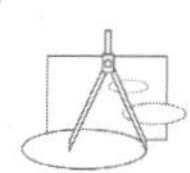

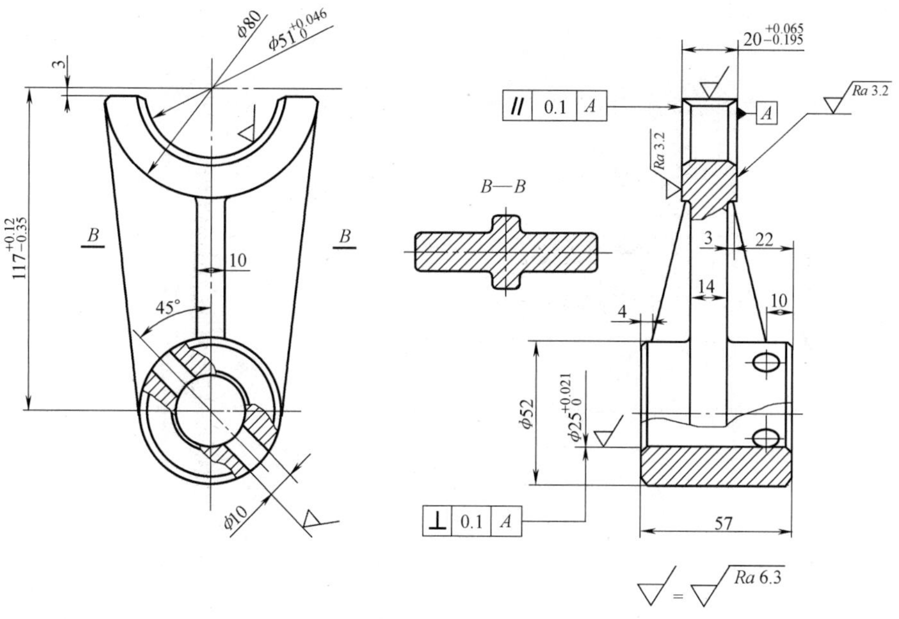

图 14-2　模型空间的图形

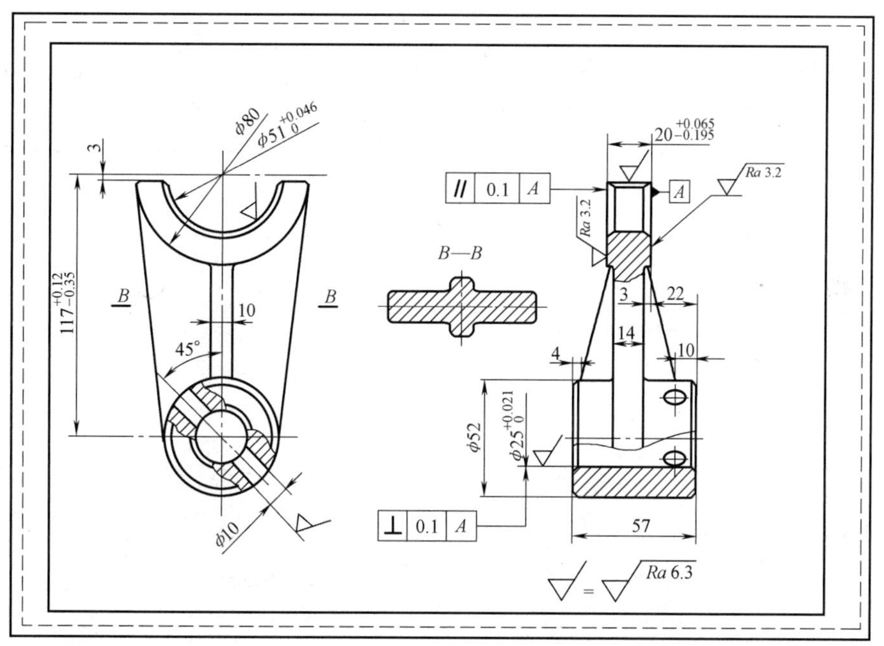

图 14-3　布局 1

14.2.1　页面设置管理

如果页面设置不合理，用户可以在布局1上单击鼠标右键，在弹出的快捷菜单中选择【页面设置管理器】选项，弹出【页面设置管理器】对话框，如图 14-4 所示。利用此对话框可以为当前布局或图纸指定页面设置，也可以创建命名页面设置、修改现有页面设置，或从其他图纸中输入页面设置。

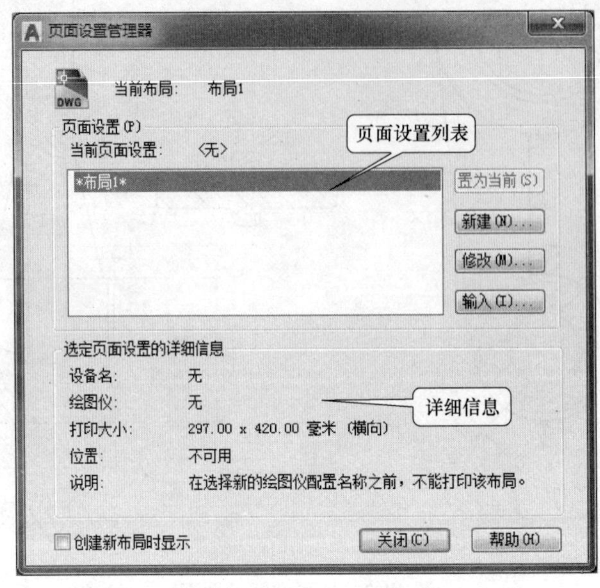

图 14-4 【页面设置管理器】对话框

如果要修改页面设置，在【页面设置】列表中选择页面设置名称，然后单击修改(M)...按钮，弹出【页面设置】对话框，如图 14-5 所示。

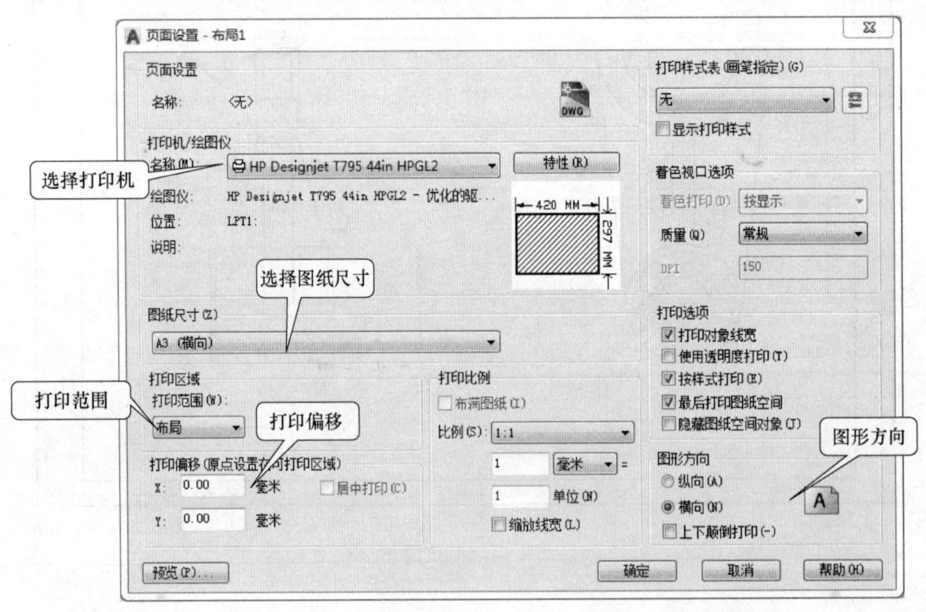

图 14-5 【页面设置】对话框

14.2.2 选择打印设备

在【打印机 / 绘图仪】选项区，从【名称】下拉列表中选择要使用的打印机。这里注意

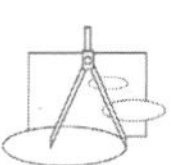

一下，在 Windows 下安装的系统打印机可直接选用，还可以用绘图仪管理器来安装新的打印机。绘图仪管理器可以单击【应用程序菜单】/【打印】/【管理绘图仪】命令打开，这里先选用一个系统打印机来演示一下，选用【HP Designjet T795 44in HPGL2】。

打印机选好之后，要看一下打印机的特性。单击 特性(R) 按钮，显示【绘图仪配置编辑器】对话框，如图 14-6 所示。

打开【设备和文档设置】选项卡，选中【自定义特性】选项，在【访问自定义对话框】选项区出现 自定义特性(C)... 按钮，单击此按钮，弹出【HP Designjet T795 44in HPGL2 属性】对话框，如图 14-7 所示。

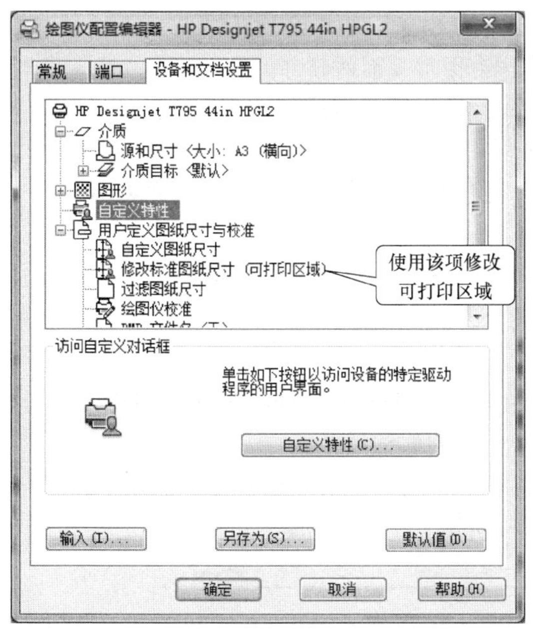

图 14-6 【绘图仪配置编辑器】对话框

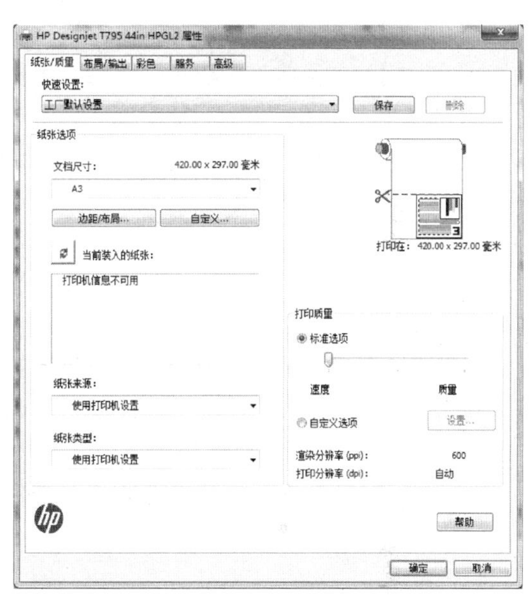

图 14-7 【HP Designjet T795 44in HPGL2 属性】对话框

在【HP Designjet T795 44in HPGL2 属性】对话框中，可以设置介质类型、打印的质量和速度、打印彩色图还是黑白图、打印纸的幅面等。单击 确定 按钮，完成设置。

提示 如果使用的打印机不支持将彩色转换为纯黑色（无灰度级），在出黑白图时有可能有的图线不清晰，这是因为这些线采用了较亮的彩色，如黄色。所以，如果用户的打印机不支持上述属性的话，绘图时应该尽量采用较深的彩色，如黑色、深青色等，这样在打印时可以避免此类问题的发生。

打印设备设置完成后，回到【绘图仪配置编辑器】对话框，单击 确定 按钮，出现【修改打印机配置文件】对话框，如图 14-8 所示。提示产生一个格式为 PC3 的文件，默认保存在 AutoCAD 安装目录下的 plotters 文件中，单击 确定 按钮，保存对系统打印机的设置修改。

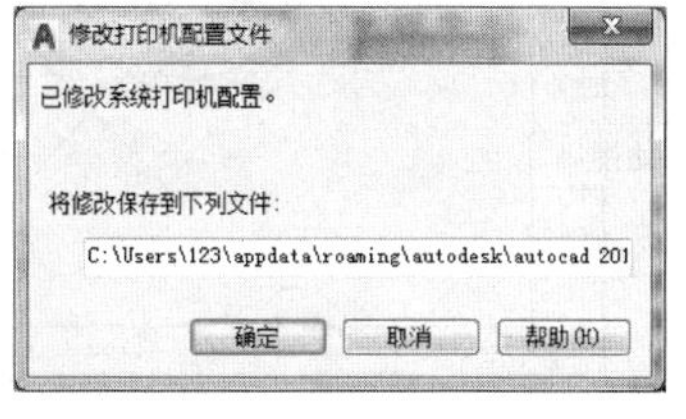

图 14-8 【修改打印机配置文件】对话框

14.2.3 页面设置

【页面设置】对话框如图 14-5 所示，各项内容的设置过程如下：

1）在【打印样式表】选项区中，从下拉列表中选择要使用的打印样式。如果要按照实体的特性设置进行打印，可选择无。

2）在【图纸尺寸】下拉列表中显示当前采用的纸张大小，可以从下拉列表中选择合适的纸张，这里选择“A3（横向）”。

3）在【打印区域】选项区中，可以设置打印的范围，使用默认设置打印布局。打印布局时，打印指定图纸尺寸页边距内的所有对象，打印原点从布局的（0,0）点算起。

4）在【图形方向】选项区选择图纸的打印方向，各项含义如下：

- 【纵向】：定位并打印图形，使图纸的短边作为图形页面的顶部。
- 【横向】：定位并打印图形，使图纸的长边作为图形页面的顶部。
- 【上下颠倒打印】：上下颠倒地定位图形方向并打印图形。

5）在【打印比例】选项区，设置打印比例，控制图形单位对于打印单位的相对尺寸。打印布局时默认的比例设置为 1 ∶ 1。

6）在【打印偏移】选项区，指定打印区域相对于图纸左下角的偏移量。布局中，指定打印区域的左下角位于图纸的左下角。可输入正值或负值以偏离打印原点。图纸中的打印值以英寸或毫米为单位。

在默认情况下，AutoCAD 将打印原点定位在图纸的左下角，用户可以通过改变【X】和【Y】文本框中的数值来指定打印原点在 X、Y 方向的偏移量。

7）在【页面设置】对话框中单击 确定 按钮回到【页面设置管理器】对话框，然后单击 关闭(C) 按钮就可以进入布局窗口，如图 14-9 所示。

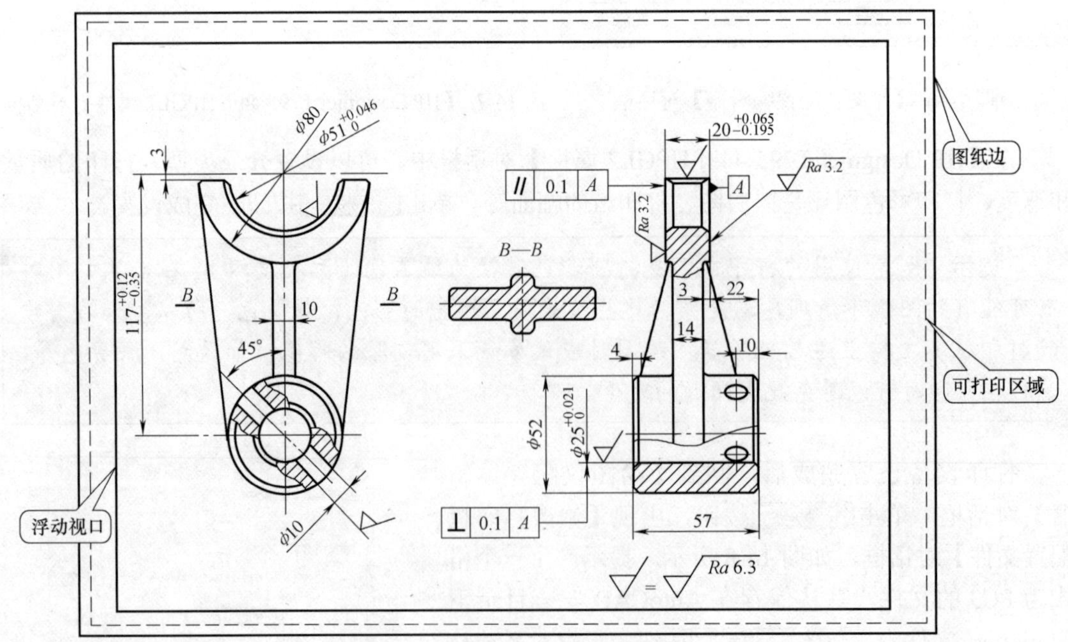

图 14-9　布局窗口

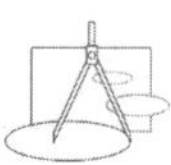

在布局窗口中有三个矩形框，最外面的矩形框代表在页面设置中指定的图纸尺寸，虚线矩形框代表的是图纸的可打印区域，最里面的矩形框是一个浮动视口。

14.3　布局管理

在【布局】选项卡上（布局名称位置）单击鼠标右键，弹出如图 14-10 所示的快捷菜单，利用该菜单可以进行布局新建、删除、移动和复制等操作。也可以使用【页面设置管理器】对话框对布局页面进行修改和编辑。还可以激活前一个布局或激活模型选项卡。

14.3.1　利用创建布局向导创建布局

除上述创建布局的方法外，AutoCAD 还提供了创建布局的向导，利用它同样可以创建出需要的布局。单击【工具】/【向导】/【创建布局】命令，出现布局创建向导。

1）进入【开始】步骤，在【输入新布局的名称】文本框中输入布局的名称，如图 14-11 所示。

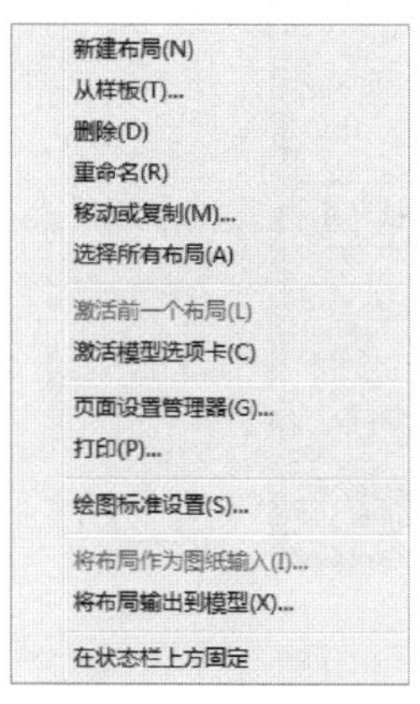

图 14-10　快捷菜单

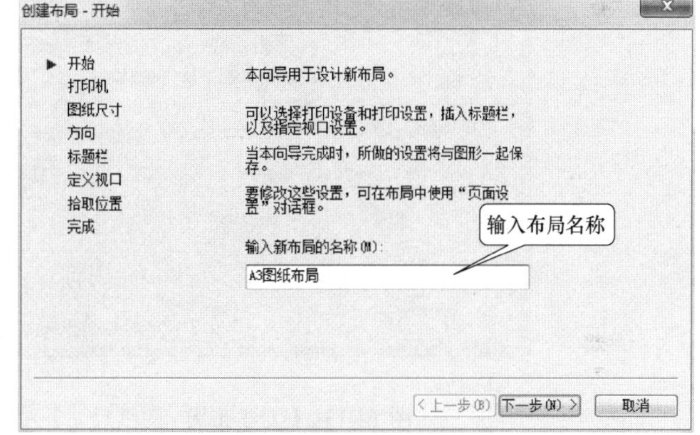

图 14-11　【创建布局 - 开始】步骤

2）单击下一步(N) >按钮，进入【创建布局 - 打印机】步骤，如图 14-12 所示，在列表中为新布局选择打印机。

3）单击下一步(N) >按钮，进入【创建布局 - 图纸尺寸】对话框，如图 14-13 所示，从列表中选择图纸尺寸。

4）单击下一步(N) >按钮，进入【创建布局 - 方向】步骤，如图 14-14 所示，选择图形在图纸上的方向。

5）单击下一步(N) >按钮，进入【创建布局 - 标题栏】对话框，如图 14-15 所示，在下拉列表中列出了许多标题栏，用户可以根据需要选择（此处选择“无”）。这些标题栏实际上是保存在 AutoCAD 安装目录下的 Template 文件夹中的图形文件。用户可以自定义标题栏保存到该目录下。AutoCAD 可以将标题栏按照块的方式插入，也可以将标题栏作为外部参照附着。

6）单击下一步(N) >按钮，进入【创建布局 - 定义视口】对话框，如图 14-16 所示。该对话框用于选择向布局中添加视口的个数，确定视口比例。

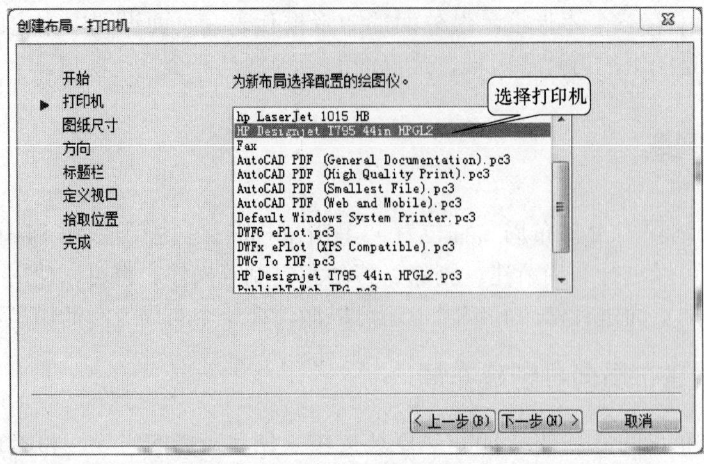

图 14-12 【创建布局 - 打印机】对话框

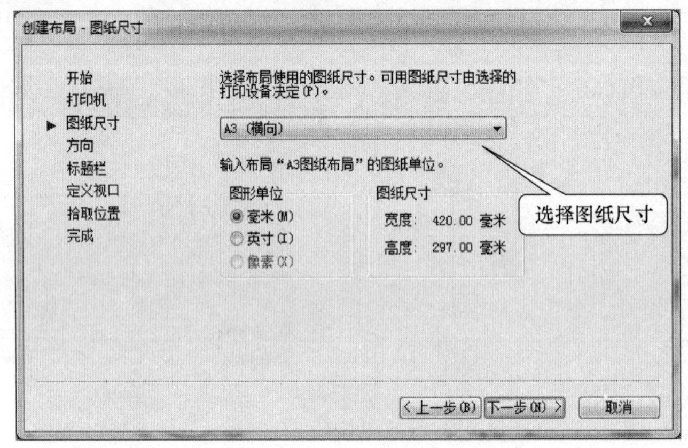

图 14-13 【创建布局 - 图纸尺寸】对话框

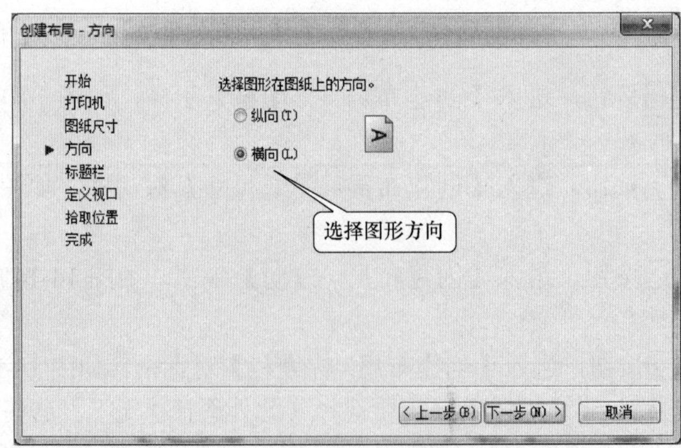

图 14-14 【创建布局 - 方向】对话框

7）单击 下一步(N) > 按钮，进入【创建布局 - 拾取位置】对话框，如图 14-17 所示。该对话框用于在图纸中确定视口的位置，用户可以单击 选择位置(L) < 按钮在图纸上指定视口位

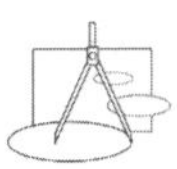

置，如果直接单击[下一步(N) >]按钮，AutoCAD 会将视口充满整个图纸。

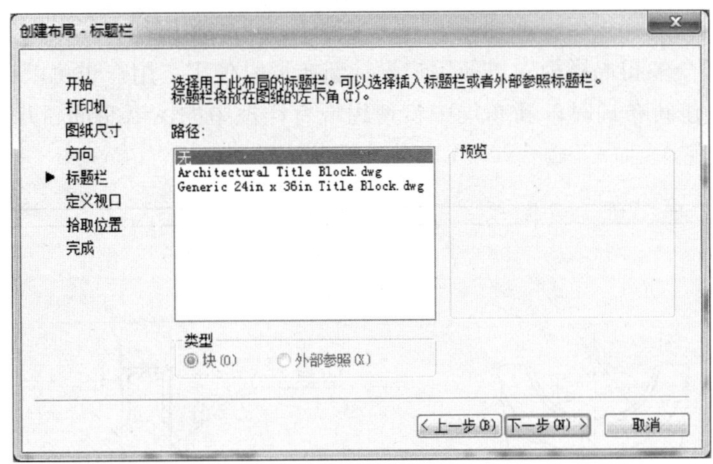

图 14-15 【创建布局 - 标题栏】对话框

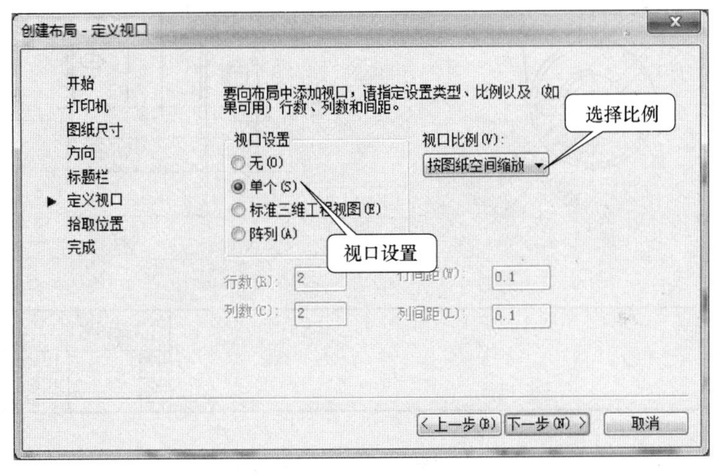

图 14-16 【创建布局 - 定义视口】对话框

8）单击[下一步(N) >]按钮，进入【创建布局 - 完成】对话框，如图 14-18 所示，单击[完成]按钮即可完成布局创建，创建好的布局窗口如图 14-19 所示（插入边框和标题栏块）。

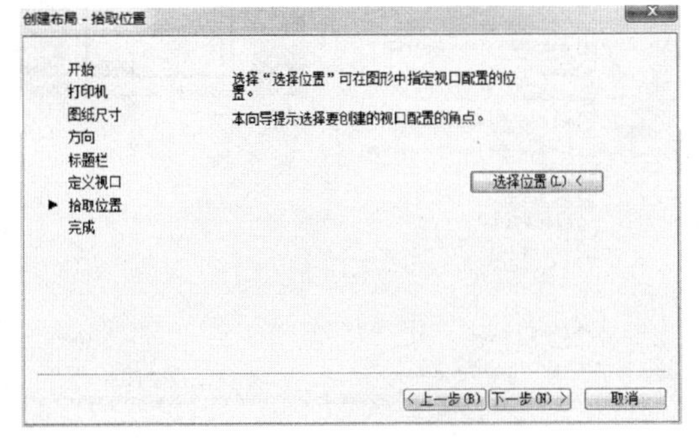

图 14-17 【创建布局 - 拾取位置】对话框

图 14-18 【创建布局 - 完成】对话框

14.3.2 布局样板

AutoCAD 的布局样板保存在 dwg 和 dwt 文件中，可以利用现有样板中的信息创建布局。AutoCAD 提供了众多布局样板，以便用户设计新布局时使用，用户也可以自定义布局样板。根据样板布局创建新布局时，新布局中将使用现有样板中的图纸空间、几何图形（如标题栏）及其页面设置。

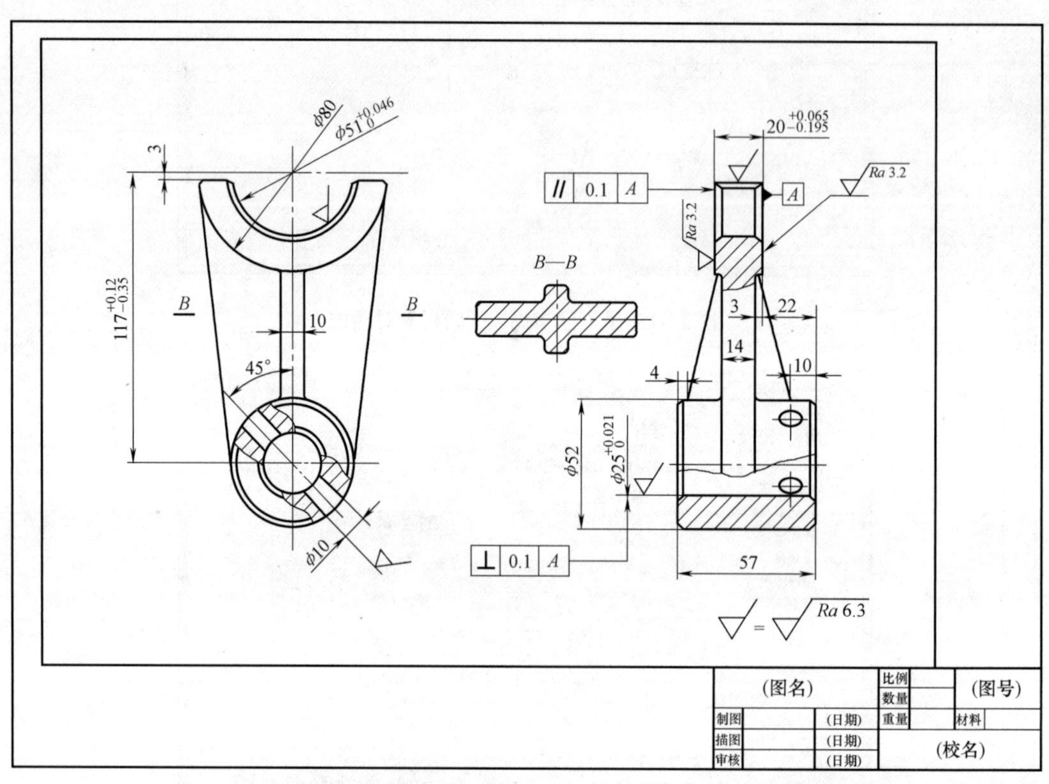

图 14-19　新建的布局

使用布局样板创建布局的步骤如下：

1）单击【插入】/【布局】/【来自样板的布局】命令，或在【布局】选项卡上单击鼠标右键在弹出的快捷菜单中选择【从样板】选项，弹出【从文件选择样板】对话框，如图 14-20 所示，选择“A3 模板 .dwt”（该模板中只有一个名称为“GB A3 布局”的布局）。

2）在对话框中定位和选择图形样板文件，单击 打开(O) 按钮，弹出【插入布局】对话框，如图 14-21 所示。

图 14-20 【从文件选择样板】对话框

3）在【插入布局】对话框中选择需要插入的布局名称，单击 确定 按钮就可以在当前图形文件中插入一个新的布局，可单击【视图】/【视口】命令重建视口，如图 14-22 所示。

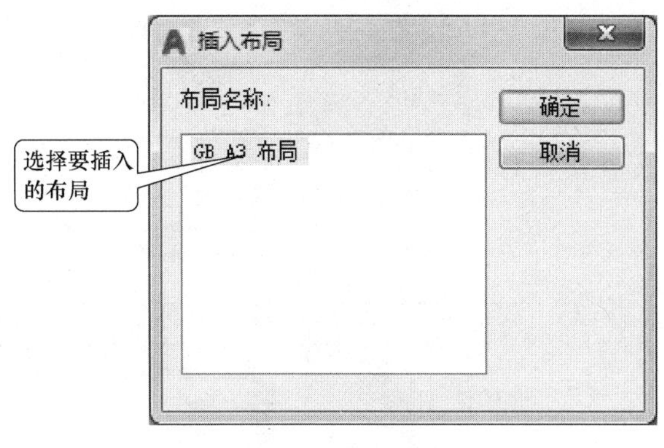

图 14-21 【插入布局】对话框

任何图形都可以保存为图形样板，所有的几何图形和布局设置都可以保存到 dwt 文件中。将布局保存为样板文件的步骤如下：

在命令行输入 layout 命令，出现提示："输入布局选项［复制（C）/ 删除（D）/ 新建（N）/ 样板（T）/ 重命名（R）/ 另存为（SA）/ 设置（S）/?］〈设置〉："。在提示下输入 "SA"，切换到【另存为】选项。

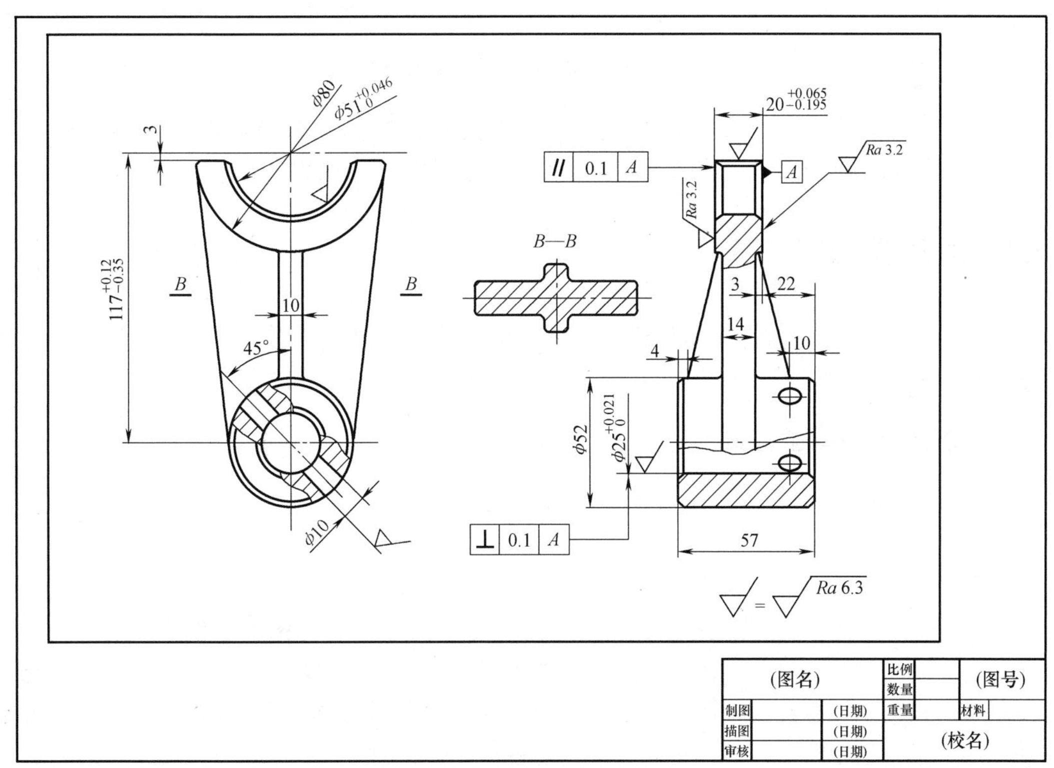

图 14-22　利用布局样板创建的新布局

> **提示**　用户可以利用 AutoCAD 设计中心插入布局，具体使用方法可以参照 AutoCAD 设计中心内容。

1）系统询问要保存的布局名字时，输入相应的名字。

2）按〈Enter〉键出现【创建图形文件】对话框，如图 14-23 所示。

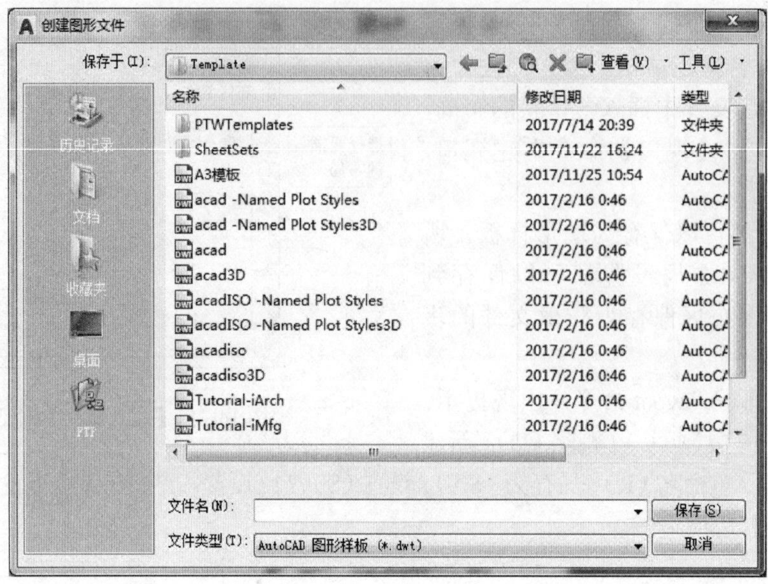

图 14-23 【创建图形文件】对话框

3）在【创建图形文件】对话框的【文件名】文本框中输入文件的名字，单击 保存(S) 按钮就可以把布局样板文件保存到指定目录中，以备用户需要时调用。

14.4 浮动视口

在布局窗口中，可以将浮动视口当作图纸空间的图形对象，用户可以利用夹点功能改变浮动窗口的大小和位置，如图 14-24 所示，浮动视口还可以用删除命令删除。

14.4.1 进入浮动模型空间

刚进入布局窗口时，默认的是图纸空间。用户可以双击浮动窗口进入浮动模型空间，如图 14-25 所示。

要从浮动模型空间重新进入图纸空间，可双击浮动模型窗口外的任一点。

当用户在浮动模型空间进行工作时，浮动模型窗口中所有视图都是被激活的。当用户在当前的浮动模型窗口进行编辑时，所有的浮动视口和模型空间均会反映这种变化。注意当前浮动模型窗口的边框线是较粗的实线，在当前视口中光标的形状是十字准线，在窗口外是一个箭头。通过这个特点，用户可以分辨当前视口。

另外，用户应注意，大多数的显示命令（如 ZOOM、PAN 等）仅影响当前视口（模型空间），故用户可利用这个特点在不同的视口中显示图形的不同部分。

在布局窗口中，如果在图纸空间状态下执行缩放、绘图、修改等命令，仅仅是在布局上绘图，而没有改动模型本身。这种修改在布局出图时会被打印出来，但是对模型本身没有影响。例如，在图纸空间状态下书写一些文本后，单击工作区左下角 模型 选项卡切换到模型窗口，会发现书写的文本并没有加入模型中。利用这个特性，可以为同一个模型创建多个图纸布局和打印方案。

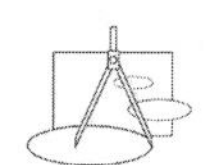

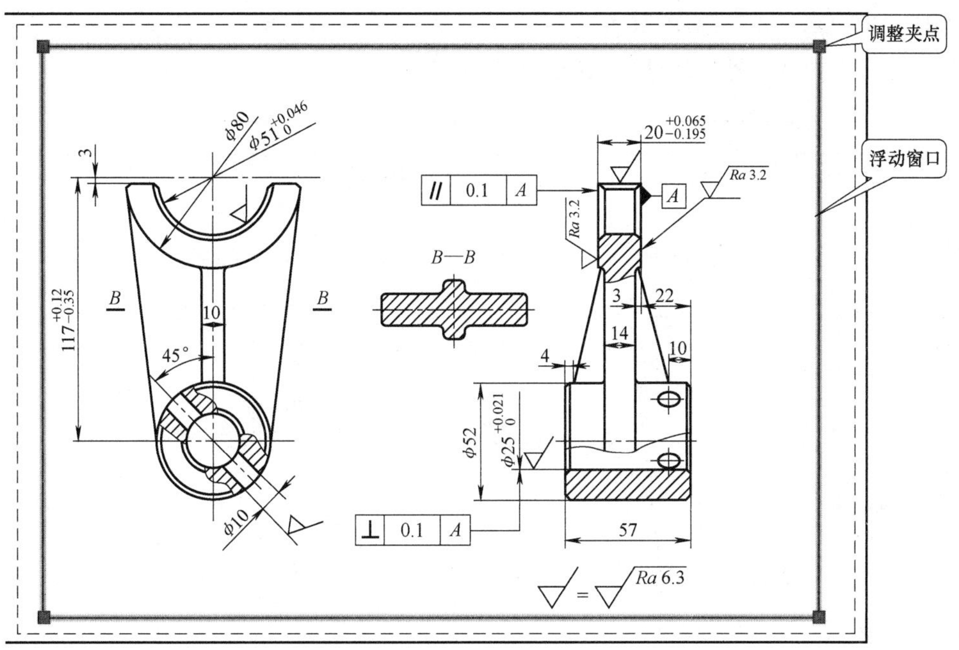

图 14-24　浮动视口的夹点

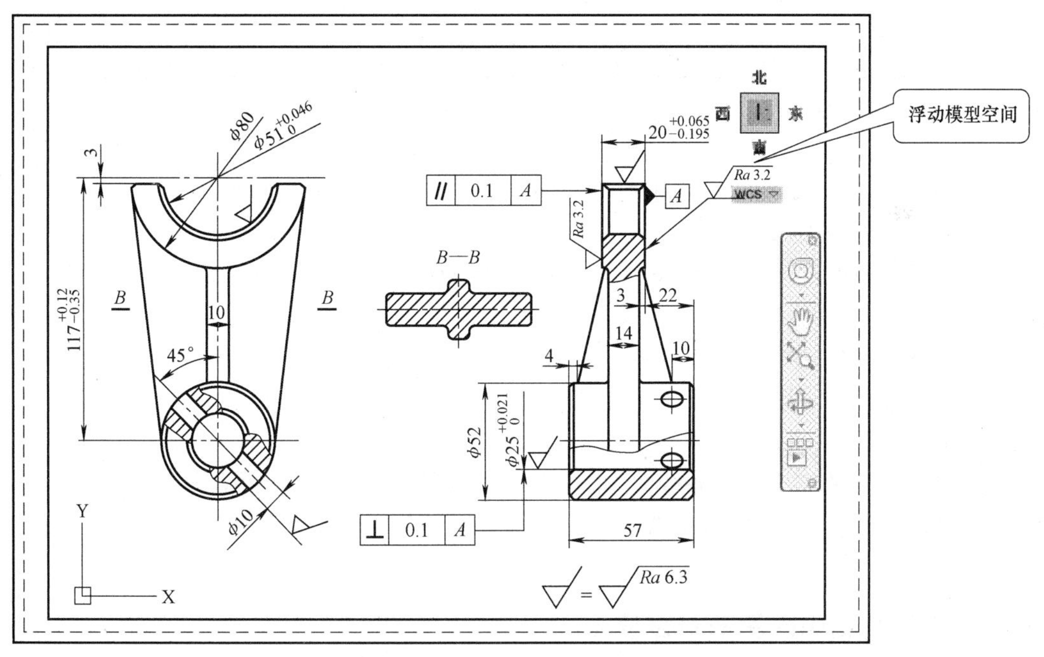

图 14-25　浮动模型空间

14.4.2　删除、创建和调整浮动视口

要删除浮动视口，可以直接单击浮动视口边界，然后单击删除工具。要改变视口的大小，可以选中浮动视口边界，这时在矩形边界的四个角点出现夹点，选中夹点拖动鼠标就可

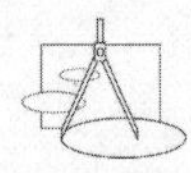

以改变浮动视口的大小，如图 14-26 所示。要改变浮动视口的位置，可以把鼠标指针放在浮动视口边界上，按下鼠标拖动就可以改变视口的位置。

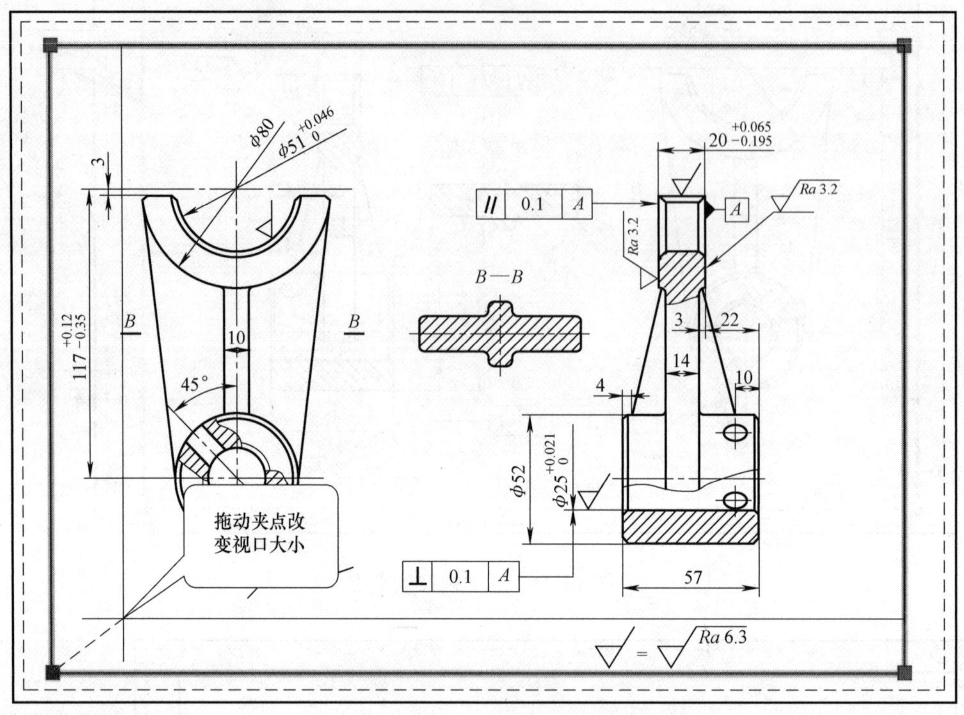

图 14-26　改变视口的大小

由于默认的是一个视口，如果用户需要多个视口，可以自己创建，下面以建立两个视口为例说明视口的创建步骤。

1）单击视口边框，按〈Delete〉键删除不需要的视口，然后单击【视图】/【视口】/【两个视口】命令。

2）系统询问视口排列方式，直接按〈Delete〉键。

3）系统提示："指定第一个角点或［布满（F）］〈布满〉："，直接按〈Delete〉键，如图 14-27 所示。

4）进入左边的浮动窗口模型空间，可以改变图形的位置和大小，然后调整视口的大小。这样做可以用一个视口显示整幅图形，用另外一个视口显示图形的某一个局部，如图 14-28 所示。

14.4.3　控制视口中的图形对象显示

1. 冻结层

用户可以利用【图层特性管理器】对话框在一个视口中冻结某层，使处于该层的图形对象不显示，而且这样不会影响其他窗口。双击图 14-28 右边的视口进入模型状态，然后利用【图层特性管理器】对话框冻结标注层，如图 14-29 所示。单击【尺寸线】行的视口冻结图标变为，这时右边的窗口中的标注消失，但这并不影响其他窗口的显示，如图 14-30 所示。

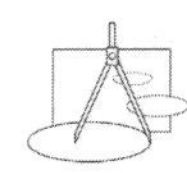

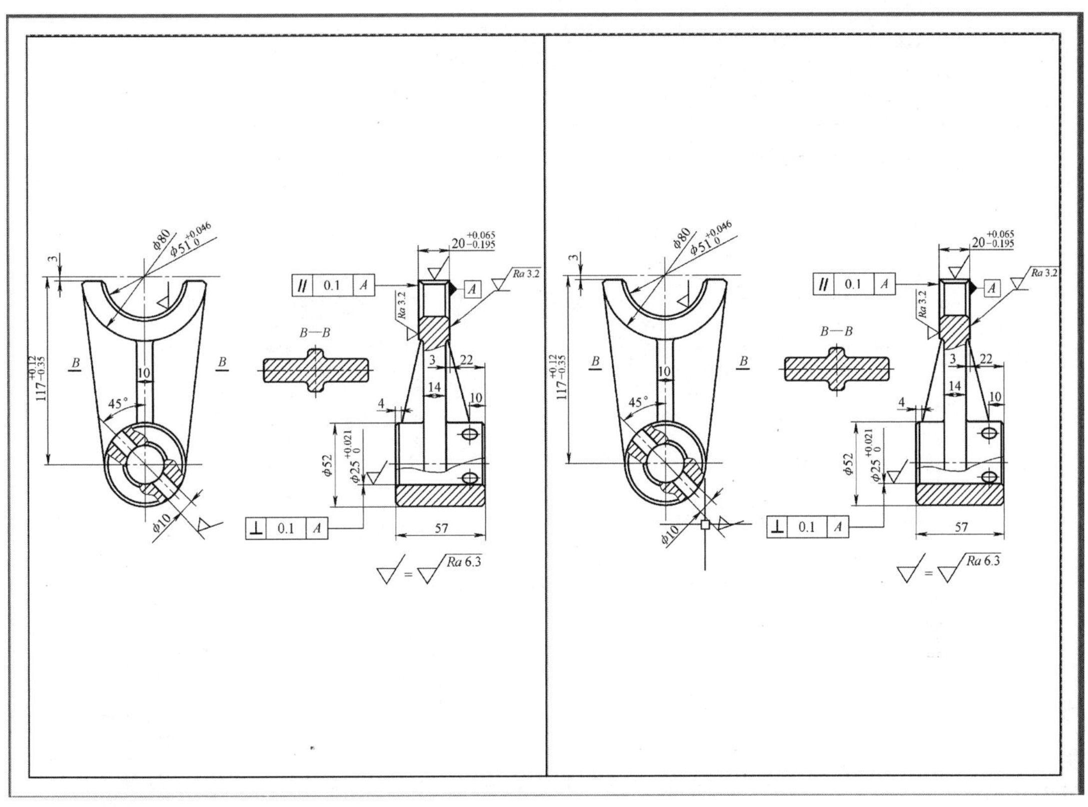

图 14-27　两个视口

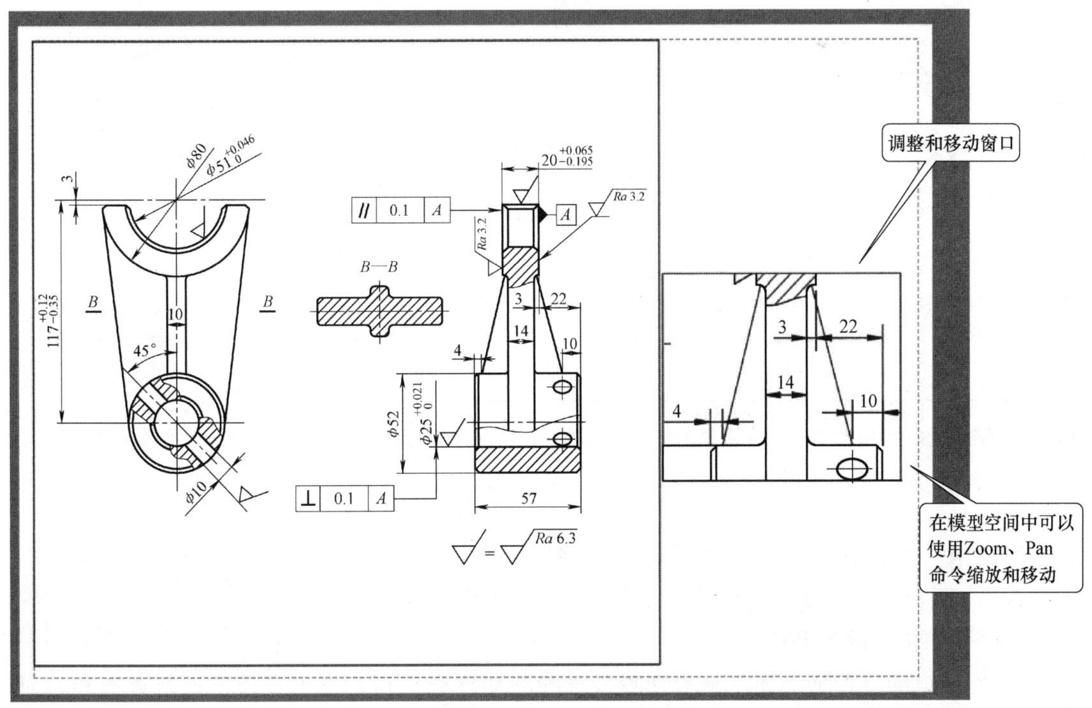

图 14-28　视口编辑

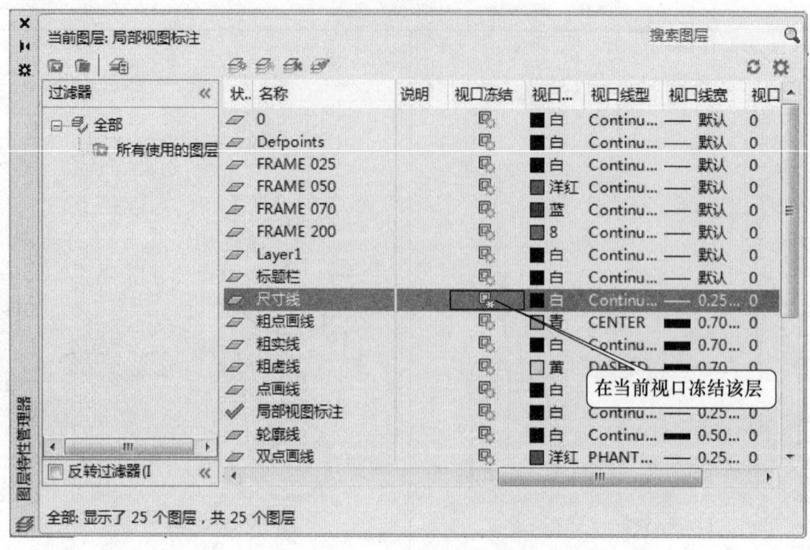

图 14-29 【图层特性管理器】对话框

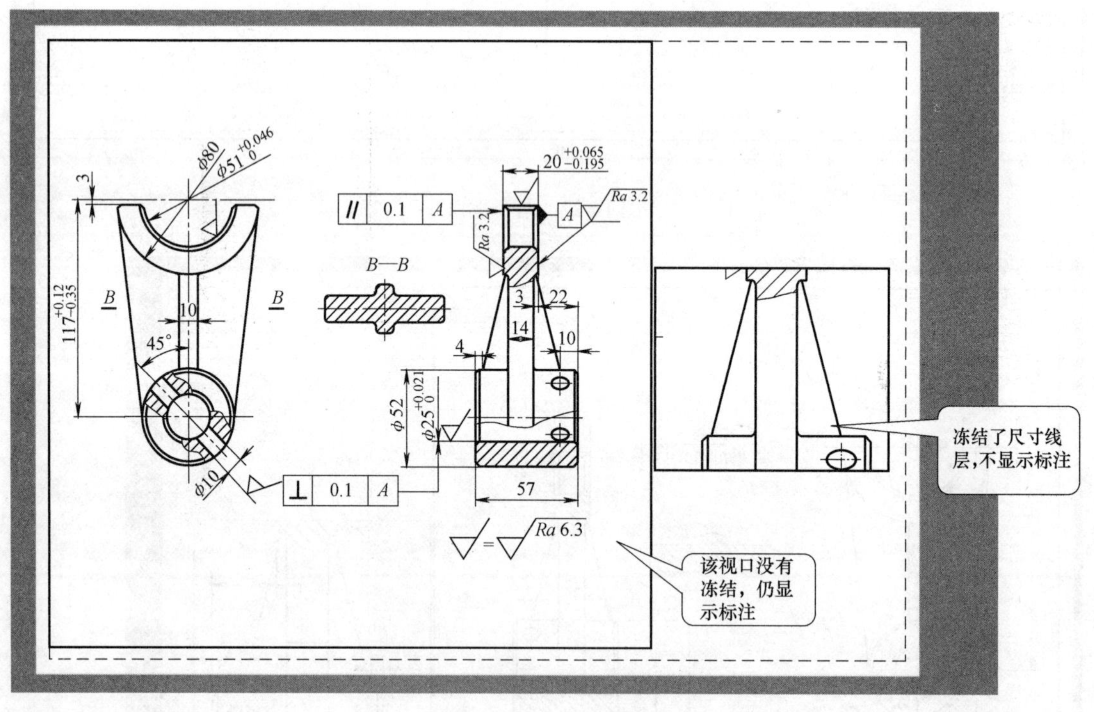

图 14-30 冻结某层

如果用户不需要打印视口的边界，可以把视口边界单独放在一层中，然后冻结此层，如图 14-31 所示（把左视口边界放在一层，然后冻结该层）。

2. 打开和关闭浮动窗口

重新生成每一个视口时，显示较多数量的活动浮动视口会影响系统性能，此时可以通过关闭一些窗口或限制活动窗口数量来节省时间。另外，如果不希望打印某个视口，也可以将它关闭。

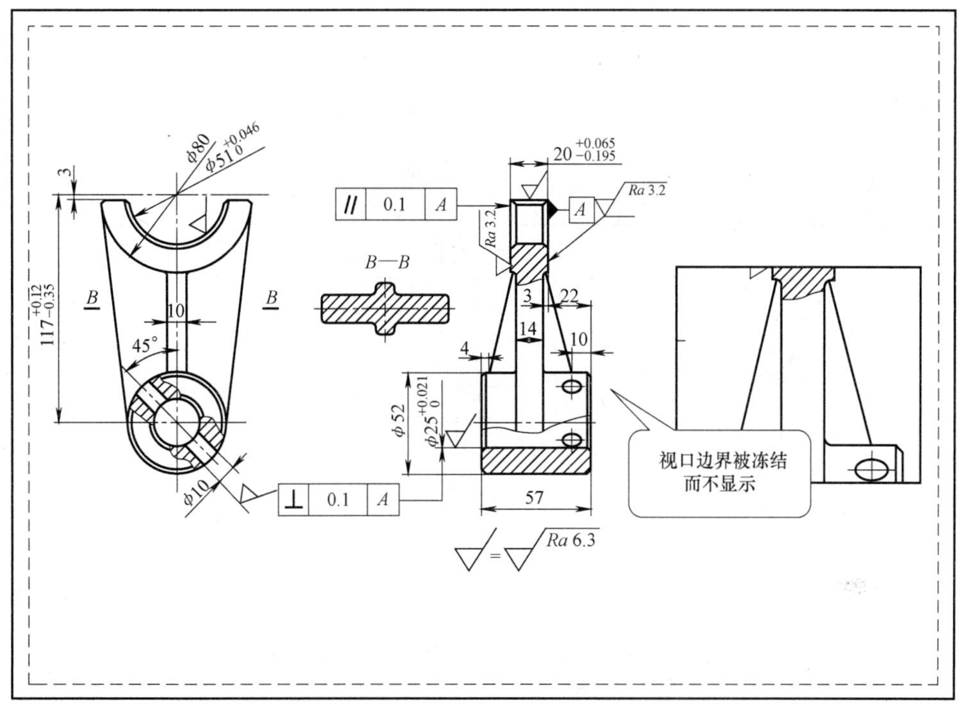

图 14-31　不显示视口边界

用户可以使用【特性】对话框打开和关闭视口，操作步骤如下：

1）在布局中选择要打开和关闭的视口，如图 14-31 中的右视口。

2）单击鼠标右键，在弹出的快捷菜单中选择【特性】选项，弹出【特性】对话框，如图 14-32 所示。

3）在【其他】选项区中，把【开】选项设置为“否”，这时就关闭了视口，如图 14-33 所示。利用【特性】对话框同样可以打开关闭了的视口。

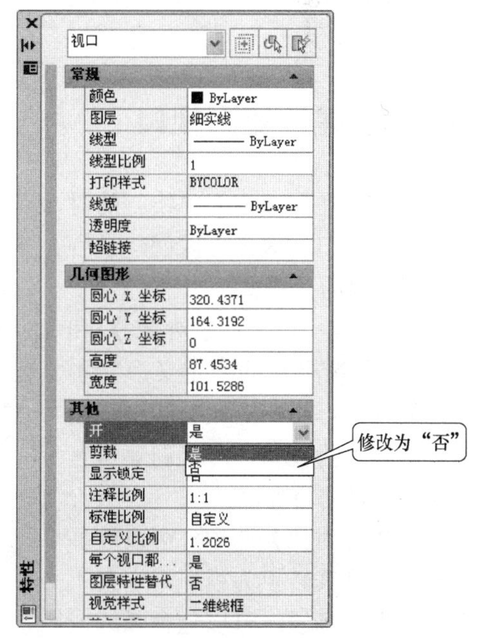

图 14-32 【特性】对话框

14.4.4　设置图纸的比例尺

设置比例尺是出图过程中一个重要的步骤，在任何一张正规图样的标题栏中，都有比例一栏需要填写。该比例是图样中图形与其实物相应要素的线性尺寸之比。

AutoCAD 绘图和传统的图纸绘图在设置比例尺方面有很大的不同。传统的图纸绘图的比例尺需要开始就确定，绘制出的是经过比例换算的图形。而 AutoCAD 绘图过程中，在模型空间始终按照 1 ：1 的实际尺寸绘图。在出图时，才按照比例将模型缩放到布局图上，然后打印。

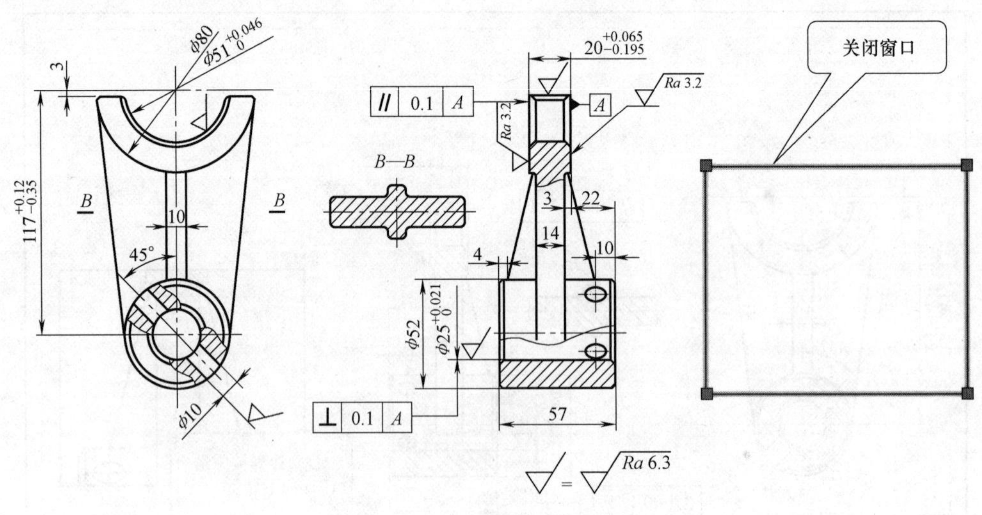

图 14-33　关闭视口

1:1.5 / 66.67%

图 14-34 【视口】工具栏

如果要查看当前布局的比例，可以双击浮动窗口进入模型空间，在状态栏显示的就是图纸空间相对于模型空间的比例，如图 14-34 所示。用户可以修改这个比例。

因为在模型空间中是按照1 ：1比例进行绘图的，而在图纸空间中布局图又是按照1 ：1打印的，因此图纸空间相对于模型空间的比例，就是图纸中图形与其实物相应要素的线性尺寸之比，也就是标题栏里填写的比例。

提示　只有布局图处于模型空间状态，状态栏中显示的数值才是正确的比例。

14.5　创建非矩形视口

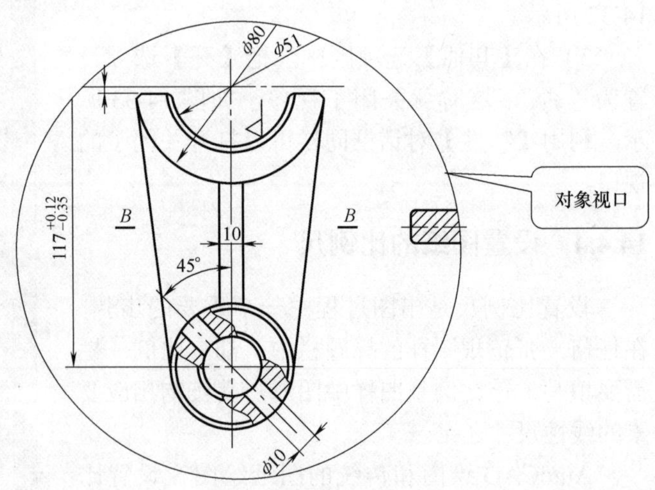

图 14-35　圆形视口

可以将在图纸空间中绘制的对象转换为视口，这样可以创建具有不规则边界的新视口。

MVIEW 命令的【对象】和【多边形】选项有助于定义形状不规则的视口。将在图纸空间中绘制的对象转换为视口，即可创建具有不规则边界的新视口。

使用【对象】选项，可以选择对象，并将其转换为视口。定义不规则边界的多段线可以包含弧线或直线段，它们可以自交，但必须包含至少三个顶点。视口创建之后，定义不规则边界的多段线将与这个视口关联起来。

如图 14-35 所示，在图纸空间绘制一个圆，然后单击【视图】/【视口】/【对象】命令，在系统提示下选择要剪切视口的对象（如在图纸空间绘制的圆），就会形成一个非矩形视口。用户可以根据需要调整图形比例和位置，也可以利用视口边界的句柄调整视口形状。

定义不规则视口的边界时，AutoCAD 将计算选定对象所在的范围，在边界的角上放置视口对象，然后根据边界中指定的对象剪裁视口。

用户还可以单击【视图】/【视口】/【多边形视口】命令创建多边形视口，【多边形】选项用于根据指定的点创建不规则视口，其命令提示序列与创建多段线一样。图 14-36 所示为使用多边形创建的视口。

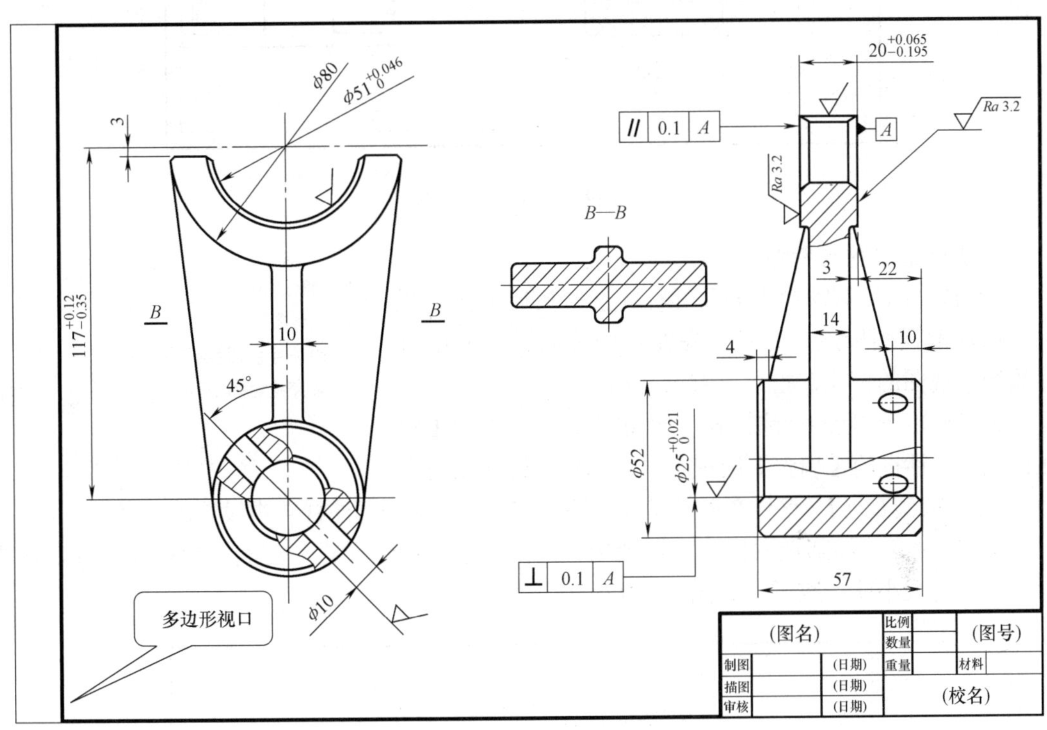

图 14-36　多边形视口

14.6　相对于图纸空间视窗的尺寸缩放

图 14-37 所示的两个视口中的标注文字大小不一致，这是因为两个图形是同一图形按不同的比例在图纸空间形成的。现在的任务是如何使尺寸文字字高与整个图形相匹配。

左窗口中的尺寸标注是按照这样的原则进行的：例如，布局空间视口比例是 2 ∶ 1，也就是要将模型空间的图形放大 2 倍，这样标注文字也要放大 2 倍，那么在设置标注样式时可以设置文字高度为标准高度（如 5mm，这是图样上要求的），在【标注样式】对话框的【调整】选项卡中设置标注特征比例，如图 14-38 所示，设置全局比例为 0.5。这样在比例为 2 ∶ 1 布局视口显示的文字高度就会正好是 5mm（5mm×2=10mm，缩小 1 倍正好为 5mm）。但其他不按此比例缩放的视口中的文字就会变得大小不一致（如右视口）。

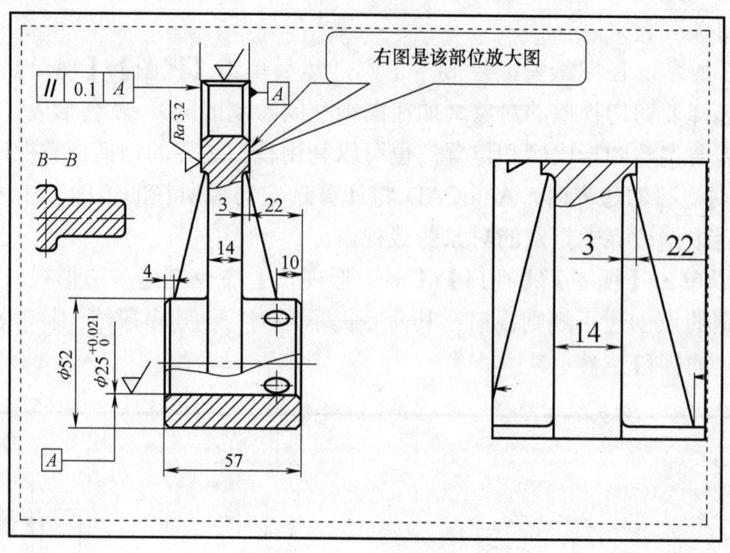

图 14-37　尺寸不一致

解决这个问题的步骤如下：

1）首先冻结右窗口中的尺寸标注层，然后定义一个层（如局部视图标注，并且在左窗口中冻结该层）用以存放局部视图的标注，把该层置为当前层。

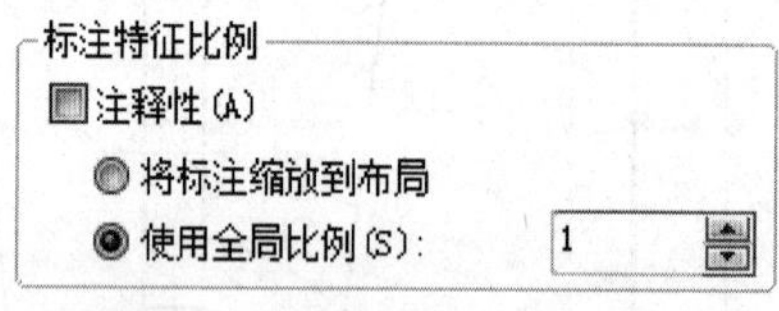

图 14-38　设置标注特征比例

2）建立一个新的标注样式（如局部标注），注意【标注样式】对话框的【调整】选项卡中设置标注特征比例为【将标注缩放到布局】（这样在图纸空间标注的文字高度就是标注样式中设置的文字高度）。

3）然后在“局部视图标注”层使用“局部标注”标注样式，在右视口标注尺寸，这样标注文字的大小就一致了，如图 14-39 所示。

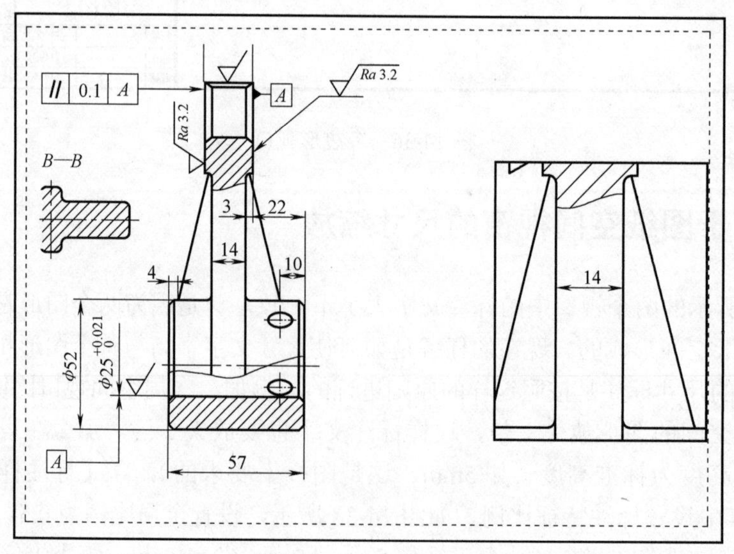

图 14-39　标注右视口尺寸

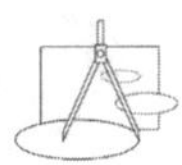

> **提示**　使用【将标注缩放到布局】调整尺寸标注几何参数，能使在布局视口内标注尺寸时，由系统根据布局视口与图纸幅面之间的比例，自动调整标注几何参数的图形大小，且能反映被标注对象的真实尺寸，是一种有效的尺寸标注方法。

14.7　注释性对象在布局打印的使用

14.7.1　注释性对象

将注释添加到图形中时，用户可以打开这些对象的注释性特性。这些注释性对象将根据当前注释比例设置进行缩放，并自动以正确的大小显示。

注释性对象按图纸高度进行定义，并以注释比例确定的大小显示。

以下对象可以为注释性对象（具有注释性特性）：

1. 标注

可以建立注释性标注样式，在【标注样式管理器】选择一种样式作为基础样式，单击[新建(N)...]按钮，弹出【创建新标注样式】对话框，选中【注释性】复选框，然后跟创建非注释性样式一样建立标注样式。用注释性标注样式标注的尺寸都带有注释性。对于已有的非注释性尺寸标注可以修改其注释特性：选择尺寸标注，打开【特性】选项板，把【注释】选项修改为“是”即可。

2. 公差

这里讲的公差为几何公差标注，用户可以先标注几何公差，然后使用【特性】选项板，把【注释】选项修改为“是”。

3. 块

单击【块创建】按钮，打开【块定义】对话框，选中【注释性】复选框，其他操作与前面讲的非注释性块创建一样，这样可以创建注释性的块。插入图形的注释性块参照都具有注释性。

4. 属性

定义属性时（单击【绘图】/【块】/【定义属性】命令），打开【属性定义】对话框，选中【注释性】复选框即可。

5. 引线和多重引线

对于引线，可以先绘制引线，然后使用【特性】选项板，把【注释】选项修改为“是”即可。对于多重引线，可以首先创建注释性多重引线样式，然后使用该样式标注。

6. 文字

可以建立注释性文字样式，在【文字样式】对话框中单击[新建(N)...]按钮，选中【注释性】复选框，然后跟创建非注释性文字一样建立注释性文字样式。用注释性文字样式书写的文字都带有注释性。对于已有的非注释性文字可以修改其注释特性：选择文字，打开【特性】选项板，把【注释】选项修改为“是”即可。

7. 填充

在图案填充时，在【图案填充和渐变色】对话框中选中【注释性】复选框即可。对于已有的非注释性填充可以修改其注释特性：选择填充，打开【特性】选项板，把【注释】选项修改为“是”即可。

14.7.2 布局中注释性对象的显示

在规范的工程图样中，文字、标注、表面结构、基准、剖面线应该有统一的标准，在AutoCAD 中对这些对象进行大小设置后（画工程图默认的比例是 1 ∶ 1），对于 1 ∶ 1 的出图比例，可以很好地贯彻标准，但是在非 1 ∶ 1 的出图比例中，需要对这些对象单独进行比例调整，非常不方便。注释性特性的目的是在非 1 ∶ 1 比例出图的时候不用费周折调整文字、标注、表面结构、基准、剖面线等的比例。

因为在模型空间中使用 1 ∶ 1 的比例绘图，所以插入的注释性对象的注释性比例是 1 ∶ 1。如果在布局中有多个不同比例的视口（如 1 ∶ 2 和 2 ∶ 1），为了让注释性对象在不同比例的窗口中按标准大小显示，需要为这些对象添加同样的注释性比例。

选择注释性对象，单击鼠标右键，在弹出的快捷菜单上选择【特性】选项，单击【注释性比例】行，单击出现的按钮，弹出【注释对象比例】对话框，单击 添加(A)... 按钮添加需要的比例。如果将来要在 1 ∶ 2 的视口中正确显示文字，就应该为注释性文字添加一个 1 ∶ 2 的注释性比例。

如果要给所有的注释对象添加注释性比例，可以单击【激活】按钮（注释比例更改时自动将比例添加到注释性对象），然后使用 1:1 / 100% 按钮选择注释比例，每次选择的注释比例会自动添加到所有注释性对象。

这样，在布局视口中会正确显示具有同样注释比例的注释性对象。

打开图 14-40 所示的模型文件，其中使用的表面结构块、几何公差、文字、尺寸标注和图案填充都是注释性对象。

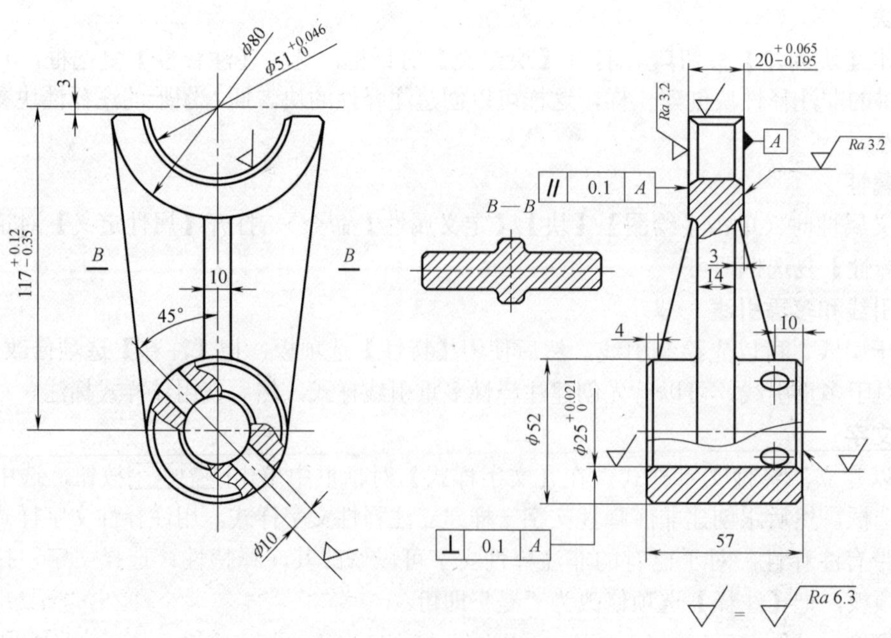

图 14-40 模型文件

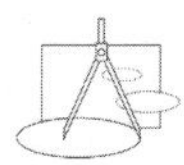

进入布局，建立两个视口，调整两个视口的比例不一样（如左边视口比例是 1 ∶ 1，右边视口比例是 2 ∶ 1），但会发现两个视口的注释（必须保证注释性对象有 1 ∶ 1 和 2 ∶ 1 两种注释比例）大小（包括剖面线的疏密程度）是一样的，都按照设置的大小正确显示，如图 14-41 所示。注释性对象的使用解决了出图时标注对象大小不一的问题。

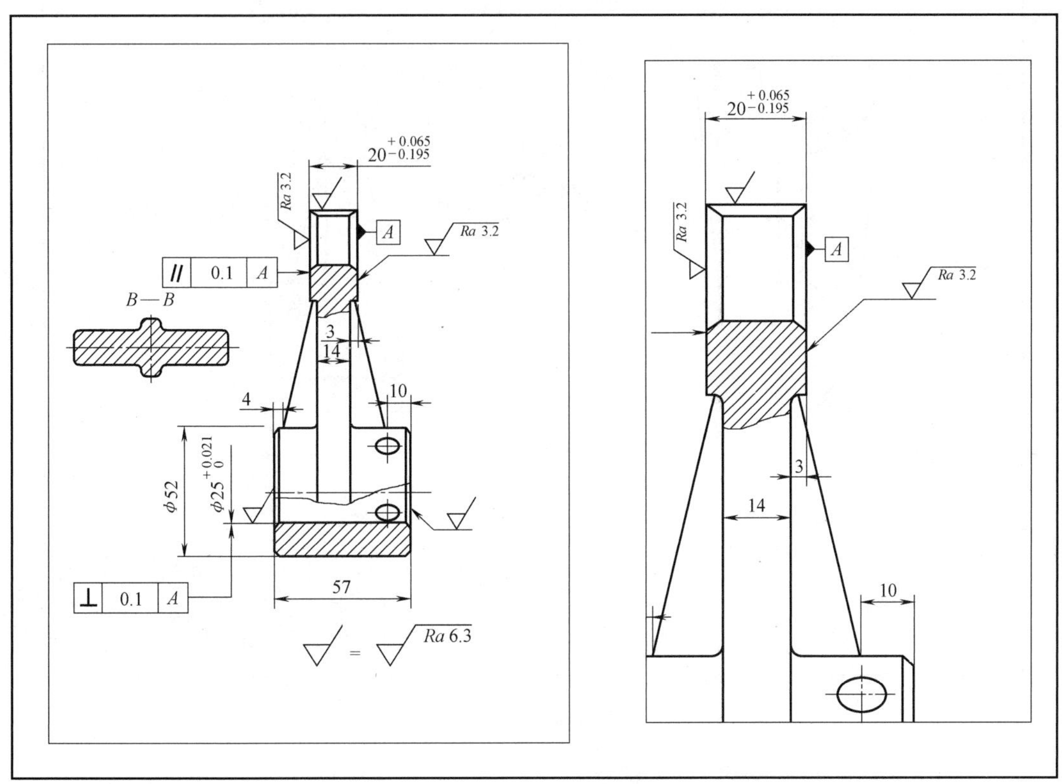

图 14-41　布局显示

14.8　打印

创建一个打印布局一般需要进行下列工作：

- 页面设置，包括打印设备和布局设置。
- 安排浮动视口、调整显示内容、指定比例。
- 冻结浮动窗口边框。
- 插入标题栏和书写文字说明等。

完成后的布局，如图 14-42 所示。这些工作完成后，就可以打印布局了。

打印步骤如下：

1）进入要打印的布局，单击快速访问工具栏上的【打印】按钮，或单击【文件】/【打印】命令，弹出【打印】对话框，如图 14-43 所示。

2）如果要打印布局，此对话框不用改动。用户可以在打印前预览一下打印效果。

3）单击预览(P)...按钮，如图 14-44 所示。通过完全预览可以了解图形是否打印完整、是否偏移等情况，然后单击鼠标右键，在弹出的快捷菜单中选择【退出】选项，返回【打印】对话框做相关调整，再做预览直到满意为止。

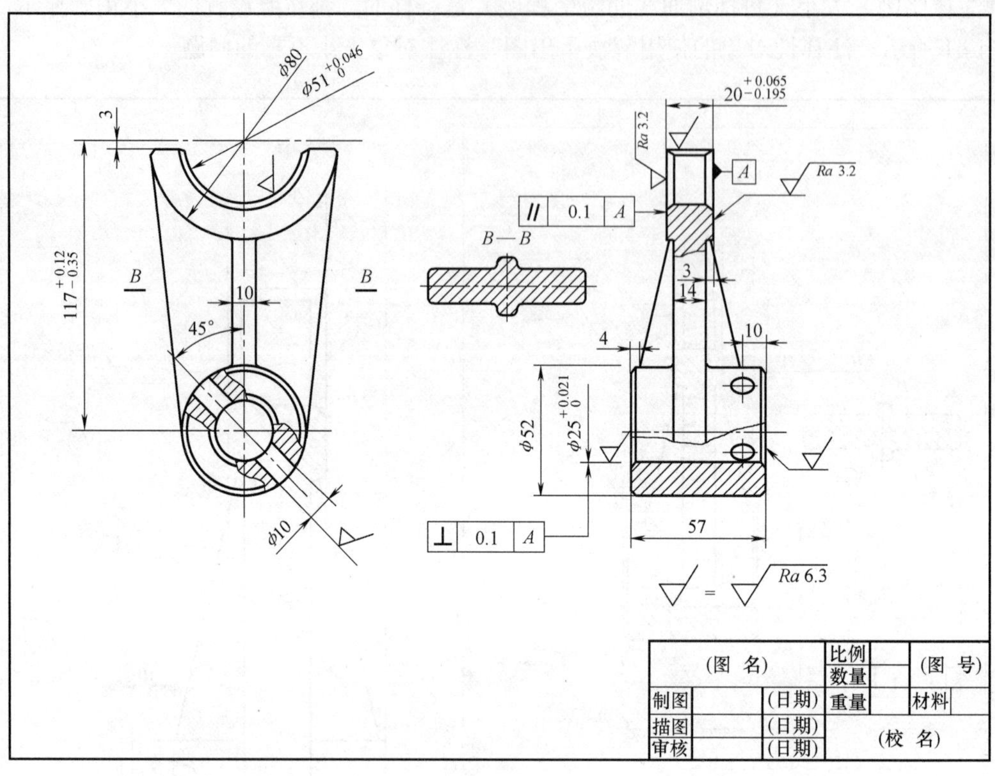

图 14-42　布局图

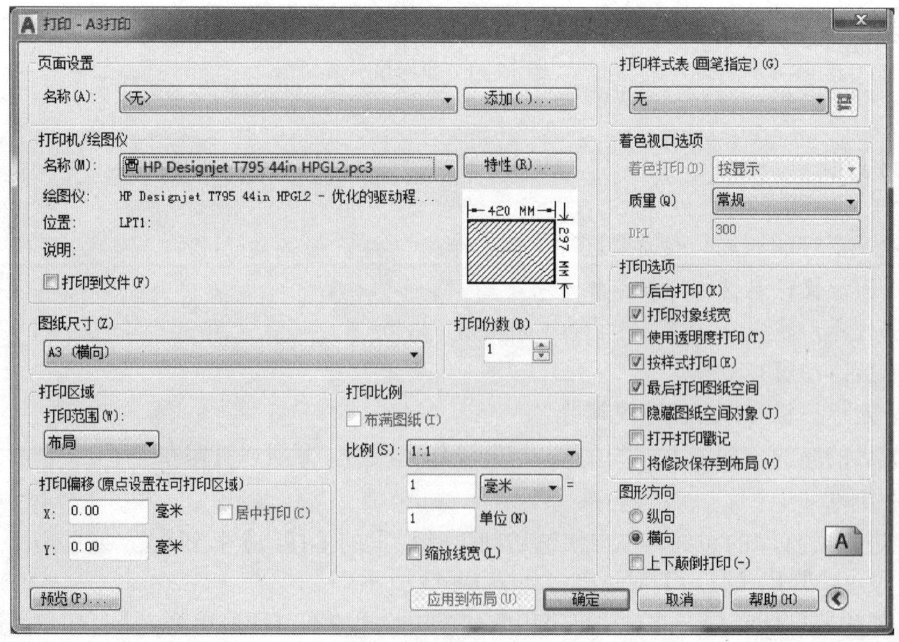

图 14-43　【打印】对话框

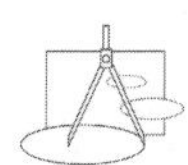

4）预览效果满意后就可以单击 确定 按钮进行打印了。

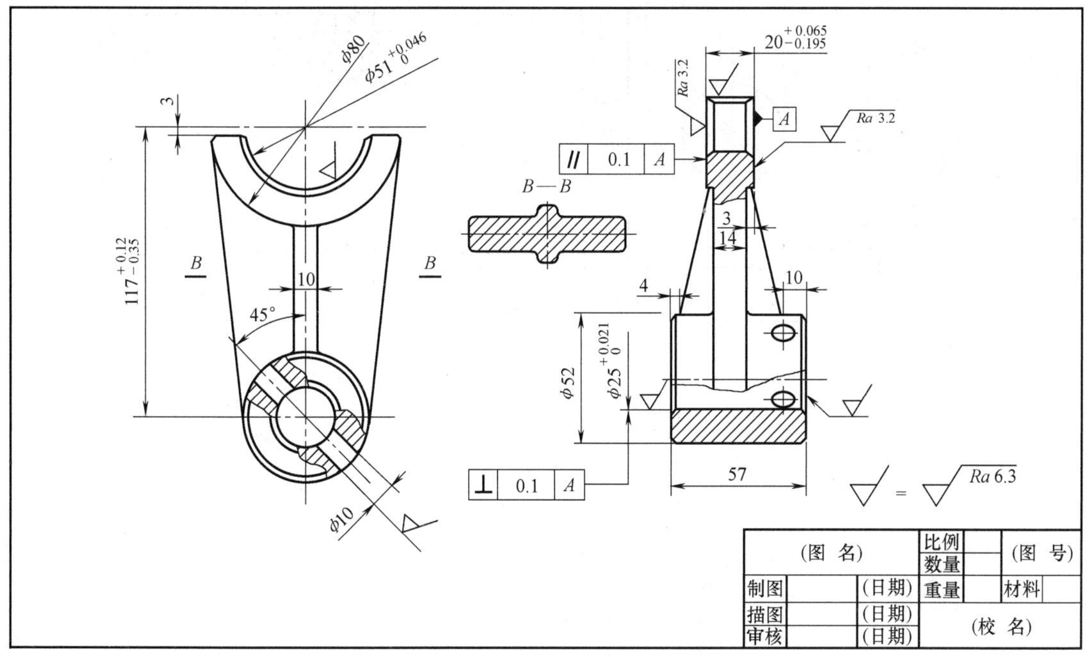

图 14-44 完全预览效果

14.9 思考与练习

1. 概念题

（1）页面设置包含哪些内容？

（2）怎样调整图样在图纸上的位置？

（3）在布局中打印时，怎样控制视口比例？

2. 操作题

完整绘制图 14-45 和图 14-46，并分别打印在一张 A3 图纸上。

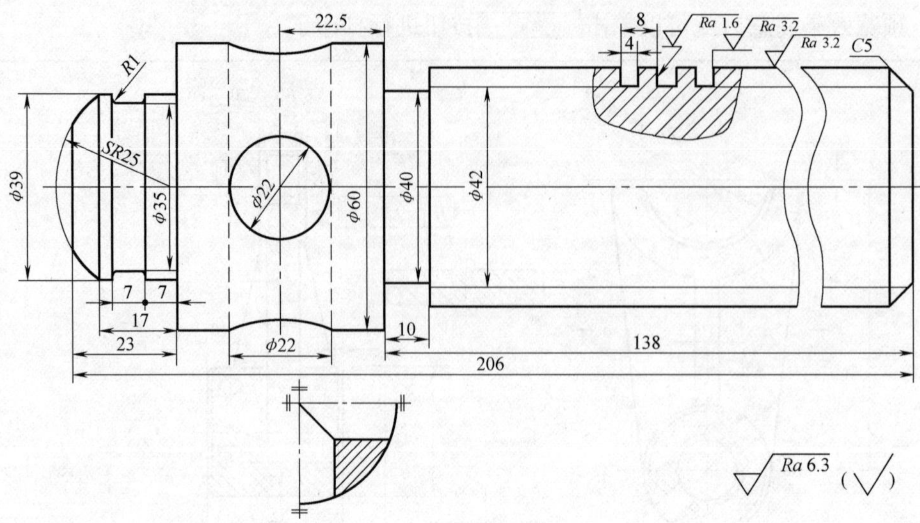

图 14-45　习题图（一）

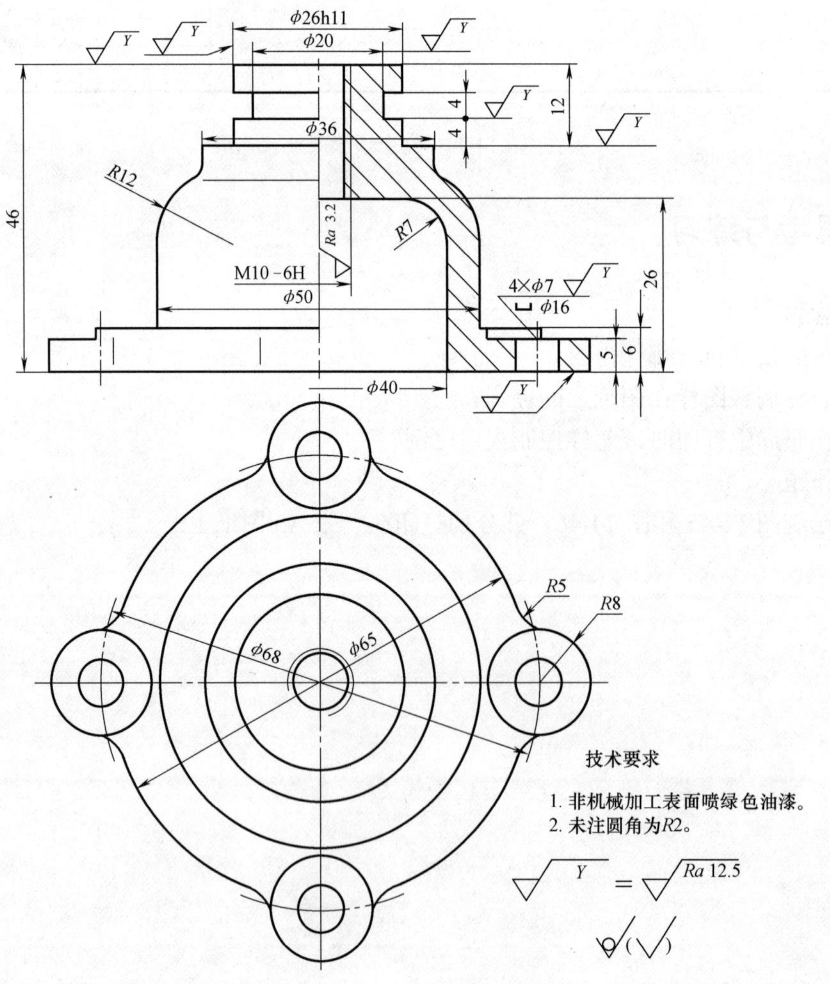

图 14-46　习题图（二）

第15章

图 纸 集

对于大多数设计组，图形集是主要的提交对象。图形集用于传达项目的总体设计意图，并为该项目提供文档和说明。然而，手动管理图形集的过程较为复杂和费时。

使用图纸集管理器可以将图形作为图纸集管理。图纸集是一个有序命名集合，其中的图纸来自几个图形文件，如图 15-1 所示。图纸是从图形文件中选定的布局。可以从任意图形将布局作为编号图纸输入到图纸集中。用户可以将图纸集作为一个单元进行管理、传递、发布和归档。

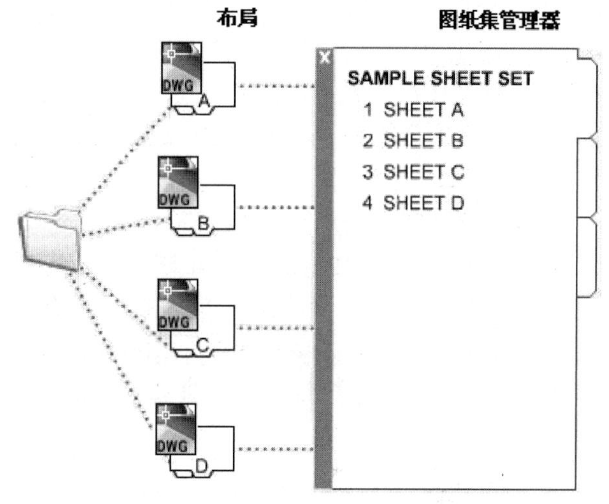

图 15-1　图纸集形成示例

15.1　创建图纸集

创建图纸集前需要做好的准备工作如下：

- 合并图形文件。建议将要在图纸集中使用的图形文件移动到少数几个文件夹中。这样可以简化图纸集管理。
- 避免多个【布局】选项卡。建议在每个要用于图纸集的图形中仅包含一个用作图纸的布局。对于多用户访问的情况，这样做是非常必要的，因为一次只能在一个图形中打开一张图纸。
- 创建图纸创建样板。创建或确定图纸集用来创建新图纸的图形样板（DWT）文件。此图形样板文件称为图纸创建样板。在【图纸集特性】对话框或【子集特性】对话框中指定此样板文件。
- 创建页面设置替代文件。创建或指定 DWT 文件来存储页面设置，以便打印和发布。此文件称为页面设置替代文件，可用于将一种页面设置应用到图纸集中的所有图纸，并替代存储在每个图形中的各个页面设置。

创建图纸集有【从图纸集样例创建图纸集】和【从现有图形文件创建图纸集】两种途径，这里以后者为例讲述创建步骤。

提示 在【创建图纸集】向导中，选择从现有图形文件创建图纸集时，需指定一个或多个包含图形文件的文件夹。使用该选项，可以指定让图纸集的子集组织复制图形文件的文件夹结构。这些图形的布局可自动输入到图纸集中。

1）组织文档结构，如【齿轮油泵】文件夹下包含【外壳】【轴】和【其他】三个子文件夹，在子文件夹中组织包含布局的文件。

2）单击【视图】选项卡上的【选项板】面板的【图纸管理器】按钮，弹出如图 15-2 所示的【图纸管理器】选项板。

3）在【图纸列表控件】下拉列表中选择【新建图纸集】，弹出如图 15-3 所示的【创建图纸集 - 开始】对话框。

4）选中【现有图形】单选按钮，单击 下一步(N) > 按钮弹出如图 15-4 所示的【创建图纸集 - 图纸集详细信息】对话框，修改图纸集名称和保存的目录。还可以单击 图纸集特性(P) 按钮，使用图 15-5 所示的【图纸集特性 - 齿轮油泵】对话框进行特性设置。

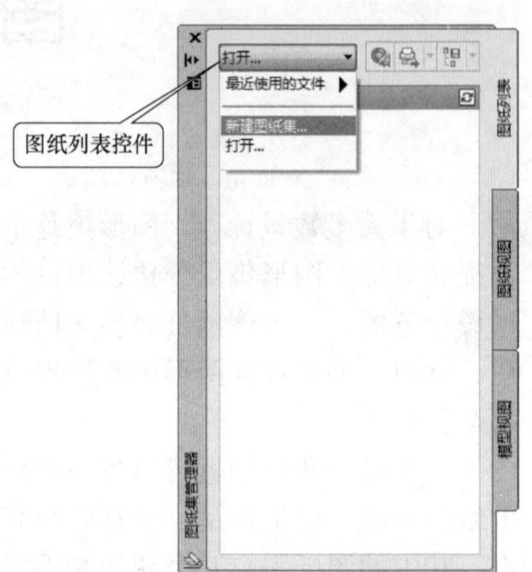

图 15-2 【图纸管理器】选项板

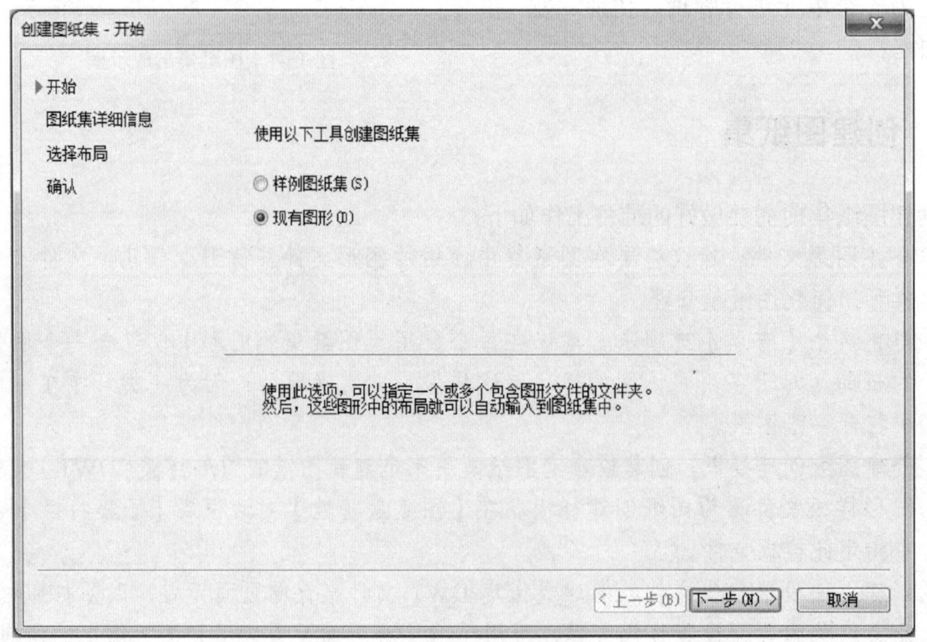

图 15-3 【创建图纸集 - 开始】对话框

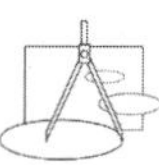

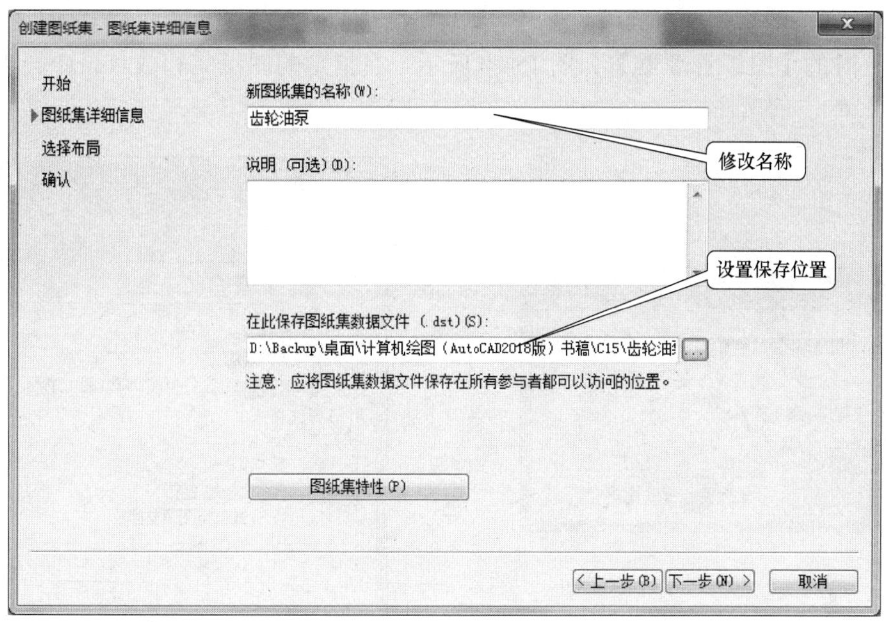

图 15-4 【创建图纸集 - 图纸集详细信息】对话框

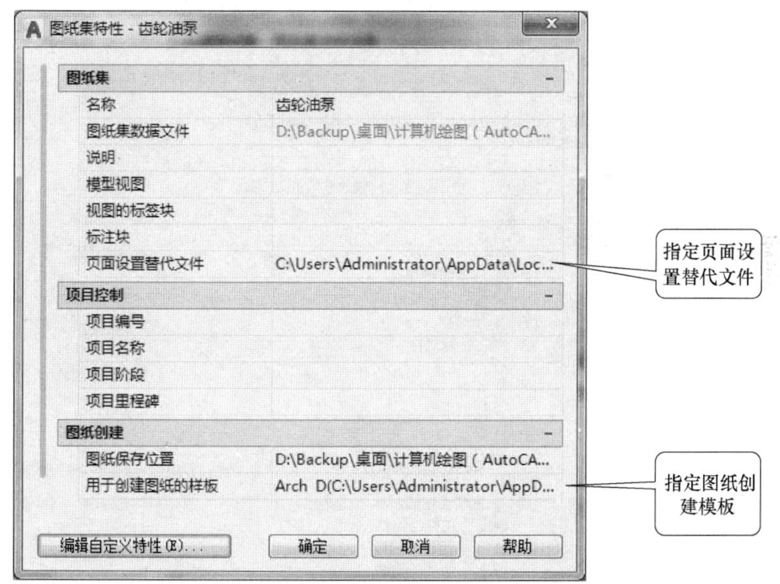

图 15-5 【图纸集特性 - 齿轮油泵】对话框

5）单击 下一步(N) > 按钮弹出【创建图纸集 - 选择布局】对话框，单击 输入选项(O)... 按钮，弹出如图 15-6 所示的【输入选项】对话框，选中【根据文件夹结构创建子集】和【忽略顶层文件夹】复选框，然后单击 浏览(W)... 按钮，弹出如图 15-7 所示的【浏览文件夹】对话框，选择【齿轮油泵】文件夹，单击 确定 按钮。这时文件夹中的图纸全部输入到图纸集中了，如图 15-8 所示。

6）单击 下一步(N) > 按钮弹出【创建图纸集 - 确认】对话框，如图 15-9 所示。单击完成按钮，完成图纸集创建。

7）这时的【图纸管理器】如图 15-10 所示。在指定的图纸集存放目录中会出现名为“齿轮油泵 .dst”的文件。

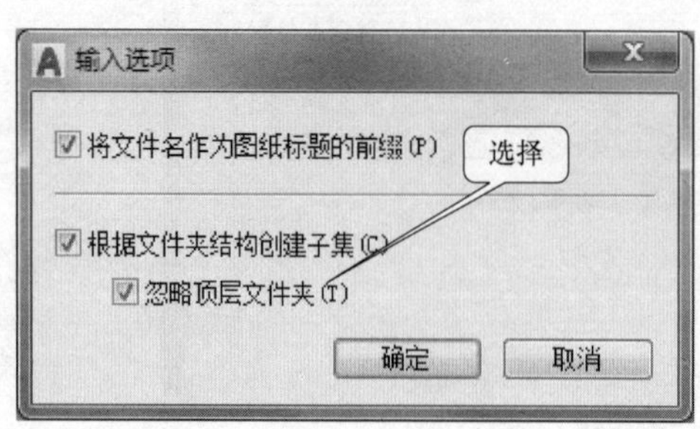

图 15-6 【输入选项】对话框

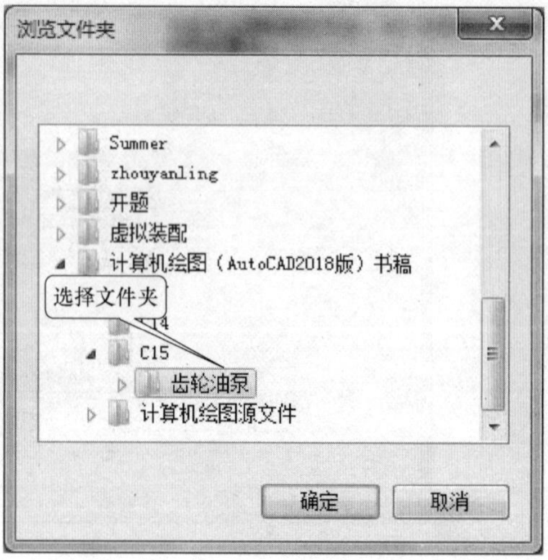

图 15-7 【浏览文件夹】对话框

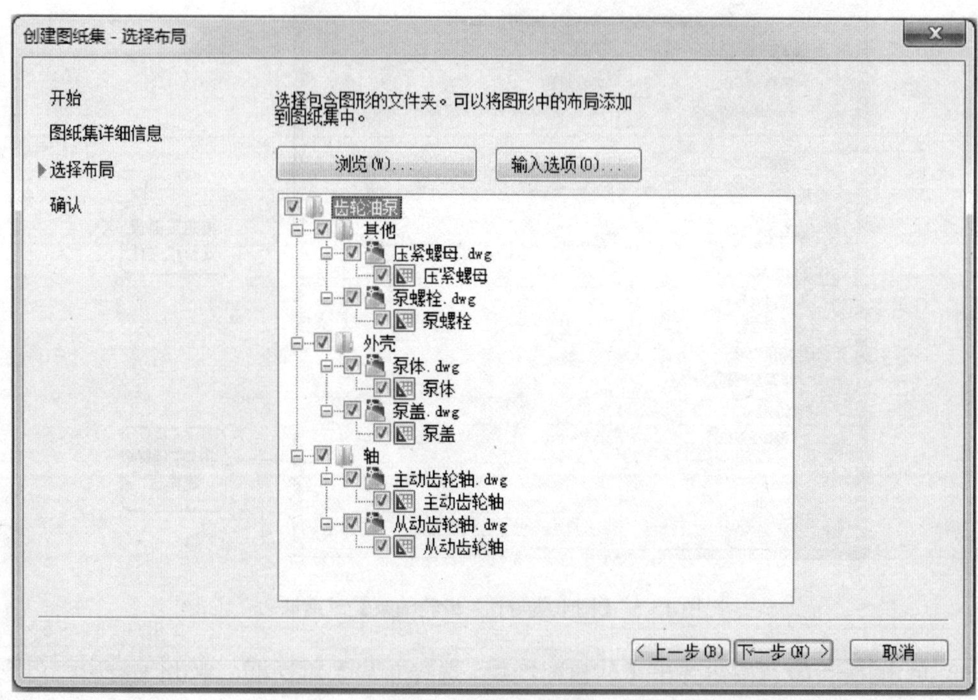

图 15-8 输入图纸

提示 在树状图中的【齿轮油泵】图纸集名上单击鼠标右键，在弹出的快捷菜单中选择【特性】选项，同样可以使用图 15-5 所示的【图纸集特性 - 齿轮油泵】对话框进行特性设置。

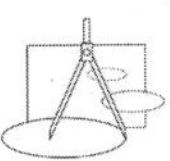

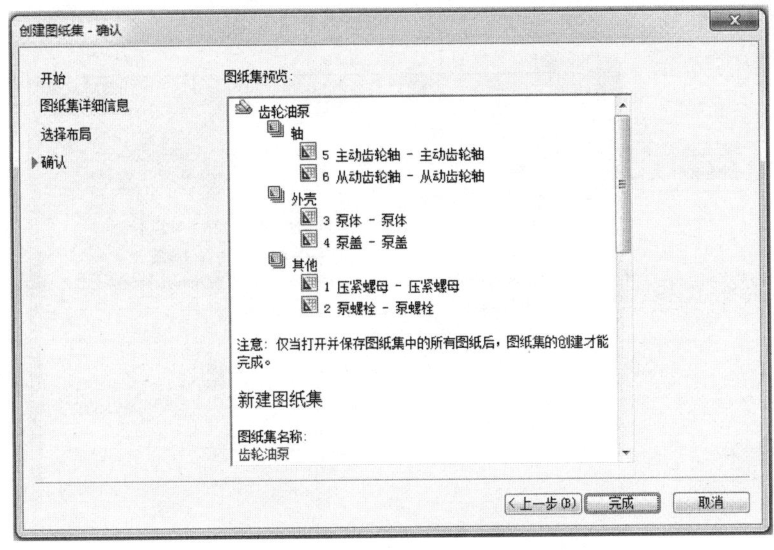

图 15-9 【创建图纸集 - 确认】对话框

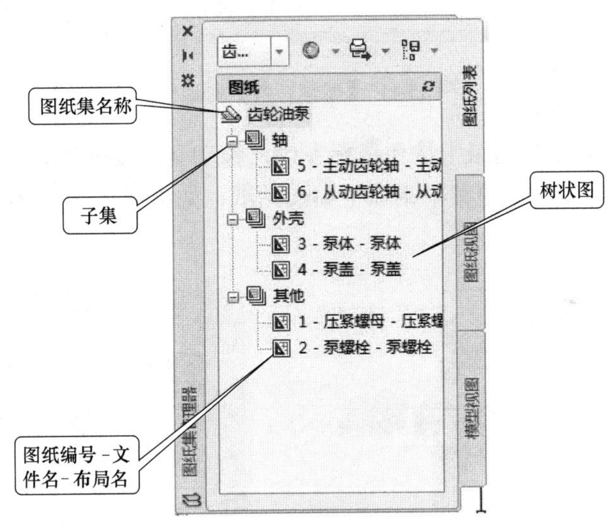

图 15-10 【图纸管理器】窗口

15.2　整理图纸集

用户可以使用【图纸管理器】的下拉列表中的【打开】选项打开保存的图纸集文件（*.dst）。用户可以使用快捷菜单建立子集、新图纸，还可以通过拖曳的方法调整图纸的位置。

15.2.1　建立子集

如果要建立一级子集，在图纸集名称上单击鼠标右键，在弹出的快捷菜单上选择【新建子集】选项，弹出如图 15-11 所示的【子集特性】对话框，输入子集名称（如填充物）。单击 确定 按钮，一个新子集就出现了，如图 15-12 所示。要建下级子集，需要在上一级子集上使用快捷菜单。

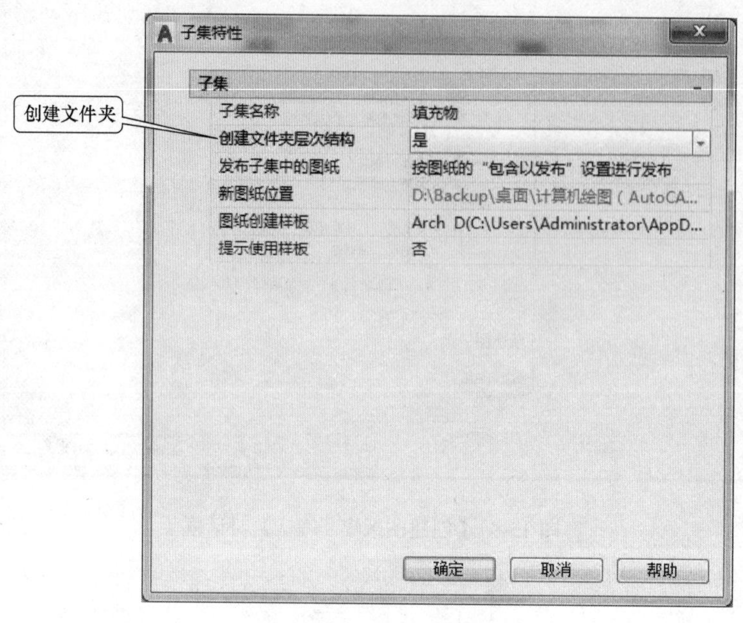

图 15-11 【子集特性】对话框

用户可以在子集名称或图纸上按住鼠标左键，拖动到需要的位置放开鼠标改变其位置，如图 15-13 所示。可以使用快捷菜单删除子集或图纸，如果子集有下一级，要删除子集，需要先删下级内容。

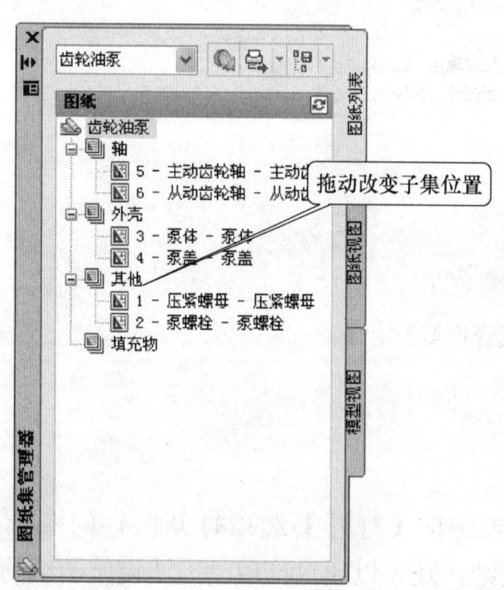

图 15-12 新建子集

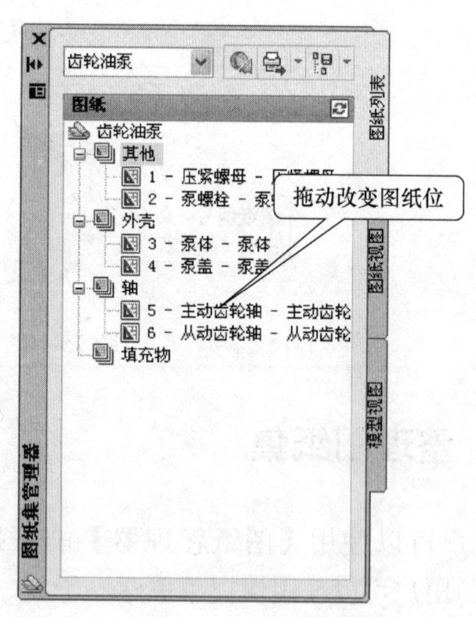

图 15-13 改变位置

提示 在图纸上使用快捷菜单中的【重命名并重新编号】选项，可以打开【重命名并重新编号】对话框，可以对图纸进行重新编号等操作。

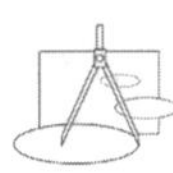

15.2.2　新建图纸

如果要往图纸集中添加图纸，有两种方法：新建图纸和将布局作为图纸输入。

1. 新建图纸

例如需要在【填充物】子集内加一张图纸，在子集名称上单击鼠标右键，在弹出的快捷菜单中选择【新建图纸】选项，然后弹出【新建图纸】对话框，进行设置，如图 15-14 所示。对话框中的图纸样板可以在新建图纸前，在子集名上使用快捷菜单中的特性选项进行设置。

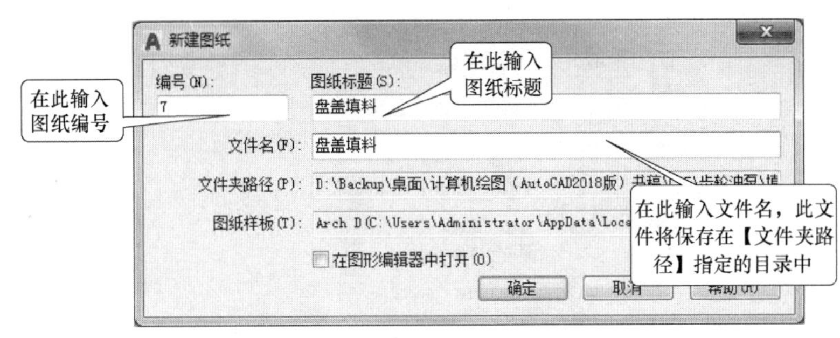

图 15-14　【新建图纸】对话框

单击 确定 按钮，图纸集如图 15-15 所示。双击图纸集“盘盖填料”就可以打开“盘盖填料 .dwg”文件，文件中自动以默认样板建立了一个名字为“盘盖填料”的布局。用户可以使用这个布局组织新图样。

2. 将布局作为图纸输入

例如，需要在【填充物】子集内再加一张图纸，在子集名称上单击鼠标右键，在弹出的快捷菜单中选择【将布局作为图纸输入】选项，弹出【按图纸输入布局】对话框，单击 浏览图形(B)... 按钮，弹出【选择图形】对话框，选择包含要输入布局的图形文件。在下面列表中显示可输入的布局，如图 15-16 所示。单击 输入选定内容(I) 按钮，布局就作为图纸输入到图纸集中。在图纸上单击鼠标右键在弹出的快捷菜单中选择【重命名并重新编号】选项，可以为图纸重新编号，如把刚插入的图纸编号为“8”。

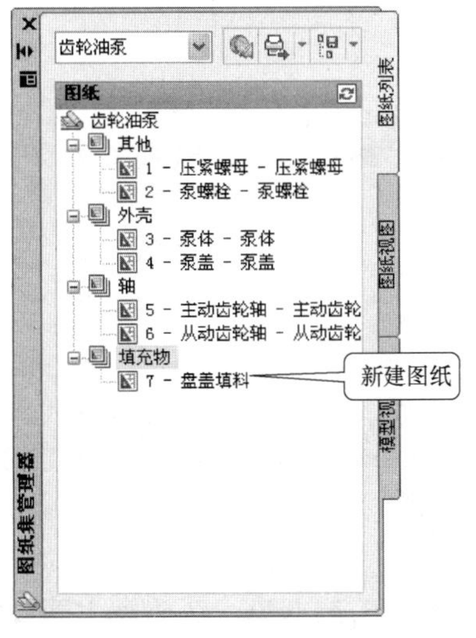

图 15-15　新建图纸（一）

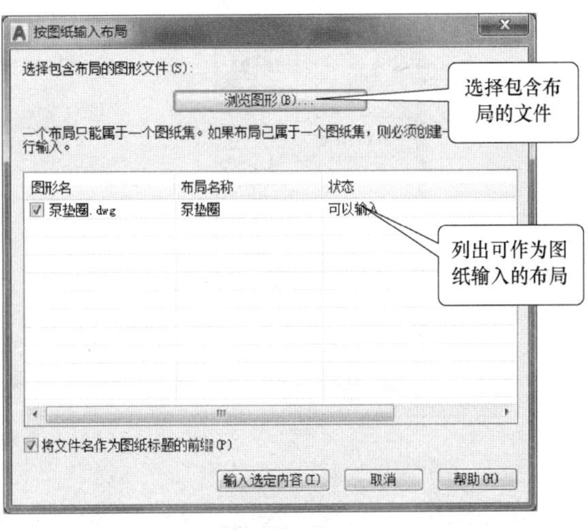

图 15-16　【按图纸输入布局】对话框

15.3　图纸清单

用户可以方便地在图纸集中插入图纸清单，插入图纸清单的步骤如下（以图 15-17 为例）：

1）在【齿轮油泵】图纸集名称上单击鼠标右键，在弹出的快捷菜单中选择【新建图纸】选项，建立一张放图纸清单表格的图纸（图纸编号为 0，名称为“图纸清单”），如图 15-18 所示。

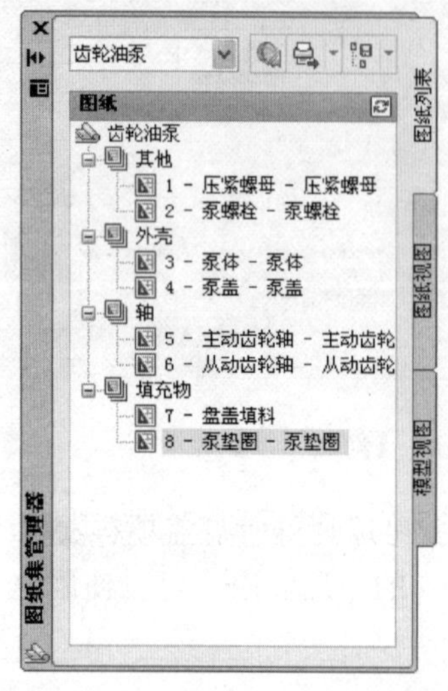

图 15-17　图纸集

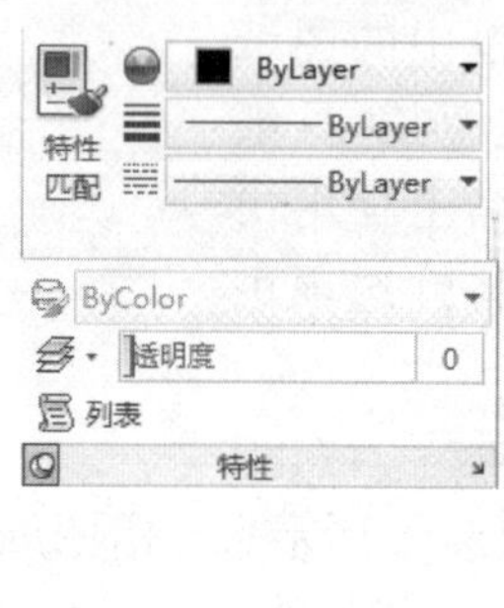

图 15-18　新建图纸（二）

2）用鼠标双击打开【图纸清单】图纸，在【齿轮油泵】图纸集名称上单击鼠标右键，在弹出的快捷菜单中选择【插入图纸一览表】选项，弹出【图纸一览表】对话框，进行如图 15-19 所示的设置。

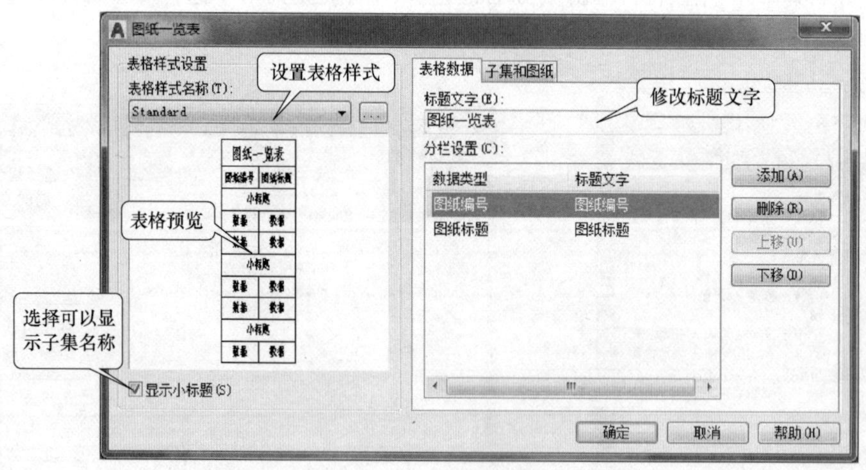

图 15-19　【图纸一览表】对话框

3）设置完毕，单击 确定 按钮，系统提示输入表格的插入点，在图纸上的合适位置单击鼠标左键，一个图纸清单就完成了，如图 15-20 所示。

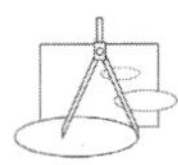

如果要进行图纸删除或名字修改，如删除图纸 8，可以选择图纸清单表格，在其上单击鼠标右键，在弹出的快捷菜单上选择【更新表格数据链接】选项，表格会自动修改，如图 15-21 所示。

图纸一览表	
图纸编号	图纸标题
0	图纸清单
其他	
1	压紧螺母 — 压紧螺母
2	泵螺栓 — 泵螺栓
外壳	
3	泵体 — 泵体
4	泵盖 — 泵盖
轴	
5	主动齿轮轴 — 主动齿轮轴
6	从动齿轮轴 — 从动齿轮轴
填充物	
7	盘盖填料
8	泵垫圈 — 泵垫圈

图 15-20　图纸清单

图纸一览表	
图纸编号	图纸标题
0	图纸清单
其他	
1	压紧螺母 — 压紧螺母
2	泵螺栓 — 泵螺栓
外壳	
3	泵体 — 泵体
4	泵盖 — 泵盖
轴	
5	主动齿轮轴 — 主动齿轮轴
6	从动齿轮轴 — 从动齿轮轴
填充物	
7	盘盖填料

图 15-21　更新图纸清单

15.4　图纸集发布

在图纸集名称上单击鼠标右键，在弹出的快捷菜单中选择【发布】/【发布对话框】，弹出如图 15-22 所示的【发布】对话框。列表中显示包含要发布的图纸，使用上面的工具按钮可以进行添加、删除图纸等操作。

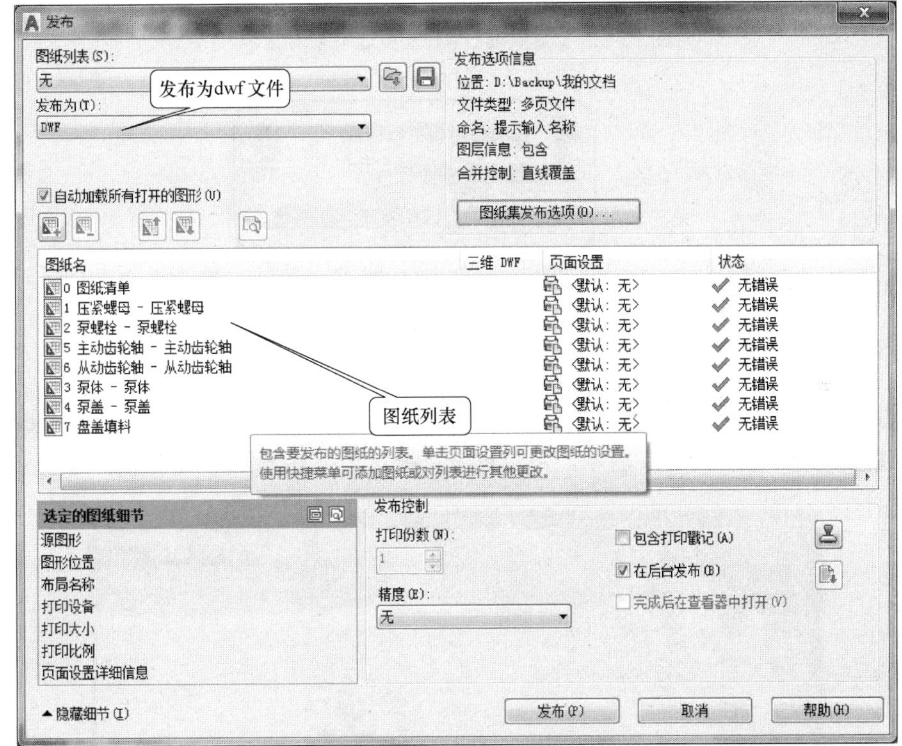

图 15-22　【发布】对话框

选择【DWF 文件】选项，单击 图纸集发布选项(O)... 按钮，弹出【图纸集 DWF 发布选项】对话框，设置如图 15-23 所示。单击 确定 按钮返回。

单击 发布(P) 按钮，系统提示输入 dwf 文件的名称，如“齿轮油泵”，单击 选择(S) 按钮就开始发布了，一段时间后右下角气泡提示框会提示发布完成，如图 15-24 所示。

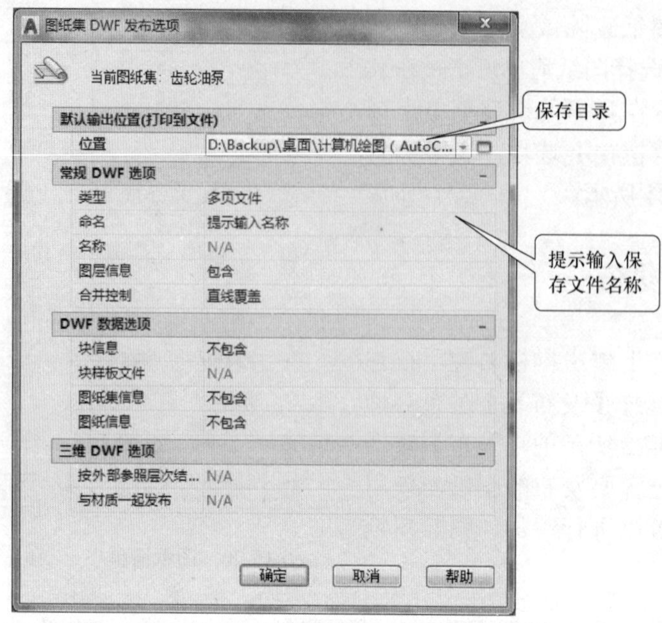

图 15-23 【图纸集 DWF 发布选项】对话框

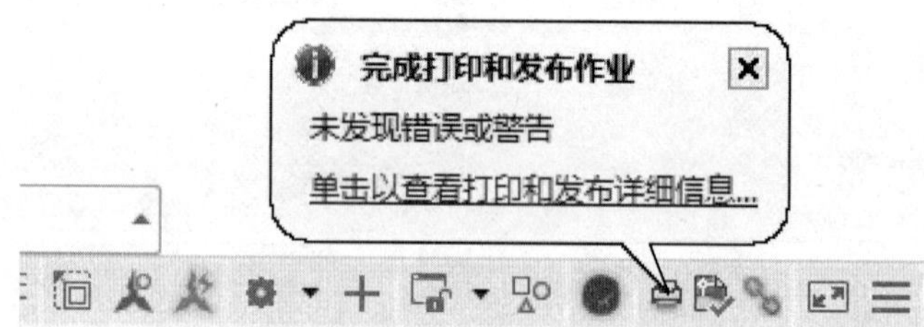

图 15-24 Autodesk DWF 发布提示

到保存目录下双击“齿轮油泵 .dwf”文件就可以打开它（用户需要安装 Autodesk DWF Viewer 应用程序），如图 15-25 所示。用户也可以把这个文件发给别人查看。

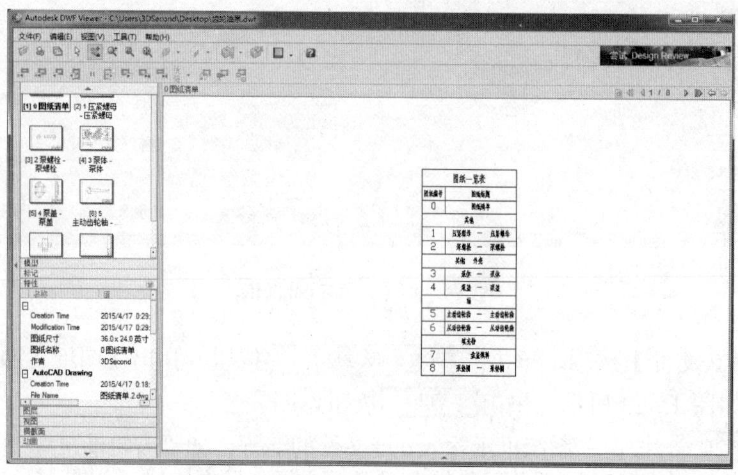

图 15-25 Autodesk DWF Viewer 窗口

参 考 文 献

［1］管殿柱，等 . AutoCAD 2005 机械制图［M］. 北京：机械工业出版社，2006.

［2］零点工作室，张轩，管殿柱 . AutoCAD 2006 机械制图设计应用范例［M］. 北京：清华大学出版社，2006.

［3］管殿柱，张轩 . 工程图学基础［M］.2 版 . 北京：机械工业出版社，2016.

［4］管殿柱，黄薇 . 工程图学基础习题集［M］.2 版 . 北京：机械工业出版社，2016.

［5］段辉，管殿柱 . 现代工程图学基础［M］. 北京：机械工业出版社，2010.

［6］管殿柱 .AutoCAD 2000 机械工程绘图教程［M］. 北京：机械工业出版社，2001.

［7］陈东祥 . 机械制图及 CAD 基础［M］. 北京：机械工业出版社，2004.